コナコーヒーのグローバル・ヒストリー

太平洋空間の重層的移動史

飯島真里子

A Global History of Kona Coffee

Multilayered Migrations in the Pacific Region

京都大学学術出版会

口絵1　ママロホア・ハイウェイから見るコナの溶岩の大地

活火山であるフアラライ山の麓に位置するコナの大地は溶岩で覆われており、その独特の地質がコナコーヒーの風味を豊かにするとされている。19世紀初頭には、海側に位置するカイルア・コナは一時、ハワイ王国の首都になっていた。19世紀半ばから欧米系白人入植者によるコーヒー農園開発が行われるが、溶岩に覆われた大地での農地開拓は困難であったことが窺える。（筆者撮影。2018年 2 月24日）

口絵2　逃亡移民の避難場所プウホヌア・オ・ホナウナウ

19世紀後半には日系移民がサトウキビ農園からコナに逃げてきた（第3章参照）。実際、コナは王国時代から、逃亡者のアサイラム（避難所）としても知られていた。南コナ・ホナウナウ湾には、プウホヌア・オ・ホナウナウと呼ばれる場所がある。そこには、カプと呼ばれるハワイ先住民社会の規則を破り死刑を宣告された者や、戦争に負けた兵士が逃げ込むことができるアサイラムがあった。無事にそこに辿り着いた者はたとえ犯罪者であっても、誰からも傷つけられたり、殺されたりすることはなかった。（筆者撮影。2023年 9 月 3 日）

口絵3　コナ・スノー（Kona snow）

コナでは1月から3月頃にかけて、コーヒーが開花期を迎える。枝に沿って咲く小さい真っ白な花は雪のように見えることから、地元ではコナ・スノーと呼ばれる。また、その爽やかな香りはしばしばジャスミンと似ていると言われるが、日系コーヒー農家は開花期に農園で「お花見」をし、故郷の桜を思い出したという。（筆者撮影。2018年 2 月26日）

口絵4　チェリーと呼ばれるコーヒーの実

8月頃から実が生り始めるコナコーヒーは、翌年2月頃まで収穫期となる。枝に数珠繋ぎに生るコーヒーの実は、緑色から黄色、橙色、赤色へと変化する。収穫期を迎えた真っ赤な実はチェリーと呼ばれ、その時期を過ぎてしまった赤黒い実は、商品にはならない。栽培面積が小さいコナの農園では、ブラジルのように広大なコーヒー農園での機械による収穫とは異なり一粒一粒が重要な商品であり、チェリーのみを手作業で収穫する。熟練した収穫者は手の感触で赤い実を見分け、素早く摘み取る。（コナのロドリゲス氏の農園にて筆者撮影。2019年 9 月 4 日）

口絵5　コーヒーで作ったお人形

戦前のコナ日系農家の子どもたちがよく作ったという、コーヒーの実や葉とハイビスカスの花の人形(復元)。コナの子どもたちは、身のまわりにある植物を巧みに使って、おもちゃや人形を自作していた。この人形はコナコーヒー・リビング・ヒストリー・ファーム(Kona Coffee Living History Farm)内の内田家に飾られていたもの。南コナ・ケアラケクアにある内田家の建物は1913年に建てられ、現在ではコナ歴史協会が管理し、戦前の日系農家の生活やコーヒー農園の様子を見学、体験できる施設として一般公開されている。(筆者撮影。2016年 8 月 6 日)

口絵6　コナのストア

戦前から1950年代まで、ストア(商店)は、生活用品や日本製の衣服、食料品、農業器具などをコーヒー農家に売るだけではなく、収穫されたコーヒーを預かり精製業者に送る役割も果たしていた。精製後には買い取り価格を農家に知らせ、精製業者と農家の仲介役となっていた(第 4 章参照)。2024年現在、ストアの数は激減した。写真のドリス・プレース(Doris Place)は、1948年にディヴィッド・オオタが娘の名前をとって開店した。(筆者撮影。2018年 2 月25日)

目　次

凡　例

1．日本語史料の引用にあたり、旧字体は新字体（常用漢字）に改め、仮名遣いは原文を保持した。
2．引用文中の筆者による補足は［　］内、訳語または原文は（　）内に示した。
3．現代において差別的で不適切とされる用語や表現であっても、原文のまま使用した。
4．人名・名称・地名については、（　）内に原語で示した。
5．ハワイ語の人名や地名は、ハワイ語（‘ōlelo Hawai‘i）の発音に近いものを使用した。ただし、「ハワイ」（ハワイ語では「ハワイイ」に近い）のように日本社会に定着した表現は、標準表記を用いた。

序章　コナコーヒーをめぐる歴史叙述

2024年7月5日、ハワイ州議会において、ある法案が可決された。それはハワイ諸島で栽培されるコーヒーの産地名を保護し、消費者に偽りのないコーヒーを提供する目的で制定された下院法案HB2298である。この法案はハワイ産コーヒーを「高級品」と位置付け、その価値を保護する理由を以下に示した。

> 第1項　コーヒーは州の重要な農作物であり、ハワイにおいて高く評価されている商品である。ハワイ産コーヒーは高級品であるにもかかわらず、同州は「コナ」、「カウ」、「カウアイ」といった産地名の信憑性を保護してこなかった。その代わり、現行の法では、これらの特徴的な産地のコーヒー豆をごく少量しか使用していないブレンドコーヒーの製品パッケージに、産地名を使用することを認めているが、このことは消費者を欺き、コーヒー生産者に損害を与える行為である[(1)]。

ここで言及されるコーヒー産地に対する信憑性やブレンドコーヒーに関する議論は、20世紀末からハワイ島のコナコーヒー（Kona coffee）産業内で表面化し、現在ではコナ以外の地区に栽培されるハワイ産コーヒーにまで及んでいる。それは、1970年代末から米国を中心に台頭してきた産地重視型のスペシャルティコーヒー概念と市場の出現により、コーヒーの栽培地が、その価値や品質を決める重要な要素となったことが深く関わっている。なかでも、ハワイ諸島で最も長い歴史を持つコナコーヒーは、ジャマイカのブルーマウンテンやタンザニアのキリマンジャロと並んで、スペシャルティコーヒーの最高峰としてグローバルな評判を享受している[(2)]。例えば、日本でもお馴染みのコーヒー会社である上島珈琲株式会社（ＵＣＣ）は、北コナ・ホルアロア（Hōlualua）に自社農園を持ち、そこで収穫されたコーヒー豆を商品化した「UCC MOUNTAIN MISTハワイコナ」の魅力を伝えるにあたり、産地の地理・風土的特徴、希少性や品種（アラビカ種）をもとにその品質の高さを強調する。

ハワイコナコーヒーとは、“ハワイ島の西側のコナ地区で栽培されるアラビカ種のコーヒー”のことです。現在ハワイ島以外にも、マウイ島、オアフ島、カウアイ島などでコーヒー栽培が行われていますが、コナ地区で生産されるコナコーヒーが最高品質とされ、世界的にも有名です。

火山灰の影響を受けているコナ地区は肥沃な土壌で、コーヒーの木に必要な栄養分が全て蓄えられています。標高は250〜800m程度と他の生産地と比べて決して高くはありませんが、火山性の土壌、昼と夜の寒暖差など、コーヒー栽培には理想的な条件が揃っています。

ハワイコナコーヒーは、柔らかな酸味と滑らかな口当たりを味わうことのできる高品質コーヒーとして人気がありますが、生産量が少なく、1,000〜1,500トン程度。希少価値が高いためジャマイカのブルーマウンテンコーヒーと並んで高価な豆としても知られています(3)。

しかし、高品質・高級ブランドとしての評価とは裏腹に、近年のコナコーヒー産業内は偽コナコーヒーや10%しかコナコーヒーを含まないブレンド商品の生産・流通などの問題に直面している。そして、これらの問題の根底にあるのは、「コナコーヒーとは何か」という本質的な問いなのである。

現在のハワイ州農務省のガイドラインによると、コナコーヒーは、ハワイ諸島で最も大きいハワイ島西部に位置するコナ地区で栽培されたコーヒーとされる(4)。

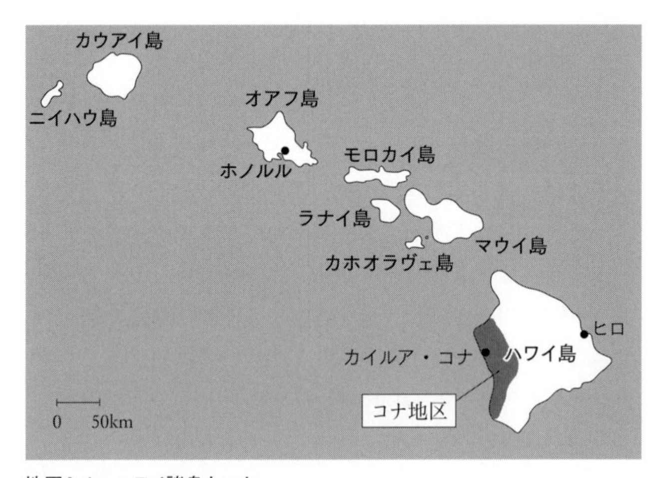

地図0-1　ハワイ諸島とコナ

しかし、苗の移植の歴史を振り返ってみると、コーヒーはもともとハワイ諸島原産の植物ではなく、異なる時期に様々な国から苗が移植され、現在の「コナコーヒー」が成り立っている。1825年の英国人ジョン・ウィルキンソン（John Wilkinson）によるブラジル産アラビカ種コーヒー苗の移植を皮切りに、1890年代にはドイツ人ハーマン・ワイドマン（Hermann A. Widemann）がグアテマラからアラビカ種ティピカを導入した。コナでは長い間、このグアテマラ産ティピカが主要品種となり、地元ではウィルキンソンの苗が「カナカ・コッペ（ハワイ語：Kanaka koppe, 英語：Hawaiian coffee)」と呼ばれたのに対し、ワイドマンのコーヒーは「メレケン・コッペ（Meleken koppe, American coffee)」の愛称で親しまれていた[(5)]。メレケン・コッペは、コナコーヒーのスペシャルティ化に伴い、現在では一般的に「コナティピカ」と呼ばれている。なかには、100年以上の歴史を持つコナティピカしかコナコーヒーとして認定すべきではないと主張する農家や組織もあるが、ハワイ州農務省は品種による定義は行っていないため、近年、コナではアラビカ種ゲイシャ、ブルボンポワントゥ、SL-28などいずれもその希少性から世界市場で高価格で取り引きされている品種を移植する農家も存在する[(6)]。それらの農家は、コナ産地に品種の希少性を加えることによって、さらにコナコーヒーの商品価値を上げている。コナコーヒーは多様な品種によって構成されているが、現在では、コーヒーの品種や苗の原産地には言及されず、収穫された土地（＝コナ）の名称のみによって呼ばれている。さらに、その名称が自ずとコーヒーの品質に対する価値や価格を決めている。

産地を商品名とする傾向に対して、歴史学の視点からの批判もある。歴史学者山下範久は『ワインで考えるグローバリゼーション』(2009年）のなかで、ブドウの苗や栽培技術の越境的移動の歴史に着目し、ワインは特定の産地に由来するものではなく、むしろその文脈を超えた「グローバル・ワイン」として捉えられると論じた。さらに、産地重視型の商品名によってかき消されてしまったワインの文化的・歴史的背景を「没背景」と表現し、そこへの着目の重要性を指摘した[(7)]。この現象は（コナ）コーヒーの世界にも当てはまり、よって、本書はコナコーヒーの「没背景」をグローバル・ヒストリーという手法により浮かび上がらせることで、19世紀初頭から現在までのコナコーヒー産業とそれに関わってきた人びとの営みと経験を描き出すことを目的の一つとする。コーヒーの木がハワイ諸島にとって「外来種」であったように、コナでコーヒー産業に関わってきた人びとのほとんどが、現在に至るまで、欧米、アジア、ラテンアメリカ地域などからの「外来者」である。言い換えれば、コナに集結した人びと、植物、技術や概念は、帝国や国家の境界を越え太平洋空間を移動してきたのである。これらの移動主体に注目しコナコーヒーの歴史について考察することは、産地によって固定化されてしまったコーヒーの認識を、200年という時間軸、太平洋地域という空間軸、越境という移動軸を投入することで深化させ、複雑化させることとなる。

1　コーヒーのグローバル・ヒストリー

では、グローバル・ヒストリー的なアプローチとは何か。グローバル・ヒストリーとは1990年代以降、一国史に立脚した歴史学への批判から、国民国家という枠組みに完結して歴史を語ることに限界を感じ、複数地域の連関性やネットワークに着目した歴史学である(8)。ただ、グローバル・ヒストリーの示す「グローバル」については、対象とする地理的規模や時代設定は多様であり、統一された定義はない(9)。例えば、非常に長い時間と空間を射程とし、巨視的にグローバル化を捉える歴史学研究もあれば、既存の研究では注目されてこなかった地域間の連関を掘り起こし、これまでの地政学的理解に新たな視点を与える研究もある(10)。よって、グローバル・ヒストリーが扱う空間は必ずしも地球（グローブ）規模ではなく、歴史学者岡本充弘が特徴の一つとして挙げるように、「歴史研究・叙述に伴う新しい空間的枠組みを重視」しながらグローバル・ヒストリーを構築するアプローチもある(11)。この新しい空間的枠組みによる歴史学は、既存の歴史学が依拠してきた国家や帝国といった地政学的認識を否定したり、無視したりするのではなく、複数地域間の移動やネットワークの生成過程を明らかにすることで、通常の地図には示されない空間を掴み取り、描き出すこととなる。本書は新しい空間的枠組みに着目しつつも、それは一つではなく複数であると捉え、その蓄積過程を見ていくことを目的とする。

さらに、地域間の連関に重きをおいたグローバル・ヒストリーはそれを描くための主体として、人間のみならず、モノ、技術、資本、概念や環境といった非人間を取り上げることも特徴である(12)。グローバル・ヒストリー研究者水島司が指摘するように、同分野では、既存の歴史学が従来取り上げてこなかった事象や現象に注目し、より「われわれの日常に近い、しかし社会全体や歴史変動のあり方全体に関する重要な問題」を焦点化するようになった(13)。なかでも、非人間の主役として「食」にまつわるテーマに関する研究はグローバル・ヒストリー分野でも急速に研究が蓄積されている(14)。例えば、オーストラリアのカリブ史研究者B・W・ヒグマン（Higman）による*How food made history*（2012年）や米国のラテンアメリカ研究家ジェフリー・ピルシャー（Jeffrey Pilcher）による編著*The Oxford handbook of food history*（2012年）では多岐にわたるテーマ――政治、労働、工業化、消費文化、商業・流通、遺伝子、栄養など――が取り上げられ、新たな視座から歴史研究を再考する題材として「食」が注目されている(15)。

そして、国際的商品として長年にわたり取り引きされてきたコーヒーは茶と並び、食のグローバル・ヒストリーにおいて王道ともいえる題材である。本書をコーヒーのグローバル・ヒストリーの先行研究のなかで位置付けるにあたり、歴史学者リン・ハント（Lynn Hunt）によるトップダウン型とボトムアップ型のグローバル・ヒストリーの分類方法を補助線としながら、コーヒー史の先行研究の動向を簡単にみていきたい(16)。まず、トップダウン的な見方とは、地球規模で地域を変容させ、一つのシステムを構築するような収斂プロセスであり、スターバックス的グローバル・ヒストリーの叙述方法といえる。地球規模で展開しているスターバックスは、消費者がどこにいようとも、同社がスタンダードとする均一的な品質と内容を消費者に提供することに成功している。概して、コーヒーをめぐるグローバル・ヒストリーは栽培史・消費史ともに、コーヒーが持つ世界規模での影響力に着目したトップダウン的叙述が主流といえるだろう(17)。経済史の視点からグローバルなコーヒー経済の台頭について論じたウィリアム・ジェルバース・クラレンス＝スミス（William Gervase Clarence-Smith）らによる編著*The global coffee economy in Africa, Asia, and Latin America 1500–1989*（アフリカ、アジア、ラテンアメリカにおけるコーヒーのグローバル経済 1500～1989）では、コーヒーが「長期間にわたり世界経済と何百人もの人びとの生活において中心的な地位」を保持してきたとし、その「植民地的権力（colonial power）」の影響について、産地アフリカ、アジア、ラテンアメリカ地域を事例として検討している(18)。

それに対し、ボトムアップ型に当てはまるのは、同じ国家に属さない二つ以上の地域が接続され相互に依存していく越境的プロセスに着目した歴史叙述である[19]。その一例として、ラテンアメリカ地域のコーヒー生産者の視点から「コーヒーで結ばれた世界」を描き出した、歴史学者小澤卓也による『コーヒーのグローバル・ヒストリー』が挙げられる。そこでは、ラテンアメリカにおける国民国家形成期（1870〜1930年代）との関わりにおいて、コーヒー産業の歴史と政治・経済・社会的役割が国別に明らかにされている[20]。

ただ、トップダウン型、ボトムアップ型の叙述のいずれにしろ、従来のコーヒーのグローバル・ヒストリー（もしくは、グローバル・ヒストリー的アプローチを持った研究）の問題点は、中心から周縁地域へという同心円的、もしくは波状的なコーヒーの「伝播」を前提にしていることである。よって、栽培・消費拡大の中心的役割を果たしたヨーロッパや、欧米系白人による植民地化や経済的支配の影響を受けたアフリカやラテンアメリ地域が主な対象地域となっている[21]。一方で、本書が扱うハワイやアジア太平洋地域はコーヒー栽培の歴史が浅く、世界的に生産量も少ないことから、コーヒーのグローバル・ヒストリー（特に、栽培史）においては最も周縁に位置し、歴史学的な研究蓄積が薄いといえる[22]。それは、コーヒー研究者マーク・ペンダーグラスト（Mark Pendergrast）による「コーヒーの移動」地図（図0-1）にも見て取れる。

この地図では、コーヒーの生産と消費がアフリカやヨーロッパ大陸を中心として東西に拡大する歴史的経路が描かれており、ハワイ諸島は苗木の移動の最終地として左端に描かれている。このことは、産地としてのハワイ諸島の周縁性を視覚化するだけではなく、ハワイがコーヒーのグローバルな拡大の終焉地であるような印象を与える。しかし、第4章で示すように、太平洋地域におけるコーヒー栽培は1920年代にコナ日系移民が日本帝国支配下の南洋群島（主にサイパン島）にコーヒーを移植したことをきっかけに、同帝国の植民地、台湾へと拡大していった。それは、日系移民が介在した異なる帝国下の熱帯植民地間のコーヒーの移動だけではなく、コナが南洋群島や台湾におけるコーヒー栽培の知識・技術の源として機能していく中心性を示す。つまり、太平洋空間からコーヒーの栽培史をみると、ヨーロッパ中心的なコーヒー史では捉えきれない日米帝国植民地間の関係性や、もはや周縁地域・終焉地という見方には収まりきらないコナの姿が浮かび上がる。

さらに、ヨーロッパ中心主義的なコーヒー史の叙述のみならず、コナは現在のコーヒーをめぐる議論からも排除されてきた。コーヒーの南北問題やフェアトレ

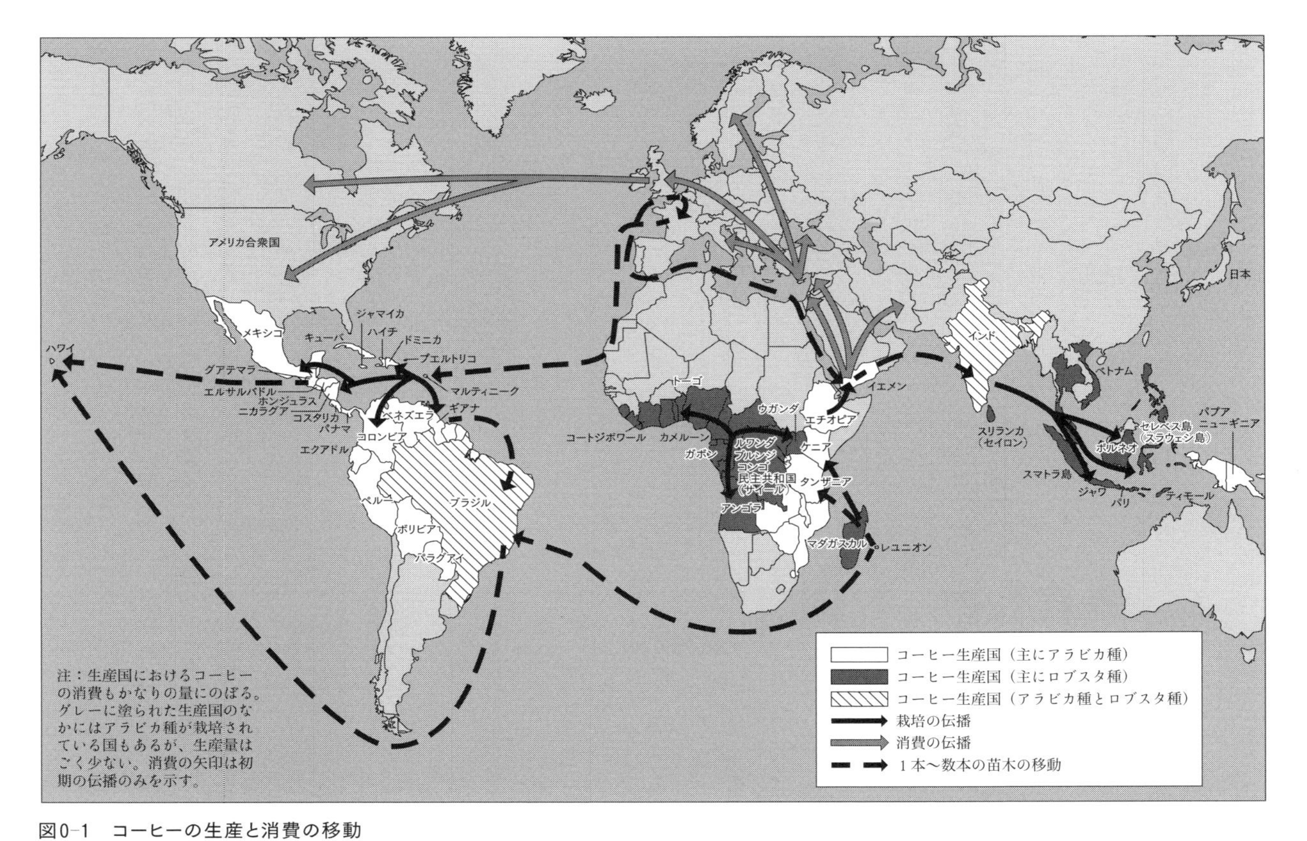

図0-1　コーヒーの生産と消費の移動

マーク・ペンダーグラスト著、樋口幸子訳『コーヒーの歴史』（河出書房新社、2002年）、22-23頁掲載の地図を筆者改変（各移動・伝播の事項説明を省略した）。

ードの議論に見られるように、コーヒー栽培と消費地の乖離がもたらす対立構造——貧しい産地と豊かな消費地——という固定的理解が作り上げられてきた(23)。しかし、コーヒーがいわゆる発展途上地域で栽培されているか、否かにかかわらず、産地が共通して直面する問題もある。具体的には、コナでは労働者不足、偽（コナ）コーヒー問題、小規模でローカルな栽培農家とグローバルに展開するコーヒー生産・加工会社の確執、コーヒーの木や根の病気の蔓延などがあり、このように多岐にわたる問題はアフリカやラテンアメリカ地域の産地でもみられるものである。加えて現在のコナコーヒー産業が直面する問題（本書第5章、第6章）の根底には、グローバルな移動によって歴史的に蓄積された搾取的構造（植民地主義、人種主義、グローバル資本主義経済など）が内在しており、多くのコーヒー産地の歴史的経験と深く繋がる部分がある。

よって、本書は既存のコーヒー（史）研究において周縁化されてきたハワイ島コナを中心に据えることにより、コーヒーのグローバル・ヒストリーに新たな展開を提示する。ただし、コナを表舞台に出すことは、必ずしもヨーロッパ中心的叙述から遠ざかるのではない。太平洋地域に位置するコナからのコーヒー史は、ヨーロッパ帝国の植民地膨張に伴うコーヒー栽培地拡大のストーリーに、日米帝国の影響も加えることで、累積される複数帝国の植民地主義や人種主義を描き出すことを可能にするといえる。

2　複数の移民史が交錯するコナ

とはいえ、本書は欧米帝国のような外部からの影響力に飲み込まれてしまうハワイ諸島や、コナの植民地的支配＝従属構造や人種主義のみを強調するものではない。ハワイ史を振り返れば、確かにハワイ王国時代（1795〜1893年）から米国準州時代（1900〜1959年）にかけて、戦前を中心に、異なる時代、背景、出身地から多くの移民が流入し、次第に、ハワイ先住民を政治的、経済的、社会的マイノリティ集団へと追いやっていった。そして、19世紀半ばからハワイ王国の政治・経済の実権を握るようになった欧米系白人入植者たち、20世紀初頭にハワイ最大の移民集団となった日本人たちは、それぞれの出自帝国が直接的にも間接的にも後ろ盾となった。よって、それらの入植者・移民たちのハワイでの活動は帝国によって支えられたことは否めない。しかし、本書はコナコーヒー栽培に様々な形で従事した複数の入植・移民集団と集団間の関係に着目する。そしてコナコーヒーの歴史を植民地主義的文脈のみならず、コナコーヒー栽培を「生業」とした複数の移民集団の経験から、多様かつ複雑な関係において描写することを目指す。

実際、コナに関しては、前述したように1825年にブラジルからハワイ諸島にコーヒー苗を移植した英国人ウィルキンソンを筆頭に、現在にいたるまで、欧米系白人宣教師や入植者、日系やラテン系などの労働移民などがコーヒー産業を支えてきた。なかでも、本書において最も多く紙面が割かれるのは、日系人（日系移民とその子孫）である。それは、19世紀末から1950年代までコナコーヒーを栽培していた最大の移民集団であったことと、本書の元となった博士論文の執筆にあたって、筆者がコナ日系移民史を中心に研究を行っていたためである。一方で、博士論文を提出した2006年からだいぶ時が経ったのに加え、1960年代以降からコナの日系人口が減少し、コーヒー産業を支える入植・移民集団が多様化した現在、コナコーヒーの歴史を日系移民史の文脈に限って語ることの限界を感じ始めた。こうした文脈において、本書では日系移民に加えて、他の集団にも目を向けることで、多民族社会コナにおける日系移民を位置付けるとともに、白人支配者対日系移民（＝非白人被支配者）といった単純な対立的構造では捉えられない移民集団の関係を解きほどいていく。

人種に関する研究を行ってきた文化人類学者竹沢泰子は、アジア太平洋諸島における社会構造を「欧米由来の『目に見える』身体的違いを前提とした人種秩序と、アジア在来の『目に見えない』身体的差異（とみなされるもの）にもとづいた人種秩序が出あい、入れ子構造のように複雑に絡み合う」状況として描写し、欧米系白人を中心とした人種的ヒエラルキーの理解の限界を主張した(24)。本書は竹沢が主張するように、白人中心的な人種秩序を基点とした議論に批判的な立場をとりつつも、コナコーヒー産業内の入植・移民集団間の人種構造を検討するにあたり、可視化・不可視化された差異というやや固定的な価値観に対して、「変容」をキーワードに検討していく。それには、コナコーヒー産業が２世紀にわたって異なる移民集団の移入、定住、流出を経験し、必然的にコナコーヒー産業における人種／エスニック集団の人口構成は常に変化せざるをえない状況にあったことが反映されている。つまり、人びとの継続的な移動により、新移民が先住者となっていく過程が蓄積され、入植・移民集団間の力学はますます複雑化していったのである。例を挙げると、現在のコナコーヒー産業では、ラテン系移民が収穫時の季節労働者として多く雇用されている。彼ら彼女らは時に「非合法」移民という偏見の目を向けられながらも、産業の維持には欠かせない移民集団となっており、そのような状況は戦前の日系移民が直面した現実——排除と受入の同時進行的現象——と重なる様相を呈している。他方、コナ日系人は近年のフェスティバルや歴史展示の場でコーヒー産業のパイオニアとしての歴史的評価を受けており、もはや労働移民として認識される立場ではなくなっている[25]。この事例が示すように、コナコーヒー産業における社会構造は入植・移民集団の人種／エスニック的背景のみならず、新旧移民集団間の関係によって変容してきた。

コナ社会が絶え間ない移民の波による変容を経験しているように、それぞれの集団は移動過程において、自らの位置付けをめぐる変容も経験してきた。日系移民を例にとると、19世紀末、もともとサトウキビ農園労働者として誘致された人びとの一部は逃亡移民として、コナに辿りつきコーヒー栽培に従事するようになった。当時、ハワイ諸島内の白人化を目指していた欧米系白人による共和国政府（1893〜1898年）にとって、このような逃亡移民は望ましくない集団であったが、同政府が奨励していたコーヒー産業を発展させるうえで、コナへの逃亡移民は重要な労働力となった。島内の移動——サトウキビ農園からコナコーヒー農園へ——だけでも、日系移民は逃亡移民から貴重な労働者へと立場が変わり、共和国政府による排除の対象から政府の農業政策を支える協力者へと変化していったのである。

以上のことをふまえ、本書は複数の移民史を束ね合わせることで、一集団に着目し、その移民背景・過程や移民先社会との関係を解明してきた従来の移民史研究とは異なるアプローチの実践を目指す[26]。複数の移民史の集約作業には二つの目的がある。一つは、太平洋空間の東西から流入した移民集団の移動経路を複眼的に検討することで、コナコーヒー産業のグローバル・ヒストリーを人の国際移動の視点から掘り下げていくことである。それは、入植者・移民たちが辿った移動経路や経験によって作り出された、送出地域や中継地域とコナ間の地域的連携を描き出し、太平洋空間の歴史的叙述に新たな空間枠組みを与える。もう一つは、コナに移住・定住した複数の集団間の関係を200年という長い時間軸のなかで捉えることで、コーヒー産業内の人種秩序の変容を考察することである。長期にわたって一移民集団を考察する手法とは異なり、コナコーヒー産業を主軸に人種／エスニック集団間の関係を明らかにしていくことは、多民族社会の複雑なリアリティを描き出すことを可能にする。

一方で、入植者によって始められたコナコーヒー産業の歴史を移民の視点と経験から描くことは、図らずもハワイ先住民を排除してしまうことになる。近年のハワイ（史）研究分野では、ハワイ語の史資料を駆使し、ハワイ先住民である研究者による先住民を主体とした新たな歴史学的研究が急速に蓄積されている。それらの研究は既存のハワイ史研究で沈黙させられていた先住民の声を前面に押し出し、ハワイ王国の崩壊や植民地化に対する心の叫びから戦略的抵抗までを鮮やかに描き出している[27]。さらに、キャンディス・フジカネ（Candace Fujikane）やジョナサン・Y・オカムラ（Jonathan Y. Okamura）による編著*Asian settler colonialism*（アジア系入植者植民地主義）は、これまで欧米型植民地主義が白人対黒人（白人と黒人の歴史）や白人対非白人といった対立的人種構造のなかで理解、議論されていたのに対し、20世紀初頭から、人口全体の半数以上を占めるマジョリティ集団がいないハワイの多民族社会は、欧米型植民地主義の視点からは捉え難いことを示した。そのうえで、ハワイ先住民研究者との共同研究を行うことで、ハワイの人種構造について先住民の視点から考察した新たな視座を提供した。それは、アジア系移民も欧米白人入植者と同様に、ハワイの土地を奪い、先住民を経済的にも社会的にも周縁に追いやることに加担した「入植者」であるという見方である[28]。それは、サトウキビ農園社会で搾取されたアジア系労働移民に対する従来の犠牲者的イメージを覆すものであった[29]。本書では、コーヒー栽培の歴史を1820年代のハワイ王国時代から遡ることで（第1章、第2章）、外部からの流入者が「入植者」として先住民の土地に定住し、サトウキビやコーヒーの栽培により先住民の経済活動、生活環境を崩していったことに着目し、移民の持つ入植者植民地性を明らかにする。しかし、コナにおけるハワイ先住民の経験については、現在ではハワイ語資料のパパキロ・データベース（Papakilo Database）なども登場しているが、筆者のハワイ語能力の限界により考察不足であることをあらかじめ断っておきたい[30]。さらに、複数の移民集団を対象にしたとはいえ、沖縄系、中国系、フィリピン系、サモア系などの移民集団はコナにおける人口や資料状況から取り上げなかったこと、また使用した資料が男性中心のものが多かったことからジェンダーに関する深い議論が欠如していることも本書の限界を示しているといえよう。

3 人、モノ、知の重層的移動史

最後に、コナから移動史を構築する意義について述べる。幾重にも重なる越境的移動の結節点ともなる舞台は、ハワイ島コナという極めてミクロな地域である。ただ、コナはハワイ諸島の他の地域とは異なることから、少なからずハワイ史において学術的関心を得てきた。その特殊性は、ハワイ諸島の主要経済であった製糖業が確立しなかったことに起因する[31]。1870年代からハワイ王国の基幹産業となった製糖業は大農園方式（プランテーション）を採用し、多くのアジア系移民を労働者として誘致し、サトウキビの大量生産を行ってきた。ところが、溶岩石が多く、平坦でかつ広大な土地に乏しいコナは、地形的にサトウキビ栽培に向いていなかったため、1850年頃からコーヒーを主要商品作物として栽培してきた。製糖業では農園や製糖工場の設置に伴い、収穫運搬用の鉄道や水路の建設などの大規模な開発が行われたのに対し、コナのコーヒー栽培は大農園方式が主流ではなく、大型の精製工場も必要としなかった。さらに、サトウキビ農園では少数の欧米系白人農園主が大勢の非白人労働者を支配するため、居住空間や賃金体制を人種／エスニック集団によって徹底的に差別化してきた。ところが、コナでは19世紀末になると、5～10エーカー程のコーヒー栽培地を管理する小規模農家が大部分を占め、1950年代までは日系移民や二世家族がマジョリティ集団としての役割とコーヒー栽培を担っていた。このように、コナはハワイ諸島のなかでも他の地域とは異なり、製糖業を基盤としない経済活動・社会形成を経験したことから、ハワイ（史）研究において特殊な地域として認識されてきた。

よって、本書では、ハワイ島コナをグローバルな文脈に置くことによって、サトウキビ農園社会を中心に語られてきたハワイ（移民）史からの脱却を目指す。サトウキビ生産史に関しては、ロナルド・タカキ（Ronald Takaki）やフランクリン・オードー（Franklin Odo）など米国の日系研究者により、移民労働者を中心とした研究が盛んに行われてきた[32]。これらの研究は、ハワイ王族や欧米系白人政治家などの権力者による歴史叙述とは異なり、「下からの歴史（history from below）」の手法により、ハワイの多民族社会の裏側——搾取的農園社会、人種主義、植民地主義——を明らかにするうえで重要な研究であるが、それらはハワイ到着後の移民の経験や記憶が中心となっている。一方で、本研究は『〈群島〉の歴史社会学』

の著者石原俊が小笠原諸島・硫黄島を「近代定点観測」地として「アジア太平洋世界の近代」を描き出したように、コナを太平洋空間の「移動の定点観測地」として設定し、コナコーヒー産業の台頭と発展過程における様々な移動を明らかにしていく[33]。ここで、あえて移民史ではなく移動史という語を使用したのは、本書では移民だけではなく、植物（コーヒーの苗）、栽培技術や労働システム、スペシャルティコーヒー概念といった非人間も移動主体として取り上げるためである。

また、本書で取り上げる様々な移動はそれぞれが独立しているのではなく、相補的関係のなかで成り立っていることも重要な点である。コーヒーの苗の移動にはそれを世話したり、移植したりする植物学者や宣教師の仲介が必要であったと同時に、コーヒーの栽培に惹かれてサトウキビ農園労働者が移動したように植物（コーヒー）と人びとの移動には相互作用がみられる。そして、コナコーヒー産業が現在まで存続してきた背景には、長期間にわたる複数の移動が作り上げてきた相補的関係があったのである。このように、本書では複数の移動主体を対象とし、それらが移動先で関係を構築する過程を読み解くアプローチを「重層的移動史」と呼ぶ。

すでに、太平洋空間を舞台とした移動の多様性は、マット・マツダ（Matt Masuda）著*Pacific worlds: a history of seas, peoples and cultures*（太平洋の世界――海・人・文化の歴史、2002）においても議論されている。マツダは、北太平洋空間を縦横無尽に移動した集団が作り上げた複雑なグローバルなつながりを丁寧に解きほぐし、複数形の太平洋世界を提示した[34]。本書はコーヒー産業が継続しているコナを移動の定点観測地とすることで、現在までのグローバル化現象も含む太平洋史（パシフィック・ヒストリー）の叙述を試みる。特に、第5章、第6章では、現在のブランド化された「コナコーヒー」のグローバルな流通、コーヒー産業の新たな労働力としてのラテン系移民について取り上げることで、これらの移動を歴史的な移動史の文脈で位置付ける。これにより、コナを定点とした太平洋空間の重層的移民史と現代社会の接点を見出す。

冒頭でも言及したように、現代社会において、コーヒー消費の世界では産地重視型の品質評価が流布している。よって、コナで栽培されたコーヒーを「コナコーヒー」と呼ぶのは当たり前のように見えるかもしれない。しかし、この名称は消費者の産地に対するファンタジーを駆り立てる一方で、栽培者がどのような経験――移動、受容と排除、経済難など――を持ってコーヒーを栽培してきたのかというリアリティを覆い隠してしまう。さらに皮肉なことは、コナコーヒーがハワイを代表するお土産や名産品としてグローバルな評価を得ているのにもかかわらず、19世紀末以降、その栽培にはハワイ先住民はほとんど関わることがなく排除されているという事実である。よって、本書は「コナコーヒー」を作り上げてきた重層的移動史を解きほぐすことにより、産地名称によって「没背景化」してしまった栽培者たちの存在と経験、そして産地名称によって削ぎ落とされたグローバル・ヒストリーも明らかにしていく。つまりそれは、太平洋空間を縦横無尽に越えて移動した様々な主体の存在によって、日英米帝国の植民地主義、コーヒーの世界市場、スペシャルティコーヒーの台頭など外部からグローバルな圧力にさらされつつも、それらの影響に抗い、時にはそれらを逆手に取ることで、存続してきたコナコーヒーの物語である。

4　本書の構成

コーヒー苗がハワイ諸島に移植されたのは19世紀初頭であった。第1章では、その移植が、英帝国の太平洋航海、植物学者による世界的収集の実践、ハワイ王国における西洋的嗜好の需要といった要素が密接に絡む状況のなかで行われたことを論じる。ハワイへのコーヒー苗の移植は現在にいたるまで幾度となく行われていたが、ここではコナコーヒー産業の原点とされる、1824年英国海軍フリゲート船ブロンド号によって、ブラジル経由で運ばれたコーヒー苗に着目する。ブロンド号の航海は、1778年のジェームズ・クック来島以降行われてきた、英海軍による太平洋探検の一環であったが、その船には英国人画家、英王立園芸協会の植物学者、ハワイ王国代表団などそれぞれ異なる目的を持つ人びとが船旅を共にしていた。本章は乗船者それぞれの思惑に着目しつつ、大西洋と太平洋を跨いだコーヒーの移植過程をハワイ王国の西洋化と英帝国の植物帝国主義の文脈から考察する。

第2章では、ハワイにおけるコーヒー栽培の産業化過程を見ていく。コーヒーがハワイ諸島に移植された約30年後から、ハワイでは農業振興による基幹産業の設立が重要課題として議論されるようになった。その象徴的な存在として、ハワイ王立農業協会（Royal Hawaiian Agricultural Society）の成立がある。この協会の活動は1850年代の10年弱という短命に終わったが、サトウキビとコーヒー栽培を中心とした大農園型農業の確立を正当化し実現したという点で、ハワイ経済に大きな転換をもたらした。協会のメンバーはハワイ王国の政治や経済活動において大きな影響力を持っていた欧米系白人入植者や米国宣教師であり、彼らはゴールド・ラッシュによって急速に人口が増加したカリフォルニアをハワイにとって有望なマーケットと考えていた。これを受けて、ハワイ政府はカリフォルニア市場向けのサトウキビやコーヒーの栽培地を増やすため、数々の土地法の施行や改定を行った。一連の変革を正当化するロジックとして使用されたのが、ハワイ王国の主権保護と先住民の勤勉性の向上であった。その背景には、出身帝国からの制約を受けずに自由に活動し、現地労働力を搾取できる経済構造を確立したいという欧米系白人入植者の思惑があった。よって、外部からの植民地化は避けられたものの、ハワイ在住の欧米系政治家や宣教師による「内からの植民地化」により、ハワイは急速に近代化を経験していくこととなる。

第3章ではハワイ王国が転覆し、欧米系白人による共和国が成立した時代に着目し、新政府が米国併合を実現するために推進した欧米系白人農業入植者の誘致計画とコーヒー栽培の関係を明らかにする。まず、農業・入植計画を論じたうえで、19世紀末にコナにコーヒー栽培のために逃亡してきた日系移民の存在を取り上げ、ハワイにおいて逃亡移民が「国際問題化」したことを論じる。分析資料として、当時のサトウキビ農園会社と熊本移民会社がそれぞれ作成した逃亡移民リストを使用し、日系移民の逃亡経路だけではなく、逃亡移民の詳細な情報が故郷日本に「帰国」した逆流現象も総合的に検討する。それにより、日系逃亡移民の存在が共和国政府やサトウキビ農園会社にとって国際問題化するほど重要な問題となった反面、逃亡移民に頼らざるを得なかったコナコーヒー産業の実情を描き出す。

第4章は、日系移民がマジョリティの移民集団となった戦前コナコーヒー産業と社会に着目し、コナ「日本村」論の形成とその影響について考察する。1930年代半ば、*Sue mura: a Japanese village*（『須恵村――日本の村』）を執筆した人類学者ジョン・F・エンブリー（John F. Embree）がコナで日系社会の調査を行った。この時期、最も繁栄していた製糖業を地理的な理由で導入できなかったコナは、ハワイ諸島の他の地域から経済的、社会的に隔離された「田舎の日本村」として、米国の人類学者や社会学者の注目を集めていた。そのような「日本村」という認識は、今日のコナをめぐる研究にも大きな影響を与えている。それを示す事例として、1920年代半ばにコナ日系移民が日本帝国の委任統治領となったサイパン島に南洋珈琲株式会社を設立し、日本帝国の「国産珈琲」の栽培に関わったという事実が見過ごされてきたことが挙げられる。本章ではこの事例を通して、コナ日系移民による日本帝国統治領への人と資金の移動を明らかにし、コナ日本村論を批判的に考察するとともに、ハワイ（元）日系移民によってコナから南洋群島、そして台湾へと拡大されたコーヒー栽培のグローバル・ヒストリーを展開する。

補論では、多様な移動に焦点を当てたグローバル・ヒストリーを展開にするにあたり、筆者が行ってきた調査方法について言及する。執筆にあたって、日本、ハワイ、台湾、米国、英国に保管されている資料（日記、新聞記事、報告書、インタビュー、マテリアルなど）の収集はもちろん、それらをどう繋げていくかという作業が非常に重要となった。それは、特定の国家や地域の資料館や図書館に保管される史資料がアーカイブ化される過程で、越境する人やモノの移動過程が分断され分類、保管されてしまうことに起因する。本論では、アーカイブ化された資料から移動をどう再構築しグローバル・ヒストリーを実践したのか、そしてその限界とは何かについて論じる。

第５章では1970年代から衰退し始めたコナコーヒー産業が、スペシャルティコーヒー市場の開拓により大きく変化し、それを受けて産業内及びコナ社会の人種構造に変容が起きたことを見ていく。具体的には、スペシャルティコーヒーとしてのコナコーヒーに価値を見出した欧米系白人農家や日米コーヒー企業の参入によって引き起こされた一連の変化である。これにより、コナ社会を構成する人種／エスニック集団にも変化は見られたが、移民労働者の搾取的状況は継続されてきた。本章の後半部分では、ラテン系移民に焦点を当て、「非合法移民」という偏見に晒されながらも、「模範的な」コーヒー農園経営者としてコナコーヒー産業を支えていることに着目する。偏見と実態が両極に乖離する状況は、ハワイにおける人種主義が要因となっていることを象徴的に示すといえる。これは、200年以上にもわたりグローバルな規模で、多様な背景を持つ移民集団を受け入れてきたコナコーヒー産業において、非白人移民労働者たちが共通に経験してきた人種主義とみなすことができる。しかし、人種主義的経験に屈することなく生き抜いてきたラテン系移民はコナコーヒー産業の基盤を支える主要労働力であり、本章では彼ら彼女らの排除と受入が交差する現状を明らかにする。

第6章では、「コナコーヒー」の名称が持つ今日的問題について考察する。一般的には、コナコーヒーのブランド化は1970年代末のスペシャルティコーヒー市場の台頭によるものと理解されているが、本章ではそれが1959年のハワイ立州に伴うハワイ政治家とコナコーヒー栽培者たちの主体的取り組みによって始まったことを論じる。その取り組みは、1970年代にコナコーヒーがスペシャルティコーヒーとして認識される土台を作っていった。ところが、産地重視型のこのブランド化は、偽コナコーヒーの製造や10%か100%かのコーヒー論争など、コナコーヒーの本質をと問うような問題を引き起こす結果となった。つまり、高級コーヒーとしてのコナコーヒーの評価は栽培者の期待通りグローバルな評価を確立しつつも、それは栽培者を経済的に潤すものではなく、新たな問題を突き付けたのである。

このように、本書は、コナコーヒー産業が経験してきた、時代、規模、内容の異なるグローバル化を「移動」をキーワードに読み解くことにより、産地名に固定化されてしまったコナコーヒーを解放し、栽培者と消費者、産地と消費地が新たに繋がることができる歴史的知と、グローバルな視座を提供することを目指す（図0-2、図0-3参照）。

以上が本書でたどる「物語（ストーリー）」だが、実際には歴史はそう単純に図式化できるものでもない。第1章から始まる各章には、北太平洋の真ん中に浮かぶハワイ島コナで生きた栽培者の生の声、チェリーを摘み取る手の感覚、励まし合う日々の営み、そうした姿が各所に生き生きと登場する。それを現在に伝えるのを手助けしてくれるのが、史料である。過去に埋もれてしまった人びとのリアリティを、ぜひ読み取っていただきたい。

	人びとをめぐる移動	人以外の移動や関連現象
1820年代　王国（1章）	欧米系白人航海者・宣教師	植物帝国主義・コーヒー苗
1850年代　王国（2章）	欧米系白人入植者	農業協会・大農園制度
19世紀末　共和国（3章）	米国白人の誘致	内からの植民地化
20世紀前半　準州（4章）	日系逃亡移民	逃亡移民の情報
	米国シカゴ学派	コナ日本村論の展開
1970年代以降 米州（5章）	コナ日系移民	コーヒー栽培技術・投資
	ラテン系移民労働者	「非合法移民」のイメージ
1990年代以降 米州（6章）	日米コーヒー関連企業	コーヒー国際協定
	米国白人農家	スペシャルティコーヒー

コナコーヒーをめぐる「没背景」

排除されてきたハワイ先住民 ――――→ 現在の産地重視型コナコーヒー

図0-2　重層的移動史――本書の各章が着目する移動する主体

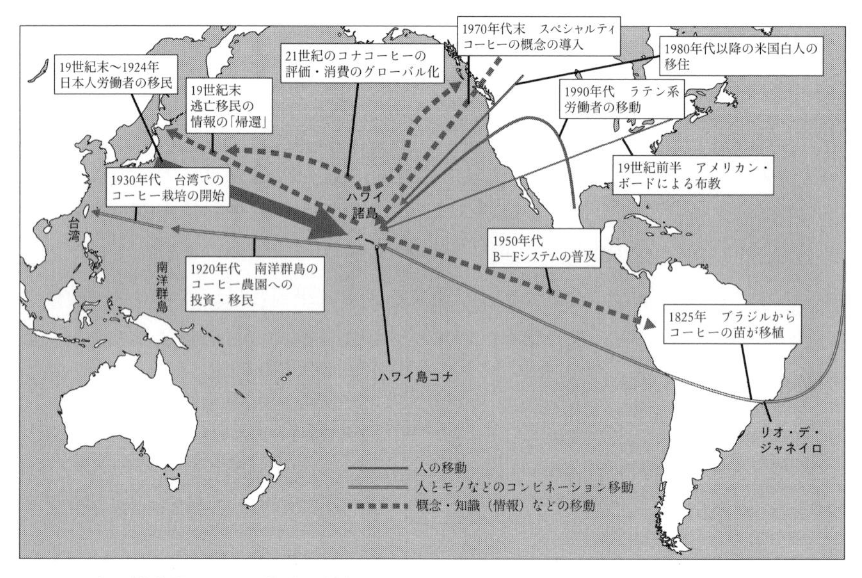

図0-3　太平洋空間における移動の様相

参考：Okihiro, G., *Island world: a history of Hawaiʻi and the United States* (University of California Press, 2008), p. 212掲載の地図を基に、著者が各移動の説明と矢印を加えた。

注

(1)　“HB2298 HD1 SD2 CD1,” *Hawaiʻi state legislature/Ka ʻahaʻōlelo mokuʻāina ʻo Hawaiʻi*, https://www.capitol.hawaii.gov/sessions/session2024/bills/HB2298_CD1_.pdf.（最終アクセス2024年7月20日）

(2)　「世界三大コーヒー」*Aloha Program*（2023年7月22日), https://www.aloha-program.com/satellite/recommendation/detail/2705; はたせいじゅん「コナコーヒーってなんだ」*All Hawaii*（2013年8月29日), https://www.allhawaii.jp/article/1290/.

(3)　「UCC MOUNTAIN MIST　ハ ワ イ コ ナ200g（豆）」UCC online store, https://store.ucc.co.jp/category/BRAND_12/UMM2701015.html（最終アクセス2024年10月13日）。MOUNTAIN MISTは同社のスペシャルティコーヒー・シリーズである。

(4)　20世紀末からコナ以外での商業的コーヒー栽培も盛んになり、現在ではハワイ島ハマクアやカウ地区、カウアイ島、マウイ島、モロカイ島、オアフ島を産地名称として使ったコーヒーがある（Department of Agriculture State of Hawaiʻi, “Guidelines for Hawaii-grown coffee labeling,” https://hdoa.hawaii.gov/qad/files/2013/01/QAD-HI-GROWN-COFFEE-LBLS.pdf. 最終アクセス2024年7月20日）。

(5)　Baron Goto, “Ethnic groups and the coffee industry in Hawaiʻi,” *Hawaii journal of history*, vol. 16 (1982): 120; Gerald Kinro, *A cup of aloha: the Kona coffee epic*（Latitude twenty book, 2003), p. 17. コーヒーにはアラビカ種、カネフォラ種（ロブスタ種）、リベリカ種があり、コナではアラビカ種が栽培されている。ハワイ諸島では2008年の時点で、ティピカ以外にも、アラビカ種レッドブルボン、ブルーマウンテン、カトゥアイ、ムンドノーボ等も栽培されている（Virginia Easton Smith, “What in the world is a peaberry? Find out at the coffee festival,” *West Hawaii Today*, 2 November 2008, E4）。

(6)　“Controversy brewing: new, large-scale operation in the coffee belt creates local stir around biosecurity, Kona brand,” *West Hawaii Today*, 19 February 2018, A6; “Cream of the crop: geisha Kona coffee farm takes coveted Kona coffee cupping competition classic division,” *West Hawaii Today*, 14 November 2021, 9A; 植村円香「ハワイ島における新たな担い手によるコナコーヒー生産とその課題」『E-journal GEO』17巻1号（2022年）：150。

「コナゲイシャ（Kona Geisha）」商品を売っているコーヒー焙煎会社パラダイス（Paradise）のホームページによると、2015年、ダグ・マッケナ（Doug McKenna）がゲイシャ種の苗を初めてパナマからコナへ移植した。2020年ごろから収穫され、同社ではコナティピカ商品を約100グラムあたり3,700円で売っているのに対し、コナゲイシャは14,700円で売っている（“Single origin coffees,” *Paradise Coffee Roasters*, https://paradiseroasters.com/collections/single-origin-coffees. 最終アクセス2024年8月1日）。

(7)　山下範久『ワインで考えるグローバリゼーション』（ＮＴＴ出版、2009年）、31頁。

(8)　パミラ・カイル・クロスリー著、佐藤彰一訳『グローバル・ヒストリーとは何か』（岩波書店、2012年）。これを含めてグローバル・ヒストリーの方法論や視座に関する研究書は2000年代末から多く出版されており、以下に代表的なものを挙げる。Sebastian Conrad, *What is global history?*（Princeton University Press, 2016)（セバスティアン・コンラート著、小田原琳訳『グローバル・ヒストリー――批判的歴史叙述のために』岩波書店、2021年）；Lynn Hunt, *Writing history in the global era*（W. W. Norton & Company, 2014)（リン・ハント著、長谷川貴彦訳『グローバル時代の歴史学』岩波書店、2016年）；水島司編『グローバル・ヒストリーの挑戦』（山川出版社、2008年）；水島司『グローバル・ヒストリー入門』（世界史リブレット127、山川出版社、2010年）；羽田正『グローバル・ヒストリーの可能性』（山川出版社、2017年）；成田龍一・長谷川貴彦編『〈世界史〉をいかに語るか――グローバル時代の歴史像』；羽田正編『グローバルヒストリーと東アジア史』（東京大学出版会、2016年）など。

(9)　日本におけるグローバル・ヒストリー研究の先駆的研究者の一人である羽田正は英語圏と国内の歴史学界におけるグローバル・ヒストリーの系譜についてまとめた。それぞれの世界史の発展過程や認識が異なるため、両者のグローバル・ヒストリーに関する認識は同じではないと主張する。羽田は国内におけるグローバル・ヒストリーは、「あくまでも日本語による従来の世界史研究を乗り越える文脈から成される新しい世界史研究」と位置付けている（羽田正編『グローバルヒストリーと東アジア史』東京大学出版会、2016年、4–5頁）。

(10)　既存の歴史学研究が見落としてきた地域間の連関を明らかにした研究書として、19世紀末から第一次世界大戦までの高級服や帽子の装飾として使用された羽飾りの生産、流通、消費を、ユダヤ系商人の移動（南アフリカ―欧州―米国）史とともに考察したSarah Abrevaya Stein, *Plumes: ostrich feathers, Jews, and a lost world of global commerce*（Yale University Press, 2008)、アフリカ系米国人ブッカー・T・ワシントン（Booker T. Washington）によって設立されたタスキギー研究所（The Tuskegee Institute）が、西アフリカのドイツ植民地トーゴに米国南部と同様の綿花栽培事業を事例として、米国南部とドイツ帝国の連携による近代的植民地主義について議論したAndrew Zimmerman, *Alabama in Africa: Booker T. Washington, the German empire and the globalization of the new south*（Princeton University Press, 2010)、日本帝国の入植者植民地主義思想や実践について北米地域及びハワイへの日系移民との関わりから、日本帝国植民地と海外日系ディアポラのつながりを描いたEiichiro Azuma, *In search of our frontier: Japanese America and settler colonialism in the construction of Japan's borderless empire*（University of California Press, 2019)（東栄一郎著、飯島真里子・今野裕子・佐原彩子・佃陽子訳『帝国のフロンティアをもとめて――日本人の環太平洋移動と入植者植民地主義』名古屋大学出版会、2022年）などが挙げられる。

(11)　岡本充弘「グローバル・ヒストリーの可能性と問題点」成田龍一・長谷川貴彦編『〈世界史〉をいかに語るか』、35頁。

(12)　桃木至朗「序章」桃木至朗、中島秀人編『MINERVA世界史叢書5　ものがつなぐ世界史』（ミネルヴァ書房、2021年)、1頁。

(13)　水島『グローバル・ヒストリー入門』、4頁。また、非人間を主役としたグローバル・ヒストリー、もしくはその要素を持つ研究としては代表的なものとしてJared Diamond, *Guns, germs and steel: a short history of everybody for the last 13,000 years*（Vintage, 1998)（ジャレド・ダイアモンド著、倉骨彰訳『銃・病原菌・鉄――1万3000年にわたる人類史の謎』草思社、2012年)、Kenneth Pomeranz and Steven Topik (eds.), *The world that trade created: society culture, and the world economy 1400 to the present*（M. E. Sharpe, 2006)（ケネス・ポメランツ、スティーヴン・トピック編、福田邦夫、吉田敦訳『グローバル経済の誕生――貿易が作り変えたこの世界』筑摩書房、2013年)、Sven Beckert, *Empire of cotton: a global history*（Vintage, 2014)（スヴェン・ベッカート著、鬼澤忍、佐藤絵里訳『綿の帝国――グローバル資本主義はいかに生まれたか』紀伊國屋書店、2022年）などがある。ダイアモンドやベッカートほど扱う時代や地域は広大ではないが、興味深い研究書としては、Stein, *Plumes*や西洋式タイプライターの技術を応用し発明が試みられた中国のタイプライターをめぐる技術史及び漢字文化圏の関係史について検討したThomas S. Mullaney, *The Chinese typewriter: a history*（The MIT Press, 2017)（トーマス・S・マラニー著、比護遥訳『チャイニーズ・タイプライター――漢字と技術の近代史』中央公論新社、2021年）が挙げられる。

(14)　食をめぐるグローバル・ヒストリー的な視点を持った研究は、すでに1970年代から存在していた。代表的な著作として、Alfred W. Crosby Jr., *The Colombian exchange: biological and cultural consequences of 1492*（Greenwood Press, 1972）やSydney Mintz, *Sweetness and power: the place of sugar in modern history*（Viking books, 1985）などがある。また、近年では茶、胡椒、バナナなど様々な食材をテーマとした歴史研究が行われており、それらの研究は一国史にとどまらず、栽培、加工、消費のいずれの側面でもグローバルな視点をもった研究となっている。なかでも、日本幕末時期から米国に輸出された日本茶の歴史について書かれたRobert Hellyer, *Green with milk and sugar: when Japan filled America's tea cups*（Colombia University Press, 2021）（ロバート・ヘリヤー著、村山美雪訳『海を越えたジャパン・ティー――緑茶の日米交流史と茶商人たち』原書房、2022年）は、従来の日本史では見られてこなかった日本茶を米国の茶商人の経験から再考し、日本の生産・輸出活動と米国の消費活動の関連について考察している点において、グローバル・ヒストリー的視点を持った研究書といえる。

(15) B.W. Higman, *How food made history*（Wiley-Blackwell, 2012), pp. v-vii; Jeffrey M. Pilcher, *The Oxford handbook of food history*（Oxford University Press, 2012), pp. vii-ix. また、文化人類学者Anna Lowenhaupt Tsing, *The mushroom at the end of the world: on the possibility of life in capitalist ruins*（Princeton University Press, 2015）（アナ・チン著、赤嶺淳訳『マツタケ――不確定な時代を生きる術』みすず書房、2019年）は、マツタケを題材に自然と人間の二項対立的関係を、環境、資本主義、科学、戦争など多様なテーマで論じる論文の「アッセンブリッジ（寄りあつまり）」（p. vi）であり、特定の結論を目指す研究書ではないが、多様な視点とアプローチを提供する。

(16) 成田龍一、長谷川貴彦編『〈世界史〉をいかに語るか――グローバル時代の歴史像』、4–5頁も参照。

(17) コーヒーをめぐるグローバル・ヒストリーや世界史に関しては、専門書から教養書にいたるまで多数出版されている。本章では本書の議論と関わりのある研究本を中心的に取り上げるとともに、主にコーヒーの栽培史――加工、マーケティング、消費の歴史ではなく――をテーマにしたものを紹介する。コーヒーの栽培から消費まで網羅的にカバーしている本としては、Mark Pendergrast, *Uncommon grounds: the history of coffee and how it transformed our world*（Basic Books, 1999）（マーク・ペンダーグラスト著、樋口幸子訳『コーヒーの歴史』河出書房新社、2002年）がある。また、ドイツ文学者臼井隆一郎による『コーヒーが廻り 世界史が廻る――近代市民社会の黒い血液』（中公新書、1992年）はヨーロッパの市民社会とアフリカ植民地を中心にコーヒーの越境的影響力を論じている。

(18) William Gervase Clarence-Smith and Steven Topik, *The global coffee economy in Africa, Asia, and Latin America 1500-1989*（Cambridge University Press, 2003), p. 3.

(19) ハント『グローバル時代の歴史学』、64頁、68頁。

(20) 小澤卓也『コーヒーのグローバル・ヒストリー――赤いダイヤか、黒い悪魔か』（ミネルヴァ書房、2010年）、14頁。

(21) 臼井『コーヒーが廻り』や遺伝子学研究者旦部幸博による『珈琲の世界史』（講談社、2017年）は、ヨーロッパを中心に展開されたコーヒーのグローバル・ヒストリーといえよう。

(22) コーヒーのグローバル・ヒストリーにおいて、ハワイはClarence-Smithら*The global coffee economy*の第5章"The coffee crisis in Asia, Africa, and the Pacific"（pp. 100–119）においてサトウキビ農園からの逃亡移民（日本人やフィリピン人）の受入地としてのコーヒー栽培地（p. 118）が言及され、小澤『コーヒーのグローバル・ヒストリー』ではコナコーヒー・フェスティバルについてのコラム（282–284頁）で言及されているのみである。

(23) 辻村英之『コーヒーと南北問題――「キリマンジャロ」のフードシステム』（日本経済評論社、2004年）や箕曲在弘『フェアトレードの人類学――ラオス南部ボーラヴェーン高原におけるコーヒー栽培農村の生活と協同組合』（めこん、2015年）。

(24) 田辺明生、竹沢泰子、成田龍一編『環太平洋地域の移動と人種——統治から管理へ、遭遇から連帯へ』(京都大学学術出版会、2020年)、14頁。

(25) 詳しくは、飯島真里子「コナ・コーヒー文化フェスティバル——ハワイ島コナにおける新たなる日系人アイデンティティの形成」『移民研究』7号 (2011):1–24頁を参照。

(26) 複数の移民集団の関係から米国西海岸部(主にカリフォルニア州)の移民・社会史を論じた研究書として Scott Kurashige, *The Japanese grounds of race: Black and Japanese Americans in the making of multiethnic Los Angeles* (Princeton University Press, 2007), Rudy P. Guavarra Jr., *Becoming Mexipino: multiethnic identities and communities in San Diego* (Rutgers University Press, 2021) や Yu Tokunaga, *Transborder Los Angeles: an unknown transpacific history of Japanese-Mexican relations* (University of California Press, 2022) などがある。また、ハワイに関しては歴史研究者クリステン・T・ササキ (Christen T. Sasaki) が著書 *Pacific confluence: fighting over the nation in nineteenth-century Hawaiʻi* (University of California Press, 2022) のなかで、米国によるハワイ併合を米帝国膨張主義の文脈からだけではなく、ハワイ先住民、欧米系白人、日系移民、ポルトガル系移民の視点と思惑に着目して論じている。

(27) Noenoe K. Silva, *Aloha betrayed: native Hawaiian resistance to American colonialism* (Duke University press, 2004); J. Kēhaulani Kauanui, *Paradoxes of Hawaiian sovereignty* (Duke University Press, 2018); Jamaica Heolimeleikalani Osorio, *Remembering our intimacies: moʻolelo, aloha ʻaina and ea* (University of Minnesota Press, 2021); Noelani Arista, *The kingdom and the republic: sovereign Hawaiʻi and the early United States* (University of Pennsylvania Press, 2021); Hiʻilei Julia Kawehipuaakahaopulani Hobart, *Cooling the tropics: ice, indigeneity, and Hawaiian refreshment* (Duke University Press, 2022) などが近年の代表的研究書である。

(28) Candace Fujikane and Jonathan Y. Okamura, *Asian settler colonialism: from local governance to the habits of everyday life in Hawaiʻi* (University of Hawaiʻi Press, 2008), p. 4.

(29) Ronald Takaki, *Pau Hana: plantation life and labor in Hawaii* (University of Hawaii Press, 1983); Franklin Odo and Kazuko Shinoto, *A pictorial history of the Japanese in Hawaiʻi 1885-1924* (Bishop Museum Press, 1985); Patsy Sumie Saiki, *Japanese women in Hawaii, the first 100 years* (Kisaku, 1985) などが代表的な研究書として挙げられる。

(30) 古川敏明「第3回『ハワイ語③』」Web ふらんす (2019年3月20日)、https://webfrance.hakusuisha.co.jp/posts/1762.

(31) コナには1906年に紺野留吉によって設立された、ハワイ諸島で唯一の日系移民による製糖会社コナ開拓会社があった。1918年1月には、元大蔵大臣高橋是清、台湾の塩水港精糖会社社長荒井泰治、渋沢栄一などの資本家から100万円の援助を受けたが、業績が振るわなかったことと紺野の死亡により精算された(「胆は斗の如く意志は鉄の如く」『実業之布哇』1918年2月1日、23頁;「6　款　コナ開拓株式会社」『渋沢栄一伝記資料』第55巻、630–636頁、https://eiichi.shibusawa.or.jp/denkishiryo/digital/main/index.php?DK550124k_text.最終アクセス2024年8月1日)。

(32) Takaki, *Pau Hana*; Odo and Shinoto, *A pictorial history*.

(33) 石原俊『〈群島〉の歴史社会学——小笠原諸島・硫黄島、日本・アメリカ、そして太平洋世界』(弘文堂、2013年)、21–22頁。

(34) Matt K. Matsuda, *Pacific worlds: a history of seas, peoples and cultures* (Cambridge University Press, 2012), p. 2.

ハワイにコーヒーの苗を運んだブロンド号（1825年）
1824年の航海に乗船した画家R・ダンピアによって描かれた「氷山を脱出するブロンド号」（ハワイ・ワシントンプレイス所蔵）。この絵はハワイからロンドンへの大西洋での航海を描いていると思われる。ダンピアの日記では、ハワイへの太平洋の航海は「穏やかであった」と書かれている（Pauline K. Joerger (ed.), *To the Sandwich Islands on H. M. S. Blonde* (University of Hawaii Press, 1971), pp. 29, 104）。（出典：Wikimedia Commons / パブリック・ドメイン）

第1章　ハワイ諸島へのコーヒーの移植

英帝国の植物帝国主義と米国宣教師の活動

彼［クック］によって植えられた果実や種子は芽吹き、そして島［ハワイ諸島］の人びとに壊滅的打撃を与えるほどに成長した[(1)]。

これは、19世紀のハワイ先住民歴史家サミュエル・マーナイアカラニ・カマカウ[(2)]（Samuel Mānaiakalani Kamakau, 1815–67年）が、カメハメハ一世（Kamehameha I, 1758? –1819年、在位1795–1819年）から始まるハワイ王国の歴史叙述*Ke kumu aupuni*（「ハワイ王国の建国」）[(3)]のなかで記した一文である。カマカウは、1778年の英国人探検家ジェームズ・クック（James Cook, 1728–1779年）の来島に関する記述の後に、この文章を書き記し、続けて売春、伝染病、法整備、生態系や環境の変化など11項目にわたる「壊滅的な打撃」を列挙した[(4)]。引用内の「果実」や「種子」は、ヨーロッパ人がもたらしたハワイ社会への多岐にわたる悪影響を比喩的に表現しているが、実際、クックの来島から200年の間に約5,000種もの植物品種がハワイ諸島に持ち込まれたと推定される。言うまでもなく、外来植物はハワイ諸島の生態系にも「壊滅的な打撃」を与え、それらのなかにはコーヒーノキも含まれていた[(5)]。

科学史・ジェンダー史を専門とするロンダ・シービンガー（Londa Schiebinger）は著書*Plants and empire*（2004年）のなかで、「歴史家やポスト・コロニアル研究者、そして科学史家でさえも、グローバルな規模で、人間社会と政治を形成し再形成する過程において植物が持つ意義についてほとんど認識していない」と指摘し、植物自体が持つ越境的影響力への着目を促す[(6)]。ハワイの場合、19世紀半ば以降、政治、経済、社会の形成において必要不可欠な植物はサトウキビであった。王国の基幹産業として発展した製糖業はハワイ史を語るにあたって欠かせない経済活動であり、また産業を支えた農園社会はハワイ社会の人種／エスニック構造の形成に大きな影響を与えた。それは欧米系白人をピラミッドの頂点とする土地制度や経済・社会構造を確立させ、米国によるハワイ併合（1898年）が実現する以前から「植民地化」が始まっていたことを示唆する[(7)]。このような製糖業の圧倒的支配力は、ハワイの歴史学や社会学的研究――社会史、労働史、エスニック・スタディーズなどの分野――にも影響を及ぼし、産業によって形成された農園制度と搾取構造、アジア系労働移民の流入によるハワイ社会の人種／エスニック関係の再編成などが長らく中心的な研究テーマとなってきた（第２章で詳述）。つまり、「製糖業ありき」として議論されるハワイ史では、サトウキビ以外の植物への着目が欠如する傾向にあった[(8)]。コナコーヒーに関しては、大農園によるサトウキビ生産とは異なり、栽培規模が小さく、かつ生産量も少なかったことから、ハワイ史では商品作物の多様化のための作物の一つとして捉えられてきた。

さらに、ハワイの製糖業に関する一連の研究は移民労働者のグローバルな移動を捉えながらも、植物としてのサトウキビが持つグローバルな文脈については考察してこなかった。本章では、シービンガーが主張する「グローバルな規模で、人間社会や政治が形成され変化した過程における植物の重要性」を踏まえたうえで、ハワイ島コナへのコーヒー苗の移植の経緯をグローバル・ヒストリーの視点から検討する。サトウキビはクック来島以前からハワイ先住民によって栽培されていたが、コーヒーは19世紀初頭にハワイ諸島に移植された外来植物であった。コーヒー苗の移植経緯や経路、それに関わった人びとの背景は当時の新聞記事、航海日記や公的記録などの一次史料——英語に偏ってはいるものの——から明らかにすることができる。それはコナコーヒーの源流の一つを辿り、そこからハワイ到着までのグローバルな移動とともに、直接的にも間接的にも移植に携わった人びとの折り重なる欲望を紐解く作業となる。

また、本章は、ハワイにおいてコーヒーが商品作物となる前史でもある。欧米系白人の侵略や入植に伴いコーヒーが移植されたラテンアメリカ地域などでは、コーヒー産地の開発と発展に伴い構築された権力構造、政治体制、階級制度に関する研究が蓄積されていた[9]。しかし、ハワイの場合、当初は、入植者や植民者の経済活動を支える植物としてコーヒーが移植されたわけではなかった。王国において商品作物としての価値が付与されるようになるのは19世紀半ばからであり、それは交易や捕鯨船の寄港地としての役割から脱却できるような経済活動を確立するためであった。詳細な議論は次章に譲るとして、ここでは、1824年、英国を出航したブロンド号によって運ばれたコーヒー苗の移動を3つの文脈——英帝国の植物帝国主義、ハワイ王国の近代国家形成の試み、米国宣教師による布教活動——から検討する。つまり、出身地や背景の異なる人びとが大西洋、太平洋を越える航海を共にし、それぞれの思惑と知が絡み合うことで移植が可能となったのである。

1　ハワイへの植物の人為的移動

植物の移動は、自然界を媒介した移動と人為的移動に大別される。前者が風、鳥、虫などの自然現象や生物を媒介した種子の移動であるのに対して、後者は人が特定の目的のもと、種子や苗を移動させる主体的行為である[(10)]。ハワイ史を振り返ってみると、植物の人為的移動は、1778年のジェームズ・クックによる来島の前後の二期に分けることができる。第一期は、ハワイ先住民の祖となるポリネシア人による移植である。クック来島以前の文字資料がないため、全ての外来植物を特定するのは困難だが、彼が初めてハワイの地を踏んだ時には、すでに約30の植物が生息していたとされている[(11)]。これらの植物はポリネシア人の複数回にわたる航海によって持ち込まれ、ポリネシアの神話に登場する神々に連想される植物は、早い時期に移植された。例えば、4大神の1神とされる生殖の神カーネ（Kāne）にはサトウキビ、タロや竹などの植物が関係していたため、これらは移民の初期に持ち込まれた[(12)]。クックがカウアイ島を訪れた際、「私たちは、サトウキビの農地（plantations）や根菜を植えていると思われる場所も見た」と日記に記しており、ハワイ先住民社会においてはサトウキビが組織的農業のもと栽培されていたことがわかる[(13)]。つまり、クックがハワイを「発見」した際の「未開の土地」は、西暦750年頃から南太平洋からやって来たポリネシア人によって、すでに開拓されていたのである[(14)]。

第二期はクック来島後の18世紀末以降、主に欧米地域から植物学者や入植者たちによって導入された商品作物や、コーヒーのように後世になってから商品作物となった植物の移植である[(15)]。特に、ハワイが捕鯨船の寄港地となっていた1820～1850年代にかけては、欧米からの航海者、探検家や宣教師が故郷の味を再現し、船旅に必要な栄養を摂取できるような野菜（ニンジン、ジャガイモなど）や果実（レモン、桃、プラムなど）を多く持ち込んだ[(16)]。クック来島前後のこれらの人為的移動の大きな違いは、ポリネシア人が移植した植物は生命維持や信仰のうえで必要な食材や資材（コアやヤシ）であったのに対し、18世紀以降の欧米系白人が持ち込んだ植物は後に、米国西海岸部を主なマーケットとした王国の経済活動には欠かせない商品作物へとなっていったことにある。

コナコーヒーのルーツとなる苗の移植も第二期に行われており、19世紀初頭から現在にいたるまで、数多くのアラビカ種のコーヒーが移植されてきた[17]。コーヒーを初めてハワイに移植したとされる人物はスペイン人フランシスコ・デ・パウラ・マリン（Francisco de Paula Marín, 1774–1837年）である。彼の詳しい経歴については不明だが、18世紀末に船乗り（もしくは脱船者）としてハワイに辿り着いた後、40年以上、在住した。ハワイにすっかり溶け込んだマリンはカメハメハ一世国王夫妻の腹心となり、複数の先住民妻を持ち、王国での生活を謳歌していた。カリフォルニアやメキシコの友人やハワイを訪れた人びとから多くの植物を入手し、それらの外来植物をオアフ島の自宅の庭園に植えた[18]。スペイン語で記された彼の日記には「パイナップル、オレンジの木一本、豆、キャベツ、ジャガイモ、桃、チェリモヤ、西洋ワサビ、メロン、タバコ、ニンジン、アスパラガス、トウモロコシ、イチジク、レモン、レタス」などが数回に分けて植えられたことが言及されている。ブドウの木を植えてワインを作るほど、植物の栽培に熱心であったマリンは、1813年か1817年頃にコーヒーを移植しているが、その栽培は成功しなかったようである[19]。よって、マリンによるコーヒーがハワイ島や他の島々に移植されることはなかったと考えられる。

現在のコナコーヒーのルーツとなる苗は、1824年のハワイ国王カメハメハ二世（Kamehameha II, 1797–1824年、在位1821–1824年）の訪英後の帰りの航海の寄港先ブラジルで積み込まれたものであった[20]。

2 カメハメハ二世の訪英

カメハメハ二世の英国訪問の背景には、18世紀末からの欧米帝国による太平洋島嶼地域への影響力拡大があった。ハワイ諸島はクック来島以降の18世紀末から西洋帝国の関心を惹きつけており、1820年末代までに英国が6回、ロシアが2回、フランスが1回、ハワイに探索隊を送り出していた。なかでも英国はいち早く、そして最も多くの隊を派遣していた。ただ、カメハメハ二世の訪英前の1815年と1823年には、ロシアの探索隊がやって来ており、同国からの圧力も大きくなり始めた時期であった[21]。ブラジルからコーヒー苗を運んだブロンド（Blonde）号船長ジョージ・アンソン・バイロン（George Anson Byron, 1789–1868年）提督による航海実録には「米国人が永久的拠点（permanent establishment）の建設」を望んでいるばかりでなく、ロシア政府は島々を占有するために、要塞を建設することで不凍湖の拠点を作ろうしていたと記されている[22]。

さらに、1820年代は欧米系商人を中心に、北太平洋上の毛皮貿易が活発化していた時期であった。英国、米国、ロシアの商人は清帝国が独占的に栽培していた茶を入手するため、その交換品として、米国西海岸部の北側に生息していたアザラシを捕獲し、その毛皮を商品化していた。太平洋の中心に位置するハワイ諸島は、清帝国―米大陸を往来する商人や船乗りたちが、新たな働き手や新鮮な食糧を補充する中継地となった[23]。外部からの人やモノの活発な移動が繰り広げられるなか、ハワイは欧米帝国やそれらの地域から押し寄せる白人の影響を見過ごすことはもはやできず、独立国家としての国際的承認を得る必要性を認識し始めていた。

忍び寄る欧米帝国に対して、ハワイ王国が救いの手を求めたのが英国であった。22歳の若さで即位したカメハメハ二世は、1819年に亡くなった父カメハメハ一世が目指していた英国との同盟関係を結ぼうとした[24]。まずは、摂政となったカアフマヌ（Ka'ahumanu, 1768–1832年、二世の継母）のもと、カプ（kapu）と呼ばれるハワイ独自のタブー制度を廃止し、制度面、文化面において王国の英国化を目ざし、独立体制を確固たるものにしようとした[25]。1821年には、当時の英国王ジョージ四世（George IV, 1762–1830年、在位1820–1830年）に対して、スクーナー船プリンス・リージェント（Prince Regent）号を贈り、英国との友好的関係の強化を試みた[26]。それに対し、英国側も「そのような船［プリンス・リージェント号］を建造し、そのような人材、武器、商品を世界中に送ることができる国は、最も賢明に統治され、最高の法を有しているに違いない」と評価していた[27]。このような状況下において計画されたのが、1824年のジョージ四世への謁見であった。

カメハメハ二世のロンドン訪問に反対していた実母ケオープーオラニ（Keōpūolani, 1778–1823年）が亡くなってから３ヶ月後の1823年11月、ハワイ国王一行は、米国ナンタケット島出身バレンタイン・スターバック（Valentine Starbuck）を船長とする英国捕鯨船エーグル（L'Aigle）に乗り、ロンドンへと出航した。ただ、スターバックは船長という身分を悪用し、国王の資金を勝手に使い、自らの商業ネットワークを開拓することに腐心する「卑しく、狡猾で、浪費家な性質」の持ち主であった[28]。彼は、ハワイに20年以上在住しており、フランス語、英語、ハワイ語を操る通訳としてカメハメハ二世の信頼を得たフランス人ジャン・リーヴ（Jean Baptiste Rives）による推薦によって、このような機会を得ることができたのであった[(29)]。

「狡猾な船長」による船旅とはいえ、一行は無事ロンドンに到着した。到着後は、戴冠式などの王室行事が行われるウェストミンスター寺院の訪問、ドゥルリーレーン王立劇場のロイヤル・ボックスでの観劇、エプソムでの競馬など、一連の観光を楽しんだ（図1-1）[(30)]。ところが、全体的に魚やフルーツなどが少ないロンドンでの食はハワイ国王一行の食欲をそそるものではなかった。よって、ハワイでも

図1-1　ドゥルリーレーン王立劇場で観劇するカメハメハ二世国王夫妻

1824年6月4日、シアターロイヤル・ドゥルリーレーン（the Theatre Royal Drury Lane）で観劇するカメハメハ二世（前列左）、カマーマル妃（前列中央）、クイニ・リリハ（ボキの妻、前列右）、オアフ島首長ボキ（後列右から2番目）たち。ロンドンの複数の地元紙はハワイ国王一行の観劇の様子を伝えた。服装や身のこなしを詳細に描写し、国王夫妻らが西洋文化にすでに慣れ親しんでいることを強調した。その背景にはハワイ先住民たちが「野蛮で未開な民族」であるという一般社会の思い込みがあったことが示唆される。以下は、ロンドン発刊新聞『ニュータイムズ（New Times）』による記事である。

> リホリホ王［カメハメハ二世］とカメハメハ王妃は色黒だが美しく、流行の最先端を行く人びとのような威厳ある冷静さで観劇した。ツウィニー、ボキの妻は、王妃より色黒だが上流社会では危険なほど魅力的な顔立ちをしている。一行は全員、英国風の衣装に身を包んでいた。聴衆は心からの拍手で馴染みのない人びとを迎えた[(31)]。

出典（図版）：J.W. Gear, “Their Majesties King Rheo Rhio, Queen Tamehamalu, Madame Poki, of the Sandwich Islands, and suite, as they appeared at the Theatre Royal, Drury Lane, June 4th, 1824” (1824), *London picture archive*, https://www.londonpicturearchive.org.uk/view-item?i=19029&WINID=1720993243066.

釣れるボラや初めての牡蠣を食した際は大変喜んだという[32]。このようなロンドンでの滞在は、6月10日を境に急変する。同行していたマヌイア（Manuia）というハワイ王国の食糧調達係（perveyor）長が麻疹に罹患したことが判明したためである。彼は商品調達のため、テムズ川を往来しており、その際に感染したと思われる[33]。感染は瞬く間に広がり、7月8日にカマーマル妃（Kamāmalu, 1802–1824年、カメハメハ二世と同じ父親）が他界し、その1週間後には国王が亡くなった。それぞれ22歳、28歳という短い人生を、異国の地で終えたのであった[34]。

この不慮の事故に対して、英国政府の対応は迅速だった。まず、「国際儀礼（international courtesy）」として、国王夫妻の遺体を故郷に運ぶため、英国海軍フリゲート船ブロンド号を用意した[35]。同号はそれまでハワイ諸島を偵察した西洋の船のなかでも最大の軍艦であり、ハワイに到着した際、先住民はその大きさに驚くほどだった[36]。また、船長は詩人ゴードン・バイロン卿（Gordon Byron）のいとこで、ナポレオン戦争（1803〜1815年）での従軍経験もあるバイロン提督（admiral）が務め、航海を記録する画家としてロバート・ダンピア（Robert Dampier, 1799–1874年、第1章扉絵参照）、博物学者アンドリュー・ブロクサム（Andrew Bloxam, 1801–1878年）、牧師ローランド・ブロクサム（Rowland Bloxam アンドリューの兄、1797–1877年）、そして植物学者ジェームズ・マクレイ（James Macrea, 1800–1830年）を含む226名が乗船した[37]。さらに、帰途の航海でハワイ側の代表となったオアフ島首長ボキ（Boki, 1785年以前–1829年頃）によって雇われた英国人園芸家ジョン・ウィルキンソン（John Wilkinson）も加わっていた[38]。船長バイロンが30代半ばであったのに対し、ダンピアやマクレイなどの同船者は20代半ばという比較的若い世代で構成されていた。ただ、ダンピアは1819〜1822年にかけてブラジルのリオ・デ・ジァネイロで事務員として、マクレイはカリブ海に位置するセント・ビンセント（Saint Vincent）島の植物園で働いていた経験があった[39]。バイロンは、両者のような大西洋航海の経験はないとはいえ、1740〜1744年にかけて世界一周をしたジョン・バイロン（John Byron）を父に持ち、1800年から英国海軍に入隊し、1814年には大佐（Captain）に昇進していた[40]。彼らにとって太平洋への旅は処女航海だったが、長期にわたる航海に耐えうる若さ、体力と、それまでの知見、経験を活用できる人材が加わっていたことが窺える。

英帝国がこれほどまでの人材と大型船を提供し、国王夫妻の遺体を移送するのに協力した背景には、夫妻の死による王国との外交関係の希薄化を危惧したことがあった。ジョージ四世は、君主を失ったハワイ先住民一行に対して、謁見の意向を述べた。

> ［なぜなら、余は国王夫妻の］英国訪問の主な目的であった謁見する機会を持つことができなかった。その謁見は、最近になって文明の埒内に入った見知らぬ君主に対する［余の］礼儀の証であり、彼は、余の足元に身を投げ出し敬意を表するために、はるばるやって来たのである。さらに、万が一、サンドイッチ諸島（ハワイ諸島）がロシア人や米国人の手中に帰した場合、英国の太平洋上の商業的利益は著しく損なわれると思われる。よって、我々ばかりではなく、ハワイ国王にとっても、［英国の］保護を与えることは重要であった(41)。

このように、英帝国はハワイ王国を影響下に置こうとしていた他の欧米列強——ロシアや米国に出し抜かれ、太平洋上での商業的拠点を失うことに対する不安を抱いていたことがわかる。1824年９月11日、ジョージ四世はウィンザーにて、ボキを含むハワイ一行と会い、滞在中の保護を約束した。国王夫妻の亡骸の帰郷は、太平洋上の島に英帝国の足がかりを強化するための外交儀式として認識されるようになったのである(42)。

3　英帝国—ハワイ間の植物の「交換」

ロンドン滞在中のハワイ国王夫妻の死は、英帝国—ハワイ王国間の植物の人為的移動を促進した。その中心的役割を担ったのは1804年にロンドンに設立された王立園芸協会（the Royal Horticultural Society）であり、今回のブロンド号による航海において、太平洋諸島の生態系の把握と動植物の収集を計画したのであった。ここでは、乗船者の植物学者マクレイを中心に、この植物を通じた外交を英帝国の植物帝国主義の視点からみていく。

園芸協会によって雇われたスコットランド人マクレイはブロンド号による航海にあたり、同協会選出の植物学者として任名された(43)。その際、彼に課せられた使命は「野生や栽培の状態にかかわらず、協会のために全ての植物、種子を収集」し、特に食用やその他の用途において「価値ある」植物や「装飾」用の植物の収集に専念することであった(44)。マクレイは、ハワイへの航海前にセント・ビンセント植物園で園丁として働いていた。この植物園は、七年戦争（1756〜1763年）後に英国領となったセント・ビンセント島キングストンに、1765年、初めて帝国の公的資金を投入し建設された植物園であった。『東インド及びその他の遠方の諸国から育成した状態で種子と苗木を持ち込むための指針（*Directions for bringing over seeds and plants from the east Indies and other distant countries in a state of vegetation*）』（1770年）のガイドラインの出版にもみられるように、ここでは種子や植物の海を隔てた輸送実験が繰り返し行われていた(45)（図1–2）。ただ、19世紀に入っても、ハワイのような遠隔地で収集した植物や種子を安全に運ぶことは大変難しかった。そこで、セント・ビンセント植物園で長距離航海での輸送方法や熱帯植物について学んだマクレイの経験が、園芸協会からの指名に影響したと考えられる。しかし、船上ではマクレイは「身分相応」の待遇を得られないうえ、協会からの使命を達成するために必要な材料、船内の空間、機材を使うことができず、たびたび日記にその不満をあらわにした(46)。同様に、1823年に清帝国での植物収集のため、王立園芸協会により派遣されたジョン・ダンパー・パークス（John Damper Parks）も、航海士（officer）よりも格下の船匠（carpenter）と同等に扱われたことや、船長と船匠からの冷遇に対して不満をもらしており、当時の植物学者がグローバルな規模での英帝国の知の構築に一役買っていたことは、船上では注目されなかったことが窺える(47)。

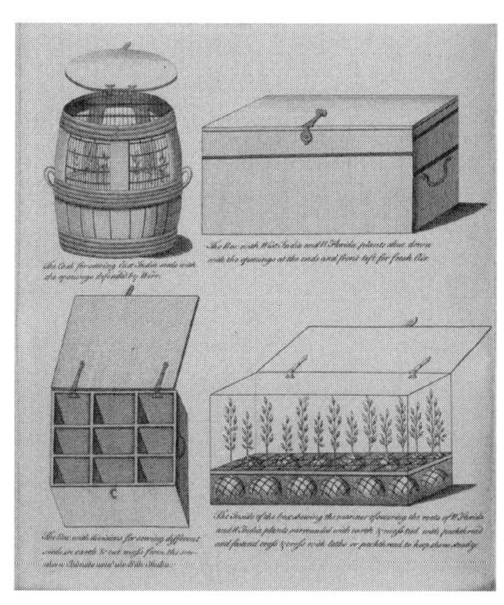

図1–2　長距離航海のための植物輸送具の図解（1770年、英国）

『東インド及びその他の遠方の諸国から育成した状態で種子と苗木を持ち込むための指針』で紹介された長距離航海のための様々な輸送具（p. 41）。右下にあるように、苗の根をボール状の土に植えて固定し、船の揺れに耐えうるように輸送する方法も図解されている。

18世紀以降の英帝国では、世界中から動植物の採取・収集事業が盛んに行われていた。植物収集にあたっては、マクレイのような植物学者が王立協会による支援を受け艦艇に乗船しながら採取、収集する場合や、商人や現地に住む英国人に依頼することもたびたびあった。つまり、英帝国は多様な背景を持つ海外同胞を活用し、世界中の動植物の収集のためのグローバル・ネットワークを張り巡らしていた。そして、世界中から「エキゾチック」な植物を入手し、それらを王立キュー植物園（Kew Gardens, 1759年設立）の膨大なコレクションに加え、保管していった(48)。このように、ブロンド号の派遣は単なるハワイ国王夫妻の遺体の帰還事業ではなく、それを活用した英帝国の植物帝国主義事業の一環でもあった。

4　ハワイ王国への「贈り物」

しかし、王立園芸協会はハワイ諸島やその航海で寄港する南太平洋の島々から、秘密裏に、または強引に植物を持ち帰ることはせず、現地社会にとって「役立つ」植物を「贈り物」として渡すことで、原地住民からの友好的かつ効率的な採取や収集を試みた。このため、協会はハワイ調査にあたり、マクレイに対し「寄港地での人びとへの配布や贈り物のための食用野菜の種のわずかなコレクション」とともに、「サンドイッチ諸島の住民が使うための植物、特に果物の厳選したコレクション」を預けた。その際、協会はマクレイに対して34項目にものぼる詳細な指示を与えたが、そのなかにはハワイ先住民に対する植物の栽培、育成に関する指導方法も含まれていた(49)。

このような贈り物を与えるという行為をどのように考えることができるのだろうか。歴史学者ファーティ・ファン（Fa-ti Fan）は、19世紀の清帝国における英国の植物帝国主義に関する研究を行い、そのなかで欧米系植物学者（庭師や園芸家も含む）の家父長的態度について論じている。現地での動植物の情報収集は、英帝国の知やコレクションの膨張を助けるだけではなく、「無知で非科学的な中国人」に「科学的知識」を授けることで、お互いが利益を得るという論理がもとにあった(50)。英帝国から植物やそれに伴う知識や技術を「贈られる」非西洋社会の人びとは、欧米人より劣っているという前提に立った認識である。同様に、園芸協会が厳選したコレクションからなるハワイへの贈り物も、王国に対する英帝国の優位性を含んだものであるとともに、贈り物のお返しとして得られる植物から英帝国の知を結集するシステムとネットワークに、ハワイも吸い込まれたことを意味した。

植物の選定は、すでに英帝国の支配・影響下にあった熱帯植民地西インド諸島やインドでの植物栽培経験から得られた知見のうえに成り立っていたと考えられる。ブロンド号には75品種の植物と種子が5箱に分けて積み込まれ、4箱には植物、1箱には種子が格納されていた。これらの植物や種子の数は、クックの来島以降に舶来船によって持ち込まれたなかで最も多く、そのほとんどが亜熱帯・熱帯地域でも育つ食用のものであった(51)。園芸協会やマクレイ自身が選んだ植物のリストにはラテン語表記のものと、「Early harvest apple」や「Mellish's favourite peach」(52)のような当時の英国園芸家による通称名で記載されているものが混在しており、現在、品種を特定するのが困難なものもある(53)。75の植物のうち3つ以上の複数品種が持ち込まれたのは、以下の通りである(表1-1)。

3種類以下の植物に関してはイチジク、プラム、ナシ、サクランボなどの果物、タマネギ、カブ、セロリ、キャベツ、キュウリなどの野菜が積み込まれた。特に注目したいのは、亜熱帯・熱帯地域に適した果樹を選別し、複数種を持ち込むことでいずれかが長旅を持ち堪え、異なる土地での栽培が成功するようにしていた点である。前述のファンによると、英帝国から清帝国へ植物が輸送された航海では、海水による塩害、気候の変化や悪天候、同船した犬や豚などによる被害などにさらされたという(54)。1840年代になると、密閉された小型の温室のような容器での運搬が主流となるが、ブロンド号の時代には木箱に入れて運ばれていたことから上記の

表1-1　王立園芸協会がブロンド号でハワイに運んだ植物

属名	数	通称名
バンレンシ属	5	チェリモヤ、サワーソップなど
バンジロウ属	4	グアバ
モモ属	6	桃、ネクタリン
ブドウ属	12	※ワイン用ブドウも含む
リンゴ属	4	

参考:Brian Richardson (ed.), *The journal of James Macrae: botanist at the Sandwich Islands* (North Beach-West Maui Benefit Fund Inc., 2019), pp. 30–31より作成。

写真1-1　長距離航海のための植物輸送具（1781年、フランス）
フランスで長距離航海用のコーヒーなどの植物輸送に使用されていた「植物輸送温室（Serre permettant le transport de plantes）」。下に土を入れ、ガラス張りの容器に入れることで航海中も育てることが可能であった。（フランス・パリの国立自然史博物館にて筆者撮影。2023年2月8日）

ような被害にあったことは想像に難くない。よって、複数品種を積み込むことは航海、その後の移植の成功率を高めるためであった（写真1-1）。

さらに、野菜に関しては今後、ハワイに寄港する探検隊、船乗り、商人などがヨーロッパでも馴染みのある食材を確保できるようにしたものであり、将来の寄港者や定住者への「贈り物」であったといえる(55)。少し時代は遡るが、1774年に探検のために来島した英国海軍探検隊のジョージ・バンクーバー（George Vancouver, 1757–1798年）は乗組員の壊血病を防ぐため、オレンジやレモンといった柑橘系植物をハワイに移植している(56)。このように、英帝国から複数回にわたり持ち込まれた植物は、帝国内の植物コレクションを拡大するだけではなく、ハワイでの探索を継続したり、島内の英国人定住者を増やしたりすることを可能にする将来的投資でもあった。

5　オアフ島首長ボキと西洋化

ところが、ブロンド号に積み込まれた植物や種子の箱には、コーヒーの苗は含まれていなかった。その理由の一つとして、コーヒーが西洋帝国の植民地にとって重要であり、商品価値のある植物であったことが考えられる。シービンガーによると、18世紀から西洋帝国はルバーブ、茶、コーヒーなど貴重な輸出品の代替植物や果実を常に探し求めると同時に、植物学者たちは帝国内や植民地においてコーヒー、サトウキビ、インディゴなどの商品作物を移植できるようにする技術開発・改良を積極的に試みた(57)。当時すでに、植民地の主要商品作物であったコーヒーをハワイ王国に贈り物として与えることは、経済的ライバルを作り出すことになる。少し時代はくだるが、1890年のハワイ欧米系糖業関係者向け雑誌『プランターズ・マンスリー（The planters' monthly)』は、南太平洋に位置するニュー・ヘブリディーズ諸島（New Hebrides）にコーヒーが移植されていることを報じている(58)。同諸島は1887〜1906年にかけて英仏共同統治となっており、コーヒーはキュー植物園から植民地政府を経由して移植された。このことからもわかるように、英帝国は植物を他国に贈る際、植物とその品種を厳選し自らの利益を守った。

コナコーヒーの原点となる苗は、ブロンド号の寄港地リオ・デ・ジャネイロで積み込まれた(59)。そこには、ハワイ国王夫妻に同行し、帰りの航海のハワイ側の代表となったオアフ島首長ボキの意志が働いていた。彼の同行は国王夫妻のロンドン行きに反対した首長たちによって出された条件であったが、ボキ本人も西洋文化に魅せられていた。1820年頃には先住民の首長のなかでまっ先にキリスト教に改宗しており、また、舶来品に非常に興味を持っていた(60)。1826〜1829年にかけて北太平洋を航海したフランス人航海者アウギュスト・デオ＝シリ（Auguste Dehaut-Cilly）は、ボキのホノルルの自宅を訪れた際、西洋とハワイの家具が混在する内装に驚きを示した。パラパと呼ばれる茅葺屋根の木造建築は他の先住民の家と変わりはなかったが、自宅内にはフランス製の陶器、金縁の鏡などがハワイの「瓢箪」とともに並べられていた(61)。このような舶来品は、他の首長階級の先住民と同様、欧米系商人に借金をしながら入手したものであった。次第に増大する借金に充てられたのが、清帝国で珍重されたハワイ産白檀であった。特に1820年代、首長や貴族階級の先住民たちは何千人もの先住民男性を使役し、島内の白檀を切り尽くした。ボキはさらに白檀を求めて、1829年、500名を引き連れて南太平洋に位置するエロマンガ島（バヌアツ）へと出発したが、途中行方不明になりハワイに戻ることはなかった(62)。

このように、西洋の物質文化に魅了されていたボキが、ロンドンで飲んだコーヒーの苗を自らの植物園に移植しようとしたのは不思議ではない。実際、国王夫妻とともに２ヶ月、彼らの死後３ヶ月弱をロンドンで過ごしたボキは、様々な体験をしている。国王亡き後、ボキらハワイ先住民の滞在費用の全ては、英政府によって負担され、帰路につくまでの期間、ボキは工場を見学したり、ロンドンの郊外に散策に出たり、数軒のコーヒーハウスを訪れコーヒーを味わったりした(63)。

そして、ロンドンを去る前、ボキはコーヒーやサトウキビなどを栽培することでハワイ農業を改善して欲しいと「寛大な給料」を提示し、英国人園芸家ジョン・ウィルキンソンを雇った(64)。ウィルキンソンはハワイ航海以前に、西インド諸島でコーヒーの栽培に携わっており、熱帯地域での農業に精通していたとされる(65)。また、英国王はハワイ王国にとって有益と思われる農具、果樹、野菜の種などをボキに贈っていたため、それらを活用できて、かつハワイに移住できる専門家としてウィルキンソンが雇われた(66)。

1824年9月8日、ウルウィッチ（Woolwich）港を出発したブロンド号は11月27日、リオ・デ・ジャネイロに寄港した。そこでウィルキンソンは、コーヒーの苗を30本ほど購入し、船に積み込んだ(67)。1825年5月3日のハワイ到着後、ウィルキンソンはボキから与えられたオアフ島マノア・バレー（Mānoa valley）にある100エーカーほどの土地に、それらの苗を植えた。しかし、その土地は荒廃していたため、持ち込んだ植物を移植するためには、彼はハワイ先住民を1日当たり25セントで雇い、栽培地を開墾することから始めなければならなかった。結局、大部分の土地にはサトウキビが植えられ、コーヒーの栽培用には7エーカーのみが使用されることとなった(68)。

1825年5月24日、マノア・バレーを訪れたマクレイは、きちんとした家もなく、テントのなかで、「完全に骸骨」のようにやせ細ったウィルキンソンに再会する。マクレイはウィルキンソンに一緒に帰郷することを促すが、彼は「どんな運命であろうとも、私は英国を二度と見ないことを決心したのです。私はまもなく、この［マノアの］谷で死ぬでしょうから」と、涙ながらに返答した(69)。結局、ウィルキンソンは1827年3月、故郷に帰ることなくハワイで死去した(70)。

ハワイへの長い船旅を経ての移植後に枯れ果て、根付かなかった植物もあった。ウィルキンソン訪問直後の1825年5月末に、マクレイは王立園芸協会が選定したブドウを視察した。これらは、先住民ウィリアム・ピット・カラニモク（William Pitt Kalanimoku, 1768年頃―1827年）がオアフ島に所有する土地に植えられた(71)。カラニモクは、カメハメハ一世の時代から王国の宰相的役割を担っており、カメハメハ二世のロンドン訪問に同行したボキの兄とされる(72)。そして、ブロンド号到着後はマクレイの植物収集を手伝っていた。1825年、マクレイは、彼の土地を訪れ、葉のないブドウのツルが1本だけ残っているのを目にした(73)。マクレイは11種のブドウのツルをハワイに持ち込んでいた(74)。日記のなかで、園芸協会がハワイ先住民のためにかなり費用をかけて積み込み、自身が「約8ヶ月」間かけて「15,000マイル」の航海を生き延びてもらうため非常な努力を注いだ植物が、先住民の「農業技術に対する無知」により枯れたことに対して、マクレイは大きな落胆と憤りを抱いた[75]。その他にも、寄港地ブラジルのセント・キャサリンズで採取したランの一部が、先住民によって「あたかも庭師がゴミ山にキャベツの茎を捨てるかのように」扱われ、傷つけられたことにも心を痛めた。このように、大西洋と太平洋を越えて移植された植物は、園芸協会やマクレイの思惑とは裏腹に、ハワイ先住民に見捨てられたこともあった[76]。

6　アメリカン・ボードとコナコーヒー

ウィルキンソンの死によってマノア・バレーに放置された状態にあったコーヒーだが、米国東部から来た宣教師によってハワイ諸島内の移植が始まる[77]。これらの宣教師は、ボストンを拠点とする海外伝導団体アメリカン・ボード（American Board of Commissioners for Foreign Missions）に所属しており、同団体は1840年代に米国が探検隊を送るよりも早くハワイでの活動を開始していた。そして、宣教師団には植物栽培や農業に詳しい人びとも含まれていた[78]。この移植も商業目的ではなく、観賞用や家庭菜園用として、宣教師の庭園に植えられたものであった。

一般的には、ウィルキンソンによりマノア・バレーに移植されたコーヒーを初めてコナで栽培したのは、宣教師サミュエル・ラグルス（Samuel Ruggles, 1795–1871年）とされる（写真1–2）[79]。彼はアメリカン・ボードが初めてハワイ諸島に派遣した宣教師団の一員であり、1828年から南コナ・カアワロア（Ka‘awaloa）というクックの上陸地に近い集落に居を構え、布教活動にあたった[80]。ケアラケクア湾の北側に位置するカアワロアは現在では人家もなく、クックの記念碑がひっそり建っているのみで、スノーケルを楽しむ人びとの観光地となっている。しかし、クック上陸時から19世紀初頭にかけては重要な国際港としての役割を担っていた。この地は、クックが上陸し殺害された他にも、カメハメハ一世によるハワイ王国統一の過程で起こったモクオーハイの戦い（Battle of Moku‘ōhai, 1782年）の挙兵地であり、バンクーバーが初めてハワイにロングホーン（牛の一種）を持ち込んで上陸

写真1-2　サミュエル・ラグルス（1868年頃）
出典：Hawaiian Mission Children's Society, *Portraits of American missionary to Hawaii* (The Hawaiian Gazette Co., 1901), p. 6.

した地でもあった[81]。キリスト教の布教活動に関しては、王族であったカピオラニ（Kapiʻolani, 1781–1841年）が結婚を機に、1820年頃にハワイ島東部ヒロから移り住んできたことが大きく影響していた。キリスト教にいち早く改宗していたカピオラニは、欧米宣教師たちが少しでも快適な環境で布教活動に従事できるよう、ガラス窓がある茅葺き屋根の館をカアワロアに建設した[82]。

ラグルスが属したアメリカン・ボードは、1810年にマサチューセッツ州で結成された、19世紀米国最大の海外伝道組織であった。この宣教師団は会衆派や長老派を中心とした超教派的プロテスタント集団で、1820年にはハワイ諸島と中近東地域を皮切りに、中央アジア（1831年）、アフリカ（1833年）、ミクロネシア（1852年）、そして日本（1869年）などにおいて布教活動を積極的に展開し、1860年までに約2,000人の宣教師を非西洋圏に派遣した[83]。なかでも、ハワイは最も「成功した」地域の一つであるとされ、アメリカン・ボードは伝統的なカプ制度を廃止し、キリスト教に改宗したハワイ王族や貴族階級を味方につけながら、教育の徹底化や英語の普及を通じて先住民の「文明化」を促進した。その背景には当時のハワイ政府が、押し寄せる探検家、商人、宣教師を政治や経済活動に取り込むことによって、特定の欧米帝国による植民化を避け、王国をめぐる国際関係のバランスを舵取りしていたことがある[84]。ハワイではヨーロッパの宣教師団による本格的な布教活動は展開されていなかったため、アメリカン・ボードの影響力は非常に大きかった。1820〜1863年までに、アメリカン・ボードは12回にわたり、100人以上をハワイに派遣した[85]。その後、彼らと子孫のなかにはハワイに定住し、次第に入植者として王国の政治・経済を掌握する者も現れた（第2章参照）。

ハワイがアメリカン・ボードによる初期活動目的地となった理由の一つには、ヘンリー・オブキア（英語名：Henry Obookiah, ハワイ名：ʻOpukahaʻia）の存在があった。1795年、ハワイ島に生まれたオブキアは内戦で家族を失い、14歳（1809年）の時、ハワイに寄港した船長ブリントネル（Brintnell）の船で、米国東海岸ニューヘイブンへと渡った。そこで、彼はドワイト牧師（E. W. Dwight）の学生として学び、1813年の冬には、コネティカット州コーンウォールにある海外伝道学校（the foreign mission school）で学び始めた。この学校は、米国本土の先住民を生徒として集め、自らの部族に布教できる人材の教育と育成を行っていた(86)。翌年、同地の伝導組織（missionary society）は彼の教育・生活費を負担するようになり、オブキアはキリスト教へと改宗し、故郷での布教活動を行うため帰国を計画する。しかし、1818年、生まれ故郷の地を踏むことなく、亡くなってしまう(87)。

聖書のハワイ語訳やハワイ語―英語辞書の作成に取り組み始めていたオブキアの影響は大きく、彼の死から１年後の10月23日に、アメリカン・ボードは、ハワイへの宣教師団第一団を派遣することを決定した。ハワイ宣教師団にむけたアメリカン・ボード諮問委員会による指示には「あなたたちは、オブキア（Opukahaia）の死を忘れてはならない。あなたや、あなたの国、彼の国に捧げられたひたむきな愛、愛情のこもった助言、そして多くの祈りと涙を決して忘れてはならない」という文言が含まれており、オブキアの存在の重要性を窺わせる(88)。

タデウス（Thaddeus）号に乗船した第１回宣教師団は、宣教師とその家族19名（７組の夫妻と５名の子ども）とハワイ先住民青年４名で構成されていた(89)。そこには、リッチフィールドの伝道学校でオブキアと同級生であり、ハワイ語の文法書を作成していたサミュエル・ラグルスとその妻も含まれていた(90)。約５ヶ月の航海を終え、1820年４月４日、ハワイ島東部カイルア（Kailua）に投錨し、カメハメハ二世に謁見する。数日後には上陸の許可が得られ、ラグルス夫妻は最初の任務地カウアイ島に居を構える。この宣教師団で教員という立場であったラグルスは、1834年に米国本土に発つまで14年間、４つの拠点（カウアイ島１拠点、ハワイ島３拠点）で布教活動を行い、コーヒーが植えられたとされるカアワロアには1828年から1831年の３年ほど滞在した（写真1-3）(91)。

コナへのコーヒーの移植はラグルスによるものとされる二次資料が多いなか、その苗がウィルキンソンによってマノアの土地に植えれたコーヒーであったかどうかは定かではない。また、二次資料が示す移植場所に関しても、ラグルス宅の裏庭に観賞用として植えられたという記述もあれば、南コナ・ナオレ（Naole, 後グリーンウェル家所有）に植えられたという記述も見られる(92)。ただ、ラグルスがコナにコーヒーを移植したことはどの文献でも一致する事実である。ここでは、これ

写真1-3　カアワロアの集落（19世紀末頃）
中央に見える白い塔は、同地でハワイ先住民と英国人船乗りたちとの小競り合いで殺されたクックの碑であり、その左側（北側）にカアワロアの集落がある。19世紀前半にはこのケアラケクア湾は重要な港であったが、現在では集落もなく、クックの碑が残るのみである。（提供：Kona Historical Society）

まで注目されてこなかったアメリカン・ボードのもう一人の宣教師であるジョセフ・グッドリッチ（Joseph Goodrich）からラグルスへ送られた手紙を史料として、コナへの移植過程をみていく。

グッドリッチは、ラグルスより一足遅れてアメリカン・ボードの第2回ハワイ宣教師団の一員として、1823年4月27日に到着した。彼はイェール（Yale）大学にて、19世紀初頭の著名な科学者ベンジャミン・シリマン（Benjamin Silliman, 1779–1864年）に師事し、鉱物学と地理学を学んだ。布教活動の傍ら、ハワイ島の火山に関する論文を2本執筆し、シリマンが創設した*American journal of science*に掲載されるほどの高い専門的知識を持ち合わせていた(93)。また、ハワイでの自給自足を目指していたグッドリッチは自作の機械で糖蜜や砂糖を作り、余剰分はオアフ島に出荷していた。その他にも、綿、熱帯の果実、そしてマノア・バレーからコーヒー苗を移植し栽培していた(94)。

ラグルスはコナに拠点を移す前に、グッドリッチとともに、6年（1822年1月～1828年7月）ほどハワイ島ヒロ（Hilo）で布教活動を行っていた。その際、グッドリッチから様々な植物栽培や農業についての知識を得たようである。1829年6月21日と同年8月12日にグッドリッチからラグルスに宛てられた手紙のなかでは、自分の庭にあるコーヒーの木々について報告している。8月の手紙では「どの植物よりも美しいのはコーヒーの木」であり、ラグルスがカアワロアに移った後に開花したので、「次回は熟れた実を何粒か送れるだろう」と伝えている[95]。そして、4年後の1833年10月15日の手紙では、コーヒーを送る予定であると言及されている[96]。このような経緯から、ラグルスがマノア・バレーに植えたウィルキンソンのコーヒー苗をコナに移植したと考えるより、地理学や植物栽培に深い造詣のあるグッドリッチを経由して、ラグルスがコナにコーヒーを植えたと考えるほうが妥当かもしれない。

最後に、ラグルスとグッドリッチのコーヒーの移植を、アメリカン・ボードによる活動の文脈から位置づけたい。宣教師団は福音の牧師（a minister of the gospel）として任命された宣教師の他、特定の専門職に携わる複数の准宣教師（assistant missionaries）から構成されていた[97]。ラグルスは教師、グッドリッチは「免許を持つ説教師（licensed preacher）」であり、それぞれの専門性を活かしながら活動していた[98]。特に、ラグルスが加わった第1回宣教師団は、ハワイ諸島に学校や教会を建設し、キリスト教的文明をもたらすだけではなく、「実り多き耕地（fruitful fields）」で覆い尽くすことを目的としていた[99]。ラグルスとともにハワイ諸島にやって来たダニエル・チェンバーレイン（Daniel Chamberlain）は「農業者（farmer）」として役割を担っており、畜産と農地開拓を先住民に教えることが期待されていた[100]。さらに、1830年代にハワイで開催されたアメリカン・ボードの総会では、「綿、コーヒー、サトウキビなどの栽培に従事する」ことによって、先住民の勤勉性を養うとともに、商業目的の農業を目指す重要性が強調された[101]。このように、宣教師団の活動は先住民のキリスト教への改宗にとどまらず、農作業を通して先住民の生活基盤を変容させる大きな経済・社会改革の実現を目的としていた。そして、19世紀半ばには、コーヒーは宣教師の庭を彩る植物ではなく、次章でみるように、ハワイ農業と経済の根幹をなす植物としての役割を担うようになる。

＊

本章では、今日のコナコーヒー産業の形成にあたって起点となったコーヒー苗の移植過程をグローバル・ヒストリーの視点からみてきた。英帝国からの保護を強化するためロンドンを訪問していたカメハメハ二世夫妻の死は悲劇に間違いないが、この事件は英帝国、ハワイ王国にとって新たなチャンスを作り出した。遺体を乗せた英国海軍フリゲート船ブロンド号には、英国王立園芸協会が選定した先住民への「贈り物」として多種にわたる植物・種子が積み込まれたことからもわかるように、人以上に植物は英帝国の影響力拡大において重要な役割を与えられた。実際には、コーヒー苗が積み込まれたのは寄港地ブラジルであったが、英帝国による、植物をグローバルな規模で人為的に運搬・移植するという発想やそれを可能にする技術、専門家、装置なくしては不可能であり、コーヒー苗の移植も植物帝国主義のなかで位置付けられることができよう。一方、先住民首長ボキは、西洋文化に対する憧憬とロンドンでの体験から、コーヒー苗を入手し自らの植物園に移植するよう手配する。よって、コーヒーの苗は西洋による一方的押し付けとしての帝国主義ではなく、ハワイ王国を西洋列強に外交的、文化的に接近しようとする先住民側の意志を反映したものでもあった。さらに、このブラジルからのコーヒーの苗の栽培は一時的には失敗の兆しを見せるが、米国からの宣教師団の島内布教の過程で復活し、1828年頃、宣教師の一人ラグルスの布教地コナへの移植が行われることとなる。このように、コーヒー苗は多様な背景や目的を持った移動者や先住民がリレーのように移植に関わっており、彼らを突き動かした背景には植物帝国主義、王国の西洋化、海外伝導活動というグローバルな移動を促す思想が働いていたのである。

しかし、この時期においてはまだ、コーヒーはまだ欧米系白人による植民地化を促進する商品作物としての価値は見出されていなかった。19世紀半ばから、サトウキビとともにハワイ王国にとって主要な商品作物となっていくコーヒーは、「文明化されていない」ハワイに文明をもたらし、王国の経済的自立を確保するという主張のもと、欧米系白人入植者たちが自らの政治・経済的権力を増幅していくために必要な作物となっていった。冒頭に紹介したカマカウがいうように、コーヒーがハワイ諸島の人びとと社会に「壊滅的打撃」を与えるほどに成長していくのはこれからとなる。

注

(1) Noenoe K. Silva, *Aloha betrayed: native Hawaiian resistance to American colonialism* (Duke University Press, 2004), p. 22.

(2) カマカウはハワイ先住民歴史家であり、ハワイ王立歴史協会（Royal Hawaiian Historical Society, 1841年設立、後のハワイ歴史協会）の創設者の一人でもあった。Silva, *Aloha betrayed*, p. 16.

(3) これは、1866〜1869年にかけてハワイ語新聞２紙に掲載された連載であり、1997年にハワイ大学の教員らの共同作業によって１冊の本にまとめられ出版されている。Catharine Kekoa Enomoto, "In

his mother tongue: 19th-century Hawaiian historian Samuel Kamakau's work on Kamehameha the great finally becomes available as he wrote it," *Honolulu Star-Bulletin*, 9 June 1997. また、Ke kumu aupuni（英訳：The foundation of nationhood）はハワイ語で「建国」を意味する。本章では以下の本の英語訳をもとに日本語に訳した。Silva, *Aloha betrayed*, pp. 22–23.

(4) Silva, *Aloha betrayed*, pp. 22–23.

(5) Kenneth M. Nagata, "Early plant introductions in Hawai'i," *The Hawaiian journal of history* 19 (1985): 35.

(6) Londa Schiebinger, *Plants and empire: colonial bioprospecting in Atlantic world* (Harvard University Press, 2004), p. 3; ロンダ・シービンガー著、小川眞里子、弓削尚子訳『植物と帝国――抹殺された中絶薬とジェンダー』（工作舎、2007年）、11頁。

(7) 1850年代半ば以降、急速にハワイ社会は多民族化していった。特に、少数派となった欧米系白人政治家や糖業関係者らは、アジア系移民労働者を「中国人」や「日本人」として異なるエスニック集団として人種化し、分割統治することで支配構造を作り上げた。また、ヨーロッパ出身者であったポルトガル系移民も、マデイラ島やアゾロス島の貧困層であったという理由で、欧米系白人とは統計上も区別されていた。このように、ハワイでは肌の色（白人や黒人）だけではなく、文化、言語、社会的差異などのエスニックな背景も人種化の過程において重要な要素を成すことから、本書ではハワイの人種や人種構造について言及するとき、「人種／エスニック」と記す。

(8) 20世紀初頭から、サトウキビに次ぐハワイの主要産業となったパイナップルに関する研究については、Gary Y. Y. Okihiro, *Pineapple culture: a history of the tropical and temperate zones* (University of California Press, 2010）が先駆的研究といえる。

(9) 産地の政治、権力・階級構造の変遷をコーヒーの視点から考察した研究として、William Roseberry, Lowell Gudmundson, Mario Samper Kutschbach (eds.), *Coffee, society and power in Latin America* (Johns Hopkins University Press, 1995）やWilliam Gervase Clarence-Smith and Steven Topik (eds.), *The global coffee economy in Africa, Asia and Latin America* (Cambridge University Press, 2010）などが挙げられる。

(10) 川島昭夫『植物園の世紀――イギリス帝国の植物政策』（共和国、2020年）、15–16頁。

(11) Nagata, "Early plant," 35.

(12) Nagata, "Early plant," 36.

(13) E. Alison Kay (ed.), "Hawaiian natural history: 1778–1900," *A natural history of the Hawaiian islands: selected readings* (University of Hawai'i Press, 1994), p. 402.

(14) E. S. Craighill Handy and Elizabeth Green Handy, *Native planters in old Hawaii: their life, lore and environment* (revised, Bishop Museum Press, 1991), pp. 38–39.

(15) Nagata, "Early plant," 48–53. 現在でも品種改良のため、多くの植物がハワイに持ち込まれている。1980年代以降から製糖業が衰退し始めると、ハワイはモンサント社をはじめとする大手種子会社の栽培地（または、実験地）となっている。長井千文「ハワイ農業の移り変わり――砂糖から種子産業へ」山本真鳥、山田亨（編）『ハワイを知るための60章』（明石書店、2013年）、248頁。

(16) Nagata, "Early plant," 40. また、家畜も持ち込まれ、ハワイ先住民が栽培するタイ芋が食い荒らされたり、森林が牧草地へと開拓されたりするなど大きな環境被害もあった（John Ryan Fischer, *Cattle colonialism: an environmental history of the conquest of California and Hawai'i,* The University of North Carolina Press, 2005, p. 61）。

(17) 異なるコーヒー種の移植については序章を参照。

(18) Nagata, "Early plant," 38; Donald Cutter, "Spanish in Hawaii: Gaytan to Marin," *The Hawaiian*

journal of history, vol.14 (1980): 21.

(19) Baron Goto, "Ethnic groups and the coffee industry in Hawai'i," *The Hawaiian journal of history*, vol. 16 (1982): 112. マリンの日記は19世紀半ばの時点でかなり傷んでおり、全ての日記が残っているわけではなかった。また、スペイン語で書かれていたため、英訳はハワイ王国外務大臣となったスコットランド人ロバート・C・ウィリー（Robert C. Wyllie）によって行われた。ウィリー訳の抜粋では「1817年12月30日」にコーヒーの移植について初めて言及されている。ただ、ウィリーは「急いで（情報）を抽出した」ため、必ずしもこの記述が「コーヒーが初めて」植えられたことを意味するとは限らないが、1817年説に依拠する研究が多い。Wyllie "Mr. Wyllie's address," *The transactions of the royal Hawaiian agricultural society*, vol. 1, no. 1 (1850): 47–48; Gerald Y. Kinro, *A cup of aloha: the Kona coffee epic* (University of Hawai'i Press, 2003), p. 8.

(20) 本章の冒頭に紹介したカマカウによると、カメハメハ二世は王位を受け継いだ際、「英国から贈られた、金色のレースで縁取られた赤い上着の正装に胸に金の勲章をつけ、頭には羽根でできたかぶり物と肩には羽根のマントを身につけていた」という。この服装から、ハワイ王室がすでに英国式正装を取り入れていたことがわかる。Gavan Daws, *Shoal of time: a history of Hawaiian islands* (University of Hawaii Press, 1968), p. 55.

(21) クック来島から1820年代までに英国からハワイ諸島に探検にやって来たのは、ジョージ・ディクソン（George Dixon, 1789年）、ジョージ・バンクーバー（George Vancouver, 1792〜94年、3回）、バイロン（1825年）、フレデリック・ウィリアム・ビーチー（Frederik William Beechey, 1826〜1827年）であった。Kay (ed.), "Hawaiian natural history," pp. 402–403.

(22) Maria Callcott, George Anson Byron, Richard Rowland Bloxam, *Voyage of H. M. S. Blonde to the Sandwich Islands, in the years 1824-1825* (J. Murray, 1826), p. 53.

(23) Callcott, *Voyages of H. M. S. Blonde*, p. 12; Coll Thrush, *Indigenous London: native travelers at the heart of empire* (Yale University Press), pp. 145–146; Gregory Rosenthal, *Beyond Hawai'i: native labor in the Pacific world* (University of California Press, 2018), p. 20.

(24) 1794年、カメハメハ一世と首長らは、英帝国の保護を保障する同意書を、英帝国派遣の探検家ジョージ・バンクーバーと取り交わしている。Richard MacAllan, "Richard Charlton: a reassessment," *The Hawaiian journal of history*, vol. 30 (1996): 55.

(25) カプとは政治、宗教、生活、ジェンダー的役割を定めたハワイ社会の規範や法律を指す。例えば、食事は男女別にとり、女性は食べられる物も限られていた。カプの廃止は19世紀の土地所有制度の導入やキリスト教の受容など、王国に大変革をもたらすこととなった。Thrush, *Indigenous London*, p. 146; Gavan Daws, "The high chief Boki: a biographical study in early in nineteenth century Hawaiian history," *The journal of the Polynesian society*, vol. 75, no. 1 (March 1966): 67.

(26) Kinro, *A cup of aloha*, p. 9; Callcott, *Voyages of H. M. S. Blonde*, p. 53.

(27) Callcott, *Voyages of H. M. S. Blonde*, p. 54.

(28) Callcott, *Voyages of H. M. S. Blonde*, pp. 55–56.

(29) Callcott, *Voyages of H. M. S. Blonde*, p. 55; Daws, "The high chief Boki," 75.

(30) Callcott, *Voyages of H. M. S. Blonde*, p. 63.

(31) "Covent-garden theatre.," *New Times*, 1 June 1824, 3.

(32) Callcott, *Voyages of H. M. S. Blonde*, p. 60.

(33) Callcott, *Voyages of H. M. S. Blonde*, p. 64.

(34) Callcott, *Voyages of H. M. S. Blonde*, p. 67.

(35) Andrew Bloxam, *Diary of Andrew Bloxam, naturalist of the "Blonde" on her trip from England to the Hawaiian Islands, 1824-25*, Bernice P. Bishop Museum special publication 10 (Honolulu, 1925), p. 3. 本章はブロンド号によって運ばれた植物を中心に検討しているが、ハワイ到着後に牧師ブロクサムや在ハワイ米国宣教師によって執り行われたハワイ国王夫妻を埋葬するまでの儀式も、ハワイ史において重要な意味を持っていた。当時の王国で最も影響力を持っていたのは宣教師であり、聖書のハワイ語翻訳に関わったアメリカン・ボードのハイラム・ビンガム（Hiram Bingham, 1789-1869年）は、一連の儀式は先住民のキリスト教信者の増加に貢献したとしている。また、ブロンド号に乗船していたハワイ先住民たちは、ハワイ上陸直前にブロクサムから洗礼を受け、キリスト教徒に改宗した。リリハ（ボキの妻）もその一人であった。このように、航海自体も先住民のキリスト教信者の増加に寄与したのである。Brian Richardson (ed.), *The journal of James Macrae: botanist at the Sandwich islands* (North Beach-West Maui Benefit Fund Inc., 2019), pp. 13, 138.

(36) Richardson, *The journal of James Macrae*, pp. 1-2.

(37) Richardson, *The journal of James Macrae*, pp. 1-2; Bloxam, *Diary of Andrew Bloxam*, p. 4. マクレイはハワイからの帰還後、セイロンの英植民地植物園に派遣され、同地で数年後に死去した。Richardson, *The journal of James Macrae*, p. 235.

(38) Bloxam, *Diary of Andrew Bloxam*, p. 4; Kinro, *A cup of aloha*, p. 15.

(39) John Peile, *Biological register of Christ's College 1505-1905* (Cambridge University Press, 1935), p. 435; Richardson, *The journal of James Macrae*, p. 23.

(40) "George Anson Byron," *The British Museum*, https://www.britishmuseum.org/collection/term/AUTH225772.（最終アクセス2024年7月14日）

(41) Shannon Selin, "When the King & Queen of the Sandwich Islands visited England," *Imagining the bounds of history*, https://shannonselin.com/2017/04/king-queen-sandwich-islands-visited-england/.（最終アクセス2024年7月14日）

(42) Selin, "When the King."; Callcott, *Voyages of H. M. S. Blonde*, p. 72.

(43) Richardson (ed.), *The journal of James Macrae*, p. 1.

(44) Richardson (ed.), *The journal of James Macrae*, p. 23.

(45) 川島『植物園の世紀』、39頁。『東インド及びその他の遠方の諸国から育成した状態で種子と苗木を持ち込むための指針』では、東・東南アジア地域からの植物を西フロリダ地域の入植地に、薬、農業、商業目的のために移植するための輸送方法が記載されている。移植先の風土や気候については、英国王立協会（The Royal Society of London）が現地にすでに入植した宣教師から情報を得ていた。John Ellis, *Directions for bringing over seeds and plants from the east Indies and other distant countries in a state of vegetation together with a catalogue of such foreign plants as are worthy of being encouraged in our American colonies, for the purposes of medicine, agriculture, and commerce* (London, 1770), pp. 2, 9, https://www.biodiversitylibrary.org/item/190691#page/7/mode/1up.（最終アクセス2024年7月14日）

(46) Richardson, *The journal of James Macrae*, p. 14.

(47) Fa-ti Fan, *British naturalists in Qing China: science, empire and cultural encounter* (Harvard University Press, 2004), p. 24.

(48) 川島『植物園の世紀』、22頁；Fa-ti Fan, *British naturalists*, p. 23.

(49) Richardson, *The journal of James Macrae*, p. 28.

(50) Fan, *British naturalists*, p. 89.

(51) ハワイに持ち込まれた品種とそれらを運んだ船についてはNagata, "Early plant," 48-52;

Richardson, *The journal of James Macrae*, p. 30を参照。

(52) 「Mellish's favourite peach」は、英国の果樹園芸家ジョン・リンドリー（John Lindley）が編集した園芸雑誌*The pomological magazine; or, figures and descriptions of the most important varieties of fruit cultivated in Great Britain*において「the noblesse peach」の別称、特に英国園芸界において使用されている名称として紹介されている（vol. 2 (1829): 95）。リンドリーは1822年、王立園芸協会に雇われ、キュー植物園の近くあるチジック植物園（Chiswick Gardens）で、植物の収集を監督していた（Richard Aitken, "Lindley, John," Richard Aitken and Micheal Looker (eds.) *Oxford companion to Australian Gardens*, Oxford University Press, p. 371）。

(53) 「Psidium Chinese」と記載されている植物はブラジルを原産とするPsidum Cattlerianumであると推測される。当時、園芸家の間ではPsidium Chineseと呼ばれていたようである。ストロベリーグアバとも呼ばれるこの植物は、ハワイにはブラジル経由で持ち込まれたとされ、野生の豚や外来種の鳥を介して島内の森林地帯に急速に繁殖していったため、生態系を変えた外来種の一つとされる。Nagata, "Early plant," 44; Laura Foster Huenneke, "Seedling and clonal recruitment of the invasive tree Psidium Cattlerianum: implications for management of native Hawaiian forests," *Biological conservation*, vol. 53 (1990): 199, 208.

(54) Fan, *British naturalists*, pp. 36–37.

(55) Nagata, "Early plant," 44.

(56) 1791～1795年にかけて、複数回にわたり太平洋地域への航海や探索を行ったバンクーバーは、乗組員の健康管理に気を配っており、壊血病を防ぐビタミンCを含むオレンジやレモンジュースの有効性を説き、航海の際、大量の柑橘類を持ち込んでいた（Sir James Watt, "The voyage of Captain George Vancouver 1791–95: the interplay of physical and psychological pressures," *Canadian bulletin of medical history*, vol. 4, no. 1 (Spring 1987): 37–38; Nagata, "Early plant," 40）。

(57) Schiebinger, *Plants and empire*, p. 11.

(58) 『プランターズ・マンスリー』では、キュー植物園からニュー・ヘブリディーズ諸島（当時英国・フランス海軍管轄下）へ移植用のコーヒー豆が送付されたと報告しており、政府も支配地でのコーヒー栽培を奨励していたことがわかる（"The coffee plant," *The planters' monthly*, vol. IX, no. 7 (1890): 327.）

(59) Bloxam, *Diary of Andrew Bloxam*, p. 92. マクレイはハワイの滞在時に、サトウキビや綿のように、コーヒーが将来有望な作物になるだろうと予見していた。Richardson, *The journal of James Macrae*, p. 49.

(60) Callcott, *Voyages of H. M. S. Blonde*, p. 54; Daws, "The high chief Boki," 66.

(61) Rosenthal, *Beyond Hawai'i*, p. 16.

(62) Daws, "The high chief Boki," 66.

(63) Callcott, *Voyages of H. M. S. Blonde*, p. 74; Kinro, *A cup of aloha*, p. 9. 17世紀中期にオックスフォードから始まったコーヒーハウスの流行は18世紀半ばには衰退したとされるが、1840年だけでも、ロンドンには1600～1800軒ほどがあったと推定される。川北稔「コーヒー文化の誕生――生活様式の国際化」角山栄、村岡健次、川北稔『生活の世界史10　産業革命と民衆』（河出文庫、1992年）、95–96頁；臼井隆一郎『コーヒーが廻り 世界が廻る――近代市民社会の黒い血液』（中公新書、1992年）、76頁。

(64) Kinro, *A cup of aloha*, p. 9; Don Woodrum, *Kona coffee from cherry to cup* (Palapala Press, 1975), p. 15; Goto, "Ethnic groups," 112. 同船した牧師ブロクサムの日記にも、ウィルキンソンは英政府が選んだ乗組員ではなく、ハワイにて農業開発のためボキに誘われ乗船した人物であると明記されている

(Bloxam, *Diary of Andrew Bloxam*, pp. 4, 13)。

(65) William Chapman, "Final draft: coffee in Hawai'i: an overview" (prepared for the Kona Historical Society, Historic Preservation Program, Department of American Studies, University of Hawai'i Manoa, 1995), p. 3; Goto, "Ethnic groups," 112.

(66) Callcott, *Voyages of H. M. S. Blonde*, p. 74.

(67) Richardson, *The journal of James Macrae*, pp. 33, 173; Goto, "Ethnic groups," 112.

(68) Goto, "Ethnic groups," 112; Woodrum, *Kona coffee from cherry to cup*, p. 15.

(69) Richardson, *The journal of James Macrae*, p. 67.

(70) Richardson, *The journal of James Macrae*, p. 173.

(71) Richardson, *The journal of James Macrae*, p. 47. 当時の英国外務大臣であったチャールトンは、国王夫妻の死を知らせるため、ブロンド号到着前にハワイに派遣され、その後、在ハワイ英国領事に着任した (Bloxam, *Diary of Andrew Bloxam*, p. 13; MacAllan, "Richard Charlton," 56)。

(72) Barbara Del Piano, "Kalanimoku: iron cable of the Hawaiian Kingdom, 1769-1827," *The Hawaiian journal of history*, vol. 43 (2009): 3.

(73) Richardson, *The journal of James Macrae*, p. 74.

(74) Richardson, *The journal of James Macrae*, p. 31.

(75) Richardson, *The journal of James Macrae*, p. 74.

(76) Richardson, *The journal of James Macrae*, p. 71.

(77) ウィルキンソンの死後、コーヒー苗のうち数本はアレクサンダー・アダムス (Alexander Adams) によってオアフ島内のカリヒ・バレー (Kalihi valley) やニウ・バレー (Niu valley) に移植された。アダムスは1809年にハワイ諸島にやって来た元英帝国海軍のスコットランド人で、マクレイの植物採集や視察に一部同行していた。また、ハワイ王国の旗をデザインした人物として知られる。カリヒ・バレーに植えられたコーヒーは、1876年の時点で、まだ栽培されていることが確認されている。Richardson, *The journal of James Macrae*, pp. 74, 178; "Notes on the history of coffee culture in the Hawaiian Islands," *Thrum's Hawaiian annual for the year 1876* (1876), p. 46; Goto, "Ethnic groups," 112; Woodrum, *Kona coffee*, p. 2.

(78) Kay, "Hawaiian natural history," p. 403.

(79) *Hawaiian almanac and annual for 1876* (Black & Auld Printers, 1876), pp. 47-48; Goto, "Ethnic groups," 113; Kinro, *A cup of aloha*, p. 9.

(80) Hawaiian Mission Children's Society, *Portraits of American missionary to Hawaii* (The Hawaiian Gazette Co., 1901), p. 6.

(81) バンクーバーを含む欧米系入植者による家畜の導入と植民地主義の関連史については、Fischer, *Cattle colonialism*を参照のこと。

(82) Henry B. Restarick, "Historic Kealakekua Bay," *Papers of the Hawaiian historical society*, no. 15 (Honolulu Star-Bulletin, 1928), p. 15. この館はラグルスの後任コクラン・フォーブス (Cochran Forbes) の活動期間に、ケアラケクア湾から少し内陸に入ったナーポーオポオ (Nāpō'opo'o) に移動した (Restarick, "Historic Kealakekua Bay," p. 17)。

(83) William R. Hutchinson, *Errand to the world: American protestant thought and foreign missions* (The University of Chicago Press, 1993), p. 46; 小檜山ルイ「海外伝道と世界のアメリカ化」森孝一編『現代アメリカ5　アメリカと宗教』(日本国語研究所、1991年)、104-105頁;"Christianity builds a nest in Hawai'i," Clifford Putney and Paul T. Burlin (eds.), *The role of the American board in the world:*

bicentennial reflections on the organization's missionary work, 1810-2010 (Wipf and Stock, 2012), pp. 273–274; 目黒志帆美『フラのハワイ王国史——王権と先住民文化の比較検証を通じたハワイ史像』(御茶の水書房、2020年)、50頁；Emily Conroy-Krutz, "U. S. foreign mission movement, c. 1800–1860," *Oxford research encyclopedias* (2017).

(84) Conroy-Krutz, "U. S. foreign mission movement."

(85) 目黒『フラのハワイ王国史』、51頁。

(86) Silva, *Aloha betrayed*, p. 31.

(87) Thomas G. Thrum, "Centennial chronology of the Hawaiian mission," *Twenty-eighth annual report of the Hawaiian Historical Society for the year 1919 with papers read at the annual meeting January 29, 1920* (Paradise of the Pacific Press, 1920), p. 39; S. C. Bartlett, *Historical sketch of the Hawaiian mission and the missions to Micronesia and the Marquesas Islands* (American Board of Commissioners for Foreign Missions, 1869), p. 3.

(88) *Instructions of the prudential committee of the American Board of Commissioners for Foreign Missions to Sandwich Islands mission* (Press of the missionary seminary, 1838), p. 32.

(89) ハワイ先住民の同行者はトーマス・ホプ (Thomas Hopu)、ウィリアム・カヌイ (William Kanui)、ジョン・ホノリイ (John Honoli'i)、及びジョージ・フメフメ (George Humehume) であった。Silva, *Aloha Betrayed*, p. 31.

(90) Wilfried Schumacher, "Authorship of the 'Opukaha'ia Hawaiian grammar," *The Hawaiian journal of history*, vol. 27 (1993): 245.

(91) Shumacher, "Authorship": 245; Kay, "Hawaiian natural history," p. 407. 4つの拠点とは、カウアイ島ワイメア (1820年6月～1822年1月)、ハワイ島ヒロ (1822年1月～1828年7月)、カアワロア (1828年1月～1831年) とワイメア (1831年～1834年1月) である (Hawaiian Mission Children's Society, *Portraits of American missionary*, p. 6)。

(92) "Notes on the history of coffee culture in the Hawaiian Islands," *Hawaiian almanac and annual for 1876*, p. 46; Marion Kelly, *Na mala o Kona: gardens of Kona, a history of land use in Kona*, Hawai'i (Department of Anthropology, Bernice P. Bishop Museum, October 1983); Kinro, *A cup of aloha*, p. 16.

(93) Kay, "Hawaiian natural history," pp. 409, 420; Joseph Goodrich, "Notice of the volcanic character of the island of Hawaii," *American journal of science*, vol. 1, no. 11 (1826): 2–7; "On Kilauea and Mauna Loa," *American journal of science*, vol. 1, no. 16 (1829): 345–347.

(94) Merze Tate, "Sandwich Island missionaries: the first American point four agents," *Seventieth annual report of the Hawaiian historical society* (1961), p. 11; "History of coffee in Hawaii", *Thrum's Hawaiian annual for the year 1895* (1895), p. 63; "Goodrich, Joseph—missionary letters—1824–1833–to Chamberlain and Ruggles," *Hawaiian Mission Houses Digital Archive*, no. 2, 49, https://hmha.missionhouses.org/items/show/506. (最終アクセス2024年7月14日)

(95) "Goodrich, Joseph," 49.

(96) "Goodrich, Joseph," 55.

(97) *Instructions of the prudential committee*, p. 13.

(98) Hawaiian Mission Children's Society, *Portraits of American missionary*, p. 1.

(99) *Instructions of the prudential committee*, p. 27.

(100) Hawaiian Mission Children's Society, *Portraits of American missionary*, p. 1; "Chamberlain, Daniel—missionary letters-1819–1823," *Hawaiian Mission Houses Digital Archive*, 2–3, https://hmha.missionhouses.

org/items/show/313.（最終アクセス2024年7月14日）

（101） Ralph S. Kuykendall, *The Hawaiian Kingdom 1778-1854*, vol. 1（University of Hawaii Press, 1947）, p. 17.

ハワイ王立農業協会のメダル（1850年）
ハワイ王立農業協会の設立（1850年）を記念して製造されたメダルの表面には、輝く太陽を背景に、樽に入った砂糖と麻袋に入ったコーヒーが描かれている。樽や麻袋の近くには手押しの耕作機やスコップなど農業器具が散りばめられ、その背後に広がる海には大型の帆船とフリゲート船が漂い、ハワイに海外からの貿易商や軍艦が訪れていたことを示唆する。
（提供：Heritage Auctions社）

第2章 誰がコーヒーを産業化するのか

王国の主権と農業振興政策

写真2-1　ハワイ王立農業協会のメダル（1882年）
表面の中央には煙を上げながら走るサトウキビ運搬用列車が描かれている。右下に見える横たわった樽の右側に小さな麻袋があり「Rice」と書かれている。前ページのメダルと比較すると、コーヒーを示す絵が無くなっているのがわかる。（提供：Bonham社）

1850年と1882年に製作されたメダルは、王立農業協会（Hawaiian agricultural society）が主催した農産物品評会の優秀品（Premium for the best exhibited）の賞品の一つとして与えられたものである。第1回目の品評会は1850年8月12日に開催され、家畜、野菜、果実、乳製品、花卉、コーヒー、サトウキビなど30品目以上が出品された(1)。メダルに刻まれた作物から、少なくとも1850年代には、コーヒーがハワイ王国の農業において重要な植物であったことがわかる。

しかし、1850年版を模して作られた1882年版（写真2-1）では、耕作機に替わって刈り取ったサトウキビを工場へ運搬する列車と精製前の砂糖を入れたと思われる樽が配置され、製糖業の存在がさらに際立つようになった。また、横たえられた樽の近くにある袋にはコーヒーではなく「Rice」という文字が刻まれている。メダルに刻まれた全ての商品を解読できるわけではないが、少なくとも1850年度版にあった「Coffee」が消えていることは明らかである。

19世紀半ばからハワイ王国を支える経済活動は、捕鯨産業や白檀貿易から農産業を主軸とするようになっていた。海外輸出（主に米国西海岸部）用の商品作物の大規模栽培、生産を目指し始めた王国は、憲法の発布と改定、土地法や税制の改革を通じて、その実現のための土台作りを進めていった。ハワイ労働史研究者エドワード・ビーチャート（Edward D. Beechert）が、ハワイの「主権問題と製糖業の繁栄は、19世紀における政治的策略の問題とは切り離すことはできない」と主張するように、農業振興はハワイ国王と欧米系入植者との政治権力をめぐる争いでもあった[2]。

加えて、1830～40年代に王国が直面していた政治的問題は、押し寄せる欧米帝国の影響からどのように王国の主権を守り抜くかということであった。特に、主権喪失の脅威が顕著化したのが、1839年7月に起こったフランス軍艦ラーミス（L'Artmise）事件である。この発端は、ローマ・カトリック教会のフランス人宣教師団がハワイに布教活動の拠点を設立しようとした際、すでにハワイ政府のアドバイザー的地位を確立していた米国宣教師たちから猛反対を受け、断念せざるを得なかったことだった。さらに、カトリックに改宗したハワイ先住民は逮捕され、投獄された。ハワイ政府によるカトリックの強い拒絶に対し、フランス側は布教活動のための土地と2万ドルの補償金を支払うように要求し、もしそれを受諾しなかった場合にはハワイに対して宣戦布告すると脅したのである。この事件は船長C・P・T・ラプラス（Cyrille Pierre Théodre Luplace, 1793–1875年）の名をとり、ラプラス事件とも呼ばれている。結局、フランスの要求を受諾することで戦争は回避できたが、この事件はハワイ王国の主権が欧米帝国からの脅威にさらされていることを認識させた[3]。つまり、太平洋の島でのキリスト教布教活動をめぐる縄張り争いが、独立国家としてのハワイの存在を脅かす事件へと発展したのである。

外的侵略以外にも、すでにハワイに定住していた欧米系白人による政治的、経済的影響力は、内部からハワイ王国の主権を脅かすものであった。コーヒーがハワイ諸島に移植されてから約20年後、欧米系政府関係者を中心に、政府内では、農業振興による基幹産業の確立が重要課題として議論されるようになっていた。その象徴的な存在として、前述のメダルを製造したハワイ王立農業協会の設立がある。協会の活動期間は1850年代の10年弱という短命であったが、サトウキビとコーヒーの栽培を中心とした大農園の重要性を主張し、正当化したという点で、ハワイ経済に大きな転換を促した。欧米系白人によって占められた農業協会は、ゴールド・ラッシュによって急速に人口が増加したカリフォルニアをハワイにとっての有望なマーケットと捉えていた。さらに、王国政府は、ハワイ諸島をカリフォルニアの欲求を満たすための大農園に変容させるため、土地制度改革や西洋的税制の導入を次々と実行していった。このような変化や改革を正当化するロジックとして使用されたのがハワイの主権確立と先住民の勤勉性向上であり、欧米系入植者たちはその指導者的存在として、政治や経済分野で権力を掌握していったのである。

1　欧米系白人入植者と土地制度改革

1840年代初頭、ロンドンで急死した兄の跡を継いで王位についたカメハメハ三世（1813–1854年、在位1825–1854年）は、独立国家としての国際的承認を得ることが王国にとって急務だと考え、その準備に取り掛かった。まず、国内整備として、西洋式の法律の制定と施行、ハワイ王国の地理的領域の確定とともに、国民意識の統合を図った。対外的には英国、米国、フランスから独立国家としての承認を得るため、使節団を派遣し直接交渉を試みた。使節団は元宣教師団のウィリアム・リチャーズ（William Richards, 1793–1847年）と先住民貴族ティモテオ・ハアリリオ（Timoteo Ha‘alilio, 1808–1844年）が中心となり交渉を行い、最初の訪問地米国ではテイラー（John Tyler, 任期1841–1845年）大統領から口頭による合意を得た。また、交渉に数ヶ月を要した英国とフランスからは、1843年11月28日に、独立国家としてハワイを承認する共同宣言を記した文書をもらうことに成功した。これにより、11月28日はハワイの独立記念日（ハワイ語：Lā Kū‘oko‘a）となった[4]。そして、1840年には王国初の憲法（ハワイ語：Ke Kumukānāwai a me nā Kānāwai o ko Hawai‘i Pae ‘Āina）が発布され、ハワイは立憲君主国となったのである[5]。

1840年憲法の基層の一つは、日本では福沢諭吉に影響を与え、ブラウン大学学長にもなった聖職者フランシス・ウェーランド（Francis Wayland, 1796–1865年）による『修身論（*The elements of moral science*）』（1835年）や『経済学（*The elements of political economy*）』（1837年）であった。これらの本では、土地や財産の個人所有化が社会的繁栄の要であるとし、ハワイにやって来た米国宣教師団もこの考えに依拠し、個人所有を当然の権利として主張した[6]。アメリカン・ボードの第2団として派遣されたウィリアム・リチャーズはカメハメハ三世をはじめ、首長層にも個人所有の概念、特に、土地所有の重要性を説いた[7]。国王の支持を得たリチャーズは憲法の起草メンバーとなり、その結果、1840年憲法では全てのハワイ先住民は身分に関係なく、個人所有の土地、宅地、財産が保護されることとなった[8]。そして、1848年から1850年にかけては、近代的土地所有制度の確立のため、マヘレ（the Māhele）と呼ばれる大規模な土地制度改革が始まる[9]。

マヘレが実行される前のハワイ諸島は、オアフやカウアイといった島（モクプニ、mokupuni）の単位から自給自足的コミュニティの単位であるアフプアア

(ahupua'a) に至るまで、段階的に細分化されていた[10]。それぞれの島はアリイ・アイモク (ali'i aimoku) によって統治され、彼らは下位のアリイを任命し、徴税、土地・資源の管理、宗教的儀式を実施させた。アフプアアには、100〜200名のマカアイナナ (maka'ainana, 平民) が住み、農作物や狩猟・漁による収穫物を分け合いながら生活しており、土地の所有権は有していなかった[11]。宣教師の息子としてハワイで生まれた言語学者ウィリアム・デウィット・アレクサンダー (William DeWitt Alexander) はこの状況を観察し、ハワイ王国の土地制度が「ヨーロッパ中世の封建制度と驚くほど似ている」とした。つまり、アリイを土地所有者に、マカアイナナを農奴に見立てることで、土地所有と階級制度にヨーロッパとの類似点を見出そうとした[12]。しかし、ハワイ研究者カメエレイヒワ (Kame'eleihiwa) は、異なる見解を示す。アフプアアは稜線や川などの自然の地理的境界線に沿って、山から海まで続く細長い区分けであり、理想的なアフプアアには山からの木材、葺き材、縄、高地からの様々な作物、低地からのカロ (ハワイ語：kalo, タロイモ)、海からの魚などが調達できる環境条件が全て含まれていた (地図2-1)。よって、アフプアアの境界内では全ての人びとが、「生命維持に必要な物資を共有」できるような階級制度が確立していたため、アレクサンダーが主張するヨーロッパの封建制度とは真逆の発想であった[13]。

ところが、マヘレを実行するにあたり、土地制度をアレクサンダーのようにヨーロッパ的文脈で読み解くことで、欧米系白人は巧みに土地改革の主導権を握っていった。ハワイ先住民の歴史家ジョナサン・オソリオ (Jonathan Kay Kamakawiwo'ole Osorio) によると、1848年のマヘレは「減少し続ける人びと [先住民] が土地を管理する問題に対する外国的な解決法」であり、土地の個人所有を優先することで、ハワイ社会を「分断 (dismemberment)」した「唯一の、そして最も致命的な」事件であった。それは、これまでのアフプアアが培ってきた「互恵的価値観と実践」に基づいた共同体を崩壊させたからである[14]。一方、欧米系白人が「外国的な解決法」を捻出する際に課題となったのは、どのように、誰に対して土地を分割するかであった。よって、1846年には、ハワイ政府は不動産所有権委員会 (Board of Commissioners to Quiet Land Titles) を設置し、ハワイ諸島の土地を三分割することとした。それにより、ハワイ王族、アリイ、政府にそれぞれ三分の一ずつ土地の所有権が与えられた[15]。しかし、マカアイナナが土地を得て、生涯所有権を得るためには申請が必要であったため、その方法を知らずに土

地図2-1　コナのアフプアア

現在でもアフプアアは、土地の区画として使用されている。それぞれのアフプアアは山側から海側にかけて区切られていることがわかる。地図には一部のアフプアアの名称のみ記載した。

参考："Ahupua'a of North Kona-Hawai'i," *Department of Land and Natural Resources*, https://dlnr.hawaii.gov/shpd/files/2015/06/Ahupuaa_NorthKonaHawaii.pdfを基に作成。

地を失うケースが続出した。結果として、ハワイ王国の412万エーカーのうち、国王が100万エーカー弱（24%）、251名のアリイ層が160万エーカー（38%）、政府が150万エーカー（36%）、8万人のマカアイナナが2万8千エーカー（0.4%）の土地を所有することとなった。さらに、1850年には、外国人の生涯土地所有権を認めるクレアナ法（the Kuleana Act）が制定され、欧米系白人入植者による土地所有化が一気に加速したのである[16]。

2　ハワイ王立農業協会とカリフォルニア

欧米系入植者による土地所有が法的に認可された1850年は、農業を中心とした土地活用を推進するために、ハワイ王立農業協会の設立準備が始められた時期でもあった。このような政府からの援助を得た農業組織の設立は、もともと1793年の英国の農業委員会（the Board of Agriculture）に始まった。19世紀半ば以降のヨーロッパでは科学的農業について研究が進められ、その成果を専門学校や農業協会を通じて広めるという形式をとっていた。フランスやヴュルテンベルク王国（1806〜1918年）は教育機関を通じて、英国、スコットランド、アイルランドでは王立農業協会を通じて、農業技術・知識の普及に努めていた[17]。そして、ハワイもヨーロッパ式の農業開発の知と技術の蓄積を目指したのである。

1850年4月29日、ホノルル港沿いに建てられたアメリカン・ボード・ベッセル教会で開かれた農業協会の初回の会合には、「全ての農業者、農園所有者、園芸師、及びハワイ農業発展のための協会設立に興味があるその他の人びと」が招待された[18]。ところが、そこに集まったほとんどが、農業経験に乏しい欧米系白人の政府関係者、宣教師、資本家、農園経営者などであり、ハワイ先住民や農民階層の人びとは招かれなかった。初回会議の議長を務めたのは、初代協会会長となるウィリアム・リトル・リー（William Little Lee, 1821–1857年）であった[19]。ニューヨーク生まれのリーは、ハーバード大学ロースクールを卒業したのち弁護士となった。結核を患ったため、温暖な気候を求めて米国西海岸へ向かったが、途中、船の修理でホノルルに立ち寄り、そのまま残った。1846年10月12日に到着した際、リーは、当時のハワイ王国で資格を有する二人目の弁護士であり、西洋的法整備を急ぐ王国は早速リーをオアフ島裁判所裁判官に任命した[20]。それは、26歳のリーがハワイに到着してわずか2カ月後の出来事であった。2年後には最高裁判所裁判長に任命され、土地所有に関する委員会（the Land Commission）会長を務め、1852年には主人と召使法（the 1850 Masters and Servants Act）を制定し、サトウキビ農園契約労働者（ハワイ先住民及び国際移民）の誘致の道筋をつけた。1855年には、体調悪化のため米国本土に戻ることとなるが、9年間のハワイ滞在において、製糖業を発展させるための基盤作り——土地所有制度、労働者の確保に関する法的整備——を、驚くべき速さで遂行した[21]。そして、ハワイ王立農業協会の初代会長を務めたのもリーであった。

正式には王立農業協会は1851年に発足するが、1850年8月には4日間にわたる事前集会が開催された。そこでの演説においてリーは、農業が国家的繁栄と独立に欠かせないと主張した[22]。

> これは単なる普通の集まりではありません。30年以上前には異教の闇に包まれ、最も文明化した場所ではほとんど知られていなかった……太平洋の小さな島［ハワイ］に、今日、何百エーカーものサトウキビやコーヒーの木を栽培す

る農園主、カリフォルニア向けの野菜を大量に栽培する農業者、1,000頭の家畜を所有する畜産者が集まりました……この諸島を発見した優れた人物［ジェームズ・クック］の時代、優れた人物であるバンクーバーの時代、その後も未開だった沿岸部に辿り着いた米国宣教師の時代に、一体誰が今日我々の目にしている集団、欧州、アジア、南北アメリカ……の世界の端々からやって来た人びとがこの1850年に集うことを予見でしたでしょうか……もし我々が集った目的が成功であれば、サンドイッチ諸島の歴史における新たな時代の幕開けとなるでしょう。この集まりはハワイ人種の完全なる文明化と国家的繁栄と独立を確立する一歩となるでしょう。その一歩として、先ほど30年前と比較したように、30年後に我々の跡を継ぐ人びとへの予見をさせてください。我々の谷はコーヒーや果物の花に包まれ、不毛な丘陵地帯は豊かなサトウキビ畑に覆われ、水がひかれた平野は肥沃になり、我々の土地に散在する茅葺小屋は快適な家屋に代わっているでしょう。ハワイ農業にとっては些細な１日ですが、見過ごされるべき日ではないのです[(23)]。

リーが演説の冒頭部分で述べているように、1850年代初頭には、砂糖とコーヒーが王国の主要輸出作物となっていた。これらの作物の商業的栽培は、1830年代半ばに、米国出身のウィリアム・ラッド（William Ladd, 1807–1853年）とピーター・アレン・ブリンズメイド（Peter Allen Brinsmade, 1804–1859年）によって始められた。彼らは、1833年にラッド・アンド・カンパニー（Ladd & Company, 以下ラッド社）を設立し、その２年後には、カウアイ島初代首長でキリスト教に改宗していたカイキオエワ（Kaikioʻewa, 1765–1839年）から同島南部のコロア（Koloa）に980エーカーの土地を借り受け、サトウキビとコーヒーの栽培に着手した[(24)]。この王国初の大農園は、米国宣教師たちの強い支持を得て開設された。ブリンズメイドはマサチューセッツ州にあるアンドーバー神学校（Andover Theological Seminary）とイェール神学校（Yale Divinity School）を卒業しており、ラッドは敬虔なキリスト信者であった。そのため、二人とも新参者にもかかわらず、宣教師からの協力を得やすい立場にあった。さらに、宣教師たちは、農園労働はハワイ先住民が農業を営み、勤勉性を身につけるための理想的な機会であり、ラッド社は彼らのヴィジョンを実現すると期待していた[(25)]。1837〜1838年にかけて、コロア農園では30トンのサトウキビが収穫され、早くも成功の兆しを見せていた[(26)]。また、コーヒーに関しては、1836年に、1日あたり12.5セントで先住民労働者を雇い、5,000本以上の木が植えられ、着々と商業的栽培の準備がなされた(27)。

しかし、コロア農園ではサトウキビ栽培が主流であったようで、大規模なコーヒー栽培は1842年、英国人ゴッドフリー・ローズ（Godfrey Rhodes, 1815–97年）とフランス人ジョン・ベルナール（John Bernard）によってカウアイ島で発展することとなる(28)。これが、ハワイで初めての商業目的のコーヒー栽培農園とされている(29)。彼らもラッドらと同じくハワイ先住民――ハナリリオ（Hanalilio）、カメハメハ三世、カメハメハ三世の姪であるケカールオヒ（Kekāluohi）――から50年の貸借期間で、カウアイ島北部ハナレイ（Hanalei）に150エーカーの土地を借り受けた(30)。ウィルキンソンが持ってきたコーヒーの苗を移植し、農園を750エーカーまで拡大し、コーヒーの木1万本以上を栽培した。1840年代末には21,298ポンドの生豆をホノルルに輸送していた(31)。後に、ローズのコーヒーは1851年の農業協会の品評会で2位となり、彼は、農業協会のカウアイ島支部副会長やコーヒー部門の長も務めるようになった(32)。この時期、ハワイ島ヒロやコナ、マウイ島でもコーヒーが栽培されているが、ローズと協会の深い関係をみると、カウアイ島のコーヒー産業が最も注目を集めていたようである(33)。また、1848年のハワイ輸出作物の上位3位は、原料糖（約50万ポンド、2万3千ドルの価値）、糖蜜（約3万ポンド、7400ドル）、コーヒー（5万8千ポンド、6千ドル）によって占められ、農業協会設立時には製糖業とコーヒー産業が二大産業となっていたことは確かである(34)。

さらに、先の演説が示すように、リーはハワイ諸島に農業を根付かせることに対して、輸出作物の充実化以外の目的も見出していた。ハワイ聖書協会（Hawaiian Bible Society）の会長を務めるほど敬虔なキリスト教信者であったリーは、農業は「異教」のハワイ先住民を「文明化」し、さらにハワイの「国家的繁栄と独立」をもたらす手段であると強く信じていたのである(35)。そして、ハワイ農業の根幹を握るのは「農園主」や「畜産者」としてハワイに入植した「我々」欧米系であり、「国家的繁栄と独立」とは欧米系入植者の経済的独立を達成し、独立国家としてのハワイを確立、発展させることであった。ここで重要なのは、ハワイがどの帝国にも植民地化されずに、欧米系白人が実権を握ることであった。

加えて、1850年に農業協会が設立された背景には、1848年頃から始まるゴールド・ラッシュにおける急速なカリフォルニアの発展も深く関係していた。1845年のカリフォルニア州の人口は17,900人だったのに対し、1849年の夏には5万人に達していた[36]。そして、1860年には38万人へと急増する。このような米国西海岸部の急激な人口増加によって食糧需要が増加し、ハワイの欧米系白人たちはカリフォルニアを有望なマーケットとして認識し始めていた。同時期には、ハワイに半年以上寄港する捕鯨船が減少傾向にあり、王国の経済を支える新たな基幹産業を見つける必要があった。少なくともハワイ在住の欧米系入植者には、西部開拓（＝文明化）の前線であるとともに、将来有望なマーケットとして映ったのである。

> この2年のうちに、この集団［農業協会］の展望において、突然の大きな変化がありました。太平洋の境界までの米国領土及び政府［の影響力］拡大、カリフォルニアにおける数々の素晴らしい発見、いわば「魔法使いの杖」によって「米国の西部前線」に、ほとんど瞬間的ともいえる速さで強大な州が建設され、この小さな集団はまさに文明の発展を注視するようになりました。我々は突然、知的でかつ起業家精神に富んだ［カリフォルニア］の隣人に囲まれ、彼らは自分たちの豊かさと交換できるような豊かさを我々も備えるよう声高に主張しています。もはや、我々のコーヒーと砂糖は倉庫に積み残されることはありません。もはや、我々の果物や野菜は栽培された場所で朽ち果てることもないのです。我々はマーケットを見つける必要はなく、買い手が騒々しく我々のところにやって来て、足りないと思わせるほどの熱気とともに供給品を運び去っていくでしょう……アングロ・サクソンの活力と進展の抵抗し難い影響力に駆り立てられ、ハワイ政府（the native government）も耕作地に対する強固な制限を緩め、外国の技術と資本を誘致し、耕作を促進するようになるでしょう[37]。

このように、市場を通じたハワイ―米国西海岸部間の関係構築と強化は、リーを含む協会設立者たちにとって、王国の経済活動の活性化のみならず、米国西部開拓の延長としてハワイの文明化を促進する可能性を提示した。1840年代の米国の状況をみると、アングロ・サクソンによる領土拡大を正当化する「明白な運命（マニフェスト・デスティニー）」のイデオロギーのもと、白人入植者たちによる西部開拓が精力的に繰り広げられていた[38]。さらに、米国は米墨戦争（1846～1848年）の勝利により、テキサス、オレゴン併合に続き、リオ・グランデ川以北の地であるカリフォルニアを獲得した[39]。ハワイ在住の入植者たちは、米国の太平洋西海岸部の獲得は、アングロ・サクソン系による「未開地」の管理と支配の正当性を証明したものと理解した。そして、同様に、アングロ・サクソンによるハワイの管理と支配を達成するには、「外国の技術と資本」が必要不可欠であるとした。つまり、「ハワイ農業の促進のため」の王立農業協会の設立は、王国の文明化という大義名分のもと、入植者の主導による農業経営（土地、労働管理、栽培方法など含む）の推進と、米国西海岸部依存型の経済活動の展開を意味した(40)。

さらに、1844年からハワイ政府の機関紙となった『ポリネシアン（The Polynesian）』では、欧米系白人を「ハワイ人」と呼び、ハワイ先住民を「ネイティブス（natives）」と呼ぶことで区別し、あたかもハワイの土地や自然や米国西海岸部の市場が、「ハワイ人」のみに与えられた神の摂理であるかのように主張する記事が掲載された。

> 自然は私たちハワイ人（Hawaiian）に、良質の砂糖とコーヒーを安く生産するための土壌を恵んでくれました。[神の] 摂理によって、オレゴンやカリフォルニアにおける豊かで確固たる市場が開かれました。資本や労働不足のために、このような利点を見過ごすのでしょうか。これら [の市場] を獲得するための努力はなされないのでしょうか。それとも、我々はこれら [の市場] に対しても摂理を信頼すべきでしょうか(41)。

そのうえで、米国西海岸部の市場を満たすための外国資本と労働力の獲得の重要性を唱え、農業をハワイ王国の基幹産業とすべく動き出したのである。

3　1850年代のコーヒー栽培の振興

4日間にわたる第1回集会の最終日8月12日には、リーが初代協会会長に任命され、農業協会の様々な議題について話し合われた。その結果、まず、農業は「商業、製造業、及びあらゆる事業の基盤として、ハワイの発展を支える確固たる土台」であることが確認された(42)。

先に述べたように、コーヒーは1840年代からすでに商業的栽培が開始され、サトウキビと並んで主要商品作物として認識されるようになっていた(43)。その証拠に、ハワイ政府が1842年には豚の代わりにコーヒーでも地租を支払えるようにしたことが挙げられる(44)。1840年の憲法制定までは、各島の首長が国王に年貢を納める形式であったが、立憲君主制が確立してから、労働税、人頭税、地租を政府の財源とすることになった[45]。1840年の時点では、スペイン・ドルが納税の基準となっていたが、ドルの獲得が難しい地域では砂糖、綿、豚での納税が可能となっていた。そして、1842年には、コーヒーが加わった。政府はコーヒーを追加するにあたり、以下のように、その価値を伝えた。

> ［税を徴収する］役人及び国民には、非常に価値のある新しい品があることをここに伝える。国民は、豚ではなくコーヒーで地租を納めてもよい。富を追い求める者は、今なら、コーヒーを栽培するのがよいだろう。そして、コーヒーを育てている人びとは、コーヒーがお金と等価であることに気づくだろう[46]。

このように、1848年のマヘレの以前から、年貢制度が西洋式税制へと変更され、貨幣以外に納税できる品目を定めることによって、王国によるサトウキビやコーヒー生産の奨励は始まっていた。1843年には、海外から輸入されるコーヒーに対して３％の関税をかける法律が制定され、コーヒーの栽培はさらに拡大した[47]。農業協会の発足は、1840年の税制度導入による両産業の振興政策が成果を上げ始めた頃であった。

この集会ではコーヒー栽培の改善策を模索するため、ルック（C. B. Rooke）を委員長とした委員会も設立され、翌1851年にはコーヒーの栽培と豆の精製方法に関する詳細な論文が委員会に提出された[48]。執筆にあたったのは、前述のローズであった。英国生まれのローズはカナダ・バンクーバーに拠点を置くハドソンズ・ベイ社（the Hudson's Bay Company）に就職し、しばらくの間太平洋西海岸を航海していたが、その後ハワイに移住し、次第に王国の政治にも関わるようになった。1851年に下院議員に選出されたことで、政界に進出した当時の欧米系入植者の典型的な有力者としてのキャリアを辿っていた[49]。

ローズによる十数頁のエッセイの冒頭部分では、コーヒーは「栽培初期の段階では、弱々しく将来性もないような植物だが、良好な環境、［適切な］世話及び科学の応用によって、素晴らしい美と富を生み出す源へとなっていく」と紹介され、その将来性と当時の科学技術への期待が寄せられた。さらに、サトウキビのように大型の精製工場の購入や設置が不要で、インディゴ、カカオ、綿花同様にマーケットが見つけやすい作物として推薦された[50]。ローズは自らのコーヒー栽培の経験が浅いため、このテーマについて書くのは「非常に気後れ」であるという謙虚さを示しつつ、王国におけるコーヒー栽培の歴史[51]、栽培に適した気候や土壌、コーヒーの実の熟し方や収穫方法、農園方式での栽培方法、収穫後の精製・袋詰めなど、コーヒー農園を始めるにあたって必要な情報を、自らの経験にも触れながら、詳細に記した[52]。しかし、農業協会設立時から懸案事項であった労働者不足の問題についてはほとんど言及していない。

1854年には、ローズは協会に対して、コーヒー産業の拡大にあたって十分な資本と農業知識を持った欧米系入植者（settlers）と農業労働力（agricultural labor）の増加が必要であると提言した[53]。すでに、ローズのコーヒー農園ではハワイ先住民（natives）と中国系移民労働者（coolies）を雇っており、提言では雇用者の賃金内容や労働態度について詳しく述べている。賃金に関しては、先住民に対して25セントの日当を支払い、中国系移民に対しては12.5セントを支払っていた。両者の賃金差は2倍であるが、先住民は食事が与えられず、中国系労働者には食事が支給されたため、雇用にかかる費用は同じとしている[54]。ところが、労働の「質」に対する評価は対照的であった。ローズに対する先住民の評価は、当時の米国宣教師のものと非常に似たものであった。

> 私の意見では、中国人は先住民より好ましいと思う。実際、後者を雇うのは現在難しい状況である。先住民は、規則的で組織的な労働を好まない。彼らにとって、イライラすることである。また、決められた時間を働くことに同意することはほとんどなく、もし繁忙期に雇ったとしても、しばしば休むうえに、高い賃金を支払わないと働かない。監督者がいれば、おそらく先住民は中国人より良く働くが、一人にはしておけない。苦力（クーリー）は、一人にしても働き続けるだろうが、扱いが難しいし、とてもけんかっ早い[55]。

このように、ローズのコーヒー農園では、1850年初頭から主にサトウキビ農園労働者として誘致された中国系労働者を雇い、労働態度や質についてハワイ先住民との比較を行っていた。次章で論じるように、19世紀後半からは、さらにコーヒー農園労働者は多様化し、政府や産業内でハワイにとって「望ましい」人種／エスニック集団についての議論が活発化していく。

このコーヒーに関する報告は、ハナレイに農園を所有していたローズが中心となり作成されたため、カウアイ島の状況に基づく内容であったと推測される。だが、中国系移民労働者の雇用はハワイ島コナでも始まっていた。コナで有数のコーヒー農園所有者であったプレストン・カミングス（Preston Cummings）は、1852

年の内務大臣グッデール（W. Goodale）に宛てた手紙のなかで、800エーカーの土地に２万本のコーヒーの木を植えており、この農園管理のため18名を雇い、そのうち11名が中国系移民で、７名が先住民であると伝えている(56)。この広大な土地は、王国からの特許（the Royal Patent Grant）によって政府から購入したものであった。1849年から1886年の間に、カミングスが土地を購入した南コナ（行政名としては、ケアホウ―ケアラケクア地区）の政府所有の土地の払い下げの応募に対して62件が許可されている。その内訳は先住民が27件（2,348エーカー）であるのに対し、外国人が35件（12,630エーカー）であり、土地に関しては５倍以上の土地が外国人に与えられた。名前から欧米系入植者と推測される応募者（W. Johnson, P. Cummings, H. N. Greenwell, C. Hallなど）の多くは、500エーカー以上の土地に対して特許を得ていた(57)。このように外国人の土地所有を許可した1850年のクレアナ法の制定により、コナではコーヒー栽培地が欧米系白人によって購入され、開拓されていくこととなる。

以上のハワイ王立農業協会内における議論から、1840〜1850年代にかけてコーヒーはサトウキビ同様にハワイ農業を担う重要な商品作物として注目され、欧米系入植者による農園経営が発展していったことがわかる。経営方法は、少なくとも数百エーカーのコーヒー栽培地を政府から購入し、先住民と中国系移民の労働力によって管理するというものであった。このようなコーヒー栽培拡大の背景には、カリフォルニア州を中心とした米国西海岸部における有望なマーケットの出現やハワイの法律（税法・土地法）の改定があった。しかし、カリフォルニアでのゴールド・ラッシュは米国西海岸部へのハワイ先住民の流出を加速させ、ハワイ農業における労働力の確保は大きな課題となっていった（第３章参照）(58)。

4　1880年代の製糖業の台頭

1850年代、米国西海岸向けの輸出作物の一つとして大きく注目されたコーヒーであったが、その後、サトウキビ栽培によって次第に後景化され、1880年代には製糖業への依存から脱却するための、商品作物の多様化の一作物となる。

サトウキビ栽培が急速に発展を遂げたのは、1875年のハワイ王国と米国の間で締結された互恵条約（the Reciprocity Treaty of 1875, 翌年 9 月より施行）により、ハワイ産砂糖の米国輸入時の課税が撤廃されたことに起因する。ところが、コーヒーに関しては害虫やさび病菌の被害によって順調な発展が見込めないことが大きな懸念材料となっていた。このような状況下、1882年、サトウキビ農園主たちがホノルルの商工会議所に集まり、農園主による労働力供給会社（The Planters' Labor and Supply Company）を設立し『プランターズ・マンスリー』（発行年1882〜1894年）の発刊を決定した。ここでいう「プランターズ」とは製糖工場とサトウキビ栽培地を所有する農園主であり、欧米系入植者もしくは米国宣教師の二世世代によって構成されていた。月刊誌では、ハワイ王国の「発展と繁栄」のため、農業に関する国内外の状況だけではなく、（移民）労働力確保の問題、土地や関税に関する法的課題などのハワイの政治に関するテーマも取り上げられていた。そして、ハワイの政治に「もっとも関心」を払っているのは、巨額の税金を納めることで 8 割にも及ぶ政府の財源を支えている農園主層であるとし、欧米系白人の経済、政治的支配を堂々と正当化するようになった(59)。さらに、製糖業を中心とした農業がハワイの全ての事業、そしてハワイに住む全ての男女子どもの生活に影響を与える存在であることが強調された。

> このすばらしい産業がなければ、この諸島は孤立し、ほとんど未知の場所であっただろう。ハワイ国王は、貧困に蝕まれた地の無一文の支配者であっただろう。昔、多くの収入をもたらした捕鯨産業はすでに過去のものとなった。[18]50年代にある程度の利益をもたらしたジャガイモや小麦の商売は、無くなってしまった。コーヒーとプル(60)は最盛期を過ぎてしまった……そして、[サトウキビ] 栽培に興味がある人びとは、この国の骨と腱を形成し、精神的、道徳的に強化していくのである(61)。

記事では1850年代と1880年代の状況が比較されているが、大きく異なる点は商品作物の内容だけではなく、王国にとって農業が持つ意味にあった。1850年代はたとえ建前であったとしても、農業がハワイ王国の主権を守り文明化を達成するという、王国や先住民のための経済活動であったのに対し、1880年代に入ると国王を含むハワイ先住民の存在は矮小化され、欧米系白人が王国の政治、経済、社会、そして精神までも支配するための仲介者として認識され、機能することが期待された。

そして、1876年、米国に無課税で輸出できるようなったことで、サトウキビはこの頃からハワイのモノカルチャーを確立していく作物となっていく。1882年9月号の『プランターズ・マンスリー』に掲載された論説「Thirty years progress（30年の進歩）」では、1850年の農業協会設立時に、30年後のハワイ農業について予測した会長リーの演説を引き合いに、いかに製糖業が大きな発展を遂げたのかが言及された。

> 30年前と現在の統計を比較すると、ハワイ農業の発展に関して興味深い事実が明るみになる。リー判事は、1850年8月王立農業協会組織時の演説において述べた。「我々の見解では、現在と30年後の違いは大きく、今から30年後に我々にとって変わる人びとは……大きな変化を目にするだろうと敢えて予測したい。彼らは、我々の谷がコーヒーや果物の花で溢れ――我々の不毛な丘陵地帯がサトウキビ畑で覆われ――、我々の生産性のない平野が灌漑され肥沃になり、現在我々の土地にまばらに散らばる茅葺の家は、心地の良い（木造の）小家屋へと取って代わるだろう[62]。

記事では続いて、「コーヒーと果樹」に関する予測以外はリーの演説は「驚くほど」現在の状況を描き出していると絶賛している[63]。この時期、1850年代の農業協会が作成したメダルに描かれたようなコーヒーへの期待感は薄れており、その栽培技術の未熟さや労働力不足などの理由から、同産業の将来は未だ「とても不安定（uncertain）」であるとされた[64]。

ところが、1884年には製糖業への過剰依存を懸念する記事が掲載され、モノカルチャーに対するリスク回避策としてコーヒーの栽培が推奨されるようになった。サトウキビ栽培のような広大な土地で少数の欧米系白人によって支配されている産業は危険視され、その代わりに、わずかな土地でコーヒー、ジャガイモなどを栽培する独立土地所有者の重要性が指摘され始めた。

> サトウキビに完全に依存するという現在の立場は、非常に浅はかで危険である。いかなる理由で製糖業が失敗したとしても、それは［ハワイ］諸島の大部分の人びとに破産と破滅をもたらすだろう。そして、他の産業を設立する最も確かな方法はジャガイモ、コーヒー、キナノキ(65)など、手入れをすれば繁茂するような他の産業に従事する独立土地所有者の人口を増やすことである(66)。

ここでいう独立土地所有者とは、サトウキビ農園主のように広大な土地を有する農業経営者ではなく、いわゆる小農を指した。特に入植を期待されたのが、資産には乏しいが品行方正な白人農民であった。1888年の『プランターズ・マンスリー』には、「ハワイ諸島は資産が少ない米国男性と女性にとって望ましい居住場所なのか（Are the Hawaiian Islands a desirable place of residence for American men and women of small means?)」と題した記事が掲載された。これは、1837年にアメリカン・ボードの教師としてハワイにやってきたエドワード・ベイリー（Edward Bailey, 1814–1903年）によって書かれたものである。彼は、1840〜1849年までマウイ島ワイルク（Wailuku）の女子神学校で教えた後、息子とともにサトウキビ農園（Bailey and Son's Sugar Plantation）を建設した。宣教師と農園経営者としてのヴィジョンを併せ持ち、1880年代の米国宣教師の代表格といえるベイリーは、米国白人の入植の重要性と可能性について以下のように述べている。

> 我々は人が必要である。しかし、ここ数年のように腐敗に手を染めるような人物ではない。また、我々はヤカラ（dudes）や、ただ楽しい時間を過ごしたいような奴もいらない……倹約を理解し、実行できる人物、必要であれば紅茶やコーヒーでさえ蓄えることができる人物、安息日［日曜日］を休日として過ごすことができる人物……が必要である。つまり、まとめれば、活力に溢れ勤勉であり、必ず成功を収めるような人物が欲しいのである(67)。

米国宣教師が理想とした模範的農民の描写であるが、ベイリーは彼らが「サトウキビ農園の外」で働くことを想定していた(68)。それは、彼らは農園を経営するほどの資産がないうえに、白人であるためにハワイ先住民や中国系移民のように労働者として働かせることはできないためであった。このような白人「小農」に対して、100エーカーにも満たない土地を与え、そこで栽培する作物して推奨されたのがコーヒーであった[69]。1880年代末はコーヒーの世界供給が不足したうえ、ハワイ産コーヒーは欧米の消費地でも「トップクラス」の品質を持つと評価されていた[70]。特に、コナコーヒーは、1866年にハワイ諸島に４ヶ月ほど滞在していた、後にマーク・トウェイン（Mark Twain）のペンネームで知られることになるサミュエル・ラングホーン・クレメンズ（Samuel Langhorne Clemens, 1835–1910年）も賞賛するほどであった。彼は、ミシシッピー州以西で最も古い新聞であった『サクラメント・ユニオン（Sacrament Union）』紙の特派員としてハワイに滞在しており、その間に25通の通信文を送り、それらは同紙の連載記事として掲載された。その１通には、「コナコーヒーはどのコーヒーよりも豊かな風味を持っていると思う」というトウェインの言葉が添えられ、米国におけるコナコーヒーの認知度を挙げたと考えられる[71]。また、1850年頃からコナでコーヒーを栽培し始めた英国人ヘンリー・ニコラス・グリーンウェル（Henry Nicholas Greenwell, 1826–1891年）は、ウィーン万国博覧会（1873年）やフィラデルフィア国際博覧会（1876年）に自家農園のコーヒーを出品し、高い評価を得ていた。それにより、欧米地域においてコナコーヒーは「有名なモカと同じくらい高品質な味を有する」として知られるようになっていた[72]。

このように海外で高い評価を受けたハワイ産コーヒーを栽培するために、米国からの白人農民層を誘致したもう一つの目的は、諸島内における白人人口の割合を増やすことであった。それは、急増する非白人（＝中国系）移民に対する対抗策ともなっていた[73]。この頃、すでに中国系移民がサトウキビ農園労働者として多く渡って来ており、労働契約終了後も本国に帰還しない彼らの存在はハワイ社会の「白人性」を脅かすものと捉えられていた[74]。ベイリーの記事の２号前には、「The Chinese Problem（中国問題）」と題した中国系移民に対する危機感を煽るような記事が掲載されている。「ハワイ王国には約２万人の中国人がおり、人口全体の４分の１」を構成し、すでに「他の外国人を凌ぐ人口」であることが報告された。特に、「一般大衆［先住民］が文明化の途中」であるハワイにおいて、「あらゆる商売や事業において外国人［白人］と成功裏に競合する能力」を持っている中国系移民は「災難［curse］」であると主張された。米国やオーストラリアでの中国系移民の制限や排除も見据えたうえで、「あらゆる人種」も凌駕し、「ハワイ先住民に悪影響を及ぼす」彼らの人口増加を抑制していくかが議論し始められた時期であった。この時期、米国ではすでに中国人排斥法が施行され（1882年）、オーストラリアでは中国人１人につき50ドルの入国税を500ドルへと引き上げる議論が続いていることが言及されている[75]。以上のように、1880年代のコーヒー栽培推奨は、急激に拡大したサトウキビ生産・製糖業に対する多様化を求めた農業政策と、急増する非白人労働移民に対するハワイの人口政策の一端を担っていたのである。

5　コーヒー法案と権力争い

1888年に世界の砂糖価格が下落すると、ハワイでは製糖業依存型経済に対する危機感がさらに増大し、コーヒーを含む他の農産物栽培の重要性が高まるようになった。コーヒーの場合は栽培を奨励するため、栽培者への補助金提供の法案（通称、「コーヒー法案」）が提出された。しかし、それをめぐる議会での議論は、ハワイ王国の政治的不安定さを露呈するものとなった。

コーヒー法案とは、1888年６月30日に内務大臣ローリン・アンドリュース・サーストン（Lorrin Andrews Thurston, 1858–1931年）によって提出された法案77「コーヒー栽培を奨励する法案」のことである[76]。両親とも初期の米国宣教師団として来布したサーストンはハワイ生まれの宣教師二世であり、30歳の若さで内務大臣に就任した[77]。当時の内閣は、1887年の憲法の発布後初めて組織されたもので、彼はこの起草者でもあった。この憲法発布に際しては、同年に米国系政治家や農園主らで結成されたハワイアン・リーグ（the Hawaiian League）と白人民兵隊であるホノルル・ライフルズ（the Honolulu Rifles）が結託して武装蜂起し、カラカウア国王（David Kalākaua, David Kalākaua, 1836–1891年、在位1874–1891年）に退位を求めた。その結果、国王は退位の代わりに、新憲法を受け入れることで王国を存続させた[78]。この経緯から、1887年憲法はしばしば銃剣憲法（the Bayonet Constitution）と呼ばれる。この制定によりハワイ国王の権限が大幅に縮小される一方で、欧米系入植者の投票権も認められたため、白人農園主や政治家に富と権力が集中することになった。憲法制定によって、サーストンのような少数の白人資産家がハワイの政治、経済的支配者として揺るぎない立場を確立することができたのである[79]。不安定な製糖業を支えるためのコーヒー法案は政府による農業政策の一環に見えるが、この法案の審議は国王と新政府の権力抗争の場となった。

法案をめぐる議論は、8月13日の議会において「最も活発」になり、サーストンは、法案に難色を示したハーマン・A・ワイドマン（Hermann A. Widemann, 1822–1899年）と、互いへの「蔑視」を露わにしつつ議論を交わした[80]。1822年ドイツのハノーバーに生まれたワイドマンは商船の船乗りとして来島し、1846年からハワイに住み始めた。その後、1850年代からオアフ島のワイアナエ・サトウキビ農園（Wai'anae Sugar Plantation）、カウアイ島グローブ農園（Grove Farm Plantation）、マウイ島のシュプレッケルズヴィル農園（Spreckelsville Plantation）の建設に関わり、サトウキビやコーヒーの栽培において先駆者的存在となった。また、カメハメハ三世から王国最後の女王リリウオカラニ（Lili'uokalani, 1838–1917年、在位1891–1893年）による統治期間には、巡回裁判所の裁判官、内務大臣、枢密院などの要職に就きながら、ハワイ王国を支えた[81]。彼は王室による君主制を強く支持し、共和国成立後に退位させられたリリウオカラニのため、ワシントン・D・C、ロンドン、ベルリンを訪れ王室の復権を唱えた[82]。王室を支持する旧体制派のワイドマンと共和国成立に深く関わった改革派のサーストンは、政治的立場の違いから、対立が避けられない状況にあった。また、ハワイ王国が農業を基幹産業として掲げ始めた時期から農業及び政治に関わってきたワイドマンにとって、30歳以上も若い新進気鋭のサーストンのコーヒー法案は受け入れ難かった。そして、8月30日に開かれた議会において、両者は火花を散らすこととなる。

コーヒー法案に関して、ワイドマンが論点として挙げたのは大きく分けて二つであった。まず、1850年代の短命であったコーヒー産業の過去に言及し、その後も胴枯れ病の被害によって栽培が頓挫してしまったことを強調した。コーヒー産業においては製糖工場のように大型の機械を必要としないため、コーヒー栽培に対する政府の補助金制度は不要で「ばかばかしい」ものであると糾弾した[83]。次に、法案が「コーヒー栽培を行う特定の会社への奨励」を目的にしたものであると批判した。具体的には、前年にマウイ島とハワイ島のコーヒーの調査を行ったフォーシス（W. J. Forsyth）という人物に対して、コーヒーの独占的栽培を許可する印象を持ったというものであった。インドのセイロンやグアテマラでキナノキの栽培に関わってきたフォーシスは、1887年8月、ハワイへのキナノキ導入のため、サーストンの推薦によって雇われていた[84]。そして、1887年11月末にはキナノキとコーヒー栽培地に関する報告書をサーストンに提出している。その報告書では、インドやグアテマラとの比較も含めつつ、両島の栽培地の地質や気候の観察と提言が示され、堅実な調査内容が窺える(85)。

ワイドマンの批判に対してサーストンは、フォーシスについては「コーヒー栽培の専門家として推薦され」、内務省依頼の調査を行っただけで「資金もないため、1ドルたりとも投資することを考えていない」と反論した(86)。続けて、ワイドマンに痛烈な批判を浴びせた。

> 改革政府（the Reform Government）は、この航海者（the Kaimiloa）を止めるためだけに政権を握ったのではない。この政府は巣のなかにいる年老いた雌鶏のように座り、何もしないわけではない。進展とは何かをすることである。英国は茶をインドで栽培し、世界の3分の1を産出するまでになった。同様に、その政府は、大量に算出されるキナノキを、インドとジャマイカの重要作物にした。ここでは、コーヒー栽培が可能であり、我々は動き始めることを提案する(87)。

サーストンは航海者を意味するハワイ語「kaimaloa」をあえて使用することで、もともと船乗りとしてハワイにやってきた部外者としてワイドマンの背景を蔑み、ハワイ生まれでハワイ語を話せる宣教師の子孫としての自身の正当性を訴えた。また、「年老いた雌鶏」という表現は、王立農業協会が成立した1850年代のヴィジョンを保持していた66歳のワイドマンが、30歳のサーストンにとって疎ましい存在であったことを如実に示している。

その後の議論もさらに混沌さを増していく。1888年9月3日の議会では法案そのものではなく、銃剣憲法の制定によりほぼ政治的実権を失った国王カラカウアによる拒否権発動が議論の対象となった。コーヒー法案への署名を求めて国王に謁見したサーストンによると、砂糖の価格低下への対応策としての他の産業の奨励に関する説明に対しては納得した様子であったが、その3時間後には「内閣の反対にもかかわらず」、国王は拒否権を発動した。これは改革政府樹立後、4回目の拒否権発動であったため、その後に開催された法案の審議は「数名の女性も含まれ、かなり多くの聴衆が見学する」ほど注目されたうえ、コーヒー法案そのものと拒否権の承認に対する議論が混在する結果となった(88)。法案を支持していたある上院議員にいたっては、英国では150年間拒否権が発動されていないこと、米国では発動するには議会の3分の2以上の票が必要であることを引き合いに、ハワイ国王による拒否権の行使は「独断的」かつ「横暴な悪政」であるとし、強く非難した。このような展開は、法案が農業政策としてのコーヒー産業の振興ではなく、「啓蒙的な憲法に基づいた政府の原理を説くために最終手段」として実行された欧米系白人による「革命」の影響力を定着させる手段となったことを示している[(89)]。長い議論の末、「国王による拒否権発動にかかわらずこの法案を通過させるべきか」に対して投票が行われた。拒否権の発動を阻止するためには32票（3分の2）の獲得が必要であったが、賛成31票という1票差で拒否権は承認され、法案は承認されなかった[(90)]。

この渦中、ごく少数の先住民下院議員であったジョージ・パニラ・カマウオハ(George Panila Kamauoha, 1859年頃〜1920年）も一連の審議に参加していた。彼は、コーヒー法案に関しては「公平かつ公正」であると評価し、長い間栽培されていたにもかかわらず産業として結実していなかったコーヒー産業の振興を支持した。よって、農業政策としての側面から、国王による拒否権の発動に関しては反対の姿勢を示していた。もう一人の先住民議員でモロカイ島選出のナカレカ(J. Nakaleka)下院議員は、サーストンがコーヒー栽培を「新たな産業」として紹介していること、そして、コーヒー産業の調査を担ったフォーシスの存在に対して疑問を呈した[(91)]。

それ［コーヒー］は新しいものではない。コーヒーは長年にわたり栽培されてきた。ある人［フォーシス］が他国からここに来て、コーヒーで成功したと言っただけである。そして内務省の報告書に彼の報告が含まれていただけである。もしその紳士が他の国で成功しているのであれば、ここサンドイッチ諸島に来るかわりに、そこに留まるべきではなかったか[(92)]。

このように、ナカレカの発言には新しい政治体制や部外者によるコーヒー産業への介入に対して、批判的な態度が見て取れる。さらに、彼は法案を支持したカマウオハに対して、法案が提示するようにハワイでコーヒー農園の開発が始まった場合、「多くの先住民が追いやられる」事態になることを思い出すよう促している[(93)]。この法案をめぐる議論のなかで彼のように先住民への影響について取り上げた議員は他におらず、むしろ、表出したのは銃剣憲法発布後の新政治体制における王党派と改革派の権力抗争であった。

それを裏付けるように、1888年10月2日の地元紙『ハワイアン・ガゼット(Hawaiian Gazette)』によると、法案拒否権後に、カラカウア国王がコナにある自らのコーヒー農園を訪れたことを報じている。カラカウアはコーヒー栽培のビジネスに「非常に関心を持っており」、次回の法案――コーヒー1ポンドにつき5セントの奨励金を支給する法案――が可決される頃には、彼の農園のコーヒーも確実に収穫できるようになっているだろうと期待していた[94]。このことからも、コーヒー法案をめぐる議論はコーヒー産業の奨励の是非ではなく、政治権力をめぐる争いとして捉えることができよう。

6　コナにおけるコーヒー栽培

1887年の憲法制定後、政治的実権をめぐる争いが繰り広げられるなか、1888年初頭、ハワイ島コナにハワイ・コーヒー農園会社（Hawaiian Coffee Plantation Company）が設立された[95]。この設立はハワイの起業家向けの雑誌や新聞でもたびたび紹介され、政府による積極的な支援がないとはいえ、コーヒー栽培が奨励された。その背景には、先に述べたように、カリフォルニアの市場への期待があった。地元紙には「太平洋に繋がる」カリフォルニアが、白人の「南進」によりやっと「文明化」したことが記され、ハワイ産コーヒーを供給する市場が近くに出現したことが強調された。

> 世界の人口が密集した［地域］から、かつてないほど、多くの移民が排出され続けている。アングロ・サクソン系社会の南方漸進（the southwards expanding）は、彼らの歴史上最も速いだけではなく、ハワイ諸島にとって馴染みのある市場、カリフォルニアは人口増加において世界では群を抜いている。我々のチャンスがここにあり、そしてこの事業の結果が……成功すれば、この諸島に新たな繁栄の時代の幕開けとなろう[96]。

特にこの時期、ブラジル産コーヒーの減産により、世界のコーヒー価格が上昇傾向にあったこともコーヒー栽培が奨励された理由であった。1886年、サンフランシスコで取り引きされた中南米産コーヒーは1ポンドあたり10セントだったが、翌年には16セントにまで急騰していた[97]。

また、上の記事が掲載された翌月号（1888年4月号）の『プランターズ・マンスリー』では、ハワイ・コーヒー農園会社が提示した農園の建設費用と予想される収入に関する情報を開示した。そこでは、ハワイ島コナやハマクア（Hamakua）が候補地として挙げられ、200エーカーの土地に10万本のコーヒー木を植えると、4年後には実をつけるとされた。1本の木から300ポンドの収穫が見込め、1ポンドあたり15セントの売上とすると、1年につき5,000ドルの収益になると試算された(98)。さらに、コナでは「空き地」が多いうえ、世界的にも評価が高いコーヒーが栽培できることから「資産」がある人びとは会社の農園建設に「協力」するよう強く呼びかけた(99)。その協力者とは欧米系入植者を指しており、彼らはコーヒー栽培を拡充するばかりでなく、増加するアジア系労働者に対する白人の割合を上げることも期待されていく。

*

英帝国の植民地拡大事業を考察した川島昭夫は、植物帝国主義を「植物資源を安定して獲得するために、国家がおもてにたち、植物を支配・独占し、植物が成長するのに必要な時間、土地を支配・管理し、さらに植物の環境にはたらきかける労働力を支配・管理するあらゆる意図的試み」と定義する(100)。ハワイに移植されたコーヒーは19世紀半ばに入ると、欧米系白人たちによってハワイ「植民地化」の道具として使用されるようになった。しかし、「欧米系白人」といっても、その内実は一枚岩ではなかった。王国でサトウキビやコーヒーなどの商品作物の大量生産を実現するための主導権を握ることになったのは、西洋的法律（憲法、税制、土地制度）、農業、ビジネスなどの専門的知識を持っていた者やハワイ生まれの宣教師の二世世代であった。彼らは、欧米帝国からの侵略や植民地化を防ぐための王国の主権確立と、ハワイ先住民の文明化を進めるという使命感から、自らを王国の政治的、経済的実権を握る適格者として認識し、実践することとなった。太平洋空間を支配しようとする欧米帝国の影響に危機感を示しながらも、米国の明白な運命論を擁護しハワイをカリフォルニアの延長上に置き、その文明化を正当化する戦略は欧米系白人入植者による「内からの植民地化」ともいえよう。サーストンが自らを「ハワイアン」と名乗ったように、ハワイに住む（生まれた者も含む）欧米系白人たちは出身帝国の影響を阻止し、先住民による王国を弱体化することで、自らの思い描く形で王国の政治、経済、土地を動かすようになったのである。

そのような状況下、コーヒー栽培は19世紀末には、政府からの奨励も無くなり、サトウキビ生産・製糖業に押されるようになる。一方で、欧米系入植者による大農園も開設されるようになり、アリイ層の土地の一部はコーヒー栽培地へと変容していった。ゴールド・ラッシュ以降に急速に発展したカリフォルニア市場へ輸出できる商品作物となったコーヒーの栽培は、欧米系入植者が先住民の土地を管理し、経済活動の実権を握るための実践的手段となったのである。ブロンド号で運ばれたコーヒーは、この時期、内からの植民地化を支える産業としての役割を持つようになった。

1894年のハワイ共和国成立とともに、急速な発展を遂げるコーヒー産業に、西側から太平洋を越えてアジア系労働移民が参入するようになる。ここにおいて、川島が主張する「植物の環境にはたらきかける労働力を支配・管理するあらゆる意図的試み」――コーヒー栽培における移民労働者の人種主義的支配と管理――をめぐる様々な課題が浮き彫りになってくる。これらについては次章でみていく。

注

(1) “Report of the committee to award premiums,” *The transactions of the Royal Hawaiian Agricultural Society*, vol. 1, no. 2 (1850): 12–15.

(2) Edward D. Beechert, *Working in Hawai'i: a labor history* (University of Hawai'i Press, 1985), p. 61.

(3) Noenoe K. Silva, *Aloha betrayed: native Hawaiian resistance to American colonialism* (Duke University Press, 2004), p. 35.

(4) Silva, *Aloha betrayed*, pp. 36–37.

(5) Gavan Daws, *Shoal of time: a history of the Hawaiian Islands* (University of Hawaii Press, 1974), p. 107.

(6) 西川俊作「福沢諭吉、F. ウェーランド、阿部泰造」『千葉商大論叢』40巻4号（2003年）：30頁、33頁、35頁；Carol A. MacLennan, *Sovereign sugar: industry and environment in Hawai'i* (University of Hawai'i Press, 2014), p. 54.

(7) MacLennan, *Sovereign sugar*, pp. 54–55.

(8) MacLennan, *Sovereign sugar*, pp. 55–56. この憲法には、マウイ島ラハイナルナ神学校（Lahainaluna Seminary）で宣教師による教育を受け、政治家や歴史家としても活躍したディビット・マロ（David Malo, 1795–1853年）などの高学歴のハワイ先住民も含まれていた（Daws, *Shoal of time*; Clarice B. Taylor, “Little tales all about Hawaii,” *Honolulu Star-Bulletin*, 1 July 1950, 44）。

(9) MacLennan, *Sovereign sugar*, pp. 55–56.

(10) アフプアアは、現在のハワイにおいても行政区分として、一部使用されている（山田亨「アフプアアの暮らし――コミュニティのかたち」山本真鳥、山田亨『ハワイを知るための60章』明石書店、2013年、54頁；松澤幸太郎「ハワイにおける不動産に係る法制度の概要」『筑波法政』第87号

(2021年): 36)。

(11) J. Kehaulani Kauanui, *Paradoxes of Hawaiian sovereignty: land, sex and the colonial politics of state nationalism* (Duke University Press, 2018), pp. 84–85.

(12) W. D. Alexander, "A brief history of land titles in the Hawaiian Kingdom," *Hawaiian almanac and annual for 1891* (Press Publishing co., 1890): 105; Silva, *Aloha betrayed*, p. 39.

(13) Kauanui, *Paradoxes of Hawaiian sovereignty*, p. 85.

(14) Jonathan Kay Kamakawiwoʻole Osorio, *Disremembering Lahui: a history of the Hawaiian nation to 1887* (University of Hawaiʻ press, 2002), pp. 47, 49; Kauanui, *Paradoxes of Hawaiian sovereignty*, p. 85.

(15) Silva, *Aloha betrayed*, p. 41.

(16) Silva, *Aloha betrayed*, p. 42. ケアヌ・サイ（Keanu Sai）の研究によると、政府所有の土地はマカアイナナに対しては、当初は1エーカーにつき50セント、その後1ドルという安価で売られており、ハワイ王族やアリイはできるだけハワイ先住民に土地が残るように画策したという（Silva, *Aloha betrayed*, p. 42)。

(17) "Mr. Wyllie's address," *The transactions of the Royal Hawaiian Agricultural Society*, vol. 1, no. 1 (1859): 33–43.

(18) その「招待」がハワイ政府発行の英語紙『ポリネシアン』に掲載されたのは会合が招集されるわずか2日前のことであり、招待者は事前に決定したと考えられる（"Proceedings of preliminary meeting," *The transactions of the Royal Hawaiian Agricultural Society*, vol. 1, no. 1 (1850): 1)。

(19) "Proceedings of preliminary meeting," 1. もう一人の弁護士は、米国出身のジョン・リコード（John Ricord）であった。

(20) *The Polynesian*, 5 December 1846, 119.

(21) Dunn, Barbara. "William Little Lee and Catharine Lee, letters from Hawaiʻi 1848–1855," *The Hawaiian journal of history*, vol. 38 (2004): 61. リーは1857年には再びハワイに戻るが、その後死去する。

(22) "Address. Delivered by Wm. L. Lee., Esq.," *The transactions of the Royal Hawaiian Agricultural Society*, vol. 1, no. 1 (1850): 23–24.

(23) "Address. Delivered by Wm. L. Lee., Esq.," 23.

(24) Darlene, E. Kelley, "Important people-part 18," *Keepers of the culture: a study in time of the Hawaiian Islands as told by the ancients* (2008), http://files.usgwarchives.net/hi/statewide/newspapers/importan39nnw.txt.（最終アクセス2024年8月30日）

(25) Edward Joesting, *Kauai: the separate kingdom* (University of Hawaii Press, 1988), p. 130.

(26) Joesting, *Kauai*, p. 134.

(27) Chapman, *Final draft*, p. 5; Joesting, *Kauai*, p. 129.

(28) "Valley of adventure," *Honolulu Star-Bulletin*, 24 April 1949, 44.

(29) "Godfrey Rhodes Departs," *Evening Bulletin*, 8 September 1897, 5.

(30) "Valley of adventure," 44.

(31) Chapman, *Final draft*, p. 6.

(32) Godfrey Rhodes, "Essay on the cultivation of coffee," *The transactions of the Royal Hawaiian Agricultural Society*, vol. 1, no. II (1851): 52–54; *The transactions of the Royal Hawaiian Agricultural Society*, vol. 1, no. III (1852): 18. 1851年の品評会でコーヒー部門の1位となったのは、ハワイ島ヒロのピットマン（B. Pitman）という人物であった。*The transactions*, vol. 1, no. III: 18.

(33) しかし、カウアイ島でのコーヒー栽培は、旱魃や害虫被害により1850年代半ばには衰退する

(Joesting, *Kauai*, p. 149)。

(34) "Commercial statistics," *The Polynesian*, 20 January 1849, 143.

(35) "Biographical sketch of the late William L. Lee," *Commercial Advertiser*, 11 June 1857.

(36) David J. St. Clair, "The gold rush and the beginnings of California industry," *California history*, vol. 77, no. 4 (Winter, 1998/1999): 185, 187. 1845年の人口の内訳は先住民1万人、スペイン／メキシコ系子孫7,000人、米国白人700人、ヨーロッパ人200人であった（Clair, "The gold rush," 187)。

(37) "Circular," *The transactions of the Royal Hawaiian Agricultural Society*, vol. 1, no. 1 (1850): 6–7.

(38) 1845年にジョン・オサリバン（John O'Sullivan）が初めて使用した用語で、19世紀後半は米国領土拡大のための西漸運動全体を神（Providence）による使命として正当化する考えとなった（Anders Stephanson, *Manifest destiny: American expansionism and the empire of right*, Hill and Wang, 1995, pp. xi–xii)。

(39) Stephanson, *Manifest destiny*, pp. 36–38.

(40) Gregory Rosenthal, *Beyond Hawai'i: native labor in the Pacific world* (University of California Press, 2018), p. 4.

(41) *The Polynesian*, 3 February 1849, 4.

(42) "Proceedings of agricultural convention," 15. 農業、製造業、商業（貿易業）を一連の企業体として実現したものが、ビッグ・ファイブ（Big Five）である。

(43) "Proceedings of agricultural convention," 15; Stephen Reynolds, "Reminiscences of Hawaiian agriculture," *The transactions of the Royal Hawaiian Agricultural Society*, vol. 1, no. 1 (1850): 50.

(44) Lorrin Andrews Thurston, *The fundamental law of Hawaii* (The Hawaiian Gazette Company, limited, 1904), p. 122; Baron Goto, "Ethnic groups and the coffee industry in Hawai'i," *The Hawaii journal of history*, vol. 16 (1982): 121.

(45) Robert M. Kamins, *The tax system of Hawaii* (Doctoral dissertation, The University of Chicago, 1950), pp. 22, 24.

(46) Thurston, *The fundamental law of Hawaii*, p. 122; Goto, "Ethnic groups"122; Kamis, *The tax system of Hawaii*, pp. 25–26.

(47) "Proceedings of agricultural convention," 15. 他に輸入品に対する課税が廃止された品目として、園芸用種子、植物、農園器具、砂糖精製機械、改良用動物があった。いずれも、ハワイ農業の発展にとって重要な品目であった。

(48) "Proceedings of agricultural convention," 17.

(49) 1883年にハワイ王国移民局にも配属された。"Rhodes, Godfrey," Government Office Holders, *Hawaii State Archives Digital Collections*, https://digitalcollections.hawaii.gov/greenstone3/sites/localsite/collect/governm1/index/assoc/HASH0134/b6ad8eae.dir/doc.pdf.（最終アクセス2023年7月1日）

(50) G. Rhodes, "On the cultivation of the coffee tree and manufacture of its produce, written for the Royal Hawaiian Agricultural Society," *The transactions of the Royal Hawaiian Agricultural Society*, vol. 1, no. 1 (1850): 50–54.

(51) ハワイのコーヒー栽培の歴史について、ローズはブロンド号によって運ばれたコーヒー（第1章参照)、英国領事チャールストン（Charleston）がマニラから持ってきたコーヒー、リトル（Little）船長によってマニラかバタヴィアから持ち込まれたコーヒーについて言及し、ハワイのコーヒー苗の親株としてチャールストンのものを挙げている。Rhodes, "On the cultivation," 56.

(52) G. Rhodes, "On the cultivation," 54–71. しかし、ローズによって提示された栽培方法は1851年の

農業協会議事録掲載のウィリアム・ダンカン（William Duncan）による害虫予防・駆除に関する論文で批判されている箇所が複数ある。翌年にはローズはダンカンの批判に対して反論した論文を投稿しており、両者の間でコーヒー栽培をめぐる論争があったことがわかる。William Duncan, "On the prevention and eradication of worms," *The transactions of the Royal Hawaiian Agricultural Society*, vol. 1, no. 3（1852）: 82; G. Rhodes, "Report on coffee," *The transactions of the Royal Hawaiian Agricultural Society*, vol. 1, no. 4（1853）: 61–64.

（53） この報告は、当時外務大臣であったスコットランド生まれのロバート・クリフトン・ウィリーからの質問状に対する回答であった。ウィリー自身も、ローズと同じくハナレイに、1853年からコーヒー農園を所有していた（"No. 3. Replies," 32）。

（54） "No. 3. Replies," 36.

（55） "No. 3. Replies," 35.

（56） Kepā Maly, Onaona Maly, and Pat Thiele. *He wahi mo'olelo no nā 'āina, a me nā ala hele i hehi 'ia, mai Keauhou a i Kealakekua, ma Kona, Hawai'i = A historical overview of the lands, and trails traveled, between Keauhou and Kealakekua, Kona, Hawai'i*. Hilo（Kumu Pono Associates, 2001）, pp. 177, 282.

（57） Kepā et al., *He wahi*, p. 171.

（58） William Chapman, *Final draft: coffee in Hawai'i: an overview*（prepared for the Kona Historical Society, Historic Preservation Program, Department of American Studies, University of Hawai'i Manoa, 1995）, p. 8.

（59） "The planters and politics," *The planters' monthly*, vol. II, no. 6（1883）: 121.

（60） ハワイに自生する大型の木生シダからとれる光沢のある黄色の柔らかい繊維で、一時はマットレスや枕の詰め物としてカリフォルニアに輸出されていた（*The Polynesian*, 24 March 1849, 179）。

（61） "The planters and politics," *The planters' monthly*, vol. II, no. 6（1883）: 121.

（62） "Thirty years progress.," *The planters' monthly*, vol. I, no. 6（1882）: 116.

（63） "Coffee culture," *The planters' monthly*, vol. VII, no. 4（1888）: 147.

（64） "Coffee culture," 147.

（65） キナノキはマラリアの特効薬のキニーネを含む植物。

（66） "Homesteads for immigrants," *The planters' monthly*, vol. III, no. 11（1884）: 116.

（67） "Are the Hawaiian Islands a desirable place of residence for American men and women of small means?," *The planters' monthly*, vol. VII, no. 6（1888）: 267.

（68） "Are the Hawaiian Islands," 268.

（69） 1888年5月には編集委員を務めていたエドワード・ベイリーは『プランターズ・マンスリー』に「私のコーヒー実験（My experiment with coffee）」という記事を投稿し、コーヒー栽培の失敗談を披露した。ただ、害虫被害の対策をしっかりすれば栽培可能としている（*The planters' monthly*, vol. VII, no. 5（1888）: 225–260）。

（70） "Are the Hawaiian Islands," 270.

（71） *Mark Twain in Hawaii: roughing it in the Sandwich Islands, Hawaii in the 1860's*（Mutual Publishing, 1990）, p. ix; *Letters from the Sandwich Islands: written for the Sacramento Union by Mark Twain*（Stanford University Press, 1938）, pp. 147, 149.

（72） United States Centennial Commission, *International exhibition, 1876: official catalogue complete in one volume*（John R. Nagle and Company 1876）, p. 251; "Coffee," *The Pacific Commercial Advertiser*, 18 January 1873, 1; 中川金蔵「コナ珈琲の沿革」『布哇タイムス』1957年５月13日、6面。

(73) “Are the Hawaiian Islands,” 268.

(74) “A planter’s view of labor and population,” *The planters’ monthly*, vol. VII, no. 6 (1888): 252. 中国系移民は1878年の6,045名（全人口の10.4%）から1884年の18,254名（22.7%）へと 6 年間で 3 倍（全人口あたりの割合でも 2 倍強）に急増した（Franklin Odo and Kazuko Shinoto, *A pictorial history of the Japanese in Hawai‘i 1885-1924* (Bishop Museum Press, 1985), p. 19）。

(75) “The Chinese problem,” *The planters’ monthly*, vol. VII, no. 4 (1888): 150.

(76) *Journal of the legislative assembly, manuscript, English* (1888): 124, https://llmc.com/OpenAccess/docDisplay5.aspx?textid=493143.（最終アクセス2024年 8 月30日）. 同時に法案78「コーヒーのサビ病を防ぐ法律」も提出され 7 月24日に可決されている（*Journal of the legislative assembly manuscript, English* (1888): 133–134, 201）。

(77) “Lorrin A. Thurston and the U. S. Annexation of the Hawaiian Islands,” *USUN Library* (2022), https://library.csun.edu/SCA/Peek-in-the-Stacks/Lorrin-Thurston.（最終アクセス2024年8月30日）

(78) Lorrin Thurston A., Andrew Farrell (ed.), *Memoirs of the Hawaiian revolution* (Honolulu advertiser publishing co.), pp. 129–155.

(79) “Appointment of a new cabinet!,” *Hawaiian Gazette*, 5 July 1887, 4.

(80) *Daily Pacific Commercial Advertiser*, 14 August 1888, 2.

(81) “Hawaiian Jurist called to rest,” *The San Francisco Call*, February 24, 1895, 4; Goto, “Ethnic groups,” 120; “Hawaiians mourn: Hermann A. Widemann dies after a prolonged sickness,” *The Independent*, 7 February 1899, 3.

(82) “Hawaiians mourn,” 3.

(83) ヘンリー・ペリン・ボールドウィン（Henry Perrine Baldwin）はコーヒー法案を全面的に支持しており、大農園経営、最新の機械、大規模な資金を導入した製糖業を成功例として挙げ、コーヒー栽培もそれに追従すべきとした。しかし、ワイドマンが指摘するように、当時のコーヒーの収穫は手作業であり、精製にあたっても大型機械は必要なかった。“The legislative assembly,” *Daily Pacific Commercial Advertiser*, 14 August 1888, 2.

(84) “Cinchona cultivation,” *Hawaiian Gazette*, 23 August 1887, 4.

(85) “Report of Mr. W. J. Forsyth, on the suitability of lands for coffee and Cinchona culture,” *The planters’ monthly*, vol. VII, no. 1 (January 1888): 12–25.

(86) “Legislative assembly,” *Daily Bulletin Weekly Summary*, 21 August 1888, 2.

(87) “The legislative assembly,” *Daily Pacific Commercial Advertiser*, 14 August 1888, 2; “Legislative assembly,” *Daily Bulletin Weekly Summary*, 21 August 1888, 2.

(88) “Local and central news,” *Daily Bulletin*, 3 September 1888, 3.

(89) “The legislative assembly,” *Hawaiian Gazette*, 11 September 1888, 3.

(90) “Coffee bill veto sustained.,” *The Daily Bulletin*, 3 September 1888; “Legislative assembly,” *The Daily Bulletin*, 4 September 1888, 2.

(91) “The legislative assembly,” *Hawaiian Gazette*, 11 September 1888, 3.

(92) “The legislative assembly.”

(93) “The legislative assembly.”

(94) “Departure of streamer W. G. Hall.,” *Hawaiian Gazette*, 2 October 1888, 10.

(95) *The planters’ monthly*, vol. VII, no. 3 (1888): 98.

(96) “Coffee planting,” *Pacific Commercial Advertiser*, 13 March 1888, 2; “Coffee planting,” *Pacific*

Commercial Advertiser, 14 March 1888, 2.

(97) "Coffee culture," 149.

(98) "Coffee culture," 147.

(99) "Coffee culture," 148.

(100) 川島昭夫『植物園の世紀——イギリス帝国の植物政策』(共和国、2020年)、17頁。

20世紀前半のコナコーヒー産業の担い手
左のポートレイトはキャプテン・クック社マネージャーのルイス・マックファーレン(1915年)。キャプテン・クック社は、戦前から1950年代にかけてコナコーヒー産業の二大会社の一つであった。右は、キャプテン・クック社によって撮影されたと思われる「コーヒーを摘む高齢の日本人男性」の写真(1947年)。オーストラリア生まれのマックファーレンの写真は米国南部の農園主を彷彿させるようなものであるのに対し、名前不明の日本人男性の写真は労働者の一人として記録されるのみである。
(提供:The Collection of the Kona Historical Society)

第3章 米国への併合とコーヒー産業

ハワイ共和国の移民・入植政策

1　労働委員会とコーヒー産業振興

……労働委員会は、コーヒー農園の労働力問題が、我が国［ハワイ共和国］と海を越えた両側にある大国［米国と日本］との間に存在する社会及び経済的問題と非常に密接に関わっていることを認識した。現時点で、これらの関係に目を向けないことは、我々の社会と政治に危機をもたらした、王国に蔓延る不幸な政策を続けることになる。

まだ時期ははっきりしないにしても、西洋（the Occidental）か東洋（the Oriental）かどちらかの文明がここを支配するか決める時がやってきているのは確かだ[1]。

この報告を行った労働委員会（the Labor Commission）は、ハワイ共和国（the Republic of Hawaii, 1894-1898年）成立から１ヶ月後の1894年８月に設立された。設立後まもなく、同委員会は政府の依頼により、製糖業やコーヒー産業の労働力問題に関する調査に取りかかった。構成メンバーは、委員長として着任したW・N・アームストロング（W. N. Armstrong, 1835-1905年）を筆頭に、ジョン・エメルス（John Emmeluth）、ジョアン・マルケス・ヴィヴァス（João Marques Vivas）、ティム・B・ムレイ（Tim B. Murray）、ヘンリー・W・セヴェランス（Henry W. Severance）の５名であった。アームストロングを除く４名は、ハワイ史にあまり登場することがなく詳細な情報は得られないが、全員がホノルルを拠点として活動しており、製糖業やコーヒー産業には関わりのない人びとであった。特に、エメルスやヴィヴァスは、1880年代末から王国転覆と米国への併合を画策し、共和国樹立を支えた欧米系白人の一派であった[2]。このような人選が示唆するように、委員会は共和国の経済活動としてのコーヒー産業の有効性よりも、米国への併合を実現するための「労働力問題」の方を重視していた。この問題の根源は、サトウキビ農園労働者として大規模に誘致されたアジア系移民の存在にあった。アジア系移民はハワイ社会における白人の優位性を脅かすだけではなく、非白人がマジョリティ集団となる人種／エスニック構造を構築していたため、共和国の米国併合に不利になる主要な要素として危惧された。

調査期間中、委員会メンバーはハワイ島、マウイ島、カウアイ島を訪れ、農園主や「我々の必要性に相応しい労働力について興味がある」人びとにインタビューを行い、1895年5月には長文の報告書「コーヒー産業に関する労働委員会報告」を共和国政府に提出した。そのなかで委員会は、コーヒー産業の労働力として「永住（permanent settlement）」が期待される「米国や欧州からの農民や労働者の移民」の入植を提案し、彼らの誘致のために政府によるさらなる支援が必要であると主張した。この報告書は、今後も海外から労働者を受け入れる製糖業を筆頭とした農園主や経営者層にも関心が高い内容であろうという判断から、農業関係者向け月刊誌『ハワイアン・プランターズ・マンスリー（The Hawaiian planters' monthly）』に18頁にわたって転載され、政府関係者以外の欧米系白人にも共有された[(3)]。

本章冒頭の抜粋は、この報告書の「密接に関わる政治と労働力問題」に関する項目内の一部である。ここで言及される「不幸な政策」とは、互恵条約（the Reciprocity Treaty）締結以降の製糖業振興によってサトウキビ農園が急速に拡大するなか、移民政策や人口構成について十分に考えることなく、アジア系移民を誘致した王国政府の政策を指す。つまり、労働委員会が問題視したのは、製糖業への過剰な依存とアジア系労働者の人口増加であった。

ゴールド・ラッシュによるカリフォルニアの急速な発展以降、ハワイ王国は米国を主要マーケットとして原料糖（精製前の砂糖）を生産していた。さらに、1875年には7年間の期限付きで、米国に輸入されるハワイ産農作物、種子や植物などへの関税が撤廃され、当時サンフランシスコやポートランドで「サンドイッチ島砂糖」と呼ばれていた原料糖もその対象となった[(4)]。このような措置は、英帝国がハワイ諸島を支配下に入れるのではないかと、米国が危惧したことにあった。米国は先んじて、ハワイ政府がどの国にも港や入江を貸借や譲渡しないことを条件に、1875年、互恵条約を提案したのである。そして、ハワイ産原料糖には従来の課税分に相当する、1ポンドにつき2セントの補助金が与えられ、キューバ、ジャワ、ブラジル産を含む外国産糖よりも優遇された[(5)]。ところが、1890年10月に米国政府が施行したマッキンリー関税法（the McKinley Tariff Act）はハワイの製糖業に大きな不安を与えた。この法案は、当時オハイオ州議員であり、後に米国大統領としてハワイの米国併合を果たすウィリアム・マッキンリー（William McKinley, 1843–1901年）によって、米国議会に提出された[(6)]。関税法の施行により、これまで外国産原料糖に課せられた関税が撤廃され、ハワイ産砂糖は他国との競争を強いられることとなった[(7)]。

しかし、1894年8月にマッキンリー関税法に代わり課税率を低くしたウィルソン＝ゴーマン関税法（the Wilson-Gorman Tariff）の導入は、1887年に米国による真珠湾（ハワイ語：Puʻuloa, 英語：Pearl Harbor）の独占使用権と引き換えに延長されていた互恵条約を再び有効にした(8)。新関税法の施行に対して、3ヶ月前の1894年5月10日には、ルイジアナ州のサトウキビ農園主たちはニューオーリンズで開催された製糖業関係者の集会において、互恵条約の復活によって「半奴隷労働によって砂糖が生産されているサンドイッチ諸島には、毎年3万ドルの補助金が入る」という理由で、ハワイ製糖業を批判した。1862年に奴隷制が廃止された米国では、サトウキビ栽培は契約労働ではなく自由労働に頼らなければならず、その労働者の獲得や雇用状況の違いも国内産とハワイ産砂糖の不当な競争を助長するとし、議論は労働力問題にまで発展した(9)。ルイジアナの農園主たちが主張する「半奴隷制」の議論に対し、ハワイの農園主たちは日本人の契約移民の例を取り上げ、「日本政府の保護のもと、最大限の温情的（paternalistic）配慮が行き届いている」として反論した(10)。対外的には日系移民を擁護しつつも、ハワイ共和国政府関係者はアジア系移民の増加抑制を目論んでおり、実態は内実との矛盾を孕んでいた。このように、1875年以降のハワイ製糖業は、主要マーケットである米国との政治的、経済的、法的関係の変化による影響を受けてきた。特に、1890年と1894年の米国関税法はハワイの製糖業への過剰依存に対する危うさを浮き彫りにし、経済的安定を得る手段として、欧米系白人政府関係者や農園主たちは米国への併合実現を主張するようになった(11)。

米国政府による関税措置に対し、ハワイ共和国農林省長兼移民局委員ジョセフ・マースデン（Joseph Marsden, 1850–1909年）は、マッキンリー関税法の通過は製糖業のみに依存してきたハワイ経済の将来を揺るがす事態であるとし、島内の基幹産業の多様化を訴えた(12)。1870年来布した英国人マースデンは、ハワイ島北東部ホノカア（Honokaʻa）でサトウキビ農園を経営しながら、政治にも深く関与しており、ハワイ王国転覆に関与した人物であった(13)。彼も労働委員会同様、製糖業に代わる有力候補としてコーヒー産業を挙げた。当時、コーヒー世界産出量の75%を占めていたブラジルでは1888年に奴隷制度が廃止されたため、労働者の人件費が急騰し、世界のコーヒー価格の上昇が見込まれた。さらに、世界の消費量も増えていることから、「本諸島におけるコーヒー産業は素晴らしい将来性」を有していると期待した(14)。しかし、1893年のハワイ産輸出品のなかで最も価値が高かったのは原料糖であり、全体の95%（10億2千万ドル）を占めていたのに対し、第2位はコメ（3％、3,170万ドル）、第3位はコーヒーとパイナップル（それぞれ0.1％、100万ドル）であったことから、ハワイ農産業の多様化のためのコーヒー産業の再振興には相当の労力と時間が必要とされた[15]。

製糖業への過剰な依存に加え、王国の「不幸な政策」が引き起こしたもう一つの問題は、サトウキビ農園の拡大に伴う大勢のアジア系労働者の移民であった。日本人が王国と日本政府の契約によって誘致される1885年以前の1882年から、中国系移民だけでもサトウキビ農園労働者の半数（5,037名）を占めており、共和国成立時の1894年には中国人と日本人を合わせて、その割合は77％（16,468名）にまでに膨れ上がっていた（図3-1参照）。よって、経済活動の多様化と同様に重要とされた課題は、島内の欧米系白人人口の増加であった。実際には、共和国樹立以前から人口構造は問題視されており、後に共和国初代大統領となる宣教師二世のサンフォード・バラード・ドール（Sanford Ballard Dole, 1844–1926年）は、1891年に社会科学学会（the Social Science Association）で読み上げた演説「ハワイ諸島における小規模所有者の重要性（The political importance of small land holdings for the Hawaiian

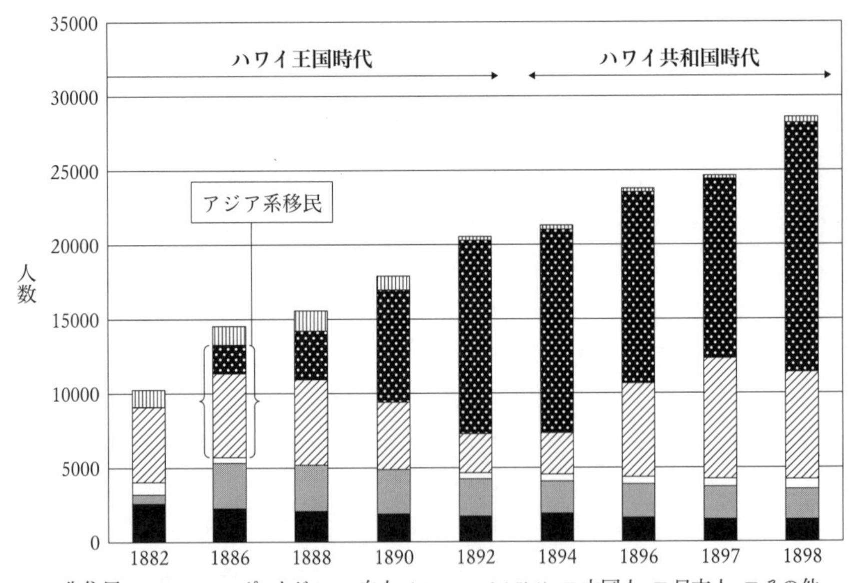

図3-1　人種／エスニック別農園労働者数（1882～1898年）

参考：渡辺七郎『布哇歴史』（大谷教材研究所、1930年）、3頁より作成。

islands)」で、人種問題について言及している。『ハワイアン・ガゼット（Hawaiian Gazette)』紙に転載もされたこの演説は、冒頭部分で「国家が異なる5つの人種——先住民、アングロ・サクソン、中国人、日本人とポルトガル人」によってハワイが構成され、互いにあまりにも異なることから「融合（amalgamate）できない」状況に陥っていることを喫緊の問題として指摘した。そして、王族所有地（Crown land）や公有地（Public land）にアングロ・サクソン系農民を誘致することで、「我々の国の平和と繁栄」を目指すべきだと主張した[16]。

共和国樹立後は米国への併合を実現するため、非白人人口を抑えることで米国領土への編入にふさわしい人種構造——欧米系白人優位の人口分布——の編成が必要となった。1890年の時点で、欧米系白人は全人口の21%（18,939名）を占めていたが、ポルトガル系移民を差し引くと、わずか6.9%（6,220名）であった[17]。従来、ポルトガル系移民の多くは、アフリカ大陸北西の大西洋上に位置するマデイラ（Madeira）諸島やアソーレス（Azorez）諸島からやって来た貧しい移民であり、ハワイの政治や経済の覇権を握っていた欧米大陸からの白人とは異なる人種／エスニック集団として社会的に認識されており、統計上も白人（caucasians）とは別のカテゴリーが設けられていた。ハワイ併合に関する米国議会の議論においても、南ダコタ州の初代上院議員となったリチャード・F・ペティグルー（Richard F. Pettigrew, 1848–1926年）は、ハワイ在住ポルトガル系移民は「ポルトガル人、黒人、そしてアフリカのその他の人種の混合」であるとし、先住民を除いて「最下層」に属していると唱えた[18]。よって、米国議会及びハワイ共和国政府は、ポルトガル系移民は欧米系白人には相応しくないという認識を共有しており、それは共和国により多くの白人入植者が必要であることを意味した。

前述の労働委員長アームストングも、ドールをはじめとする政府関係者同様、島内の人口構成に対して危機感を抱いており、その解決策としてコーヒー産業の振興を強く推薦した。ドールより11年ほど早く、米国宣教師二世としてマウイ島ラハイナで生まれたアームストロングは、ハワイ先住民の王族や欧米系白人の政府関係者の子弟に入学が限られていた王立学校（the Royal School）で学んだ後、イェール大学で法学を専攻した[19]。1881年には、王立学校の同級生であった国王カラカウアが企画した10ヶ月にわたる世界一周ツアーに王立移民調査委員（the Royal Commissioner of Immigration）として同行した。移民調査委員会はこのツアーのために新設され、「減少する王国人口に対して世界から［移民を］誘致する」ようカラカウアから命じられていた。ここでいう移民とは、王国にとって「好ましい」入植者とサトウキビ農園での労働者を指していた。

帰国後、アームストロングは『ハワイアン・ガゼット』のインタビューに対して、カラカウアが「これまで多くの読みもので触れてきた外国を見て、それらの風俗習慣を観察する以外には、特別の目的を持ち合わせていなかった」と批判的なコメントを発しつつ、自らは「サトウキビ農園で働くのに望ましい階級の外国人を得られるかどうか確かめていた」と報告した。彼が帰国後に移民審査会（the Board of Immigration）に提出した報告書では、訪れた国々について、その移民送出状況から、入植者や労働者としての可能性や質にいたるまで詳細な分析がなされている。そのなかで、「米国、カナダ、オーストリア、南アメリカはもっとも望ましい移民」の供給地とされた。そして、彼らにはアジア系移民のような農園での契約労働ではなく、耕作に適した土地を与えることの重要性を説き、このような入植者の存在がハワイの社会的、政治的将来を左右すると主張した[20]。一方で、王国との契約労働による集団移民が開始していなかった日本に関しては海外移民への動機が低いとされ、中国系移民に関しては「必要以上の中国人男性」がハワイにおり、インド系やヒンドゥー系移民は「中国人より劣っているため、望ましくない」と評価した[21]。概して、アジア系移民に対する評価や期待は非常に低いことがわかる。このように、アームストロングは1880年代から王国の移民政策に関わり、共和国成立以前から欧米系白人農民の入植を提言しており、「コーヒー産業に関する労働委員会報告」にもそれまでの見解や知見が色濃く反映されているといえる[22]。

アームストロングの白人優位主義的思想は、宣教師的使命感に強く裏打ちされたものであった。後に、自らの回顧録*Around the world with a King*（国王との世界一周、1904年）において、1898年の米国併合の実現により「やっと太平洋における米国的文明の最前線」となったことで、彼の両親を含む宣教師一世たちが目指していた以上の文明的世界をハワイは達成したと述べている[23]。アームストロングやドールをはじめとする宣教師二世世代による経済政策、移民・入植政策、併合計画には、アングロ・サクソン系入植者による非白人社会の文明化という使命感が通底していたのである。

共和国成立直後のコーヒー農園に関する調査において、労働委員会は「進歩を密かに敵対視していたハワイ先住民の王国」による製糖業への過剰依存と非白人移民の増加を強く批判し、「有能で見識のある人によって支配されている他国」のように「望ましい移民を誘致し、産業を多様化するための広範囲にわたる努力」が未だなされていないと判断した[24]。さらに、委員会の論点は太平洋地域におけるハワイの政治的位置付けにも広がり、「弾圧的で、完全に時代遅れで、非民主的な」東洋と「あらゆる面で活動的で、進歩的で、発展的な」西洋の狭間で揺れ動くハワイの不安定さを指摘した[25]。特に、サトウキビ農園での契約を終えた多くの日系移民がコーヒー農園の労働者として働く傾向が強まっていると報告し、移民が「永久的入植者」になり、西洋文明の発展を妨げているとした[26]。その問題意識は米国への併合を共和国の目標として掲げることを導き、その実現手段としての経済（＝農業）政策及び移民・入植政策に対する早急な転換の必要性を訴えた。労働委員会は、コーヒー産業に欧米系白人農民を入植させることによって、経済活動と人口構成における課題を同時に解消する手段となることを期待したのである[27]。

以上のような経緯から、共和国時代のハワイは「コーヒー・ブーム」にわくこととなる[28]。これまでの先住民によって先導された王権が廃止され、ドールを大統領とした欧米系白人による指揮がとられた新政府では、米国への併合を実現するため、移民政策と入植政策の同時進行を試みた[29]。具体的には、コーヒー産業の振興策により、製糖業で大量に誘致されたアジア系移民の増加を食い止めようとする移民政策と、欧米からの農民永住者を積極的に受け入れ白人人口を増加させる入植政策をさす。それらを総称して、ここでは「移民・入植政策」と呼ぶ。共和国は望ましい永住者を人種／エスニック集団によって選別し、国内における経済的、社会的役割の違いも顕著化することで、白人優位体制の確立を目指した。

同時期には、アジア系移民の急増を危惧する共和国政府の思惑とは裏腹に、サトウキビ農園からコナに多くの日系移民が移動していた。なかには3年の労働契約を満了せず逃亡した人びとも含まれていた。逃亡行為は、サトウキビ農園の労働力喪失という経済的問題だけではなく、非白人移民の定住を避けたい共和国にとっては悩ましい問題であった。これまでの研究では、サトウキビ農園型社会が発展しなかったコナは、「半奴隷的」ともたびたび表現されてきた農園労働から逃れるための「アサイラム（asylum, 政治的亡命の避難所）」という視点から議論されてきたが、本章ではその点を踏まえつつ、コナへの「逃亡移民」から見える共和国政府が抱えた矛盾について検討する[30]。さらに、逃亡移民の資料分析から、逃亡によって本人は行方をくらます一方で、彼らの残された個人情報が移民会社を介した日本政府とサトウキビ農園を繋ぐ環太平洋ネットワークのなかで詳細に記録されていたことを明らかにする。これらの検討により、短命であった共和国時代のコーヒー産業をめぐる移民・入植政策の理想と現実について、米国併合と逃亡移民に着目しながら論じていく。

2　ハワイ島東部への米国白人入植者

共和国政府における移民・入植政策では、米国とポルトガルからの入植者の誘致が強く推奨され、特に米国からの白人農民層は「アングロ・サクソンによる自治の原理と方法を理解する知的中産階級」となり、「共和国の将来的運命」を担う存在としてみなされた。加えて、従来欧米系白人として認識されていなかったポルトガル系移民も、「勤勉で、倹約家で、アジア系ではない農民層」を誘致する点では「貴重」な入植者とされた。彼らの子孫はアジア系移民とは異なり、将来的には、言語的、思想的同化により欧米系白人社会の一員となると考えられた[31]。また、共和国初代大統領ドール（任期：1894–1900年）は、白人入植者を誘致するには「最も有効で、おそらく唯一の方法」として、「我々の公有地（our public lands）」を使用し、特に小規模農園を開くことを提唱した[32]。公有地とは1848年の土地法改革によって分割された王領地（Crown land）、官有地（Government land）、族長領地（Konohiki land）のうち、前者二つを合わせて、ドールが総称したものであった。1891年の時点で、ドールは公有地（174万エーカー）のうち、４％（約７万エーカー）がサトウキビ、２％（約3.5万エーカー）がコーヒー、46％（80万エーカー）が牧草地として適していると試算した[33]。そして、1895年８月14日、ドールは大統領として新たな土地法に署名し、王領地の売買や譲渡を禁止した1865年の土地法を廃止した。これにより、公有地の売買が可能となり、個人や家族単位での米国農民の入植計画が実行されることとなった。入植計画は共和国市民や準市民（denizen）のみに限定されたため、ハワイ先住民と欧米系入植者が対象とされ、結果としてアジア系移民の「入植」は阻止された[34]。

前述のコーヒー産業の報告書においても、労働委員会はドールと同じく、「現在、自作農に慣れており、小規模農場を耕し、コーヒーの木の植え付けと収穫を行うのに十分な資力を持っている米国農民の移住を促す精力的な働きかけ」の必要性を強く訴えた[35]。委員会は「すでに200名ほどの知的かつ起業心に満ちた白人男性」がハワイに入植しており、「その大部分は小規模土地所有者」としてコーヒー産業に従事しており、そのような背景の人びとが将来「永久的入植者（permanent settlers）」としてハワイにとって「望ましい」と評価した[36]。さらに、積極的な呼びかけがあれば「何百、もしくは何千もの家族が米国から移住するだろう」と入植に対して楽観的な見解を示した[37]。このような入植政策を植民地主義の文脈から考察すると、米国への併合（＝植民地化）を達成するため、人種構造を意図的に操作する共和国政府の自発的働きかけが浮き彫りになる。歴史家ユルゲン・オースタハメル（Jürgen Osterhammel）は『植民地主義とは何か』（2005年）で、植民地を以下のように定義している。

> 植民地とは、侵入（侵略、移住による植民地化のいずれか、または両方）によって、植民地以前の状態に関連づけて新たに設けられた政治構成体であり、この構成体の支配権をにぎる他国の支配者が、地理的に離れた「本国」または帝国主義的中心と持続的な従属関係にあり、その本国または中心が、植民地に対して独占的な「所有」要求権を有しているものをいう[38]。

欧米系白人入植者がハワイ王国の支配権を握り、互恵条約の締結やハワイ産農作物の輸出によって米国との政治的、経済的関係を構築していたとはいえ、米国が「独占的な『所有』要求権」を有しているわけでなかった。むしろ、ハワイ共和国は経済の将来的安定と繁栄のため、米国の傘下に入ることを希望し、その実現のために白人入植計画を実行するという、オースタハメルが定義する宗主国—植民地関係とは逆の構図であった。それは、欧米系白人が政治的実権を握り、自らの理想の共和国を作るため、同じ人種的背景を持つ人びとを新たに誘致することで「内からの植民化」を目指したということである。そして、米国に植民地化「される」ことを狙った欧米系白人による共和国政府時代において、コーヒー産業はその計画を実行するための一助を担うことになった。

1894年の時点で、入植者がコーヒーを栽培するために貸借可能な王領地は約9万4千エーカーほどあり、その半分がハワイ島東部プナ（Puna）の森林地帯オラア（‘Ola‘a）に集中していた（地図3-1参照）。オラアの土地は農業に適した土地と

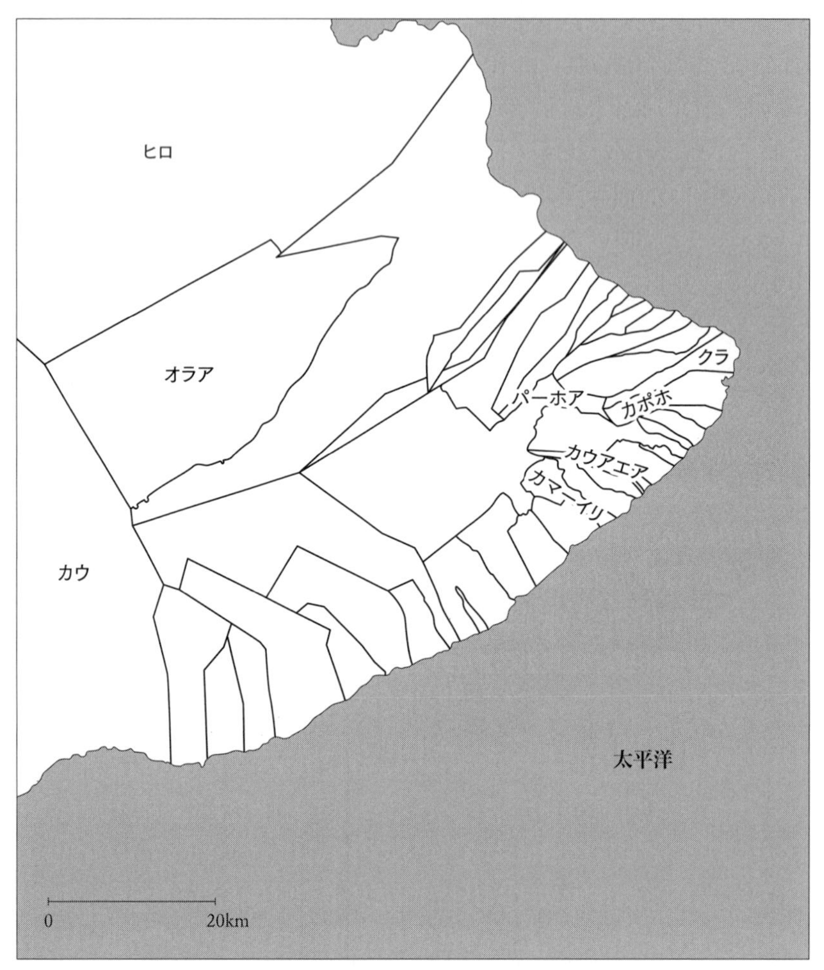

地図3-1　プナ地区のコーヒー農園の所在地(1898年時点)
プナ地区には内陸部森林地帯オラアと海岸部のクラ、パーホア、カポホ、カウアエア、カマーイリにコーヒー農園があった。地図上の線はプナ地区のアフプアアを示す。
参考:"About the Puna ahupua'a map," *University of Hawai'i Hilo*, https://hilo.hawaii.edu/sdav/ahupuaa.php(最終アクセス2024年3月3日); "Table of coffee growers throughout the Islands," *Hawaiian almanac and annual for 1898* (Black & Auld, Printers,1898), p. 183 をもとに作成。

され、政府は早速この土地をコーヒー入植地として指定した。残りの大部分はコナに集中していたが、溶岩石が多く、乾燥した牧草地帯でありコーヒー栽培には適した土地とはいえなかった(39)。オラアの入植予定者は30年の借地契約期間中に土地を開拓し、年間1エーカーあたり1ドル30セントの借地料を支払いながら、コーヒーの栽培地を徐々に拡大していくことが求められた。各農家の借地面積は10エーカーから2,000エーカーと面積にばらつきがあったが、1894年３月末の時点では85の貸借契約があった(40)。同年の王領地委員会（the Crown Lands Committee）の報告によると、借地面積は全体で１万1,479エーカーであったが、コーヒーの栽培面積はわずか2.8%（324エーカー）であり、オラアでのコーヒー栽培事業がまだ初期段階であることがわかる(41)。

米国からの入植に関する政府の誘致方法は明らかではないが、1896年頃から、当時ワイルダー・スティームシップ社（the Wilder Steamship Company, 以下ワイルダー社）の社長であったワイト（C. L. Wight）が、プナを含むハワイ島東海岸部でのコーヒー農園への誘致に関わっていたようである。ワイルダー社はハワイ諸島をめぐる蒸気船の運行会社であったが、ワイトはコーヒー農園を開拓するため、ハワイアン・コーヒー生産者協会（the Hawaiian Coffee Planters' Association）と共同で資本金6,000ドルにて、ハワイ島プナに土地を購入した。そのうち、ワイルダー社は300エーカーの土地を購入し、10エーカーずつに分けて新たな入植者に貸借することを計画した(42)。この計画は、*Hawaii: our new possessions*（ハワイ――我らの新たな所有地、1897年）の執筆のためにハワイ諸島を訪れていた米国の歴史小説家ジョン・ロイ・ムシック（John Roy Musick, 1849–1901年）が、自らの見聞を綴った12枚の書簡、"Hawaii, the 'pearl of the Pacific'（ハワイ――「太平洋の真珠」）"の７通目で紹介している。

> 資力は乏しいが勤勉な米国人をこの土地（10エーカーの農園）に移住させ、コーヒー栽培に従事させるのが目的である。会社のために農園を一つ改良する代わりに、彼らに農園を一つ与えることが提案されている(43)。

この書簡は、1896年２月末から３月初旬にかけて米国各地の地方紙に連載形式で掲載された。例をあげると、The Lambertville Record（ニュー・ジャージー州ランバートヴィル、週刊), West Virginia Argus（ウェスト・バージニア州キングウッド、週刊)、Sacramento Daily Record-Union（カリフォルニア州サクラメント、日刊)、The United Opinion（ヴァーモント州、ブラッドフォード、週刊)、The Cook County Herald（ミネソタ州グランド・マライス、週刊）などがあり、全米各地で発行された日刊・週刊紙などで取り上げられていた。一方、同記事のなかでコナ（ムシックは「Kana」と誤記）は、すでに多くのコーヒー農園が確立しており、「コーヒーの実を収穫する日本人の話し声が目立って聞こえる」環境にあるとし、米国白人にはプナへの入植のほうが適していることが仄めかされた(44)。

さらに、1898年度版『ハワイ年鑑（Hawaiian almanac and annual)』に掲載されたワイルダー社の広告には、7日間にわたるホノルル―モロカイ島―マウイ島―ハワイ島キラウエア火山をめぐる旅が紹介されるとともに、ハワイ島でのコーヒー栽培を勧誘する宣伝文が掲載された（図3-2）。

図3-2　ワイルダー社によるコーヒー栽培の宣伝
出典：*Hawaiian almanac and annual for 1898*（Black & Auld, Printers, 1898), p. VIIIに掲載された、コーヒー生産を勧誘する宣伝文。

> コーヒーへの投資をお考えの方に、この船旅は栽培地を選ぶための素晴らしい機会を提供しています。ハワイ島ではハマクア、ヒロ、プナ地区の港に停泊します。これらの地区で栽培されるコーヒーは、他の土地で栽培されるものより高値で取り引きされ、1エーカーあたりの収穫量も多くあります。ハワイ政府は、容易な支払条件とわずかな金額で土地を提供し、改良にかかる項目の税金を全て免除します。勤勉で経済的に余裕のある人には、幸運が約束されています(45)。

ワイト自身、プナのカマーイリ（Kamāʻili）に35エーカーほどのコーヒー農園を所有しており、そこは海岸沿いにあったことから、旅行客も立ち寄ることができたかもしれない（地図3-1参照）(46)。ワイルダー社による諸島周遊の船旅は、旅行者のハワイのコーヒー産業に対する認識を高めるのに一役買っていた。1897年8月11日の『パシフィック・コマーシャル・アドバタイザー（the Pacific Commercial Advertiser)』紙では、アメリア・ゴールドスタイン（Miss Amelia Goldstein）という女性旅行客が、ワイトに送った手紙が掲載されている。そのなかで、コーヒー産業の発展の様子に驚いた様子が記されている。

> この旅の間、さまざまな観光客から、製糖業の巨大さとコーヒー栽培の有望な未来に対する驚嘆の声しか聞くことはありませんでした。この島々でコーヒーが栽培されていることは一般的に知られていますが、その栽培がこれほどまでに発展していることに気づいている人は少ないでしょう。私は、将来の［コーヒー］産業に対する皆さんの期待を海外に広める多くの人びとの一人になるでしょう[47]。

旅行客が実際にはコーヒー農家として入植しないにしても、米国本土にコーヒー産業の可能性を伝えるには十分な宣伝効果があったと考えられる。

その他、1897年初頭、ワイトは米国でのハワイ産コーヒーを売り込むため、ハワイ島プナとコナで収穫されたコーヒーをニューヨークのW・H・クロスマン・アンド・ブラザー社（W. H. Crossman & Brother）に送り、適切な市場探しも積極的に行った。同社は、ハワイ産コーヒーが「ここ［ニューヨーク］ではあまり知られていないため」買い手がつくがどうかの判断が難しいとしながらも、コーヒーの質としては比較的高く評価した。プナ産コーヒーは1ポンドあたり23セント程度で売れるとされ、大きな豆であれば、当時すでに高い評価を受けていたジャワ産コーヒーと同等の品質であるとした。コナ産コーヒーの評価はプナ産より少々下がり、20セントとされた[48]。また、同年11月には、ワイトは在ハワイ米国総領事であるウィリアム・ヘイウッド（William Heywood）をハワイ島東海岸部の新たに開拓されたコーヒー農園に案内している。40世帯ほどのポルトガル系入植者がコーヒー農家を営むハワイ島東北部ハマクア地区ホノカアでは、ワイトは「普通の知性と勤勉さがあれば、このような農地でも十分にやっていける」と主張し、ヘイウッドに入植地としての魅力を伝えた[49]。

1897年の時点では、ハワイ島がコーヒー栽培地の中心となっていた（図3-3参照）。なかでも、プナ地区の79農園（内オラア57名）を筆頭に、コナ地区に51（北コナ17、南コナ34）、北ヒロ・ハマクア地区に30、カウ地区12、ヒロ地区に11[50]とハワイ島全体に、個人もしくは法人所有の農園が記録されている。この統計では、栽培面積がエーカーかコーヒーの木の数のどちらかで記載されているため、各地区の正確な栽培面積を得るのは難しいが、コーヒー農園数が多いプナとコナを比較すると、ハワイ島のコーヒー産業の状況が明らかになる[51]。プナではコーヒー栽培地

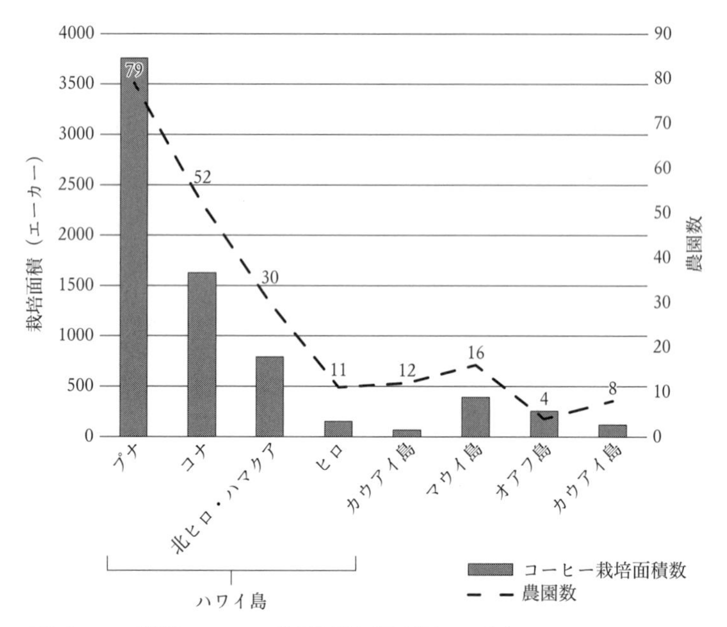

図3-3　ハワイ諸島のコーヒー栽培面積と農園数（1897年）

参考："Table of coffee growers throughout the Islands," *Hawaiian almanac and annual for 1898* (Black & Auld, Printers,1898), pp. 179–183より作成。

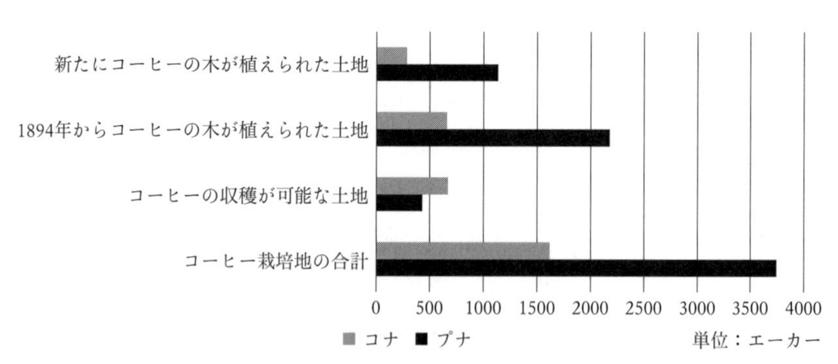

図3-4　コーヒー栽培地——プナとコナの比較（1897年）

参考："Table of coffee growers throughout the Islands," *Hawaiian almanac and annual for 1898* (Black & Auld, Printers,1898), pp. 179–183より作成。

のうち88％（3,314エーカー）が３年以内にコーヒーの木が植え付けられたのに対し、コナでは59％（946エーカー）であった[52]。プナはコナよりも広い栽培面積を有しながらも、その大部分はコーヒーの苗が植えられてから３年未満の栽培地であり、収穫が見込めるまで少なくともさらに２〜３年は必要であった（図3-4参照）。よって、米国白人農家の入植先のコーヒー栽培地は、ハワイ島東南部プナを中心に開拓されたことがわかる。

3　コナコーヒー産業における日系移民

ハワイ島東部では共和国樹立後からコーヒー農園開拓が本格的に始まったが、フアラライ（Hualālai）山の中腹に位置し傾斜があるコナはサトウキビ栽培には向かなかったため、1850年代から継続してコーヒーが栽培されていた。第１章でも紹介したように、1866年の作家マーク・トウェイン（Mark Twain）はコナコーヒーに高評価を与えながらも、コナコーヒー産業の苦境について、以下のように描写している。

> 一時はかなり広範囲に栽培され、ハワイの主要産業の一つになると期待されていたが……胴枯れ病でほとんど壊滅状態になったのと、これに米国の重い関税が加わり、この方面での事業が突然立ち行かなくなった。数年間、コーヒー栽培者たちはあらゆる治療や予防法を駆使して胴枯れ病と戦ったが、ほとんど成功せず、ついには管理が苦手な人びとの一部はコーヒー栽培を完全に放棄してしまった[53]。

1860年代〜1870年代にかけては製糖業やコメ産業の発展とコーヒーの病気の蔓延により産業の不振が続いた時期であったが、ニコラス・H・グリーンウェルは産業を支え続けた数少ない欧米系入植者だった[54]。現在でも南コナでコーヒーを生産しているグリーンウェル家初代のニコラスは英国に生まれ、1850年頃にハワイにやって来た。ちょうど、ハワイの土地改革（マヘレ）期に到着した彼は、南コナでオレンジやコーヒーの栽培、家畜飼育用に多くの土地を購入し、それらの売買や借地で事業を行うようになった[55]。1870年まではオレンジの栽培を中心に行っていたが、害虫問題で事業が失敗すると、コーヒー栽培と輸出に本格的に乗り出した[56]。特に、サンフランシスコやロンドン向けのコーヒー販売を行い、コナコーヒーの欧米地域への販路を広げていった[57]。さらに、ウィーン万国博覧会やフィラデルフィア万国博覧会にも出品し、欧米においてコナコーヒーは「有名なモカと同じくらい高品質な味を有する」コーヒーとして知られるようになった[58]。しかし、グリーンウェルが海外輸出や出品用に生産したコナコーヒーの品質の高さは例外だったようで、1871年の『パシフィック・コマーシャル・アドバタイザー』紙の報告によると、当時の主要栽培者であった先住民によるコーヒーは「非常に原始的な方法で［実から］外皮が剥き取られていた」という[59]。また、1880年頃からコーヒー栽培に従事していたジョン・G・マチャド（John G. Machado）も、多くのコーヒーは外皮を剥き取ることなく乾燥させるか、外皮を取るにしても、ポイを作る木製の板にコーヒーの実を載せ、ココナッツ大の石を使って剥がすという方法――「原式的な方法」――が使用されていたと記憶している。コーヒー豆の多くはつぶれた状態であり、「非常に品質の悪い」商品であった[60]。

しかし、1890年代初期に入ると、コナコーヒー産業は復活の兆しを見せ始める。それは、1880年代末からのコーヒーの世界価格の高騰であり、コナコーヒーも1886年には1ポンドあたり18ドルから1888年には23.8ドルに上昇したことに起因する[61]。そのような状況に注目した一人が、セイロンでコーヒー栽培の経験を持つ英国人チャールズ・D・ミラー（Charles D. Miller）であった。彼は1890年にコナを訪れた際、コーヒー栽培の可能性を見出し、多くの日本人を労働者として雇い農園を経営し始めた[62]。さらに、後に家族経営農園方式を導入するドイツ人ブルーナー（W. W. Brunner）やコーヒー農園とともに精製所の経営も行う英国人ロバート・ロブソン・ヒンド（Robert Robson Hind）らも入植してきた[63]。以上のように、コナは共和国樹立以前から、英国出身者を中心に白人入植者によるコーヒー農園経営が行われ、欧米地域では高品質コーヒー産地として知られていた。

さらに1890年代には、1885年からサトウキビ農園での契約労働者としてハワイにやって来た日系移民が、次の移民先もしくは逃亡先としてコナコーヒー農園を目指すようになった。プナでコーヒー栽培のパイオニアとなる英国出身の実業家ロバート・H・ライクロフト（Robert H. Rycroft, 1843–1909年）[64]は1893年にコナを視察した。ちょうど、南コナ在住のJ・M・モンサラット（J. M. Monsarrat）が経営するコーヒー農園を通りがかった際、「日本人（Japs）が、立派で健康的な［コーヒーの］若木を植え付けていた」と地元紙に伝えている[65]。モンサラットの農園はコナでも有数の大農園で、1894年の時点で、150エーカーの栽培地を有していた[66]。

この時期のコナ在住日系移民はコーヒー農園所有者ではなく、労働者であったことは当時の新聞や報告からも明らかであるが、南コナ・ケエイ（Ke'ei）での日系移民殺害事件は、コナ社会における土地問題や人種関係を浮き彫りにする。

共和国樹立直後の1894年10月1日、福岡県出身の小住彦太郎（第12回官約移民）[67]がハワイ先住民との口論の末、警察官に殺害された。この事件の報告書は、在布哇（ハワイ）国ホノルル府領事藤井三郎より、外務次官林董宛てに『布哇島南「コア」郡「ケイー」地方ニ於テ同国巡査本邦出稼人ヲ銃殺一件』が提出されている。報告書によると、事件の発端は同年9月3日の早朝に「出稼人大石喜次郎」と数名が南コナのケエイにあるコーヒー農園で収穫作業をしていたところ、D・H・カハウレリオ（D. H. Kahaulelio）らハワイ先住民数名がやって来て、窃盗罪で訴えると騒ぎ出したことにあった。大石らは、この農園を所有する南コナ・ナーポーオポオ（Nāpō'opo'o）在住のポルトガル系移民ジョン・ガスパー（John Gasper）によって雇われており、彼の指示のもと、その後も引き続き収穫作業を行った。

しかし、同日の午後、大石はカハウレリオに呼び出された。結局、大石と他の日系移民たちはカハウレリオを含む先住民たちと会い、「問答」の末、取っ組み合いの喧嘩となり、警察沙汰に発展した。その時、騒動から逃げようとした大石と小住に対して、先住民巡査プヒパウ（Puhipau）が発砲し、小住は死亡してしまう。さらに、プヒパウと小住の「問答」に介入しようとした江口茂平（福岡出身、第12回官約移民）ももう一人の巡査カイリヒワ（Kailihiwa）に胸を撃たれ、重傷を負った[68]。

事件の翌日には、カハウレリオらが勾留されていた南コナ・ホオケナ（Ho'okena）裁判所に近隣の日本人200名ほどが集まり、「土人ノ乱暴ヲ憤リ極メテ激昂ノ色ヲ顕」わにした。大石らの説得により、暴力には発展しなかったが、先住民と日系移民との緊迫した状況が窺える。巡査が負傷したため、その騒動に関与した日系移民11名[69]が警官に対する反抗と暴行容疑で起訴された[70]。

この事件の根本的な原因は、日系労働者の行動ではなく、コーヒー栽培地の曖昧な所有権にもあった。1897年時点のコーヒー栽培者名簿によると、日系移民を収穫労働者として雇ったガスパーはナーポーオポオに約5万本のコーヒーが植えられた農園を所有していた。ところが、日系移民に対して文句を言ったカハウレリオは同地の農園所有者として記載されていない(71)。藤井領事による報告書によると、日系移民が収穫していた農園はガスパーが法律上の借地主となっており、所有権を主張していたカハウレリオは「所有権ナキ土人カライパー（Kalaipa)」より購入したと主張していた。しかし、カライパーは20年ほど前に法律上の手続きを行わず、購入した土地にコーヒーを植え付け、カハウレリオに売り渡していた(72)。プナと異なり、コナはすでに複数の人種／エスニック集団が住む地区であり、先住民や欧米系入植者の間で、コーヒー栽培地の所有権や借地権に関して問題が発生したことがわかる。

加えて、この事件から明らかになるのは、当時、南コナに200名以上もいたとされる日系移民労働者の存在である(73)。サトウキビ農園での3年の契約後、もしくは契約を破棄してコーヒー農園に集まるようになった日系移民は、共和国の労働委員会をはじめ政府関係者によって問題視されるようになっていた。実際、共和国時代のコーヒー農園はサトウキビ農園よりも、日系移民の労働力に頼っていた。1895年の『ハワイアン・プランターズ・マンスリー』によると、34のコーヒー農園が合計446名の労働者を雇っており、そのうち約9割（399名）が日本人であった。それに対し、同時期のサトウキビ農園における日本人の割合は、57%（1万1841名）であった(74)。また、1897年の時点で、労働省委員会はコーヒー農園で働く日本人の全体数は把握できていないとしつつも、サトウキビ農園からの「逃亡移民の多くが間違いなくそこ［コーヒー農園］で雇用を見つけている」と報告している(75)。

そのような状況に対し、ホノルル生まれのサトウキビ農園経営者ウィリアム・W・グッデール（William W. Goodale, 1857–1929年）は、製糖業関係者が「コーヒー農園者のために、全ての労働者を輸入し、経費も支払っているかのように見える」と苦言した(76)。マウイ島のサトウキビ農園で経験を積んだ後、グッデールは1885年から13年間ほどハワイ島ヒロ地区にあるオノメア（Onomea）農園の経営者として、製糖業の発展を支えていた。在職中は、3農園——オノメア、パーパイコウ（Pāpa'ikou)、パウカア（Pauka'a）——を統合しオノメア製糖会社を拡大したのに加え、高度の異なる土地でサトウキビ栽培の実験などを行い、生産量の増加とコスト削減を積極的に目指した（地図3–2参照）(77)。ハワイ島で製糖業の発展に注力していたグッデールにとって、逃亡者は自らの農園経営のみならず、産業自体にも悪

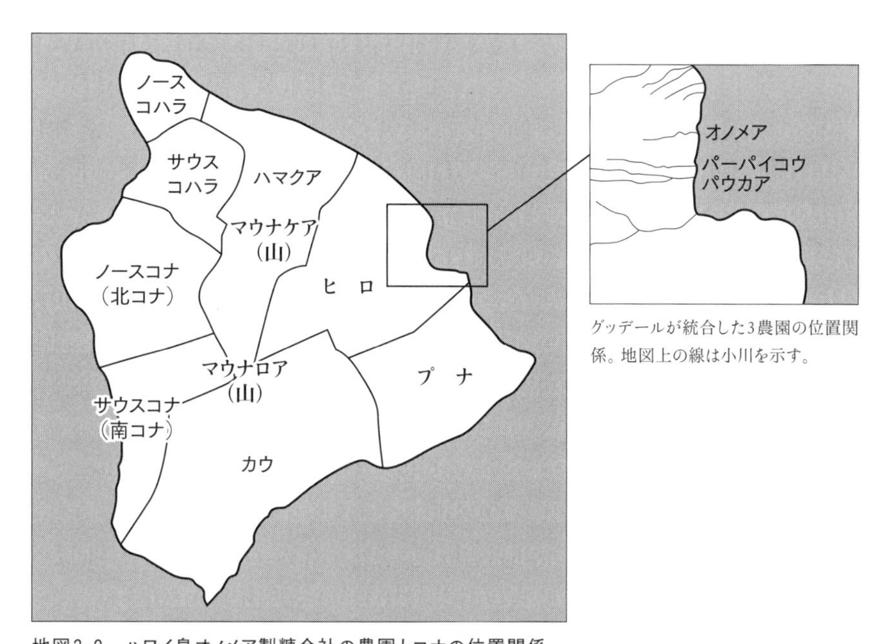

地図3-2　ハワイ島オノメア製糖会社の農園とコナの位置関係

参考："Maps of Hawaii-Island of Hawaii," *The Post Office in Paradise*（Last Updated: 13 October 2000), https://www.hawaiianstamps.com/mapishaw.htmlより作成。

影響を与える存在として映ったに違いない。

また、逃亡者の受入地として、コナが地元紙でも報道されるようになった。1897年の『パシフィック・コマーシャル・アドバタイザー』紙の記事では、日系逃亡移民が逮捕されたことを報じた際、コナコーヒー農園が日本人（蔑称「ジャップ(Jap)」として記載）の逃亡先であるとして強調された。

> この2、3年ほどコナはハワイ島のあらゆる［サトウキビ］農園から逃げてきた日本人であふれている。逃亡者のほとんどはコーヒー栽培で雇われているが、ドイルがこの地区に来て以来、多くの場所では、契約労働から逃亡した者、コーヒー農園所有者のために土地を開拓する会社を設立した者、道具や衣服を持ち出して農園キャンプを後にした者、帰国することなく奥地に逃げた者などの日本人（Japs）集団の存在によって、労働力の質が低下しているようにみえる。日本人のなかには、1年以上も前に逃げた農園に戻る者もいた(78)。

記事に登場するドイルは当時、巡回裁判所の日本語通訳として勤めており、1897年、ハワイ政府に対して陰謀を企てた罪により、ホノルルで令状が出されていた日本人を逮捕するため、コナに滞在していた(79)。この滞在中に、ドイルは逃亡移民の逮捕にも関わっていたようである。彼がわざわざホノルルからコナを目指したことが示すように、コナは「犯罪者」の逃亡先として認識されており、そのイメージは新聞報道を通じても拡散されたのである。

4　逃亡移民のアサイラムとしてのコナ

戦前の日系社会のリーダー的存在であった相賀安太郎（1873-1957年、ハワイ日本語新聞『日布時事』社長）は、1903年にコナを視察した際、逃亡移民について以下のように述べている。

> 多くのわが移民の中には、畠やミルの激しい労働に耐へられず、又はホノルル辺りに好き働き口を見出した等色々の事情で耕地主に掛け合ひ、或る金額を償ひ、労働契約を解除するものもあつたが、そういふ場合、無断で耕地から逃亡すると、捕らえられて罰金を課せられたり、例のカラボーシ［牢屋］に入れられたりしたものだ。オアフ島のワイマナロ耕地や布哇島コナなどは、辺鄙の地なのでこういう風な逃亡移民が一番多く匿れてゐた。そうして首尾克く逮捕を逃れた者は、大体名前を変へてゐたので、移民の間には、偽名者が大分出てゐた(80)。

相賀が冒頭部分で言及しているように、日系移民を逃亡に至らしめたのは、契約期間中のサトウキビ農園での厳しい労働であった。ハワイでは1850年に主人と召使法が制定されたことにより、契約労働が合法化され、中国や日本から契約移民が大規模誘致された。日本人の場合、日本政府とハワイ王国との合意のもと、3年間のサトウキビ農園の労働に従事する「官約移民」が最初の契約移民集団であり、1885～1894年までの間に約29,000名がハワイに渡った。その際、農園での待遇、つまり農園主（＝主人）と労働者（＝召使）契約の基盤となったのが主人と召使法（the 1850 Masters and Servants Act）であった。この法律では、農園主が「残酷な虐待、誤用、契約条件の違反」した場合は契約を無効とし、5ドルから100ドルの罰金が課されたが、実際は主人側が起訴されることは稀であった[81]。他方、労働者が脱走した場合、主人は令状発行のため、地方または警察の判事に訴状を提出することができた。もし脱走者が連れ戻された場合は、不在期間の2倍の期間の追加労働が課せられることになっていた[82]。概して、主人と召使法は農園主にとって有利に活用されており、それにより農園での過酷な労働環境は見過ごされていた。

コナにやって来た日本人の多くは逃亡者か否かにかかわらず、ルイジアナの農園主が描写したように（本章第1節参照）、サトウキビ農園での「半奴隷的」な扱いを受け、トラウマを抱えた人びとであった。コナ生まれの日系二世のヨソト・エガミ（Yosoto Egami, 1909年生まれ）は、父トラノ（Torano）のサトウキビ農園での過酷な体験を以下のように語っている。トラノは、1905年にハワイ島のサトウキビ農園で働き始め、1909年頃にコナにやって来た。1900年から米国準州となったハワイでは契約労働が禁止され、賃金の良い米国本土への労働力の流出や同年に合法化されたストライキを防ぐため、1905年にはハワイ労働庁長官（the Commissioner of Labor）が、農園主に対して待遇改善の必要性を訴えていた[83]。

> 過去において、我々は日本人や中国人を人間というより動物のように扱うということを習慣としてきた。現在ではこのようなことはできないし、日本人が非常に丁寧な人種であるのに、そのように扱われるのには耐えられそうにもない。なので、我々は怠け者に対して一切容赦しないが、10年前の習慣より一層親切にしなければならないだろう[84]。

しかし、少しでも仕事を怠けた場合には暴力や暴言を浴びせられたことが、トラノの体験からもわかる。

> 少なくとも、1日に10時間は働いた。ルナだか何だか――監視員――は背後からやって来て、彼ら［日系移民］がテキパキと動いていない場合、よく鞭で打ったものだった。彼らは［動物のように］働かされた。彼［トラノ］は、ある時ルナが「ラバはおまえらよりももっと価値があるんだぞ」と言い始めた、と言っていた。なぜなら、ラバは当時かなり高価だった。彼ら［ルナ］はこの人たち［労働者］をまるで犬のように扱っていた[85]。

ここでいうルナ（luna）とは日々の農園での労働内容を指示する現場監督で、労働者の働き具合を監視する役割を担っていた。彼らはヘビ皮でできた長い鞭を片手に持ち、馬上から15〜20名の労働者を監視し、労働者がきちんと働いていない場合には、容赦なく体罰を与えた（写真3–1）[(86)]。また、ルナの大部分はポルトガル系を多く含む欧米系移民で占められており、1915年の時点でもルナ377名のうち83％（313名）が欧米系で、日本人はわずか17名であった[(87)]。

労働者たちは、農園との契約では医療費が無料であったが、農園に常駐する医師のほとんどは「無能」であった[(88)]。病気になった労働者が医師を訪れたとしても、多くの場合はすぐ農園に戻され働くこととなった。トラノも、医師から休養の許可がもらえなかった労働者が家で休んでいることが見つかった場合には、ルナが「引きずりだし」農園に連れて行ったと記憶している[(89)]。

このように、農園労働はルナの絶え間ない監視と時には暴力を伴う支配、そして厳格な人種主義のなかで成り立っていた。半奴隷的な待遇に対して、労働者は農園に放火したり、小規模なストライキを行ったりして、抵抗を試みた。1890年から1899年までに少なくとも30のストライキが報告されており、そのほとんどの原因が農園での労働中に起こったルナによる暴力、他国からの労働者との喧嘩、配給される水の不足などであった[(90)]。

写真3-1　サトウキビ農園にて使用された鞭
説明書には、「ルナのなかには、［ラバなどの］動物に対してだけではなく、テキパキと、もしくは一生懸命働いていないと感じた労働者に対しても鞭を使った者もいた」と書かれている。2012年３月３日、ハワイ・プランテーション・ビレッジ（Hawai'i Plantation Village）にて筆者撮影。

農園主やルナと直接対峙する代わりに、農園から逃げることで自らの労働環境を改善しようとした者もいた。特に、コナを目指した日系逃亡者の多くが、オノメア製糖会社を含めたハワイ島東海岸部に集中していたサトウキビ農園から、ハワイ島を東から西へと横断するように逃げた。1893年に北コナに移り住んだ福島出身の医師林三郎の自伝には、オノメア農園があるヒロからコナへの逃亡の様子が描かれている（地図3-2で位置関係を参照）。

> 彼ら［逃亡者］は、マウナケア山やマウナロナ山麓のコアやキアヴェの深い森を走り抜け、広大な溶岩砂漠を歩いてきた。徒歩での長い危険な道のりを経て、幸運にも逃げ切れた日本人逃亡者はコナの日本人集落に辿り着いた後、発見や起訴を逃れるため名前を変えた[91]。

このルートでの逃亡は少なくとも3～4日はかかり、特に夜は野生の豚からの襲撃から身を守るため、木の上で寝なければいけなかった[92]。

しかし、逃亡が成功しないケースもしばしばあった。1900年基本法施行以前は、逃亡は1860年に改定された主人と召使法により罰則が定められていた。1回目の逃亡では、逃亡期間分の労働が3年の契約に加えられ、2回目以降の逃亡では超過労働の他に、3ヶ月の投獄が課せられた[93]。ところが、農園主たちは増加する逃亡者の取り締まりを法に頼るだけではなく、独自の手段で防ごうとした。逃亡中に捕まった者を裁判所に連れて行くかわりに、農園に連れ戻し、鞭打ちなどの体罰や密室に閉じこめ、罰を与えることもあった。

> 逃亡移民の事で、今は尚ほ私の記憶にまざまざと残つてゐるのは、［オアフ島］ワイアナエ農園に居た渡邊政治といふ男のことであつた……耕地で牛馬のやうに追ひ遣はれるのが嫌ひで、幾度か逃げ出したが、その度び毎に捕へられて、牢に入れられた。或る時又逃げて捕まつて、耕地事務所の一室に入れられ、暑い日中に周囲の窓や入口を悉く密閉し、大変肥満の支配人自身が、ただ一人で一筋の太い皮の鞭を携へてその室に這入つたが、やがて暫くして、渡邊はシャツもアヒナのパンツもずたずたに裂け、背中ぢう血だらけになつて這ひ出て来た[94]。

このような体罰は当事者の逃亡再発防止のみならず、他の移民に対する「見せしめ」としても作用した。農園主はさらに策を講じ、他の農園にも逃亡者の写真を配布して就労できないようにしたり、警察官やバウンティハンターを雇うことで逃亡移民を連れ戻したりした[95]。1899年には、ハワイ5大製糖会社の一つであるアレクサンダー・アンド・ボールドウィン（Alexander and Baldwin）社が、オラア農園主に写真を使った追跡方法を提案している。

写真家ウィリアムズの要望により、小さな写真から何ができるかを示す拡大写真を同封しました。小さな写真と一緒に、逃亡者の名簿と契約番号を送っていただければ、サンプルのように、逃亡者を発見するのに役立つ拡大写真を無料で作成します[96]。

さらに、1894年10月に発生した「西本忠蔵殺人事件」は、逃亡者による追跡者の殺人にまで発展した事例を示す。ホノルルの日本総領事館に提出された供述文書によると、広島県佐伯郡出身の西本忠蔵（第23回官約移民）は、1893年3月6日にハワイに到着し、ハワイ島カウ（Ka'ū）地区のナーアレフ（Nā'ālehu）農園に配属された[97]。しかし、西本は1894年7月8日に、農園から単身逃亡した。カウの山側にあるカプア（Kapua）にたどり着いた西本は、「支那人カイカカ」に雇われ、木の伐採作業などをしながら居候していた。そこでは、農園からの追跡を逃れるため、苗字を「石野」と変え暮らしていた。ところが、2ヶ月後の9月5日の夕方、ナーアレフ農園に雇われた同県出身者の橋本福松（第13回官約移民）という人物が馬に乗ってやって来て、西本を探し出し、農園に連れ戻そうとした。西本はすでに暗くなっているため翌日の出発を提案したが、橋本は突然背後から突き飛ばし靴で蹴り付けた。これに対し西本は、「同胞ノ仕打ニシハ如何ニモ残酷ナリト存シ憤怒ノ余リ」、自分の部屋にあった斧を取り出し、橋本の額を目掛けて振り下ろしたという。その後、西本は斧を捨て南コナの海岸部「カプアー（Kapua）」という場所に潜伏し、他の日本人を訪れようとしたところ、2人の「土人」に捕らえられ「ハワイ島カウ郡ホケア監獄署」に拘置された。そして、10月9日にはハワイ島コハラ陪審裁判所にて20年の懲役に処せられた[98]。

この事件のように、サトウキビ農園からの逃亡移民の多くは苗字を変えることで追跡を逃れようとしたが、農園側も日系移民を雇うことで、粘り強く追跡していた。また、逃亡は必ずしも成功する保証はなく、逃亡移民は捕らえられた際の暴力や法的罰則の可能性についても考慮する必要があった。

1890年代から、ハワイ島東部や南部のサトウキビ農園からの逃亡移民の受入地となったコナであるが、同地が好まれた要因は農園制度の不在に拠るところが大きい。サトウキビ農園のようにルナに監視されることもなく、3年の契約制度に縛られることもなかった。コナでコーヒー精製所を営んでいた日系移民男性は、サトウキビ農園での生活が日本で想像していたものと大きく異なっていたことが、コナへの逃亡の理由だったと強調する。

> コナの［コーヒー］農民のほとんどは、同じ理由でハワイに来たのだと思う。彼らは日本にいる時、米国では黄金のチャンスが待っていると想像していた。彼らは一生懸命働いて貯金をすればお金を稼ぐことができると思っていたが、農園での生活がそんなに大変だとは思わなかった。だから、コナには多くの逃亡者が来たのだ[99]。

また、サトウキビ農園でのコナの噂も、逃亡を企てるきっかけとなった。少し時代は経つが、1912年にハワイへ渡航し、その3年後コナへと移動したタニマ（Tanima）にとって、コナでの「自由」な生活が魅力的だったことがわかる。

> コナからやって来たばかりのナカノ・キクジロウ（Nakano Kikujiro）という友人に会った。彼は、「『コナ』は素晴らしいよ――パイナップルからコーヒーまで何でも栽培できるし、簡単に独立して働けるんだ」と言った。それを聞いて、私もコナに行きたくなって、サトウキビ農園で2ヶ月働いた後、コナに発ったんだ[100]。

農園形式をとりながらも、コーヒー栽培はサトウキビ栽培とは大きく異なっていた。コーヒーの場合は、収穫した実から外皮を取り除き、洗浄、乾燥など一連の行程は人の手や小規模な機械を使用して行われたのに対し、サトウキビの場合は収穫後、すぐに巨大な製糖工場に運ばれて処理された。サトウキビ農園主側からすると、12ヶ月のうち11ヶ月、火種を絶やさずに製糖工場を動かし、原料糖を作り続けることが最も重要であった。そのためには、収穫に18〜24ヶ月ほどかかるサトウキビの栽培時期をずらしながら、広大な土地に苗を植え付け、絶えず収穫を行う必要があった[101]。つまり、サトウキビ農園で労働者は工場を動かすための歯車の一部であった。それに対し、コーヒー農園では9月から翌年2月にかけて収穫労働者が最も必要とされ、その他の時期は木の植え付け、剪定や雑草除去などの農園管理のために雇われ、サトウキビ農園のように一年中は過酷な労働を必要としなかった。さらに、コーヒー豆の精製は大型工場を必要としなかったため、工場の稼働を継続するためにコーヒーを栽培するようなことはなかった。また、1890年代のコナコーヒー農園では、サトウキビ農園での日給48セント（月給12.50ドル、26日間労働）より高い賃金（65〜70セント）が日系労働者に支払われていた。資金を貯めて、季節労働者から小規模借地農家となることも可能であり、コーヒーの以外にも他の野菜や果実を栽培できる自由もあった。これらのサトウキビ農園との違いが、コナをより魅力的な逃亡先にした(102)。

さらに、コナには、逃亡移民のための支援組織マルカイ（Marukai, ハワイ語で「保護された者」という意味）が存在していた。この組織では、着の身着のままでやって来た逃亡移民に対して、コナ在住日本人が食糧と住居を提供し、コーヒー栽培地での仕事を見つけるのを手助けしていた(103)。

> 逃亡者は、マウナケアとマウナロアの麓の深いコアやキアウェの林を駆け抜け、広大な溶岩砂漠を歩いていった。長く、危険な徒歩での逃避行の後、運よくコナの日本人村に辿り着いた者は、見つかって起訴されないように自らの名前を変えた。コナの人びとはこのような避難者を快く受け入れ、彼らがコナで独立するまでの間、衣服、食糧、住居を与え親切に接した(104)。

マルカイは、米国南部から逃げて来た逃亡奴隷を援助したトゥルー・バンド・ソサイエティ（True Band Society）と類似している。この組織は黒人によって組織、運営された援助団体で、逃亡移民への寄付を集めたり、彼らの家や仕事を見つけたりするのをサポートした。1850年代にはカナダ西部を中心に14団体ほどあり、その他にも白人奴隷制廃止論者によって組織された援助団体が米国―カナダ国境付近で活動していた(105)。奴隷の場合、米国南部州から逃げる際、道中、地下鉄道（underground railroad）の援助も得ることができた。地下鉄道とは1780年代から南北戦争（1861～1865年）後の奴隷解放まで、南部州の奴隷を北部の自由州やカナダへ逃すために結成された秘密組織である。もともとは奴隷制廃止論者や奴隷に同情した人びとなどにより作られた組織であったが、1830年代からより体系化され、白人と黒人による援助活動が活発化した。コナへの逃亡移民の場合は同じハワイ島内の逃亡であり、南部州からカナダへのような長期かつ長距離の移動を伴わなかったため、地下鉄道のようなものは組織されなかったが、現地に到着した逃亡移民に温かい食事や居住空間、そして仕事を与えたマルカイは、コナ版トゥルー・バンド・ソサイエティであったといえよう(106)。

サトウキビ農園労働者は、建前上は「契約労働者」であったが、農園での労働環境や逃亡の経緯や仕組みに着目すると、米国の黒人奴隷との経験の類似性が浮き彫りになる。1894年の米国―ハワイ互恵条約の復活に際し、米国のサトウキビ農園主がハワイの農園主を「半奴隷労働」の使用として批判したのに対し、労働者に対する温情的待遇を強調したハワイ農園主だったが、逃亡移民はまさに半奴隷的農園社会が生み出した結果であった。そして、コナは逃亡移民の避難場所として機能したのである。

5　熊本移民合資会社と逃亡移民名簿

では、どのような背景の日本人が逃亡したのだろうか。日本外務省外交史料館には、1897年に熊本移民合資会社（1896〜1908年、Kumamoto Emigration Company, 以下熊本移民会社）によって作成された逃亡移民名簿が保管されている。前述のように日本人の逃亡はサトウキビ農園経営者にとっては頭の痛い問題となっていた。そこで、農園経営者は労働者を勧誘し移民の手続きを担っていた日本の移民会社に逃亡者移民の名簿を送ることで、契約不履行分の費用を回収しようとした。この契約とは移民会社が仲介役となり、農園経営者と労働者の間で結ばれた３年間の労働契約であり、逃亡者とはその契約を満了せず、農園を後にした者を指した(107)。

ここで分析の対象となる逃亡者はいわゆる「私約移民」と呼ばれる日系移民である。1886年１月28日の日布移民条約締結時から1894年６月30日の共和国樹立時までにハワイに渡航した日系労働移民は、ハワイ王国と日本政府の間で定められたサトウキビ農園での３年間の労働契約により渡航した「官約移民」と呼ばれた。一方で、「私約移民」は共和国樹立からハワイへの契約労働移民の渡航が禁止される1900年までの間、日本政府から許可をもらった移民取扱人や移民会社の斡旋によって、サトウキビ農園経営者と労働契約を結んだ日系移民であり、約５万７千人がハワイへと渡航した(108)。

移民会社は移民の誘致、旅券や渡航船の手続き、農園側との契約などの手配を代行するとともに、日本の外務大臣に移民渡航者名簿、帰国者名簿、逃亡移民名簿、死亡や身上に関する変更なども提出しなければならかった(109)。つまり、移民会社はブローカー的役割だけではなく、「近代国家」として秩序ある海外移民を送り出すことに細心の注意を払っていた日本政府のために、移民個人の行動、職業、帰国を含めた移動を細かく記録する義務があった(110)。よって、海外移民に関する通信は全て外務省通商局を通じて行われた。通商局内には、榎本武揚が外務大臣に就任した1891年に「海外発展を盛んにする」ために政府が移民を「保護奨励しなくてはならない」という理由で移民課が設けられており、ハワイの日系移民に関する情報はそこに集められた(111)。逃亡移民の情報に関しては、逃亡移民の元所属先のサトウキビ農園の情報を基に、在ホノルル熊本移民会社代理人が名簿を作り、在ハワイ日本総領事館、移民会社の本拠地の県知事、外務省に提出した。逃亡移民名簿は、日本政府（外務省）へのハワイの移民状況報告とサトウキビ農園への返済という二つの目的のもと作成されたのである。

分析対象は、1899年1月9日と4月27日に熊本移民合資会社により外務省大臣子爵青木周蔵宛てに提出された『逃亡移民人名報告雑件』内の「移民逃亡届推達」(112)に記載された合計326名（内訳：1月119名、4月207名）である。逃亡移民名簿は、上から旅券番号、渡航許可年月日、渡航年月日、逃亡年月日、日本の住所、氏名が毛筆で記され、移民渡航記録と似た形式となっている（写真3-2参照）。また、農園側から送られた逃亡者名簿(113)は多くの場合、農園で割り当てられた個人番号、ローマ字表記のフルネーム、逃亡日のみが簡潔に手書きまたはタイプで印字され、雇入元の移民会社宛の手紙として送られた（写真3-3参照）。

まず、農園による逃亡移民名簿はホノルルに常駐する移民会社代理人に提出され、代理人は農園での個人番号とローマ字表記氏名をもとに、渡航者名簿と照合のうえ逃亡移民名簿を含む「移民逃亡届推達」を作成したと考えられる。1894年に日本政府によって制定された移民保護規則によって、移民会社は代理人を国内と移民渡航先に在留させる必要があり、渡航先の代理人は、現地での移民の保護と監督及び農園側との交渉を主に担当していた(114)。農園から送付された逃亡移民名簿のなかには、番号とローマ字表記の氏名が一致しない場合もあり、代理人は農園側に情報の再確認や再提出を求めることもあった。例えば、1899年11月7日に東京移民合資会社からオラア製糖会社に送られた手紙には、「#2426 H. H. の死亡と報告書にありましたが、#2426はN. F. という労働者で、H. H. ではありません。そちらの間違いだと思いますので、どうぞ正しい報告書をお送りください」と記されている(115)。確認作業後、代理人は、渡航者名簿の情報に逃亡日を加えた逃亡移民名簿を作成し、それを在ハワイ日本総領事館、熊本県知事経由で外務大臣に提出した。

このように、移民会社は逃亡者の日本の出身地、渡航経路、所属した農園での

写真3-2　熊本移民会社による逃亡移民名簿
出典:『逃亡移民人名報告雑件第一巻』(日本外交資料館所資料 3.4.1.143)。

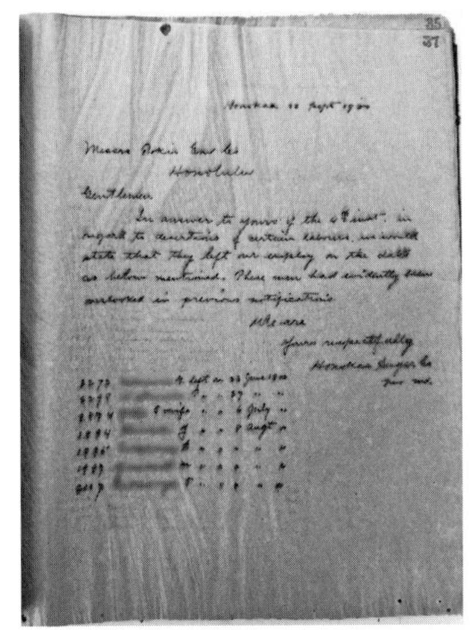

Honokaa 10 Sept 1900

Honolulu

Gentlemen

In answer to yours of the 6th inst. in regard to desertions of certain laborers we would state that they left our employ on the dates as below mentioned. These men had evidently been overlooked in previous notifications.

We are
Yours respectfully
Honokaa Sugar Co

写真3-3　ハワイ島ホノカア農園による逃亡移民名簿(1900年 9 月10日)
左から、番号、氏名、逃亡日が記載されている。
出典:The Hawaiian Sugar Planters' Association Plantation Archives (HSC1-8-37), University of Hawaiʻi at Mānoa Library Hawaiian Collection / Special Collections.

個人番号に至るまで事細かく把握するシステムを作り上げていた。当時、サトウキビ農園で「バンゴ（bango）」と呼ばれた4桁の個人番号は農園名が書かれたプレートに印字され、労働者は首からかけるようになっていた。サトウキビ農園主は「難しい名前を書かなくてもいいので、時間と悩みの節約にもなる」とし、給料の支払い、買い物の付け、罰金の請求などで日常的に使っていた(116)。このようなバンゴ制度は、労働者にとっては自らの名前を否定された屈辱的扱いであった(117)。ただ、逃亡移民名簿作成過程から考えると、この4桁の番号は移民の詳細な個人情報——日本の本籍地まで辿り着ける——を引き出すことができるキー・ナンバーとして機能していたといえる。

こうして、移民会社は残りの契約期間の弁償金を農園経営者に支払うシステムを構築した。1899年に日本の外務省移民局を経由し、移民会社からナアレフ製糖会社に支払われた逃亡移民1人あたりの弁償金は35ドルであった。

ハッチンソンサトウキビ農園会社様
ナアレフ

以下の日系労働者に対する返済金全額を日本移民局より受領し、貴社に期限内に入金されたことをお知らせいたします。

番号	労働者氏名	逃亡日	金額
1233	I. I.	1899年5月6日	35ドル
1223	D. R.	1899年5月14日	35ドル
			70ドル

敬具

アーウィン有限会社(118)

ハワイ島に存在する14農園の逃亡移民について調査したハワイ移民局は、1898年の前半期だけでも388人の日系移民と82人の中国系移民が逃亡したと報告しており、農園平均33.5名が逃げていた(119)。農園側は直接雇っていた警官や保安官に逃亡者を追跡させ、逃亡者1名の連行につき、10ドルから20ドルの報酬金を支払っていたため、連れ戻すまでの出費は農園主にとっては痛手となった(120)。よって、移民会社に弁償金を請求することで、損害を補填しようとした。さらに、1898年には月給を12.5ドルから15ドルにし、差額の2.5ドルは毎月農園主が管理し、契約の終了時に90ドル分を渡すという制度を導入することで、農園主側は逃亡を阻止しようとした。しかし、1899年の斉藤領事の報告によると、制度導入前の日系労働者は不公平だとし、それによる不満から、逃亡移民が続出した(121)。

熊本移民会社による「移民逃亡届推達」に記載された逃亡移民数は合わせて326名であり、米国への併合直前の1897～1898年にかけてハワイに渡航していた。この時期には、1895年に日本が日清戦争（1894～1895年）に勝利したことを機に、青年層を中心に海外渡航者が急増し、1896～1900年にかけて52,853名がハワイに渡航していた(122)。この数は1891～1895年のハワイ渡航者数（20,829名）の2倍強にあたる。加えて、1896年には日本の海外航路の確立と拡大を助成する「航海奨励法」と造船業の振興を後押しした「造船奨励法」が制定され、日本郵船が香港―日本―ホノルル―シアトルを結ぶ北米航路の定期便を開業し、ハワイや北米地域への渡航がさらに便利になった時期でもあった(123)。

逃亡移民の概要として、326名のうち308名（94.4%）が1898年に渡布しており、最も多かったのは1月12日に横浜を出発した旅順丸（87名、26.7%）での渡航者で、次は2月24日の横浜発のチャイナ号（41名、12.6%）での渡航者であった(124)。同年にハワイ移民を送り出した移民会社9社による移民総数は10,145人であり、そのうち熊本移民会社は3,153名（内男性2,625名、女性528名）を送り出していた。熊本移民会社に関しては送り出し移民の全てがハワイを目的地としたわけではなかったが、少なくとも約1割近くが逃亡したということになる(125)。

さらに、逃亡者を出身県別に分類すると、多い順に山口県124名（38.0%）、熊本県110名（33.7%）、広島県58名（17.8%）、その他は福島県12名、福岡県9名、岩手8名、岡山5名であった。熊本移民会社は熊本県に限らず、山口、広島、福島、岩手などでも移民募集の活動を行なっていたため、その活動範囲が反映されているといえる(126)。326名のうち、男性が280名（85.9%）、女性が43名（13.5%）、子ども1名（母親と逃亡）、不明2名であり、男性が圧倒的に多く、女性のほとんどは夫とともに逃亡していた。女性のみが逃げていたケースもあり、その場合は、逃亡移民名簿には夫の名前も付記される場合もあった(127)。1938年のコナ在住日系移民に対するインタンビュー調査では、コナへの単身女性逃亡者のなかには夫から逃げたり、他の男性と駆け落したりするために、コナに逃亡したケースもあったことが明らかになっている。

逃亡妻がたくさんいたよ——たくさんね。コナは［ハワイ島のサトウキビ］農園から逃げてやって来た人たちの避難所だった。彼らはコナに来て、コーヒー畑に隠れていたものだよ。多くの場合、前夫が妻を捜しにやって来たので、妻はホオケア（Hoʻokena）からケアラケクア（Kealakekua）、ケアラケクアからホルアロア（Hōlualoa）へと移動し続けなければいけなかった。逃亡妻は、追跡するのを困難にするために、しばしば夫を変えていたものだよ(128)。

また、逃亡日からハワイ上陸日を差し引き割り出した農園滞在期間に関しては、上陸後すぐ逃亡した者（1名）から1年8ヶ月後に逃げた者（1名）と大きなばらつきがある。しかし、農園滞在期間を3ヶ月ごとに区切った場合、期間が6〜9ヶ月未満の逃亡者が最も多く32.5％（93名）で、続いて3〜6ヶ月未満が28.1％（85名）、1〜3ヶ月未満が20.7％（61名）であった。それに比べて、1年以上滞在した者は4.4％（13名）にすぎなかった（図3–5）(129)。よって、サトウキビ農園で1年以上働いたのち逃亡した者は圧倒的に少なく、逃亡者の大部分が、3年の契約が始まった初期の段階で新天地への移動を決意したといえる。

年齢に関しては、逃亡男性の平均年齢が25.4歳、女性が24.7歳であり、20代の逃亡者が64.3％（263名のうち169名）を占めていた。年齢の抽出方法としては、逃亡移民名簿の氏名を米国の系譜検索サイト（Ancestory.com と Family Search）で検索し、渡航時の年齢を割り出した。同姓同名でも明らかに渡航時期が違う者や年齢不明者などを除くと263名の年齢が明らかになった。なかでも、20代前半の割合が最も多く42％（112名）、続いて20代後半の21.7％（57名）、30代前半の15.6％（41名）であった（図3–6）。よって、半年程度で配属された農園での生活に見切りをつけた20代前半の若い男性移民が、逃亡移民の典型的な像として浮かび上がる。このような短期間の労働で貯金できた金額では帰国することも難しかったため、彼らにとっては身の危険がありながらも、逃亡は最も合理的かつ経済的に新たな就労先を見つける方法であったと考えられる。

さらに、2人以上で逃亡したケースをもう少し詳しく見てみると、2人組の場合は大部分が夫婦であった（53組中43組）。また、夫婦などの家族同士のつながりが無い場合でも、（1）同じ船で渡航した者、（2）同県出身者、（3）その両方の3パターンが大部分を占めていた。同じ船でハワイに到着した者は集団で同じ農園に配属されることもあったため、横浜出航時からサトウキビ農園まで同じ道の

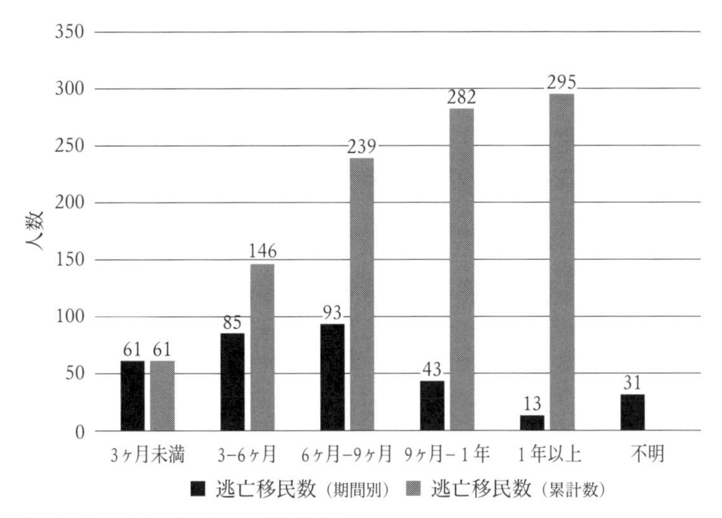

図3-5　サトウキビ農園での滞在期間

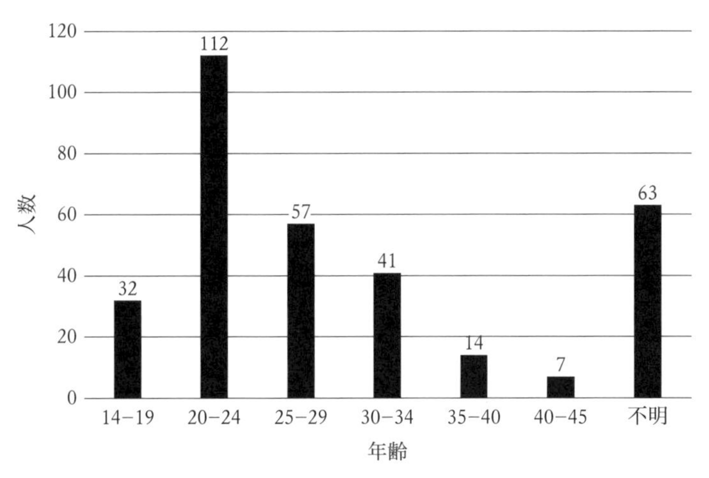

図3-6　逃亡移民の年齢

りを辿ってきた者も少なくなかった。また、1900年9月13日に、熊本移民会社が熊本県知事宛に提出した文書では、逃亡先は「比較的多額の給料を支払う」農園や「親戚や友人」がいる農園であった旨が報告されており、逃亡先の選択において、故郷や渡航経路で生まれたつながりが作用したと思われる(130)。

最後に、逃亡移民名簿の分析において、決定的な欠点は逃亡先がわからないことである[131]。よって、当然のことながら、本名簿に記載された人びとが必ずしもコナを目指したとは限らない。また、もしコナに辿り着いたとしても、苗字を変えるなどして身元を隠していたため、逃亡者の実像に迫ることは難しい。しかし、そのような情報不足を補完してくれる資料が、オーラル・ヒストリーである。1980〜1981年にかけて、ハワイ大学エスニック・スタディーズ・オーラル・ヒストリー・プロジェクト（the Ethnic Studies Oral History Project）の一環として、コナ在住者35名に対してインタビューが行われ、そのなかには逃亡移民に関する語りが散見される[132]。本節で行ったように、逃亡移民名簿の分析とオーラル・ヒストリーの記録を補完的に活用することで、20代〜30代前半の日系移民にとってサトウキビ農園での労働がいかに苦しみに満ちたものであったかが、またコナが過酷さからの解放の地となっていたことがわかる。そして、逃亡という行為を個人の移動経路の一部として考えるならば、日本からハワイへという海を渡った国際移動と、サトウキビ農園からコーヒー農園へという極めてローカルな島内移動は、後者の方が命の危険に満ちた行為であった。それほど、サトウキビ農園による肉体的、精神的支配が強固であったといえる。

*

共和国時代に再びハワイの主要産業として注目を浴びるようになったコーヒー産業は、製糖業への依存過多からの脱却を期待されただけではなかった。ハワイ産砂糖の主要マーケットである米国による課税に多大な影響を受けてきたことを問題視した共和国政府関係者たちは、米国への併合の実現により、ハワイ経済の安定性を確保しようとした。そこで課題となったのが、非白人のアジア系移民がマジョリティを構成するというハワイの特殊な人口構造であり、併合を阻む大きな要因として捉えられていた。よって、コーヒー産業は、米国出身者を中心とした白人農業入植者をコーヒー農園に誘致し永住化を図ることで、ハワイの非白人化への対抗的移民政策を展開し、併合にふさわしい人口構造（アジア系移民の減少と欧米系入植者の増加）の実現を試みた。このように、コーヒー産業をめぐる移民・入植政策から、共和国政府が米国への併合に向け積極的かつ自主的に舵取りを行い、「植民地化」を可能にする土台を作り上げようとした。

ところが、共和国設立以前から、すでにコーヒー栽培が基幹産業として確立していたコナでは、政府の奨励によりコーヒー産業が再興したが、新たに入植、開拓できる栽培地はハワイ島南東部プナと比較して少なかった。また、すでに収穫可能なコーヒーの木を多く有していたコナは、サトウキビ農園での契約を終えた、もしくは逃亡移民の日本人を受け入れることで、収穫労働者を確保していた。したがって、アジア系移民の増加と定住を米国への併合を阻止する要素として危機感を抱いていた共和国政府と、自らの資金により誘致した労働者を失ったサトウキビ農園主にとって、コナのコーヒー農園は理想的なハワイの社会経済構造から逸脱する空間となっていった。それに反して、19世紀末のコナはサトウキビ農園での半奴隷的待遇や人種主義から逃れようとする日系移民にとって理想的な逃亡地や再移民先として機能し、労働者不足で悩むコナコーヒー農園所有者たちは日系移民を雇い入れることに抵抗を示さなかった。コナコーヒー産業から見ると、経済振興と移民・入植政策の両輪は共和国政府の思惑通りに回ることはなかった。

共和国政府下の日系逃亡移民は、日本帝国期の海外移民の統制と把握において、見過ごせない集団であった。米国南部における逃亡奴隷について詳細な検証を行ったフランクリンとシュヴェニンガー（Franlin and Shweninger）は、逃亡とは奴隷が農園でのあらゆる暴力にどのように立ち向かったかを示す行為であり、それに対して農園主は自らの権威を見せつけるため処罰を下したと論じる[133]。日系移民の逃亡の動機と、逃亡に対する農園主の対応は南部の逃亡奴隷と共通する点もあるが、ハワイの逃亡移民の場合、雇い主であるサトウキビ農園主が日本の移民会社に弁償金を請求し、移民会社が逃亡移民名簿を日本の外務大臣に提出するという形で、太平洋を跨いで個人情報のやりとりが行われていた。これは、日本帝国が海外同胞の行動を逐次把握することで、近代国家として相応しい海外移民を送り出す使命を果たすとともに、海外における不当な扱いを受けることを防ごうとしたためであった。つまり、逃亡移民はサトウキビ農園の労働力問題にとどまらず、日本帝国とハワイ共和国政府の移民政策に深く関わる存在であった。

結局、共和国によるコーヒー産業の振興計画は、1897年以降の世界的コーヒー量の増加に伴うハワイ産コーヒーの価格下落により、大きな打撃を受けることとなった。そして、コナを除いた他地域のコーヒー農園は早々にサトウキビ農園へと姿を変えていった[134]。1898年、ハワイの米国併合により製糖業はさらに発展を遂げ、アジア系移民も増加の一途を辿る。共和国時代のコーヒー産業はハワイに大きな影響を与えた経済活動とはいえないが、宣教師二世世代を含む欧米系白人の政府関係者や農園経営者が理想とした白人農民入植者による社会を具現化する手段を提供した。同時に、コナへの逃亡移民の事例が示すように、経済活動と移民・入植をめぐる政策が政府の期待通りには実行されることはなく、複雑なリアリティが浮き彫りになった。

注

(1) "Report of the labor commission on the coffee industry," *The Hawaiian planters' monthly*, vol. 14, no. 7 (1895): 311-312.

(2) オハイオ出身のエメルス（1853-1910年）は1878年にハワイに移住し、ホノルルで金物を扱ったビジネスを展開していた。彼は王国の米国併合を支持し、王国転覆のクーデターを引き起こした公安委員（the Committee of Safety, 1893年1月14日設立）のメンバーであった（"Remembering the Committee of Safety: identifying the citizenship, descent, and occupations of the men overthrew the monarchy," *The Hawaiian journal of history*, 53 (2019): 32-33, 40-41; 中嶋弓子『ハワイ・さまよえる楽園——民族と国家の衝突』第2版、東京書籍、1998年、89頁）。また、ムレイは1887年に王国改革を実行するため欧米系白人によって結成された秘密結社ハワイアン・リーグ（the Hawaiian League）に、設立時から属していた（Loomis Albertine, *For whom are the stars?*, University Press of Hawaii, 1976, pp. 93, 147）。セヴェランスは1880年代末から在ホノルル米国総領事を務めていた。1893年1月のハワイ王国転覆に関する調査のためにクリーブランド米国大統領によって任命されたジェームズ・H・ブラント（James H. Blount）弁務官による通称ブラント報告（the Blount Report）によると、セヴェランスは米国併合を支持していた（"Blount Report: affairs in Hawaii," *University of Hawaiʻi at Mānoa Library*, https://libweb.hawaii.edu//digicoll/annexation/blount/br0413.php. 最終アクセス2024年9月11日）。ヴィヴァスは1892〜1896年にかけてホノルルにて、ハワイの政治や文学に関するポルトガル語新聞『ア・センティネッラ（A Sentinella）』を出版していた（"A Sentinella (Honolulu [Hawaii]) 1892-1895," *Library of Congress*, https://www.loc.gov/item/sn85047045/. 最終アクセス2024年10月13日）。

(3) "Report of the labor commission on the coffee industry," 292. 共和国成立後に『プランター・プランターズ・マンスリー』（1882-1894年）は『ハワイアン・プランターズ・マンスリー』（1895-1909年）に名称を変えた。

(4) "Reciprocity Treaty of 1875," *The Morgan Report*, https://morganreport.org/mediawiki/index.php?title=Reciprocity_Treaty_of_1875. それに対し、米国からハワイ王国への輸出品は肉類、農業機器、木材、タバコなど多岐に渡り、ハワイ産の関税免除品の5倍近くの品目が免税対象となった。

(5) J. A. Mollett, "Capital in Hawaiian sugar: its formation and relation to labor and output, 1870-1957," *Agricultural Economic Bulletin* 21 (June, 1961); Tom Coffman, *Nation within: the history of the American occupation of Hawaiʻi* (Duke University Press, 2016), pp. 91-92; Dean Itsuji Saranillio, *Unsustainable empire: alternative histories of Hawaiʻi statehood* (Duke University Press, 2018), p. 35.

(6) マッキンリーの兄デイヴィッド（David McKinley）は1881〜1885年に米国総領事としてハワイに、1885〜1892年にはハワイ王国総領事としてカリフォルニアに赴任していた（"US taxes sugar cane and annexes Hawaii in 1897," *Tribune chronicle*, 9 July 2018, https://www.tribtoday.com/news/local-news/2018/07/us-taxes-sugar-cane-and-annexes-hawaii-in-1897/. 最終アクセス2024年9月30日）。

(7) Coffman, *Nation within*, pp. 91-92; Christen T. Sasaki, *Pacific confluence: fighting over the nation in the nineteenth-century Hawaiʻi* (University of California Press, 2022), pp. 17, 113.

(8) Mollett, "Capital in Hawaiian sugar," 16; Alfred L. Castle, "U. S. commercial policy and Hawai'i, 1890–1894," *The Hawaiian journal of history*, vol. 33 (1999): 69.

(9) ハワイのサトウキビ農園労働者であった中国系移民が「奴隷」のように使役されているという批判は、すでに『サンフランシスコ・クロニクル（San Francisco Chronicle)』紙が1881年10月の記事で論じており、米国におけるハワイの「奴隷制」に対する議論は1880年代初頭から見られた。詳しくは、Mariko Iijima, "'Nonwhiteness' in nineteenth-century Hawai'i: severity, white settlers, and Japanese migrants," *Journal of ethnic and migration studies* (2020) を参照。

(10) "Louisiana planters and the sugar tariff," *Hawaiian almanac and annual for 1895* (Black & Auld, Printers, 1895), vol. XIII, no. 6: 247.

(11) Saranillio, *Unsustainable empire*, p. 37.

(12) "Register and directory," *Hawaiian almanac and annual for 1895* (Black & Auld, Printers, 1895), p. 155.

(13) "The late Joseph Marsden," *The Pacific Commercial Advertiser*, 11 June 1909, 10.

(14) Jos. Marsden, "Diversified industries," *Hawaiian almanac and annual for 1894* (Black & Auld, Printers, 1894), p. 95.

(15) "Quantity and value domestic exports, 1893," *Hawaiian almanac and annual for 1895* (Black & Auld, Printers, 1895), p. 24.

(16) "The political importance of small land holdings for the Hawaiian Islands," *Hawaiian Gazette*, 18 August 1891, 5.

(17) Eleanor C. Nordyke, *The peopling of Hawai'i* (second edition, University of Hawaii Press, 1977), p. 178; Franklin Odo and Kazuko Shinoto, *A pictorial history of the Japanese in Hawai'i 1885-1924* (Bishop Museum Press, 1985), pp. 18–19.

(18) Sasaki, *Pacific confluence*, p. 81.

(19) William N. Armstrong, *Around the world with a King* (F. A. Stokes Company, 1904), p. 9.

(20) "Report of his excellency of W. N. Armstrong, his Hawaiian Majesty's Commissioner of Immigration," *The Pacific Commercial Advertiser*, 17 December 1881.

(21) "Report of his excellency of W. N. Armstrong"; "King Kalakaua's tour," *Hawaiian Gazette*, 12 October 1881, 4.

(22) Armstrong, *Around the world*, p. 3.

(23) Armstrong, *Around the world*, pp. 289–290.

(24) "Report of the Labor Commission on the Coffee Industry," 304.

(25) "Report of the Labor Commission on the Coffee Industry," 312.

(26) "Report of the Labor Commission on the Coffee Industry," 313.

(27) "Report of the Labor Commission on the Coffee Industry," 311, 320.

(28) Baron Goto, "Ethnic groups and the coffee industry in Hawai'i," *Hawaii journal of history*, vol. 16 (1982): 116.

(29) 米国への併合に対し、サトウキビ農園主たちはアジアからの契約移民労働者が獲得できなくなることを非常に危惧していた。特に、農園所有者のなかでも注目される存在であったクラウス・A・シュプレケルズもそのような意見を主張していたが、ルイジアナ州のサトウキビ農園の視察に訪れた際に、イタリアからの自由移民が「黒人（the negroes）より多く働いていた」のを目の当たりにし、1898年初頭には併合案支持派となった。つまり、サトウキビ農園主にとっては併合後もそれまでと同じ能力を持つ労働者を同じ賃金で確保できるかどうかが懸念材料であったといえる（"New deal in Hawaii," *The Daily Bulletin*, 1 October 1894, 4; "Now favors annexation: C. A. Spreckels believes in closer political union," *The Hawaiian Star*, 26 January 1897, 1）。

（30） ドールをはじめとする欧米系政府官僚やサトウキビ農園主は、この時期、移民をアジア系労働者、定住者を欧米系白人入植者として区別して議論していた（S. B. Dole, "Systems of immigration and settlement," *Pacific Commercial Advertiser*, November 16, 1872）。

（31） W. D. Alexander, "Immigration to Hawaii," *Hawaiian almanac and annual for 1896* (Black & Auld, Printers, 1896), pp. 123–124.

（32） "The political importance," 5. ドールはすでに1870年代初期から、王領地の売買や譲渡を禁止した1865年の土地法を批判していた（Robert H. Horwitz, Judith B. Finn, Louis A. Vargha, and James W. Creaser, *Public land policy in Hawaii: a historical analysis*, 5 (State of Hawai'i legislative reference bureau, rep. no. 5, 1969); 4; Jon M. Van Dyke, *Who owns the crown lands of Hawai'i?* (University of Hawai'i Press, 2008), p. 188; S. B. Dole, "The problem of population and our land policy," *Pacific Commercial Advertiser*, 26 October 1872, 2）。

（33） "The political importance," 5.

（34） Dyke, *Who owns the crown lands of Hawai'i?*, 192; Sasaki, *Pacific confluence*, p. 66. 共和国はアジア系人口の増加を抑えるだけではなく、すでにハワイに在住しているアジア系に選挙権を付与しないことで、政治参加も阻止した。1887年の憲法改正によって参政権はハワイもしくは欧米生まれの者とその子孫である男性に限られていた。しかし、1894年の共和国憲法では、出身地と人種に基づく選挙権は撤廃され、1893年以前にハワイに帰化した者とすでにハワイと条約関係にある国の出身者には選挙権が与えられた。共和国政府は1894年の時点で、ハワイと清帝国との間に友好通商条約が締結されていないこと、「内務省によると1893年1月17日以前に、帰化した日本人は一人もいなかった」という外務大臣フランシス・ハッチ（Francis Hatch）の証言により、アジア系移民に選挙権を付与しなかった。このような措置は王国転覆の首謀者であり、転覆後にはハワイ併合の交渉のため米国ワシントン・D・Cに赴いたメンバーの一人であるロリン・A・サーストン（Lorrin A. Thurston, 1858–1931年）によってなされた。彼は、共和国大統領ドール宛の手紙のなかで、黒人市民の選挙権付与を阻止した1891年のミシシッピー州憲法に言及しており、それを参考にしたと思われる。よって、米国の法的、政治的人種主義の実践が併合を望むハワイ共和国にも移植されたといえる（Sasaki, *Pacific confluence*, pp. 69–70）。また、19世紀末のハワイ在住日系移民の選挙権をめぐる日本政府や移民側の動きや反応に関しては、塩出浩之『越境者の政治史——アジア太平洋における日本人の移民と植民』（名古屋大学出版会、2015年）、141–130頁を参照。

（35） "Report of the Labor Commission on the Coffee Industry," *The Hawaiian planters' monthly*, vol. 17, no. 7 (1895): 314; W. D. Alexander, "Immigration to Hawaii," 125.

（36） "Report of the Labor," 306.

（37） "Report of the Labor," 314; Alexander, "Immigration to Hawaii," 125.

（38） ユルゲン・オースタハメル著、石井良訳『植民地主義とは何か』（論創社、2005年）、26頁。

（39） Dyke, *Who owns the crown lands of Hawai'i?*, p. 190. 王族領委員会の報告によると、52,260エーカーのオラアの王領地のうち、75％近くがグアテマラの優良コーヒー栽培地と似た気候であるため、栽培に適した地区とされた（"Coffee outlook in Hawaii," 67）。オラアの他に重要な入植地としてパイナップル栽培地として繁栄することとなるオアフ島ワヒアワ入植地（the Wahiawa Colony）があった（詳細はSasaki, *Pacific confluence*, 5章を参照）。

(40) “Retrospect for 1893-planting interests,” *Hawaiian almanac and annual for 1894* (Black & Auld, Printers,1894), p. 136.

(41) “Retrospect for 1893,” 136; “Coffee outlook in Hawaii,” 66.

(42) 本協会は、オラアやプナのコーヒー生産者によって1894年5月27日に設立された。名誉会員として、政府の主要関係者ドールやマースデンも含まれていた（“Meeting of Olaa planters. Association formed and officers elected,” *The Hawaiian Star*, 24 November 1894, 3)。ワイトは、1897年3月に同協会の会員として承認されている（“Coffee on Hawaii: meeting of the Planters Association at Hilo,” *Hawaiian Gazette*, 12 March 1987, 6)。

(43) “Hawaii, the ‘pearl of the Pacific’,” *The Lambertville Record*, 26 February 1896, 2.

(44) “Hawaii, the ‘pearl of the Pacific’”; *West Virginia Argus*, 27 February 1896, 1; *Sacrament Daily Record-Union*, 27 February 1896, 6; *The United Opinion*, 13 March 1896, 7; *The Cook County Herald*, 21 March 1896, 3.

(45) “A living volcano!,” *Hawaiian almanac and annual for 1898* (Black & Auld, Printers, 1898), p. VIII.

(46) “Table of coffee growers throughout the Islands,” p. 183.

(47) “An appreciative lady: miss Goldstein writes to Mr. Wight on her Hawaiian trip,” *The Pacific Commercial Advertiser*, 11 March 1897, 3.

(48) “Hawaiian coffee east market in New York may be created.,” *The Hawaiian Star*, 22 February 1897, 1.

(49) “The King coming: trip of the U. S. consul-general.,” *The Pacific Commercial Advertiser*, 1 November 1897, 6.

(50) 北ヒロ・ハマクアに関しては日本人4名（“Japanese Jabo”, “Japanese Kame”, “Japanese Honda”, “Japanese Okada”）が栽培者として記載されている（“Table of coffee growers throughout the Islands,” *Hawaiian almanac and annual for 1898*, Black & Auld, Printers, 1898, p. 183)。

(51) 1エーカーあたり600～800本のコーヒーの木が植えられていたため、700本として計算している。

(52) “Table of coffee growers throughout the Islands,” pp. 179–183.

(53) *Letters from the Sandwich Islands*, pp. 147–148.

(54) 1870年に40万ポンドのコーヒーが輸出されたが、1879年には7万3千ポンドにまで減少した。*The Pacific Commercial Advertiser*, 10 January 1880, 2.

(55) Gerald Kinro, *A cup of aloha: the Kona coffee epic* (Latitude Twenty Book, 2003), pp. 15–16.

(56) George F. Nellist (ed.), *The story of Hawaii and its builders with which is incorporated* (Honolulu Star Bulletin, Ltd. 1925), p. 109.

(57) *The Pacific Commercial Advertiser*, 25 February 1873, 1; Kinro, *A cup of aloha*, p. 16; “The story of Greenwell Farms and 100% Kona Coffee,” *Greenwell Farms*, January 2019, https://blog.greenwellfarms.com/the-story-of-greenwell-farms-and-100-kona-coffee/.

(58) United States Centennial Commission, *International exhibition, 1876: official catalogue complete in one volume* (John R. Nagle and Company 1876), p. 251; “Coffee,” *The Pacific Commercial Advertiser*, 18 January 1873, 1; 中川金蔵「コナ珈琲の沿革」『布哇タイムス』1957年5月13日、6面。

(59) “Annual review of the culture & commerce of the Hawaiian Islands for the year 1870,” *The Pacific Commercial Advertiser*, 25 February 1871, 1.

(60) Goto, “Ethnic groups,” 115–116.

(61) Goto, “Ethnic groups,” 116.

(62) “Coffee planting in Hawaii,” *The Pacific Commercial Advertiser*, 30 December 1890; Kinro, *A cup of*

aloha, p. 14.

(63) Kinro, *A cup of aloha*, p. 14.

(64) "Rycroft on coffee land," *The Hawaiian Star*, 20 July 1897, 1. ライクロフトはハワイの製氷業を始めた人物でもあり、様々な事業に関わっていた。Hiʻilei Julia Kawehipuaakahaopulani Hobart, *Cooling the tropics: ice indigeneity, and Hawaiian refreshment* (Duke University Press, 2022), p. 7.

(65) Robert Rycroft, "Coffee culture," *Daily Pacific Commercial Advertiser*, 21 August 1893, 5.

(66) "Table of coffee growers throughout the islands," *Hawaiian almanac and annual for 1895* (Black & Auld, Printers, 1895), p. 147.

(67) 日本政府とハワイ王国との合意のもと、3年間のサトウキビ農園の労働に従事した契約移民。

(68) 『布哇島南「コア」郡「ケイー」地方ニ於テ同国巡査本邦出稼人チ銃殺一件』(日本外務省外交資料 4.2.5.153)、"In the supreme court of the Hawaiian islands, December term, 1894," *The Pacific Commercial Advertiser*, 9 February 1895, 6.

(69) いずれも官約移民である。小田峯太郎（山口県出身）、上田豊八（熊本）、松本初次（熊本）、末永実太郎（福岡）、梶川辰吉（広島）、藤村兼吉（福岡、第14回官約移民）、福岡正五郎（山口、第7回）、西本信太郎（広島、第8回）大石喜次郎（福岡、第1回）は先住民コーヒー栽培者ケアヌ、江上作次（福岡）、小林八五郎（山口）はガスパーの雇人として、報告書に記載されている。『布哇島南「コア」郡「ケイー」地方』(日本外務省外交資料4.2.5.153)。

(70) 10月にコハラ裁判所で行われた。結局、裁判所は警察への抵抗を扇動した罪で罰金200ドルと24時間の勾留、大石は罰金200ドルと24時間の勾留、その他の日本人は罰金75ドルと24時間の勾留となった（"Judiciary jottings: two supreme court decisions-one on the Kona tragedy," *The Daily Bulletin*, 1 February 1895, 5)。また、騒動の場にいたと思われる先住民巡査2名は殺人罪で起訴され、停職処分と1人につき1,000ドルの保釈金が請求された。カイリヒワ巡査は負傷のため、この時点ではまだ起訴されていなかった（『布哇島南「コア」郡「ケイー」地方』)。

(71) "Table of coffee growers throughout the Islands," *Hawaiian almanac and annual for 1898* (Black & Auld, Printers, 1898), p. 182.

(72) 『布哇島南「コア」郡「ケイー」地方』。

(73) 『布哇島南「コア」郡「ケイー」地方』。

(74) "Report of Labor Committee," *The Hawaiian planters' monthly* (December 1895), vol. 14, no. 12: 546–546.

(75) "Report of Labor Committee," *The Hawaiian planters' monthly* (December 1897), vol. 16, no. 12: 596.

(76) "Second day's session," *The Hawaiian planters' monthly* (December 1897), vol. 16, no. 12: 565.

(77) Nellist, *The story of Hawaii*, 471–473.

(78) "Among the Japanese: runaway laborers arrested on Hawaii," *The Pacific Commercial Advertiser*, 20 September 1897, 3.

(79) "Among the Japanese." チェスター・A・ドイル（Chester A. Doyle）は米国チャールストン生まれであったが、幼い頃、海軍技師であった父親ジョン・ドイルが三菱会社の蒸気船会社設立を手助けするため日本に赴任した際に同行した。滞在中に日本語を学んだドイルはサンフランシスコの裁判所で日英通訳として働いた後、1890年、24歳の時にハワイにやって来た。到着すると直ちに最高高裁判所裁判官ジャッドにより通訳に任命され、1934年まで務めた。『日布時事』の記事によると、日本語は「流暢でも正確でもない」がある程度は理解できたという（"Colorful career of Chester Doyle brought to close: famed wit, attorney, interpreter, traveler, found dead in bed." *The Nippu Jiji*, 10 February

1936, 1.)。

(80) 相賀渓芳『五十年間のハワイ回顧』(「五十年間のハワイ回顧」刊行会、1953年)、17–18頁。

(81) Wilma Sur, "Hawai'i's Masters and Servants Act: brutal slavery?" *University of Hawaii law review* (2008): 4.

(82) Sur, "Hawai'i's Masters," 3.

(83) Aller Curtis, *Labor relations in the Hawaiian sugar industry* (Berkeley, 1957), pp. 32–33; 堀江里香『ハワイ日系人の歴史的変遷――アメリカから蘇る「英雄」後藤濶』(彩流社、2021年)、109頁。ハワイが準州になったことで、米国本土への移動は国内移動となった。また、サトウキビ農園での仕事が1日あたり69セントだったのに対し、米国本土では農作業に対して1.35ドル程度払われていた。ハワイからの転航が禁止される紳士協定の締結(1907〜1908年)までに、より良い賃金と労働環境を求めて35, 278名が米国本土(主に西海岸部)に移動した(Roland Kotani, *The Japanese in Hawaii: a century of struggle* (The Hawaii Hochi, 1985), p. 24)。

(84) Aller, *Labor relations*, pp. 32–33.

(85) Ethnic Studies Oral History Project, *A social history of Kona*, vol. 1 (Ethnic Studies Program, University of Hawaii Manoa, 1981), p. 263.

(86) Ronald Takaki, *Pau Hana: plantation life and labor in Hawaii* (University of Hawaii Press, 1983), p. 74; 児玉正昭『日本移民史研究序説』(渓水社、1992年)、188–189頁。

(87) Takaki, *Pau Hana*, p. 76.

(88) Takaki, *Pau Hana*, p. 99.

(89) Ethnic Studies Oral History Project, *A social history of Kona*, vol. 1, p. 263.

(90) Kotani, *The Japanese in Hawaii*, pp. 18–19, 21. 製糖会社を相手取った訴訟(1891年3月5日 Hilo Sugar Company vs Mioshi)や、日系労働者の待遇改善のために農園主側と交渉を行った後藤濶のリンチ事件(1899年)が示すように、少数ではあるが、日本人側が法的手段や直接交渉によって待遇改善を求めた例もある。しかし、それらのほとんどが成功しなかった。詳しくは、堀『ハワイ日系人の歴史的変遷』を参照。

(91) Jiro Nakano, *Kona echo: a biography of Dr. Harvey Saburo Hayashi* (Kona Historical Society, 1990), p. 45.

(92) Nakano, *Kona echo*, p. 45; Kona Historical Society, "Kona Historical Society records Kona coffee stories," *Friends of the Uchida Coffee Farm*, vol. 1, no. 2 (1996): 4–5.

(93) Edward D. Beechert, *Working in Hawaii: a labor history* (Honolulu, 1985), p. 50.

(94) 相賀『五十年間のハワイ回顧』、18頁。

(95) Kotani, *The Japanese in Hawaii*, p. 19.

(96) HSPA, PSC 1/10 Alexander and Baldwin Letters, 1899.

(97) Odo and Shinoto, *A pictorial history*, p. 43.

(98) 「附西本忠蔵殺人犯之件」『布哇島南「コア」郡「ケイー」地方』(日本外務省外交資料4.2.5.153)。

(99) Akemi Kikumura, Eiichiro Azuma and Dacie C. Iki, *The Kona coffee story: along the Hawai'i belt road* (Japanese American Hawaiian Museum, 1995) , p. 17.

(100) John R. Alkire, *An oral historical study of the migration of eight Japanese coffee farmers and their labour experience in the Hawaiian Islands between 1903-1978* (Morgan Stanley International, 1978?).

(101) Beechert, *Working in Hawaii*, p. 80.

(102) "Coffee outlook: prospects excellent for large yield in Kona," *The Pacific Commercial Advertiser*, 27

February 1897, 1. 賃金に対する人種主義はコナコーヒー農園にも存在し、ポルトガル系移民と先住民は、日系移民より多い、1日あたり75セント支払われていた。"Coffee in South Kona: reasons why the crop is to be a short one," *The Hawaiian Star*, 3 October 1896, 3.

(103) "Kona coffee stories: Hana Tokeida Masuhara," *Kona coffee cultural festival* (Kailua Kona, 1998), p. 24.

(104) Nakano, *Kona echo*, p. 45.

(105) Damian Alan Pargas, *Freedom seekers: fugitive slaves in North America, 1800-1860* (Cambridge University Press, 2021), p. 221.

(106) Robert H. Churchill, *The underground railroad and the geography of violence in antebellum America* (Cambridge University Press, 2020), Chapter 3; 大塚寿郎「第3章　想像のカナダ――越境文学としてのスレイヴ・ナラティヴ」上智大学アメリカ・カナダ研究所『北米研究入門――「ナショナル」を問い直す』(上智大学出版会、2015年)、64-66頁。

(107) アラン・T・モリヤマ、金子幸子訳『日米移民学――日本・ハワイ・アメリカ』(PMC出版、1988年)、184-185頁；Takaki, *Pau Hana*, p. 139.

(108) 東栄一郎著、飯島真里子・今野裕子・佐原彩子・佃陽子訳『帝国のフロンティアをもとめて――日本人の環太平洋移動と入植者植民地主義』(名古屋大学出版会、2022年)、106頁；山田廸生『船に見る日本人移民史――笠戸丸からクルーズ客船へ』(中央公論社、1998年)、31頁。官約移民については、同書24-30頁を参照。

(109) モリヤマ『日米移民学』、69頁、77頁。

(110) モリヤマ『日米移民学』、58頁、68頁。

(111) モリヤマ『日米移民学』、80頁、160頁。

(112) 『逃亡移民人名報告雑件第一巻』(日本外交資料館所資料 3.4.1.143)。その他、『熊本移民合資会社業務関係雑件第一巻』の「十　移民逃亡報告」(日本外交資料館所資料 3.8.2.95) にも、外務大臣宛に提出された逃亡移民名簿が含まれている (1898年6月9日 (78名)、6月10日 (41名)、8月2日 (35名)、8月20日 (26名))。本分析では、逃亡移民の傾向を把握するため、最も件数が多かった『逃亡移民人名報告雑件第一巻』収録の名簿を使用した。

(113) ハワイ大学ハミルトン図書館のサトウキビ農園史料のなかに散見される。

(114) モリヤマ『日米移民学』、161頁；児玉『日本移民史研究序説』、277頁。

(115) University of Hawaii at Manoa, Hamilton Rare-Library, HSPA, PSC16-12 Letters. 手紙のなかではローマ字でフルネーム (名前、苗字の順) で記されているが、個人の特定を避けるため、イニシャル表記とした。

(116) Takaki, *Pau Hana*, p. 82.

(117) Takaki, *Pau Hana*, p. 90.

(118) University of Hawaii at Manoa, Hamilton Rare-Library, HSPA, KAU33/1 HUT.C, Irwin &Co. In-1898-1899. ここでも、個人の特定を避けるため、イニシャル表記とした。

(119) Beechert, *Working in Hawaii*, p. 117.

(120) Takaki, *Pau Hana*, pp. 137-139.

(121) Kotani, *The Japanese in Hawaii*, p. 19. また、移民会社も保証金を移民に課すことで、逃亡を解決しようとした。熊本移民会社は、労働計画書のなかで、「出港前に保証金を取り立て……契約期間中に雇主から逃げないように」するため、日本政府から許可を得ることを報告している。モリヤマ『日米移民学』、185-186頁。

(122)　山田『船に見る日本人移民史』、35頁。

(123)　山田『船に見る日本人移民史』、37頁；岡部牧夫『海を渡った日本人』(山川出版社、2002年)、14頁。

(124)　渡航した船については、米国の家系検索サイトであるAncestry.comやFamilySearchを使用し、逃亡移民の個人名から旅客名簿を探し出し、船名を割り出した。

(125)　モリヤマ『日米移民学』、87頁；外務省通商局編『旅券下付数及移民統計——明治元年〜大正九年』(外務省通商局、1921年)、142頁。

(126)　移民保護法第10条（1896年）によると、移民会社は国内での移民募集活動のため、代理人を設置することできた。設置する際には、代理人の履歴書と資産を記載した書類を県知事に提出し、外務大臣からの許可が必要であった。移民募集には地元のネットワークが重要であるため、県内の資産家で社会的地位が高い者も少なからずいた（児玉『日本移民史研究序説』、273–274頁)。熊本移民会社は熊本、山口、福岡、広島、岡山、福島、岩手、大分県に代理人と事務所を設置し募集活動を行っていた（『熊本移民合資会社移民渡航認可報告一件　第一巻』日本外務省外交資料3.8.2.96)。

(127)　1898年（明治31年）8月20日に外務大臣大隈重信に熊本県知事経由で提出された「逃亡移民報告」には、2名の妻が記載されているが、いずれも夫を伴わない逃亡であった（『熊本移民合資会社業務関係雑件』)。

(128)　Andrew W. Lind, 'Assimilation in rural Hawai'i,' *American journal of sociology*, vol. 45, iss. 2 (1939): 203.

(129)　情報不足により滞在期間が算出できない者が31名いた。

(130)　『逃亡移民人名報告雑件第一巻』(外務省外交資料館所蔵資料3.4.1.143)。

(131)　日本帝国期に連行された強制連行された「朝鮮人」逃亡移民が、福岡の八女地方で受け入れられ、日本人と朝鮮人が「混住」していた大久保による研究は、逃亡移民の受け入れの実態を明らかにする数少ない研究である（大久保由理「戦時下の福岡県八女地方における在日朝鮮人——農地開発営団事業を中心に」『朝鮮人史研究』第26号（1996年9月))。

(132)　Ethnic Studies Oral History Project, *A social history of Kona*, vols. 1–2.

(133)　John Hope Franklin and Loren Schweninger, *Runaway slaves: rebels on the plantation* (Oxford University Press, 1999).

(134)　コナコーヒーは、1897年に100ポンドあたり27ドルの値をつけていたが、1898年には15.8ドル、1900年には10ドルと急落した。Goto, "Ethnic groups," 121.

Column 1

コナコーヒーの収穫とラウハラのカゴ

収穫と運搬の作業

第3章では、コナに移動してきた日系移民の多くが、サトウキビ農園での辛い労働や生活環境から脱出するため、同地に辿り着いたことを論じた。では、コナでのコーヒー栽培はどのようなものだったのか。現在でも、コーヒー産地コナが最も忙しくなるのは、8月頃から翌年2月にかけての収穫期である[(1)]。コーヒーの実（チェリー）は真っ赤に熟すまでに、緑、黄色、オレンジとカラフルに色を変えるが、全てが一気に赤く熟すわけではない。そのため、半年間、同じコーヒーの木を数回にわたって収穫を行うという根気のいる作業が要求される。加えて、収穫は全て手作業で行われる。ブラジルのように広大で平坦な土地で栽培されるコーヒー農園の場合、収穫用機械が導入されているが、コナの地形は起伏が激しいため、現在でも機械が使われることはない[(2)]。このため、戦前、コナの日系農家では幼い子どもたちも収穫作業を手伝い、赤いチェリーのみを素早く摘み取る技術を身につけていった。しかし、現在ではそのような熟練した収穫者が少ないうえ、季節労働者のなかには熟していない実を取ってしまうばかりではなく、無理やり枝を引っ張り木に傷をつけてしまう者も少なくないという。

収穫期のコーヒー農家の朝は早い。木から落ちてしまったチェリーは熟しすぎて欠陥品となってしまうため、夜明け前から日が暮れるまで、ひたすら摘み取り作業を行う。1929年、ハワイ農務省技師であった後藤安雄バロンが『日布時事』に語ったところからも、長時間、太陽の強い日差し、時には雨のなか収穫作業に励む日系移民の姿が窺える。

今日のコナ珈琲栽培者は一日平均十二時間及至十四時間の労動を続け、時に或は未明に樹下に立ちて業を始め、夕方月光を辿りて尚実の摘採に余念なき有様、其の間旱天に照りつけられて皮膚は赤銅宛然、或は終に降雨にて全身に浸りて殆んど温みを知らざる程の労苦も厭はざる初代同胞……[3]

特に、戦前のコナではコーヒーの木を5メートル近くに達するほど大きく成長させたため、高い部分の収穫には梯子を使ったり、コーヒーの枝を下ろすフックなどを使用したりするなど、細やかな工夫を重ねながら効率化をはかった（写真1）。フックの下には長めのロープが付いており、これを足で踏むことで長い枝を下ろしたまま、両手で作業を行うことができた[4]。また、収穫したチェリーを入れるためのカゴは、ハワイ先住民の伝統的手工業によって作られていた。これはラウハラ（lauhara）と呼ばれ、ハラという植物の乾燥させた葉を編み込んだもので、マット、カゴ、帽子など日常生活品から装飾品にいたるまで多くの物が作られた。収穫用のカゴもラウハラで作られた。カゴの底の部分は長方形になっているが、口の部分は丸みを帯びており、安定感を保ちつつ、作業時の腕の動きを妨げないように設計されていた。また、カゴの大きさは約10キロ（25ポンド）ほどのチェリーが入る大きさまでとし、体に過重な負担がかからないように工夫されていた[5]。収穫時には、このカゴを腰に巻き付け、チェリーでカゴがいっぱいになると麻袋に移すという作業を繰り返した[6]。

写真1　コーヒーを収穫するための道具
——梯子、フック、カゴ
（ウチダ・コーヒー・ファームにて筆者撮影、2016年8月9日）

しかし、収穫が終わっても他の作業が待っていた。チェリーのままコーヒー精製加工会社に引き取ってもらう場合は、チェリーが入った麻袋を農園から道路沿いの集積所まで運ぶ必要があった。1940年代までは、この運搬はロバによって行われており、現在ではトラックに積み込まれ運ばれている（写真２、３）。また、チェリーではなくパーチメント（parchment, 種皮が残っている状態）で会社に売る農家は、チェリーから果肉を取り除くパルピング（pulping）という作業を行い、水に浸すことでやっと１日の仕事を終えることできた[7]。チェリーが一斉に熟すわけでもなく、また天候により熟す速度が変わることもあるため、収穫期はまさに時間と体力との戦いである。

サトウキビ農園からコナを目指した日系移民たちは、農園制度に縛られない生活に対して高い期待を抱いてやって来た。サトウキビ農園でも朝は早く、労働者たちは、夜明けとともにキャンプ（労働者の居住地区）中に鳴り響くけたたましい笛の音によって起こされ、眠い目をこすりながら、ワゴンや列車で農園へと連れて行かれた。そして、ルナの監視下のもと、１時間の昼休みを挟み、６時から16時半頃まで農園労働に明け暮れた。農園での仕事は、サトウキビ苗の植え付け、水やり、農地の耕作、雑草取り、サトウキビの歯取り、収穫など多岐にわたったが、仕事内容ややり方は全てルナによって決められ、労働者は与えられた仕事を機械のようにこな

写真２　チェリーが入った麻袋を運ぶロバ（コナ、年代不明）
（提供：Kona Historical Society）

写真３　現在のチェリーの受け取り場所
米国本土に拠点を置く1864年に設立されたハワイ・コーヒー・カンパニーのチェリーの受け取り場所を示す看板。持ち込み可能な時間帯と買い取り価格が記されている。
（コナにて筆者撮影、2012年２月24日）

すしかなかった[8]。サトウキビ農園のように、日々の労働が機械的作業と人種主義的待遇によって苦しめられる生活から切り離されたとはいえ、コナでは収穫したコーヒーが直接収入と結びついており、世界のコーヒー価格の影響により、必ずしも期待通りの価格で買い取ってもらえない状況に陥った。1889年に山口県に生まれ、1907年にコナにやって来たオカノ・カメ（Okano Kame）は、いくらコーヒーの買い取り価格が低くても、「全力で収穫する」しかなかったと当時について回想している[9]。それに対して、サトウキビ農園では毎月給料が支払われ、経済的安定が得られたため、コナから再びサトウキビ農園に戻る日系移民もいた。よって、サトウキビとコーヒーがどちらが楽か苦しいかという判断はつきかねる。炎天下での肉体労働、アジア系労働者としての苦労、不安定な経済状況など多くの困難は、どちらの産業に身をおいても移民たちを悩ませたのである。

ラウハラのカゴ——女性たちの異民族間交流

コナコーヒーの収穫には欠かせない前述のカゴには、ハワイ先住民女性と日系移民女性の交流史がある。現在も北コナ・ホルアロアにキムラ・ラウハラ・ストア（Kimura Lauhala Store）というラウハラ工芸品を売る店がある。この店の前身は木村商店（Kimura Store）で、1894年に山口県大島郡から移民したキムラ・ヨシミツ（Kimura Yoshimitsu）とトモ（Tomo）夫妻によって1914年に始められた。トモは早くからラウハラに注目し、地元のハワイ先住民女性が作ったカゴ、マットや帽子などを店の商品と物々交換を通じて入手するようになった。そして、木村商店を通じてラウハラ製品を購入した日系移民は次第に、それらを収穫時の道具や日常生活品として活用するようになった。さらに、キムラ夫妻の娘テルヨ（Teruyo）は、先住民女性が日系コーヒー栽培者の妻にラウハラの編み方を教える機会を作り、日系女性たちはその技術を習得していった[10]。

ラウハラを通じた交流は、ハワイ先住民女性たちにも記憶されている。1910年、北コナのカラオア（Kalaoa）に生まれたマーガレット・カマカ・スピニー（Magaret Kamaka Spinney）は、幼い頃から、家計を支えるためにラウハラを編んできた。編むためには原料であるハラを収穫し、乾燥させるなど多くの準備が必要であったため、結局、学校に行くことはできなかった。しかし、彼女がラウハラ製品から得た現金収入によって、弟や妹は教育を受けることができた。ラウハラを生業としていた彼女は、日系女性たちの多くが自分の親世代からラウハラの編み方を習っていたことを覚えている(11)。ラウハラを通じて、コナの異なる人種／エスニック集団の女性たちが交流していたのである（写真４）。

1930年代になると、ラウハラは日系コーヒー農家の副業としても注目されるようになった。1935年には、コナ日系組織「中コナ共和会」がコーヒー産業の不況の打開策としてラウハラの講習会を開催している。講師については不明だが、３時間の講習会が６回企画され、のべ600名の日系人が参加した(12)。そして、1941年には、コナのラウハラ製品――財布、小型敷物、帽子、ピクニック用カゴなど――は観光客の間でも人気を博し、なかには１ヵ月で40〜60ドルの純益をあげた日系農家もあった(13)。当時のコーヒー栽培地の借地代が１年あたり20ドルとすれば、高い収入が見込めた副業であったといえる。

写真4　ラウハラを編むハワイ先住民女性
（南コナ・ナーポーオポオ、1935年）
写真に写っている子どもたちは日本人（少なくともアジア系）のように見える。
（提供：Kona Historical Society）

このように、ハワイ先住民から伝授されたラウハラは、日々の労働に必要な道具を提供しただけではなく、不況を乗り切る副業としても日系コーヒー農家を支えてきた。スピニーは、もう一つの思い出として、「私たちの日本人の友人」のために「コーヒーの収穫を手伝った」ことを記憶している。コナのハワイ先住民と日系移民の交流に関する記録は多くはないが、このようなエピソードは、ラウハラやコーヒーなどのモノづくりを通じて、背景の異なる女性たちが日常生活レベルで交流し、助け合っていた様子を伝える(14)(写真5)。

写真5　パーチメントを選別する女性たち(コナ、1935年)
ラウハラを編むだけではなく、コーヒー農家の妻や娘たちは、コーヒー精製・加工会社で出荷前のパーチメントから欠陥豆を取り除く選別作業を行っていた。スピニーもアメリカン・ファクターズ社で1926年から6年ほど、この選別作業を行っていた(15)。ここでも、ハワイ先住民や移民女性たちが交流する機会があったと思われる。
(提供:Kona Historical Society)

注

(1) Gerald Kinro, *A cup of aloha: the Kona coffee epic*（Latitude Twenty Book, 2003）, p. 45.

(2) 1932年にブラジル日系移民によって出版された『ころのノ体験』では、コナとは異なる収穫方法が描写される。ブラジルでは、1家族1組になってコーヒー農園に入り、背が高い若者は梯子を使って木の上の部分を、背の低い婦女子が木の下の部分を「傍見モセズ一生懸命ニ」に揺って実を落とすのである。これは、「もぎ落とし」や「扱き落とし」と言われる。この方法ではコーヒーの木の下に大きな布を置き、枝をゆすることでチェリーを落下させる。そして、集めたチェリーをペネイラ（大きなふるい）に入れ、それを高く振り上げることで、異物（葉、枝や土）を取り除いた（豊田賢作『ころのノ体験――ブラジル国コーヒー園就労者手記』拓務省拓務局、1932年、37-40頁；佐藤悦子「循環日誌から見る日系二世たちの生活世界――ブラジル・レジストロ市を事例に」『教育思想』45号（2018年）：75-76）。

(3) 「『珈琲』を語る（十）布哇における珈琲の歴史」『日布時事』1929年10月30日、7面。

(4) フックは、通常コーヒーやグアバの木で作られていた（Kinro, *A cup of aloha*, p. 49）。

(5) Ethnic Studies Oral History Project, *A social history of Kona*, vol. 1（Ethnic Studies Program, University of Hawaii Manoa, 1981）, p. 194.

(6) Kinro, *A cup of aloha*, p. 47.

(7) パルピングしたコーヒーの実を水に浸し発酵させることで、豆の薄皮をうっすらとゼリー状に包んでいる粘膜を取り除くことができる。粘膜を取り除き余分な水分を抜いたコーヒーを、乾し棚で7～10日ほど乾燥させることでパーチメントができる（『珈琲の里乃誇――創立三十五周年コナ大福寺』コナ大福寺、1950年、25頁）。収穫したチェリーをそのまま乾燥させる（ナチュラル）方法もあるが、コナではウォシュド方式が主流である。

(8) Ronald Takaki, *Pau Hana: plantation life and labor in Hawaii*（University of Hawaii Press, 1983）, p. 58.

(9) Ethnic Studies Oral History Project, *A social history*, vo1. 1, p. 591.

(10) Gayle Kaleilehua Greco, "Every store has a story: the Japanese pioneers of the Kimura lauhala shop," *Ke Ola*（May-June, 2005）, https://keolamagazine.com/people/pioneers-of-the-kimura-lauhala-shop/.（最終アクセス2024年9月20日）

(11) Ethnic Studies Oral History Project, *A social history of Kona*, vol. 1, p. 192.

(12) 「ラウハラ細工の講習会は成功――六十名の講習生出席　コナ不況打開の一副業」『日布時事』1935年10月18日、6面。

(13) 「コナの新産業」『布哇新報告』1941年6月21日、1面。

(14) Ethnic Studies Oral History Project, *A social history of Kona*, p. 195.

(15) Ethnic Studies Oral History Project, *A social history of Kona*, vol. 1, p. 195.

南洋珈琲株式会社の乾し棚（サイパンの農園）
1926年に設立された南洋珈琲株式会社の乾し棚は、コナ日系人によって導入されたと思われる。移動式の屋根を持つ乾し棚は、雨が降った際に乾燥中のコーヒー豆が濡れるのを防いだ。コナでは、1920年代の好景気にこの乾し棚を設置する農家が増え、それが南洋珈琲会社では大規模に設置された。（出典：南洋庁編『南洋群島写真帖』二葉屋、1932年、3頁）

第4章 コナの「日本村」とコーヒー

日本帝国の「国産」コーヒー誕生

1 「日本村コナ」という認識

> コナ珈琲の開発は日本人に負ふ所が多い、自然日本村の観がある、布哇人は主として海岸地帯に往し、住民は支那人葡国人（ポルトガル）と近年比島人の労働者も入り込んで居るが、日本人が過半数で、海抜四千呎（フィート）の山腹までも開拓して居る、煙草、コア材、アワなどの産物もあるが微々たるものである[(1)]

この一節は、20世紀初頭のコナ日系社会で「ドクトル林」の愛称で親しまれた医師林三郎（1897–1943年）によって書かれた『布哇島一周』におけるコナの紹介である。林はサンフランシスコのハネマン医科大学（Hahnemann Medical College）で学んだ後、ハワイに移住し、1892年ハワイ島ホノムで開業した[(2)]。1894年、医師駒井主計とともに「ハワイ島僻地の衛生・医療状態」を調査するためコナを訪れた際、その悲惨な状況を目の当たりにし、翌年、北コナ・ホルアロアで開業に至った[(3)]。1897年からは日英両言語による新聞『コナ反響』の編集・出版も手掛け、北コナ日系社会のリーダー的存在となった[(4)]。『布哇島一周』は、林が1913年にハワイ島の集落を巡った際に日系社会や地元の歴史や産業について記した案内書で、「布哇旅行者の便宜に資し且つ布哇を広く世に紹介」することを目的としていた[(5)]。そのなかで、自ら在住するコナについては、主要産業であるコーヒーの「耕作者は殆ど日本人であつて、日本人の独占と云ふも過言ではな」く、「従つて布哇島コナ地方は日本村」であると描写し、日系移民がコナの経済や社会において中枢的役割を担っていることを強調した[(6)]。

1890年の時点で８名しかいなかった日系移民は、1900年までには1,718名（全人口の27.7%）に急増し、ハワイ先住民（混血を含む）に次ぐ人種／エスニック集団となっていた（図4–1参照）。1900年代から日系社会は家族形成期に突入し、1913年のコナでは半数以上にあたる363世帯（全体689世帯）が妻帯者世帯であった[(7)]。20世紀初頭からすでに家族の呼び寄せは始まっていたが、特に1907〜1908年の日米間で制定された紳士協定（the Gentlemen's Agreement）は、写真花嫁（picture brides）[(8)]と呼ばれる日本人女性の移民を加速化した。この協定は米国西海岸で高まりつつあった反日感情を軽減するため、日本政府が自主的に移民送出を制限したもので、1907年以前に米国に移民していた者か、米国に住んでいる移民の家族（親、配偶者、

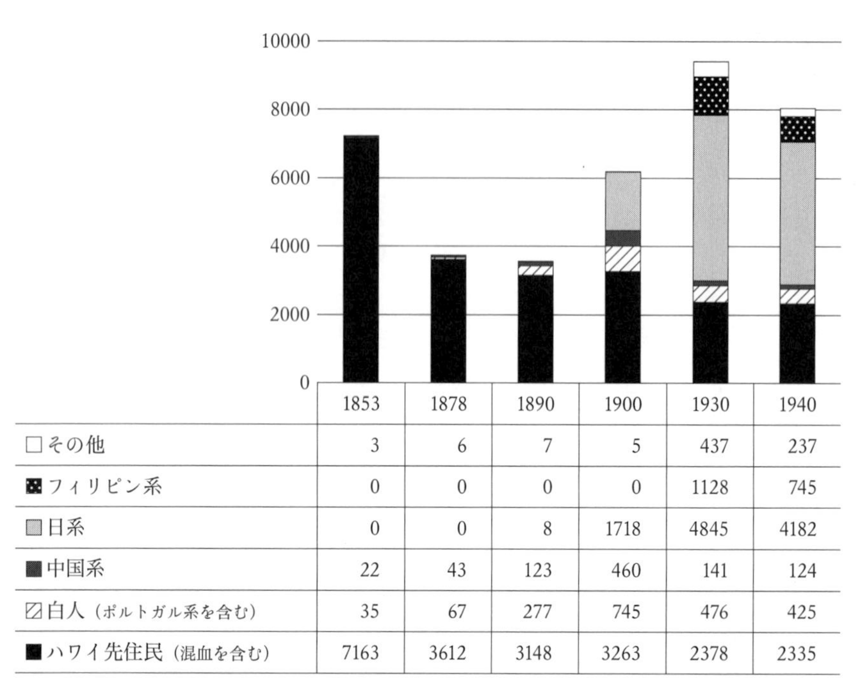

	1853	1878	1890	1900	1930	1940
□その他	3	6	7	5	437	237
■フィリピン系	0	0	0	0	1128	745
■日系	0	0	8	1718	4845	4182
■中国系	22	43	123	460	141	124
▨白人（ポルトガル系を含む）	35	67	277	745	476	425
■ハワイ先住民（混血を含む）	7163	3612	3148	3263	2378	2335

図4-1　コナにおける人種／エスニック別人口（1853〜1940年）　単位：人

参考：Andrew W. Lind, *Kona: a community of Hawaii, a report of the board of education, State of Hawaii* (Honolulu, 1967), p. 45より作成。

子どもなど）に入国が許可された。1898年の米国への併合により共和国から準州（the Territory of Hawaii）となったハワイでは本土と同じく紳士協定が適用され、1919年に写真花嫁が廃止されるまで、6,000人ほどがハワイに渡航した(9)。両政府の意に反して、花嫁の流入はハワイでの家族の形成を促したため、日系移民が急増するという結果を招いた。コナのような農村部では6〜7名の子どもがいる世帯も珍しくなく、1930年にはコナ在住日系人数（米国籍の二世を含む）は全人口の51.5％（4,845名）にまで膨れ上がった。これは、ハワイ全体における日系人の割合37.9％（13,961名）を大幅に上回るものであり、ハワイの他の地域よりもコナは「日本村」的な雰囲気を呈していたといえよう(10)。

他方、コナのハワイ先住民は急増した日系移民とは反比例するように、1930年までに24.4％（2,378名）へと大幅に減少した。19世紀半ばからの欧米系白人の入植により土地を失ったハワイ先住民の多くは、20世紀初頭にはコーヒー栽培に適さない海岸部や森林地帯に追いやられ、漁業やタロイモ栽培によって生計を立てていた[11]。林が「自然日本村の観」があると描写したコナは、ハワイ先住民からすれば、欧米系白人、ポルトガル系や中国系移民が所有するコーヒー会社や農園によって雇われた日系移民の入植地であった。

20世紀初頭のコナはコーヒー産業の経営形態の変化により、サトウキビ農園を離れた／逃れた日本人が流入し、急激な社会的変化を迎えた。『布哇島一周』に限らず、1910年代から1930年代の間は、ハワイ日系社会やコナを訪れた日本人の間でも、コナは「日本村」として認識されるようになった。とはいえ、コナ自体は一つの大きな村組織ではなく、ハワイ島の9つの地区のうちの2つ、北コナと南コナの総称である（第3章地図3-2参照）。日本村は、南北コナを通る幹線道路11号線の約60キロ沿いに、通称コーヒー・ベルトと呼ばれる山側と海側に向かって広がるコーヒー栽培地帯に点在していた。1933年、北コナ・カイナリウ（Kainaliu）で呉服取次販売業を行っていた熊本県出身の中島陽は『コナ日本人実情案内』を出版した。この案内書は「米国領土内の一画に純然たる日本村の観を呈している」コナの集落の日系世帯1,081戸の出身地、職業や家族構成を詳細に記録したものである。この記録によると、南北コナの36集落のうち31集落に日系世帯が在住しており、最小3戸が住む集落から最大161戸が住む集落があった。北コナはホルアロア（Hōlualoa, 76戸）を、南コナはケアラケクア（Kealakekua, 161戸）を中心拠点とし、両集落には日本語学校、仏教寺院、旅館、コーヒー精製所など日系移民によって運営される施設が多数存在していた[12]。他の集落にも同様の施設が存在しており、コナの「日本村」はコーヒー栽培地に囲まれた集落の集合体であったといえる（地図4-1参照）。現在と同様に、集落名のほとんどはハワイ先住民による土地区分アフプアアの地名を使用していたが、戦前のコナは日系家族が先住民を凌駕する存在となっていた。

戦前コナが「日本村」と呼ばれるようになったのは、人口数や地理的特徴からだけではなかった。そこには、サトウキビ農園社会から逃げ出し、自らの生活を切り拓き、「永住土着」を実現した日本人の理想郷という意味合いも込められていた[13]。コナ日本村と永住土着思想の関係を考えるにあたって、1903年11月にホノルルで設立された中央日本人会に着目したい。この日本人会は、ハワイ在住日本人数が「六万五千人を超へ殆ど総人口の半数」を占めるようになった状況下において、ハワイは「出稼地」から「永住的移住地」となる時代に突入したとし、「太

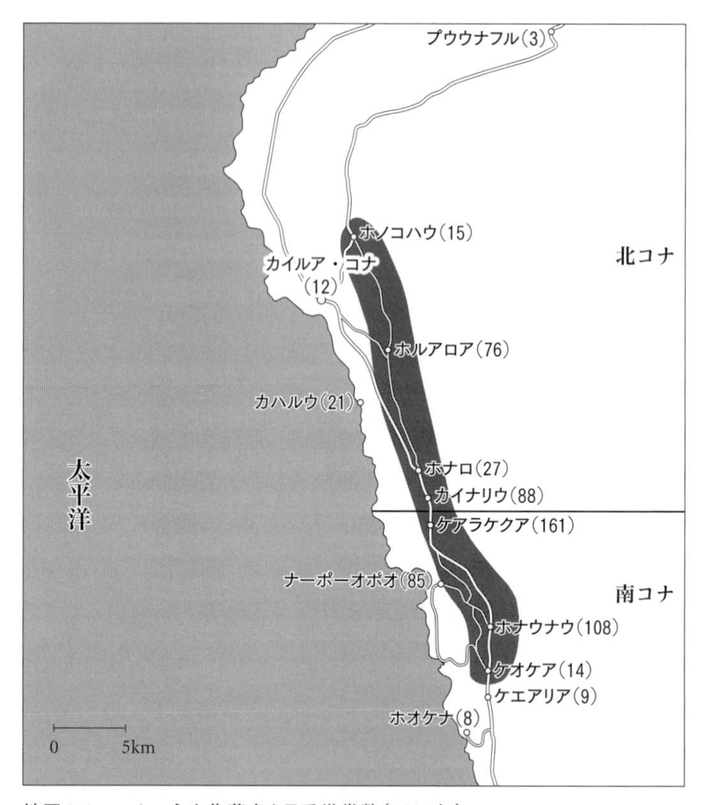

地図4-1　コナの主な集落名と日系世帯数（1934年）

地名の後の丸括弧内数字が世帯数。幹線道路に沿ったグレーの箇所がコーヒー栽培地（通称コーヒー・ベルトと呼ばれる）。

出典：“Big Island of Hawai‘i,” *Moon*, https://www.moon.com/maps/us/hawaii/big-island-of-hawaii/#kona. 日本人世帯数は中島陽『コナ日本人実情案内』（精神社、1934年）を参照。

平洋上に於ける日本［帝国］の勢力を扶植」するために設立された。しかし、1900年のハワイ基本法（the Organic Act）の施行により、米国憲法が適用されたハワイでは日系移民の帰化権や市民権の付与は認められなかったため、「政治的志望を有」することは不可能であった。よって、欧米系白人の政治的、経済的ヘゲモニーに対峙するのではなく、ハワイ内における日本人としての「国民品格の維持」、「法人産業的利益」の増進、「社会的地位」の向上を目指した(14)。これから「各地へ膨張する」日本人に対してハワイ日系社会の「成功」は「重大な問題」という認識のもと、日本人会はたびたびハワイを日本人の「永住的移住地」と称し、日本帝国との「政治的関係」を持つ植民地（＝台湾）と差別化するようになった(15)。つまり、日本人会は、ハワイ準州と日本帝国に果たす役割を意識しながら、ハワイ日系社会のスムーズな発展を試みた。ところが、歴史学者塩出浩之が論じるように、1886年の集団移民から20年が経過した日系社会はすでに「個々の利害関係が多様」になっており、ハワイ諸島に散らばった日系住民を団結することは困難を極めた。その結果、1906年9月9日、日本人会は解散に至った(16)。

短期間での解散に対し、前述の林三郎は1906年9月15日付『やまと新聞』に「中央日本人会を継続せよ」という寄書を投稿し、「ホノルル本部人士に一致の歩調」を欠いたため、解散したことを強く批判した。林は「大部分の［ハワイの］地方」における日本人会は「前途好望」であると評価しており、在ハワイ日本総領事館の齊藤領事を会長としたホノルル本部の統率力に疑問を呈した(17)。すでに1903年12月の時点で、解散を危ぶまれる内部分裂は生じていたようで、コナ代表として日本人会の代議員議会に参加した太田尚志は、「自らの私利を優先するホノルル府内の紳士紳商」たちを「帝国に対するの義務責任の重且大なることを顧ざるものとせば下等動物たる犬にも劣れる没理漢（わからずや）の徒」とまで酷評している(18)。林や太田の発言が示すように、20世紀初頭のコナには、ハワイ及び日本帝国との関係性から日系社会の在り方について考えていた人物がいたのである。

短命であったが中央日本人会が活動していたことは、コナのようなオアフ島ホノルルから離れた地方の日系社会にも「永住的移住地」の概念が伝わっていたと考えられる。実際、欧米系白人による直接的支配を受けていたサトウキビ農園制度から脱して、コーヒー栽培という経済的手段を獲得し、日本人を中心とした社会を作り上げたという事実により、コナは戦前のハワイ日系社会や日本人旅行者によって「永住土着」の理想郷として語られた(19)。さらに、1930年代半ばにハワイ大学社会学部の設立に関わった、ジョン・F・エンブリー（John F. Embree）をはじめとするシカゴ学派の米国人研究者たちも、コナの地理的閉鎖性とコーヒー栽培を生業としている日系社会の特性に着目し、積極的に現地調査を行っていた。よって、20世紀前半、「日本村」コナという認識はそれぞれ文脈が異なるが、日系社会と米国研究者によって注目され、日本やハワイ日系社会の新聞、案内書、研究報告などを通じて広く紹介されるようになった。本章では、まず「永住土着」の理想郷としてのコナの様々な語り、そして、それらの語りと実態との差異について検討する。

また、日本村コナの語りは、現在までコナ社会とコーヒー産業の歴史叙述にも影響を与えてきた。1995年に全米日系人博物館（The Japanese American National Museum）が編集した歴史写真集*The Kona coffee story: along the Hawai'i belt road*を皮切りに、ハワイ州農務省農薬専門家ジェラルド・Y・キンロ（Gerald Y. Kinro）著*A cup of aloha: the Kona coffee epic*（2003年）、コナ生まれの文化人類学者デイヴィッド・キヨシ・アベ（David Kiyoshi Abe）著*Rural isolation and dual cultural existence: the Japanese-American Kona coffee community*（2017年）などは、二世や三世へのインタビューや体験談を活用し、コーヒー産業における日系人の苦労と貢献を生き生きと描き出した。加えて、後述する後藤安雄バロン（Baron Y. Goto, 1901–1985年）は論文"Ethnic groups and the coffee industry in Hawai'i"（1985）において、コナコーヒー産業に関わってきた複数の人種／エスニック集団を網羅し、最後にはコナコーヒー産業の「英雄的栽培者」として日系移民の貢献を称えた。このように、1980年代以降に展開されたコナ社会と産業をめぐる歴史は日系移民の貢献を中心に展開されており、そこには日本村コナの語りの影響が見てとれる。

そのことは、コーヒー産業に関わってきた他の人種／エスニック集団を後景化するだけではなく、コナに「永住土着」化した日系移民に注目するあまり、彼らの太平洋を跨ぐ移動や活動を見落す原因ともなってきた。見落とされたものの好例が、1926年、コナ在住日本人による南洋珈琲株式会社（以下、南洋珈琲）の設立である。この会社は、南コナ・ケアラケクアでコーヒー栽培や商店（ストア）経営をしていた日系移民28名によって、日本帝国委任統治領の南洋群島（1919〜1945年）に設立された。コナからサイパン島にコーヒー事業のために再移民した日本人はわずかであったが、太平洋を越えて移民が祖国の委任統治領に対して投資事業を行ったのである。歴史学者東栄一郎は、南洋珈琲の設立を「コーヒー栽培と経済が日本帝国の南方開拓地へと広がった動きの一端」とし、北太平洋を往来した日本人によって日本帝国に導入された入植者植民地主義の実践例の一つとして取り上げた[20]。しかし、後述するが、1917年に「水呑百姓」とも称されたコナ日本人像と、1924年に太平洋を越えて事業を展開したコナ日系移民の実像はあまりにもかけ離れていた。そこでポイントとなるのが、コナ日系社会における階層性である。これは、コナでの「永住土着化」の過程で、コーヒー栽培地を購入したり、コーヒー精製所やコーヒー豆の取り引きを行う商店を経営したりする日系移民が出現したことで、日系社会内に経済的格差が生まれてきたことを示す。以上のように、南洋珈琲の設立に関わった人びとに着目することにより、日本村史観によって見過ごされてきた、コーヒーを通じたコナ日系社会と日本帝国の熱帯植民地（南洋群島と台湾）との関係とネットワークを明らかにする[21]。

2　「日本村」形成前のコナ

20世紀初頭から日本人が主要栽培者となる以前のコナコーヒー産業には、複数の人種／エスニック集団が関わっていた。1897年5月の英語紙『ハワイアン・スター（Hawaiian Star）』では、共和国政府によるコーヒー産業の振興に伴い、欧米系入植者の他、ハワイ先住民、ポルトガル系や日系移民がコーヒー栽培に従事していたことを伝えている。1891年2月には欧米系白人投資家4名が、ハワイアン・コーヒー・アンド・ティー社（Hawaiian Coffee and Tea Company）を設立し、ポルトガル系や日系移民を労働者として雇い農園経営を始めた[22]。前章でみたように、逃亡移民が多くコナに辿り着いた1897年頃には、日系移民は農園にとっては欠かせない労働力となっており、彼らは「仕事を楽しんでいる」うえ、「農園の雑草をきれいに取り除く」ことから、優秀な労働者として高く評価されていた[23]。また、大規模農園主は欧米系白人入植者や先住民が多くを占め、欧米系のマックウェイン兄弟（McWayne Bothers, 110エーカー）やW・W・ブルーナー（80エーカー）や、デイヴィッド・カラカウア王の妹と結婚したスコットランド人商人アーチボールド・スコット・クレグホーン（Archibald Scott Cleghorn, 100エーカー）、ハワイ先住民と移民の間に生まれ弁護士として活躍したウィリアム・チャールズ・アチ（William Charles Achi, 48エーカー）などが含まれていた[24]。ハワイ先住民農園主では、北コナ在住のカエレマクレ（J. Kaelemakule）が最大の85エーカーを所有していた。彼は共和国時代には、北コナの官有地売買の仲介をしており、土地事情に詳しい人物だったと思われる[25]。その他のハワイ先住民所有の農園は3～10エーカーの小規模のものが多く、これらは1エーカーあたり年間1～5ドル（15年の契約期間）でポルトガル系や日系移民に貸借された[26]。

ところが、19世紀末のコーヒー価格の暴落により、ハワイ諸島のコーヒー産業は衰退し始める[27]。1897年のコナコーヒー価格が100ポンド（約45キロ）あたり27ドルだったのに対し、翌年には15.8ドル、1900年には10ドルまでに下落した[28]。さらに、米国では1900年に、外国産コーヒーに課された5％の関税が撤廃された。同年のハワイ基本法の施行によって米国憲法とそれに基づく制度が導入されたことにより、ハワイ産商品は国内品の扱いとなり、これまで悩まされてきた砂糖についても非課税での米国への輸出が可能になった。しかし、ハワイ産コーヒーは国内商品になったにもかかわらず、米政府による外国産コーヒーの関税撤廃により、他国産のコーヒーとの競争を強いられることとなった[29]。したがって、コーヒー価格の下落や併合に伴う関税の変更といった外部要因によって、欧米系白人入植者のコーヒー栽培熱は急速に冷めていった。

特に、入植地として米国からの白人農民の誘致を行っていたオラアでは、コーヒー農園は、価格が急騰していたサトウキビ農園へといち早く姿を変えていった。1901年版『ハワイ年鑑（The Hawaiian annual）』でのオラアのコーヒー産業に関する報告にはコーヒー価格の下落に加え、コーヒーの木の細菌性疫病の一種である胴枯れ病に悩まされた白人入植者の苦難が伝えられた。

> 2年ほど前（1899年）から、コーヒーが植えられていた土地がサトウキビ栽培地へと転用されていることがわかった。［サトウキビの］試作が成功しているコーヒー栽培者もいるが、残念なことに、彼ら［入植者］にはそれを続けるための資金がない。彼らはこの3年、なかには4年の者もいるが、コーヒーの胴枯れ病と戦い続けたうえ、利益もなく、失望している。彼らの90％以上はヒロの商店主に必需品購入のための借金や前借りをしており、もし新しい製糖会社が気前の良い申し出を提示すれば、彼らは喜んで受け入れ、この島を去っていくだろう[30]。

この「気前の良い申し出」により、オラアのコーヒー栽培地は1899年設立のオラア製糖会社に徐々に買い取られ、共和国時代に始められたコーヒー農園の開拓・入植計画は短命に終わった。また、同地では日本人81名が970エーカーの借地でコーヒー栽培を行っていたが、彼らも白人農園主の土地売却により、再びサトウキビ農園へと戻っていった[31]。

一方で、大部分が溶岩に覆われており平坦な土地と水が少ないコナはサトウキビ栽培には向かなかったため、引き続きコーヒーが商品作物として栽培された。ところが、20世紀初頭になってもコーヒー価格の下落は続いたため、欧米系、中国系コーヒー農園主の多くはコナを離れ、他の地域でサトウキビ農園経営に転業した。しかし、ドイツ系移民ブルーナーはコナに残り、1900年にはキャプテン・クック・コーヒー社（Captain Cook Coffee Company, 以下クック社）を設立し、日本人と借地契約を結ぶことによって、コーヒー農園の経営を続けた(32)。この契約では、雇用された移民労働者とその家族は、土地、家、水タンクが提供される代わりに、収穫の3分の1を納めることが定められていた。1908年には、ブルーナーはハワイ生まれの実業家であった宣教師二世キャッスル（J. B. Castle）にクック社を売り渡し、コナを去っていった(33)。ただ、このシステムは20世紀初頭からコナのコーヒー産業では主流となり、日系移民の多くが借地農家としてコーヒーを栽培するようになった(34)。

1890年代末のコナコーヒー産業の最盛期には、500名ほどの中国系移民もいたとされる。なかには、日系移民と同様に、サトウキビ農園での苦しい生活から逃げて来た者もいた。特に、ハワイ島北部にあったコハラ（Kohala）の複数のサトウキビ農園では中国系移民を受け入れており、そこからの逃亡移民が多く含まれていた。また、1881年から2年ほどコナに住み、自伝『ハワイでの79年（*My seventy-nine years in Hawai'i*）』（1960）を書いたチュン・クン・アイ（Chung Kun Ai, 1865–1950年）は、中国人男性がハワイ先住民の妻を見つけるためにコナにやって来たと回顧している。特に、ハワイ先住民がマジョリティを占めていた19世紀半ばから末にかけて、中国系移民はコナなどのハワイ辺境地域に行商人として入り込んでいった。そして、彼らは社会的周縁に追いやられた先住民を相手に、都市部でしか入手できない商品や輸入品を売っていた。商売は先住民が育てたタロ、コプラ、家禽類、豚などとの物々交換で成り立っており、次第にこのような交流は先住民女性との結婚や商店経営へと発展していった(35)。

また、日本人の集団移民が始まるより以前にコナに移住した中国系移民のなかには、当初はコーヒー農園で労働者として働きながら、その後コーヒー農園を所有したり、ストアと呼ばれる商店、レストランやコーヒー精製所を経営したりする者もいた(36)。よって、日系移民が大規模に押し寄せる前に、中国系移民は結婚、商売、農園経営を通じてコナに定住していたが、1900年の基本法施行により、入国が禁止されたことに加え、不安定なコナコーヒー産業より収益性と安定性の高い事業（コメ栽培など）を求めて再移動した(37)。1900〜1930年代にかけて急増する日系移民とは異なり、中国系移民は460名から141名へと減少していく（図4-1, 写真4-1）。

1917年の『実業之布哇』によると、コナのコーヒー栽培地は5,000エーカーほどで、そのうち4,600エーカーが日系移民によって耕作されていた。ところが、収穫されたコーヒーは精製所に運ばれるが、その 8 割は欧米系白人運営のクック社及びハックフェルド社（H. Hackfeld & Company, 1918年よりアメリカン・ファクターズ（American Factors））によって精製・加工された(38)。ハックフェルド社は1848年にドイツ系移民ハインリヒ・ハックフェルド（Heinrich Hackfeld）によって設立され、ハワイの「ビッグ・ファイブ」として製糖業に関わっていた。ビッグ・ファイブとは、砂糖の販売を見越した信用借り、海外への砂糖の輸送、農業機器の調達と提供を行っていた 5 社の仲介業者であり、併合によりハワイ産砂糖への関税が撤廃されてからは、ハワイ産業内でさらに勢力を拡大していた。それは、収入が増加した農園主たちが設備、土地や労働力への投資を増やし、その際ビッグ・ファイブを仲介したためであった(40)。また、ハックフェルド社は19世紀末ごろから、ハワ

写真4-1　コナ中国系移民の墓、敦和堂（Tong Wong Ton Cemetery）
この中国系移民のための墓所（敦和堂）は、現在では十分に手入れがなされていない様子だが、その重厚感のある石のゲートは1903年、佐々木芳助によって建てられた。1919年には、佐々木は敦和堂の近くで佐々木商店を営み始めた(39)。このゲートは、中国系と日系移民の交流史の一片を語る建造物である。（南コナ・ケアホウにて筆者撮影。2019年 2 月10日）

イ島のコーヒー産業にも投資するようになり、カイルア・コナ（Kailua Kona）の事務所にはコーヒー精製所を併設し、コナコーヒーを米国本土に輸出していた[41]。

19世紀末から20世紀初頭にかけてのハワイの政治的変遷とコーヒー価格の変動は、コナ社会と経済に大きな影響を与えた。欧米系白人や中国系移民の多くはコナを離れ、それぞれ製糖業やコメ栽培などへ転業し始めたのに対し、その空白を埋めるように日系移民が流入した。さらに、1900年の基本法によりハワイでは契約労働者の移民が禁止され、日系移民は３年のサトウキビ農園での労働契約に縛られることなく、島内や米国本土への移動が可能になった。そして、コナコーヒーの生産・加工会社や農園主にとって、サトウキビ農園を離れた日系移民は新たな耕作システム——借地農業——を実践するうえで、さらに重要な存在となったのである。

3 「永住土着」の理想と現実

20世紀初頭からコナコーヒー産業を支えてきた日系移民にとって、コーヒー栽培は蓄財の手段でもあったが、一方で借金の原因ともなった。本節では、海外日本人による永住土着の理想郷としてのコナへの認識の背景を明らかにしつつ、「日本村」の現実を経済的、社会的状況から描き出す。

ハワイ最大の日本語新聞の創始者であり、戦前日系社会のリーダー的存在として知られる相賀安太郎は戦前、在ハワイ日本領事館や日系社会の識者たちが、ハワイ在住日本人の発展のうえでの永住土着の重要性を唱えていたことを記憶している。

> ハワイ同胞発展の根本義が永住土着であり、此の地に於て土地を持ち、家を建て、家庭を作り、事業を興せといふことは、随分古くから識者に依つて主張され、どの邦字紙上にも常に唱道されてゐたのにも拘らず、大衆には馬耳東風で、そういふ意見は、一般に冷眼視させられてゐた[42]。

そして、永住土着の理想郷として注目されていたのが、コーヒー栽培地であった。早い時期のものでは、併合直後の1898年８月に、在ハワイ日本総領事館の平井領事官補が外務大臣小村寿太郎宛に提出した「布哇諸島本邦人珈琲栽培業ノ景況」がある。この報告書はハワイ島オラア、プナ、コナ及びハマクワのコーヒー栽培地を巡り、日系移民によるコーヒー栽培事業の概要をまとめたものであった。そこでは、サトウキビ農園は巨額の資金と広大な土地を必要とするため日系移民が農園主になる見込みが低いことが仄めかされ、「永ク土着セムトスルモノ」にはコーヒー栽培が「最モ恰適ノ事業」と評価した。また、コナ及びオラアでコーヒー栽培に従事する日系移民数も増え「好成績」を上げていることから、栽培者を「小規模ナカラ植民事業上好模範チ示シタルモノ」と称えつつ、報告を締めくくっている(43)。第3章でみたように、ハワイ共和国がコーヒー栽培地に欧米系入植者を誘致し白人優位体制を強化しようとしたのとほぼ同時期に、日本総領事館も「入植地」としてのコーヒー栽培地を意識し始めていた。

ただ、コナの日本人が「永ク土着」するために、コーヒー栽培を軌道に乗せるのは困難であり、資金を貯め、コーヒー栽培地を購入できた者が現れるのは1910年代半ばであった。1915年の北コナ商人同志会の調査によると、同地区の日系人口の内訳は夫婦425組、独身者200名、子ども850名で、コナの日系移民は家族形成が順調に進んでいた時期であった(44)。また、コーヒー栽培に従事する者（ほとんどが借地農家）が300名、労働者が350名で、その他50名は綿、野菜、バナナの栽培や養蜂業の日雇いであり、社会階層が多様化していることがわかる。そのうち、日本人14名と3組織（日本人共同墓地、北コナ日本人小学校、中央日本人小学校）がハワイ先住民から土地を買い取り、所有していた。ところが、小池万次郎が最も広い50エーカー、谷本貫一が12エーカーを所有する以外はいずれも10エーカー未満という小規模の土地所有者であった(45)。さらに、日系移民の所有地の総面積129エーカーのうち、42エーカーがコーヒー栽培地用、10.5エーカーが住宅敷地用、残りの75.5エーカーは「開拓を要す可き荒地」という内容であった。つまり、農業用にはかなり手を入れる必要がある土地が半分以上を占めていた(46)。1910年代半ばの北コナの状況から、日系社会は土地所有者が出現したとはいえ、欧米系白人所有の会社や農園には全く及ばない所有面積と財力であったことがわかる。

だが、日系移民家族が定住し、わずかではあるが土地所有者も現れ始めたコナは、ハワイ日系社会の産業誌や新聞において、永住土着や海外発展の模範例としてたびたび取り上げられるようになった(47)。そこには、コナ在住日本人による積極的な誘致も一役買っていた。その中心的人物は、1893年に南有商会で働くためホノルルに移民した柴山得造であった。ホノルルで数年過ごした後コナに移住した柴山は、最盛期には4店の商店を経営し、その後は商店数を減らしてコーヒー精製所を設置し、コナコーヒー産業と日系社会において有力者となっていた(48)。彼は、1916年頃にコーヒーの価格が一時的に下落した際にコナ振興会を設立し、1917年には振興会名義でホノルルを拠点とする日本語新聞社4社の記者らを招待し、コナコーヒー事業の視察を依頼した。『布哇新報』に連載された視察に関する記事は、当時高い評価を受けていた日本語の産業月刊誌『実業之布哇』(10月号)にも「珈琲業の現在及将来」として転載され、コナは「小農家の永住土着に適する」ことが伝えられた。コナコーヒー栽培者の大半が日本人であることに加え、天災や害虫被害による不作の年もあるが、「僅か五百弗の資本金を投じ五英町[エーカー]の新耕作地を開墾し五ヵ年後には優に千弗以上の純益」を期待できると力説されていた。借地料、労働賃金、肥料など年ごとの細かい支出と収益を記した5ヵ年計画も掲載されており、本格的な誘致がなされていたことが窺える(49)。

また、1915年に『布哇日本人発展史』を出版したホノルル在住写真館経営の森田栄は、「同胞農民の殆ど独占的事業」として紹介した。森田は「風土気候と戦ひ、言語風俗を異にせる万里異郷の天地」ハワイにおいて、「幾千万の生命を犠牲とし」たサトウキビ農園で働いた日系移民の奮闘の変遷を記録に残そうとした。加えて、現在が「布哇の地に一大発展を遂げんと欲する時期」であるとし、サトウキビ農園から脱した日系移民がコーヒー栽培を独占するようになったコナは、「日本民族の海外発展」の好例であると評した(50)。

ところが、「珈琲業の現在及将来」の次項目に掲載された「コナ郡に於る同胞の発展」では、コナ在住日本人が「永住土着せざるを得ない」境遇にあることが赤裸々に伝えられた。

各耕地[サトウキビ農園]に於ける同胞は耕地固有の圧政的否服従的労働を脱し来郡[コナ郡]するもの多く、現在下三千余に達する同胞の耕耘地無慮五千余英町に渉り産額数百万弗を超過せり。事業家の九割は同胞にして殆んど各自占有の家屋に居住し、数英町を有せざるはなし。されど同胞の境遇上否財政上に敗退せる悪影響か将又二三の白人に商権を掌握せらるる所以か、念然故国の水呑百姓生活に髣髴たる所ありて永住土着の傾向も真に該地を愛し百年の計を図るにあらずして現状維持の境遇上より打算せるものにして余儀なくせらるるの感なき能はず[51]。

筆者の三田長造は『実業之布哇』の地方版を担当しており、サトウキビ農園での日系労働者についても、すでにいくつかの記事を執筆していた。この記事では、コナの日系移民がサトウキビ農園での「圧政的」な労働から逃れてきたにもかかわらず、コーヒー栽培においても欧米系白人による支配から逃れられない状況を明らかにし、彼らの生活を「水呑百姓」と描写している。

20世紀初頭には日系移民が主要コーヒー栽培者となったとはいえ、北コナではキャプテン・クック社、南コナではハックフェルド社から5～10エーカーの土地を6～12年の契約で借受け、そこに居を構えながらコーヒーを栽培している者がほとんどであった。戦前、両社によって管理された土地は8割に上っており、日系農家のほとんどが欧米系白人会社から栽培地兼居住地を借り受けていた[52]。しかし、これらの会社は地主のみならず、日常生活品や農業器具をほぼ独占的に提供する卸売業者も兼ねていた。図4-5が示すように、会社と日系農家間の取り引きは商店を通じてなされた[53]。商店の多くが日本人によって経営され、そこでは生活用品、日本製の衣服や食料品、農業器具などが売られていた[54]。また、収穫されたコーヒーは商店に持ち込まれた後、会社の精製所に送られ、精製後に商店を通じて買い取り価格が知らされた。商店は10～30軒の農家を担当しており、コナの日本人が生活していく上で欠かせない存在であった[55]。農家と商店との取り引きは現金を介さない前借（クレジット）方式で行われており、農家は収穫期の終わりに、収穫の売上げから前借で購入した商品代と借地代を支払うこととなった。もし、支払いが完了しなかった場合は、残りの支払いは翌年に借金として持ち越された[56]。

戦前の日系農家は、世界のコーヒー価格の変動や天候による不作等の影響によって安定した収入を期待できないことも多くあった。1909年、ケアラケクアで生まれた二世ヨソト・エガミは、1928年6月に6エーカーのコーヒー農園を購入したが、その後、瞬く間にコーヒーの価格が落ちたと回想している。

その年［1928年］、コーヒー［の価格］は良かった。チェリー［コーヒー］はだいたい5ドルに跳ね上がってね。1ポンドあたり5セント。コーヒー・ブームだって思ったよ。［コーヒー農園を］買った年、コーヒーの値段が下がり始めた。年末には1袋あたり3ドルまでに下がった。次の年も、下がって、下がって、下がったよ。1935、36年あたりかな。1ポンドあたり1セント。収穫労働

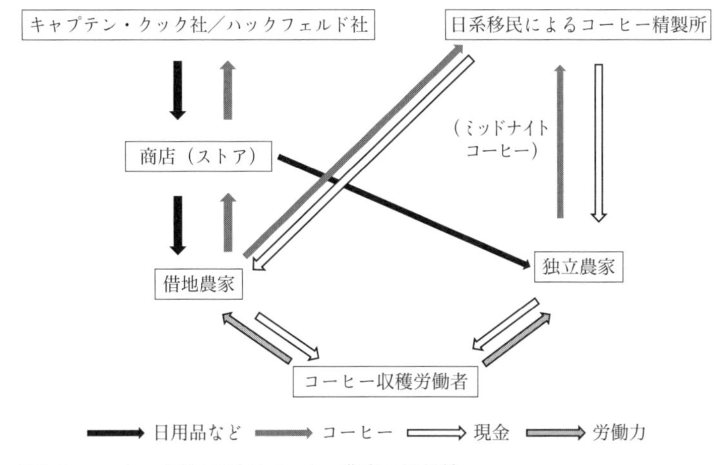

図4-5　コーヒー会社と日本人コーヒー農家の関係性

者にも払わなくちゃいけなかった。だから、あの農園は諦めた[57]。

エガミは1937年から、ハワイ大学農業普及事業課（the University of Hawaii Agricultural Extension）コナ支部でマカデミアナッツの苗木部門で働きながら、コーヒーとマカデミアナッツ栽培を続けていくこととなる[58]。

さらに『布哇日本人発展史』には、日系コナコーヒー栽培者の困窮に陥る過程が詳しく描かれている。

> 日本人珈琲事業者が斯くの如く盛運に発達するに不拘ず唯に遺憾に堪へざるは資本金の欠乏に依り一収穫期より他の収穫期に至るの間耕作に不足を生じ為に次の収穫を担保とし資金及び生計の借入れを為さゞる可からざる状態に在る是れなりとす会社側に在りては喜んで之が貸出しに応ずると雖とも不確実なる農作物を担保とするの理由を以て高利を附し剰へ労働者の需要品を高価に供給するを以て収穫期に至り実際耕作者の所得するところ極めて少額にして所益の大部分は此等資本家に依て吸収せらるゝの有様なり[59]

困窮した栽培者にとって、商店は日常生活に欠かせない場であると同時に、借金が膨らむにつれ、その存在は大きな精神的負担となった。日常生活では、同胞によって経営された商店には、食料や衣服を買う人びとが出入りし、情報交換や噂話をし、子どもたちが学校帰りにアイスを食べるような、地元社会の集いの場として機能していた。このような日常的な交流はストア経営者と栽培者の距離を縮め、店主は生活が苦しい借地農家にはできるだけ必需品を前貸しして、助けていた。しかし、1929年の世界大恐慌以降、コナコーヒーの価格は長期間低迷し、前借しによる借金は増える一方だった(60)。

日系二世としてコナに生まれ、後に労働運動家となる有吉幸治（1914–1976年）は、前述の抜粋をよりリアルに説明した。彼は1938年、ハワイ二大英語新聞のうちの一つ『ホノルル・スターブレティン（Honolulu Star-Bulletin）』に「コナコーヒーの悲劇（The tragedy of Kona coffee）」を連載し、そこで借金に苦しむ借地農家と商店経営者の切ないやりとりを描くことで、コナ日系社会の惨状を伝えた。大恐慌後の２、３年間は、農家の多くは将来のコーヒー価格の上昇に期待を抱き、一生懸命働き、全てのコーヒーを商店に持っていった。しかし、長期化する不況により借金はかさみ、商店は１年間の期限で前借りできる金額を１エーカーあたり５ドルとした。次第にその金額も減少し、1938年の時点では、１エーカーあたり2.5〜３ドルとなっていた。借地面積が５エーカーの場合、最高15ドルしか前借りできず、そのうち１年に必要な米代12ドル（2.5俵）を支出すると３ドルしか残らなくなる。商店で働いていた有吉は、自らの子どもの前で、店主に泣きつく男性の姿を何度も目撃した。しかし、そのような光景に慣れてしまった経営者の心は、次第に動じなくなっていった。

> 私［有吉］は一度、なぜそんなに高い値をふっかけるのか、聞いた。
> 彼［経営者］は、「栽培者たちが払えないからさ」と答えた。
> ［私：］「８％もの利息を請求しているし、もしたくさん請求しすぎると、彼らは払えなくなるよ。好景気になった時に、全て回収できると思っているの？」
> 彼は私の質問には答えなかったが、「借金が増えるほど、彼らはもっと前借りするか、私が日常生活品のための前貸金を減らすだけだよ。そうすれば、彼らはコーヒーを密売できなくなる(61)。」

農家による借金が増えるにつれ、会社と借地農家の仲介的役割を超え、商店が農家に経済的制裁を与えるようになっていった。このように、コナコーヒー産業において、サトウキビ農園のような直接的支配や搾取は、同胞による商店の存在によって不可視化された。そして、長引く不況は、同胞内に支配＝従属構造を作り上げ、強化することとなった。

困窮した状況下、日系農家は、自らの経済状況の改善を試みた。1908年、父親の呼び寄せで渡布したロイド・ケンゾウ・スギモト（Lloyd Kenzo Sugimoto）は1920年代半ばにコナに移住し、1936年まで南コナ・ナーポーオポオにあるアメリカン・ファクターズ社（アムファク社、前ハックフェルド社）の事務所で働いていた[62]。彼によると、直接アムファク社にコーヒーを持ってきた農家のなかには、「ウェットコーヒー（wet coffee）」を納める者もいたという。ウェットコーヒーとは十分に乾燥されていない不良品であった。通常、収穫されたコーヒーの実は赤い果肉の部分を取り、1日水に浸け洗った後、1週間程度天日で乾燥させる。しかし、コーヒーの価格は重さで決まるため、乾燥を十分にしない豆を納入することで少しでも重くし、高く売ろうとしたのである[63]。

> 時々、彼ら［コーヒー栽培者］は意図的ではないが、ウェットコーヒーを持ち込んだ……完全に乾燥されていないから、もっと重くなる。重いほど、支払いも多くなる。だけど、我々には精製所で働く男がいてね。トラックでコーヒーが持ち込まれる……そうすると、彼は少年たちにトラックから降ろさせた……彼らがどう持ち上げるかによって、コーヒーが乾燥されていないことがわかった、って言ってたよ[64]。

ウェットコーヒーに対するアムファク社の措置は不明だが、苦しい経済状況から抜け出そうとするための農家の必死の戦略が見て取れる。また、栽培者たちはコーヒーを持ち込むべき商店にではなく、日系移民が経営する精製所に密売することで、少しでもコーヒーを高く売ったり、現金収入を得たりしようとした。これは、商店の店主や会社から気付かれないよう、真夜中に取り引きが行われたことから「ミッドナイトコーヒー（midnight coffee）」と呼ばれていた（図4-5）。売る側の農家は事前に精製所から渡された真っ新な麻袋にコーヒーを詰め、それらを農園をとり囲む石垣の内側に置いた（写真4-2）。真夜中になると、精製所のトラックが静かにコーヒーを回収し、後日、現金で支払われるという手順であった[65]。

1934年には日系移民によって運営される精製所が9つあり、クック社やアムファク社から土地を借り受けている日系農家の現金収入を手助けしていた。1898年初頭にはコーヒーの品質向上と利益の保護のために、コナ日本人珈琲業者組合（Kona Japanese Coffee Planters' Association）が設立され、同年10月にはホノルルから

写真4-2　コーヒー農園を囲む石垣

北コナ・ホルアロアにあるウォルター・クニタケ氏のコーヒー農園を囲む石垣。この石垣はハワイ先住民によって作られたもので、クニタケ氏によって補修され、現在でも使用されている。（筆者撮影。2023年 9 月 6 日）

コーヒー精製機が取り寄せられた。この機械は12時間以内に5,000ポンドのコーヒーを精製することができる、当時のハワイでも珍しい大型精製機であった(66)。この組合は林三郎を筆頭に 4 名の日本人によって設立され、コーヒー価格の下落により失業したり、農園主に反発したりする者が出現したため、同胞が「協同」し「堅忍持久の策」を施すことで、経済状況の改善を試みた(67)。具体的には、収穫したコーヒーの実をコーヒー生産・加工会社や農園主に納めるしか方法がなかった日系農家に対し、組合の精製所で実から果肉を取り除く作業を行うことで、コーヒーを高く売ることができる機会を提供したのである(68)。このように、日系精製所は経済的に困窮した日系農家が追い詰められるのを緩和する役割を果たしていた。

『布哇日本人発展史』を執筆した森や『実業之布哇』でコナコーヒー栽培者を「水呑百姓」と酷評した三田は、日系がコーヒー栽培を独占する状況を評価しつつ、永住土着化「させられる」状況を伝えた。しかし、借地農家の経済状態にかかわらず、20世紀初頭からコナの「日本村」のイメージがハワイ日系社会内で定着していった。1903年にコナを訪れた相賀は、同地を「純然たる日本の田舎」であると評し、その理由として、コナでは「日本人と土人は見るが、白人には滅多に出逢」わないことを挙げた。また、外に干してある洗濯物は「女や子供の日本衣」が多く、下駄も散らばっているという、コナの日常生活に溢れる日本的風景を描写した。さらに、当時の南コナ・ケアラケクアには「秋津州村々役場」という看板が架けられた建物も存在しており、日系移民が勝手に村名をつけていたことに驚きを見せている(69)。もともと日本の古代呼称であった秋津島／秋津洲(あきつしま)に由来すると思われるこの村は1899年6月、ケアラケクアで商店を営んでいた法月健助によって設立され、法月は村長に着任していた(70)。実際は村というよりも、コナ日本人の相互扶助団体（組合）のような組織であったと思われ、相賀が言及した後はその存在に関する記述は見当たらない。しかし、1933年にコナを訪れ、翌年に『コナ日本人実情案内』を出版した中島陽も「布哇群島中最大の島である布哇島のコナは他の地方と其趣きを異にし、米国領土内の一角に純然たる日本村の観を呈して居る」と描き、相賀の訪問から30年経っても、コナ風景に大きな変化がないことを伝えた(71)。

4　人類学者エンブリーが見たコナ

戦前コナの特殊な環境に着目したのは日本人だけでなかった。ハワイをフィールドとした米国研究者も、戦前のコナを「日本村」と描写し、その「田舎的風潮(rurality)」を印象付けた人びとである。なかでも、重要な存在として『須恵村――変化する経済秩序』を執筆したジョン・F・エンブリー（1908–50年）が挙げられる。1931年、ハワイ大学卒業後、カナダのトロント大学で人類学の修士号を取得したエンブリーはシカゴ大学に移り、博士号の取得を目指した(72)。彼の博士課程の指導教官となった英国出身のアルフレッド・レジナルド・ラドクリフ＝ブラウン（Alfred Reginald Radcliffe-Brown, 1881–1955年）は、当時コロンビア大学やハーバード大学の社会学者や人類学者とともに、イタリアのシチリア、メキシコ、米国のマサチューセッツやミシシッピー、アイルランド、カナダのケベックなど欧米圏のコミュニティで現地調査を行い、それまで人類学者が「無文字社会の民族」に限って行っていた現地調査の対象やあり方に大きな転換をもたらした(73)。後にシカゴ学派と呼ばれるこの一派は、「未開社会」からシカゴなどの「近代的都市」

へと調査対象地を移すことにより、移民社会、宗教セクトなどに属する人びとの日常生活を包括的に捉え、社会の変容を記録、記述しようとした(74)。1935年には、このような「コミュニティ・スタディーズ」を東アジア圏に広げることが決定され、エンブリーは熊本県須恵村（現あさぎり町）を担当することとなった。そして、彼は同年11月から１年間にわたって、妻エラ・ルーリィ・ウィスウェル（Ella Lury Wiswell）(75)と幼い娘を連れて現地調査を行った(76)。この調査結果に基づき博士論文を執筆したエンブリーはハワイ大学の後援を得て、1937年８月から半年にわたりハワイ島コナで現地調査を実施した(77)。

エンブリーが設定したコナ調査の目的は、「日本の南部からハワイ島へ移植（transplant）された」際の、「日本の農村部で形成されていた社会的ネットワークの変化」を検討することであった。よって、彼の関心は日本型農村社会が異国の地でどのように変容し、適応するのかにあり、コナには日本農村の社会形態が移植されたという前提のもと調査を行っていた。彼は、ハワイの日本語紙『日布時事』の1937年の人口統計を引き合いに、「約40％のコナのコーヒー栽培者が熊本出身」であったことをコナの第一の選定理由として挙げた(78)。熊本出身者が多い状況は、須恵村での調査経験を活かすことができるため、理想的なフィールドであった。しかし、コナには須恵村出身者はいなかった(79)。

コナ在住の日本人の多くがコーヒーを栽培していることも二つの点において重要であった。一つめは熊本の農村部も同様に稲作を中心としたモノカルチャーであり、コナではコメの代わりにコーヒーが栽培されていた。もう一つは、サトウキビ産業のように農園型を採用していないコーヒー産業において、日系移民は「より独立して」生活していると考えられ、地元社会での事項や案件が自主的に決定されていた日本の農村部と比較しやすい状況にあったとされたことである(80)。

しかし、須恵村とコナという二つの農村部をフィールドとしながらも、エンブリーの農村研究の目的は必ずしもその社会的、経済的に隔離された状況を強調するものではなかった。むしろ、須恵村においては明治期以降の国民国家形成、コナにおいてはハワイへの移動に伴う日米両国家との関係のなかで、モノカルチャーを基盤とした農村部の経済秩序、社会組織やネットワークがどのように変容したかに着目していた(81)。エンブリーは、須恵村などの農村部における国家との関係は、村長や僧侶を通じて中央政府や国家的神（神道）の意向が伝えられるとともに、公立学校や知事は中央政府の直接的に管理下にあるとした。これに対し、コナの調査からは、移民世代（彼のいう「古い世代（the old people）」）は「永遠に法的外国人」であるため、ハワイ（米国）政府と日系社会の関係は希薄であるとした。つまり、移民世代は日本に常に目を向け、忠誠を誓っており、それは単に望郷の念からではなく、ハワイでの法的地位に関係することを示唆した。そして、日本との関係においては、日本国内の農村部では受動的であるのに対し、ハワイでは意識的な結びつきが見られると分析した(82)。

当時のハワイ日本語紙の報道に着目すると、エンブリーは須恵村調査においては「一ヶ年間自ら農民生活を体験し乍ら日本精神と真の日本農村の諸相」を研究したとされ、あくまでも農村研究者であることが強調された(83)。その直後に行われたコナ調査の報道でも「ハワイにおける農村の日本人（rural Japanese in Hawaii）」(84)や「日本の農村生活を研究するために［選ばれた］布哇島別天地コナ」(85)など、コナがハワイの「須恵村」版として日系読者に印象付けられた。

同時期に、ハワイ大学教授であったアンドリュー・W・リンド（Andrew W. Lind, 1901–1988年）は、同大学のロマンツォ・アダムズ（Romanzo Adams, 1868–1942年）によるハワイの異人種間結婚に関する調査の一環として、コナの日系二世高校生を中心に意識調査を行っていた。エンブリー同様、アダムズやリンドもシカゴ大学出身者であり、アダムズは1920年にハワイ大学がハワイ・カレッジから昇格した際に、最初のハワイ大学社会学部教授となり、社会学的調査研究室（後のRomanzo Adams Social Research Laboratory）を拠点として、同僚や学生とともに、ハワイの人種関係に関する調査を多数行っていた。そこに、1927年にシカゴ大学で博士論文を終えつつあったリンドも加わった(86)。リンドは、コナは「地理的・文化的孤立」状況にあるため、他の人種／エスニック集団の住民との交流が他の地域より「抑制されていない」という理由で、調査対象地とした。よって、同じハワイ大学社会学部所属でありながらも、リンドのコナに対する認識はエンブリーとは異なり、コナを外部との交流が極端に限られた農村部としていた(87)。

1910年代から1930年代にかけての日系社会の識者、日本からの訪問者やハワイ大学研究者は共通して、コナを「日本村」という文脈から調査した。ただその内容は多様であり、ハワイ日系社会は理想的な「永住土着」の地であると同時に「水呑百姓」の住む困窮の地、エンブリーは米国への日系移民の文化変容の観察地、リンドは異なる人種／エスニック集団間の友好的関係が構築された空間と見做していた。そして、サトウキビ農園社会のように人種主義的支配構造が徹底化された社会とは異なった特徴を有する、コーヒー産地に隠れた日本村コナというイメージがハワイ社会に広く定着していったのである。

5 コナ日系移民と南洋珈琲株式会社

「日本村」の言説や地理的状況により、コナは外界との接触が希薄な印象が強調されてきたが、そのような偏った認識によって見過ごされてきた歴史的事実がある。それが、南洋珈琲株式会社（以下、南洋珈琲）の設立である。1926年4月13日に設立された同社は、コナ在住の日系移民が中心となり進めてきた事業であった。この事業の特徴は、歴史学者東が論じるように、日本帝国の植民地台湾の製糖業のような「一握りの財閥との資金的つながり」による「独占的支配」とは異なり、移民による「植民地投資事業」であった点にある(88)。南洋珈琲の出資者の大部分はコナ在住者であり、その多くが南コナ・ケアラケクアを拠点に活動していた移民世代であった(89)。なかでも、後にサイパン島に移住し社長となる西岡儀三郎は会社成立の4年前から、複数回にわたり同地を訪れ、コーヒー栽培の候補地を探していた(90)。西岡は1896年にハワイに移民し、サイパン島を視察し始めた頃はすでに50代であった(91)。南洋珈琲の相談役に着任する松江春次の著書『南洋開拓拾年誌』によると、コーヒー農園はサイパン島ガラパン街の背後にそびえ立つタポチョ（Tapachou）山の中腹にあったとされる。南洋興発株式会社の創設者として南洋群島で大規模なサトウキビ栽培を行った松江は、「甘蔗などは植ゑられない急傾斜」にコーヒーが栽培されていたと述べており、コナと似た地理的条件——熱帯の島、急傾斜のある山肌、サトウキビ栽培に適さない地形——を有した土地を西岡が探し当てたことがわかる(92)。

南洋珈琲の初代社長は、コナ在住者ではなく日布間の貿易等を手がける元ハワイ移民住田多次郎（後述）であったが、会社の設立に関わった池田寅平、松本栄太、西岡義三郎、及び出資者25名はコナ在住日本人であった(93)。1919年から日本帝国の委任統治領となった南洋群島において事業を始めることに興味を持ったコナコーヒー日系農家は、住田多次郎、本重和助、出石壮之助らハワイと深いつながりのある日本人実業家に声をかけ、彼らの支援を得て資本金50万円の会社を組織した[94]。コナ在住出資者28名のうち、18名が南コナに在住しており、特にケアラケクア（12名）に集中していた（地図4-1参照）。また、コナ出資者のハワイ渡航年代は19世紀末が7名、1900年代が6名、1910年代が1名に加え、具体的な年は不明だが1900年初頭にはハワイにいることが確認されている者が2名ほどいた。年齢層に関しては50代以上（8名）と40代（8名）が最も多く、30代後半（4名）、20代後半（1名）、不明（8名）であった[95]。このことから、出資者の大半はコナに20年以上住み、50〜60代の移民世代が中心だったといえる。

当時のハワイ日本語紙からの断片的な情報によると、出資者のなかにはコーヒー栽培に加え、他の職業や事業を持つ者もいた。主要出資者の一人であった山縣直太朗は商店を経営しながら、コーヒー、サトウキビ、オレンジなどを栽培していた[96]。山口県大島郡出身の山縣は、1899年10月17日に東洋丸にて渡布し、ホノルルにしばらく滞在した後、ケアラケクアに移住した。コナではコーヒー栽培の「権威（authority）」として名が通っていたほど農業に詳しく、1917年の時点で、数少ない5,000ドル以上の資産家として『実業之布哇』に記録されている[97]。その他、ホナウナウ日本語学校教師兼商店経営者の松本栄太、布哇珈琲ミル（精製所）支配人兼ケアラケクア日本人小学校教員の森田丑馬、コーヒー仲買業兼商店経営者の冷水幸太郎といった、複数の職業を持ち、南コナの日系社会で幅広く活動していた人びとが含まれていた。エンブリーの観察によると、商店経営者は借地農家とは異なり現金収入があったため、二世を高校やハワイ大学（マノア校）にも送ることができたという[98]。コナ在住出資者はいわゆる「水呑百姓」ではなく、資金力があり余裕のある暮らしができる階層に属していた。また、コナに20年以上暮らし、家族を形成した、理想的な「永住土着」型移民だったといえる。一方、サイパン島へ再移民した者は西岡儀三郎、池田寅平、松本栄太の3名のみであった。池田（52歳）は1925年3月に妻（27歳）と息子4名とともに、松本（39歳）は同年4月に妻と子ども3名とともに、コナを後にしている[99]。

出資者の資金力はもとより、コナコーヒー産業が好況期を迎えたことも南洋珈琲の設立を実現可能にした要因であった。1920年代はコナコーヒーの価格高騰により、日系コーヒー農家の一部は余剰資産を蓄積するようになっていた。第一次世界大戦（1914〜1918年）中に米国兵士に支給されたコーヒー量の増加と1918年にブラジルで発生した霜害によるコーヒー生産量の減少により、コナコーヒーは販路を広げ産業は順調に発展していた[100]。1914年のハワイ産（主にコナ産）コーヒーの輸出先はトップが米国本土48％（1,290トン）、オアフ駐屯軍33％（900トン）で、島内消費はわずか２％であった[101]。1919年には「ケアラケクア農業団書記」として渡邊武英という人物が、ブラジルコーヒーの減産により「コナ珈琲は益々有望」であり、「日本国有の家族的生活を営む」には最も適した地区として積極的な誘致を行った。彼による「珈琲のコナに移住せよ」と題された広告文は、二大新聞である『日布時事』と『布哇報知』に頻繁に掲載された[102]。その後も好況が続き、1922年のチェリーの価格は１ポンド当たり２ドルから、1927年には3.65ドルへと高騰し、同時期の主要コーヒー輸出先である米国本土への輸出額も570,476ドルから138,7720ドルへと急増した[103]。その結果、コナの日系農家のなかには、将来を見越して借金をしつつ、自宅の改築やコーヒー豆の水洗式加工施設の設置を行った者もいた[104]。よって、コナコーヒー産業が好景気を迎えた1910年代から1928年の世界大恐慌勃発までの期間、余剰資産がある40〜50代の日系移民が中心となり、南洋珈琲を設立したと考えられる。

さらに、サトウキビ農園のような直接的支配や搾取が不可視化されていたとはいえ、クック社とアムファク社という欧米系白人会社の支配から完全に独立できなかったコナ日系移民にとって、サイパンでのコーヒー栽培は植民地支配者としての優位性を活用し、土地を所有し、コーヒー栽培に関わることができた点に魅力があったと思われる[105]。

6　日本帝国と「国産」コーヒー

南洋群島のような統治領でのコーヒー栽培は、日本帝国にとっても大きな意味を持つ事業であった。1920年代から「国産」コーヒーの栽培は、外貨流出阻止と植民地の自立的経済活動の振興の観点から奨励されるようになっていた。気候条件から日本でコーヒーを栽培することができるのは沖縄や小笠原諸島[106]に限られていたが、1895年の下関条約締結後に日本帝国領土となった台湾（1895〜1945年）がコーヒー栽培の実験場所として主要な栽培地となり、台湾総督府の農業試験場で試作が始められた。なかでも、総督府技師となった田代安定（1895-1924年）[107]は、台湾最南端の恒春熱帯植物殖育場にて台湾広域で栽培可能な商品作物（砂糖、米、バナナ、パイナップル等）の試作を手がけており、コーヒーに関しては小笠原諸島、ハワイ、ブラジル等からコーヒー苗を入手し、異なる種のコーヒーの木——アラビカ種、リベリア種、ロブスタ種の試作にあたった(108)。田代の指導の下、栽培に成功したコーヒーは1907年に東京で開催された勧業博覧会に出品され、1915年の大正天皇の即位式には「国産品」として献上された(109)。つまり、台湾産コーヒーの「国産」としての認識は、台湾が日本帝国の領土であることを強調するとともに、当時大部分を輸入に頼っていたコーヒーが帝国内でも生産できる可能性を提示した。このように、日本帝国の海外植民地でのコーヒー栽培は19世紀末から台湾で始まっており、熱帯植民地や統治領での商品作物として有望視されていた。

さらに、日本内地では、カフェーパウリスタに始まるブラジルコーヒーの宣伝活動により、コーヒーが安く手に入るようになっていた(110)。また、食生活の洋食化が進み、コーヒーの消費量は大正期に急速に増加した。それに伴いコーヒーの輸入量が急増し、1924年にはブラジルとジャワ産を中心に計8,400トンのコーヒーが輸入され、その量は前年度の約1.5倍に相当した(111)。その後も外国産コーヒーの輸入が増加していったが、次第に、外貨の流出を引き起こす要因の一つとして考えられるようになった。1920年代末からは台湾産コーヒーを「国産」コーヒーとして奨励する風潮が強まっていくことになる。

台湾ほどの注目は集めなかったが、南洋珈琲によるサイパンでのコーヒー栽培も国産コーヒーとして着目され、日本国内の植民地案内や地理の教科書などで、ハワイ日系移民の南洋進出の好事例として取り上げられた。海外研究所の創設者大宜味朝徳の著書『我が統治地南洋群島案内』（1934年）によれば、1930年代初頭には、南洋珈琲はサイパン島ラウラウ、タポチョ、プエルトリコ、パーパゴに合計約200エーカーの農場、ポンタマチョ（ママ）にコーヒー精製工場を有し、年間600トンの生産を見越していた。1934年の時点では、ロタ島にさらに200エーカーの官有地払下げを受けており、生産地拡大も計画していた(112)。この案内書では、「同社［南洋珈琲］の進展は布哇同胞に刺戟を与へ、布哇同胞の南洋進出の誘因をつくりつゝあ」るとし、ハワイから南洋群島への人や資本の移動が期待されていた(113)。沖縄出身の大宜味は海外研究所を設立後、ハワイ、フィリピン、ブラジルなどの沖縄出身の移民社会を訪ね歩いていた。その過程で「世界の植民地を見ても植民的に成功してゐるのは、皆熱帯地」とし、その理由として「強い熱と、光と、豊沃な地味に恵まれ、あらゆる生物の生育の早いこと、常夏の国で衣食住が、簡易で、年中仕事が出来る」ことを挙げている。とりわけ、彼は南洋群島を日本帝国唯一の「熱帯植民地」と捉えており、南洋珈琲を成功例として紹介することで、日本人の入植を強く推薦した(114)。

その他、南洋珈琲は国産コーヒーの生産会社として、三平将晴『海外発展案内書　南米篇・南洋篇　改版』(1935年)といった海外渡航者の誘致を目的とした案内書や、西田与四郎『女子新地理教科書教授資料　外国地理編5訂』(1936年)の教科書などでも紹介された。そこでは会社の設立とともにサイパンに移住した、数少ないコナ在住者の池田寅平や松本栄太らが、事前調査を行った西岡儀三郎とともに「日本領土内に於て珈琲を生産し、国産としてコーヒーを販出せしめ度いと云ふ理想のもとに」事業を行っていると紹介された(115)。会社の設立当時のハワイ日本語紙において、南洋珈琲は「資本金五十万円の南洋珈琲会社――コナの珈琲業者と在日布哇関係者との提携」した「有意義なる新事業」として強調されていたのに対し、1930年代の日本帝国内においては南洋群島への入植者誘致と「国産コーヒー」栽培奨励の文脈から評価されていた。

南洋珈琲に関しては残っている資料が少ないことから詳しい実態は把握しづらいが、『実業之布哇』の英語版では「当初、この先駆的事業はあまり成功しなかった。しかし、時間の経過とともに、会社はまもなく赤字から脱し、配当が支払われている。今日(1935年時点)、この農園はとても盛況な事業である」と報告されている。1936年までには、南洋珈琲のコーヒー耕作地は736エーカーに達し、その後、事業拡大のためロタ島に490エーカーの土地が購入された(116)。この事業に関しては、コナ日系移民の大部分が南洋群島に移住せず、投資のみで経営に携わるという珍しい形態ではあったが、この事業の発起人となった山縣直太朗は視察のため、時々南洋を訪れていたように、日系移民出資者によるコナ―南洋間の移動があった(117)。『布哇タイムス』に掲載された相賀の連載記事「五十年間のハワイ回顧」によると、「戦前一度親しくサイパン島にその事業視察のため赴いた時、同島の土人達は馬上で通つてゐた同(山縣)氏に対して、皆一様に恭しく尊敬の意を表してゐた」と記されている。この記事ではハワイから日本帝国支配下の南洋群島や台湾に「甘蔗、鳳梨及び珈琲」の技術が移転されていることから、「ハワイの方が先生格」と論じられ、山縣に対する「土人」の行為は、ハワイの南洋に対する優位性と、植民者日本人と被植民者先住民という、二重の従属=支配構造を象

写真4-3　コナの乾し棚
乾し棚に上に立っている男性は、コーヒー豆を熊手でならしている。この作業はコーヒー豆を均一に乾燥させるため、1日に数回行われた[119]。
（提供：Kona Historical Society）

徴しているように映る[118]。

人や資本、コーヒーの苗の移動に加え、コナで「乾し棚」と呼ばれる移動屋根付きのコーヒー豆の乾燥場も南洋珈琲によって導入された（写真4-3参照）。コーヒーの収穫後、赤い果肉を取り除き、1日かけて洗われたコーヒー豆は乾し棚に広げられ、乾燥させる。当初はゴザの上に乾されていたが、コナでは毎日午後になると雨が降るため、乾燥が不十分になることがあった。そこで、日系移民は移動式の屋根を備えた乾し棚を作ることで、雨が降った際、コーヒー豆が濡れるのを防いだ。1920年代の好景気にはこの乾し棚を設置する農家が増え、急速に普及した設備の一つとなった[120]。コナでは農家に1台設置されるのが普通であった（写真4-3）が、第4章扉写真をみると、南洋珈琲は10台の乾し棚を並べて設置していることがわかる。コナの個人農家用の乾燥設備は南洋群島に導入される過程で、大規模農園型コーヒー生産に合わせて改良された。

しかし、世界大恐慌による打撃のためか、1930年にはコナ出資者は24名から19名と減少し、その他のハワイや日本在住者（元ハワイ在住者も含む）25名が株主となった[121]。1941年にはサイパンのコーヒー農園の運営権は初代社長の住田多次郎に譲渡され、コナ日系移民による太平洋を越えた投資事業は終了する[122]。

7　日本統治下台湾のコーヒー栽培

コーヒーを通じたコナ日系社会と南洋群島間の実質的つながりは途切れるものの、南洋珈琲社長住田多次郎（1882–1950年）を通じて商業的コーヒー栽培地は台湾へと拡大していく。広島県出身の住田は1898年ハワイに渡航し、ホノルルを拠点に実業家として数々の事業を手がけた。1904年のホノルル住田商会の設立を皮切りに、住田は移民から暴利を貪っていた横浜正金銀行や京浜銀行の代わりに、貯金や故郷への送金ができる太平洋銀行や、高温多湿で日本酒製造には向いていないとされたハワイでの酒造業を経営し、20世紀初頭にはハワイ日本人実業界の重鎮となった(123)。1918年には日本に帰国し、神戸にて住田商会（1927年より住田物産株式会社）を経営した。そこでは、主に日本の食料雑貨を米国本土、ハワイ、南洋群島の日系社会に輸出する貿易業を展開した(124)。

すでに技師田代安定による恒春熱帯植物殖育場でのコーヒーの試作について述べたが、日本帝国統治下の台湾では1910年代半ばから、官営移民村での日本人入植者によるコーヒー栽培も始まっていた。台湾東部に位置する花蓮港庁では1910年から1914年にかけて、３つの移民村（吉野、豊田、林田）が建設され、内地から日本人が入植した(125)。入植者たちは与えられた土地を開墾し、コメやサトウキビを主要作物として栽培し生計を立てていた(126)。1911年から1915年にかけて、豊田村の移民指導所はコーヒー苗を配布し、希望する農家が栽培を行っていた。コーヒーはコメやサトウキビの不作時に備えた「副業的商品」であったため、必ずしも全ての入植者が栽培したわけではなかった。1929年の報告書によると、豊田村の農家15戸がコーヒーを栽培しており、その栽培地の合計は７甲歩であった(127)。つまり、８％の農家が総農地面積の10％にあたる土地でコーヒーを栽培しており、その栽培はあくまでも副業であったことを裏付ける(128)。しかし、コーヒー栽培に熱意を燃やした入植者もいた。その一人が船越与曽吉（生没年不明）である。豊田村で最も大きなコーヒー栽培地（1917年の時点で２甲歩(129)）を所有していた船越は、台湾に移民する前に米国にコーヒー栽培の視察に訪れていた(130)。また、1927年にはハワイ島コナに在住する実弟（詳細不明）に自らが栽培したコーヒー豆を送り、品質調査を依頼している。調査の結果、それは「外来品の中等」レベルのコーヒーであると判断された。同時に、船越は横浜を拠点とする木村商店（現在のキーコーヒー株式会社）の創始者である柴田文治にも豆を送り、ハワイでの調査結果と同様の評価を得ている[131]。高品質のコーヒー豆ではなかったが、船越は花蓮港を訪れた日本人観光客用に自家農園瑞珈園ブランドの「台湾産珈琲」を土産品として売り出していた（写真4-4）[132]。

1930年代初頭に入ると、台湾でのコーヒー栽培は、内地企業家による大規模農園方式で行われるようになった。1930年に住田多次郎が花蓮港庁舞鶴台地に農園を設立したのをきっかけに、木村珈琲店が台南州嘉義郡と台東庁新港郡に、東台湾珈琲産業株式会社が台東庁関山郡にそれぞれ自社農園を建設した[133]。それまでは、移民村の個人農家が畑や宅地の一部に植えるだけであったが、大規模農園では数十万本単位のコーヒーを広大な農地に植え付け、収穫から販売までを全て会社が行う直接経営方式が採用された[134]。

台湾での大規模農園建設が開始される以前の1920年代、日本内地における外国産コーヒー豆の輸入は増加しつつあった。しかし、外国産コーヒーの輸入増加は、すでに言及したように、外貨の流出の要因として危機感を持って捉えられるようになった。特に、震災以降、台湾コーヒーについて報じるメディアは「外貨流出阻止」や「輸入阻止」するための国産コーヒーであるとして、その期待を高めていくような報道を行った。例えば、台湾総督府技師としてコーヒーについて研究を行った桜井芳次郎は「輸入超過、成果流出の我が国の現状に於て、文化の程度進み、珈琲の使用量が年々増加するときに際し、例へ一ピクルの珈琲とするも我が島産珈琲を以て補へば、国産奨励の大趣旨に叶ふ」[135]と強調した。たびたび台湾のコーヒー産業について報じた『台湾日日新報』でも、「台湾が果してコーヒー栽培に適するか否かに依って国産コーヒーによる輸入防遏も実現する」可能性もあるとした[136]。このように1920年代から台湾産コーヒーには国家的使命が色濃く投影されていった。

写真4-4　船越が商品化したコーヒーのラベル
出典：台湾総督府殖産局「東部台湾開発研究資料第一輯 珈琲」（台北印刷株式会社、1929年）、159頁。

台湾での「国産コーヒー」栽培の重要性が高まるなか、1930年12月３日、住田はコーヒー栽培の専門家を含む16名とともに、北九州市門司港から台湾の基隆に向けて出発した。その際、『時事新報』に掲載された本人へのインタビューには、台湾での新事業への期待が窺える。

> 珈琲を栽培するため今度台湾総督府から花蓮港郊外に一千五百町歩［エーカー］の沃野を借受けた、この珈琲を台湾で栽培することは永年の間専門家に依って種種研究されたが、花は咲いても肝腎の実を結ばず失敗を繰返して来たものである、私の会社では従来南洋サイパンで四百町歩から収穫する珈琲を一手に引受けていた所から其サイパン産珈琲樹を台湾花蓮郊外の沃地に移植して居た所土地気候が適するか其種子が宜いのか本場の南洋産よりも遥かに優良なるものが採れた爾来十数年掛りで試験を重ねて居たが何れも同様の成績を上げ得たので愈々大々的に着手することに決めたもので台湾で千人近い土人を雇入れ其広い土地一帯に一年掛りに種を播く考えである植付けて三、四年後から収穫がある訳で将来更に漸次手を広め生産の量に於ても南洋産を凌駕したい(137)。

このインタビューによると、台湾の農業試験場の「専門家」が栽培するコーヒーに対する住田の評価は決して高くなく、南洋珈琲での成果が台湾のコーヒー産業の発展に重要な役割を果たすことを確信していたといえる。住田はコーヒー苗に関しては南洋のみならず、サビ病に強いと言われた品種をコナから直接取り寄せ、コナとサイパンでの栽培経験とネットワークを活用した(138)。

さらに、「千人近い土人（＝台湾先住民の蔑称）」を雇い入れたとあるように、農園経営にあたってはハワイのサトウキビ農園と非常に似たシステムが導入された。そのシステムでは、人種／エスニック集団別の職や仕事内容、賃金が設定されていた。住田農園の管理組織においては、支配人、農場主任、監督者は全て日本人によって占められ、監督補として本島人、収穫や農園の手入れのための「農夫」として高砂族が雇われた。実際の農園で働く労働者たちの確保は地元では難しかったため、住田農園では「移民本島人」(139)を雇い、開墾、農園管理、収穫を行っていた。1935年頃には男性143名、女性75名、子ども41名が「苦力頭（クーリー）」との契約によって雇われ、農園近くの住居に住んでいた。そのうち、75％が広東出身者、残りが福建出身の季節労働者であった。労働時間は１日10時間で、その合間に１時間の昼休みが与えられた。これに対して、男性は１円25～45銭、女性は89銭、子どもには30～70銭が支払われたが、高砂族は男女それぞれ10銭安く支払われており、人種／エスニシティ・性別・年齢によって賃金体制が細かく差別化されていた[140]。つまり、台湾の日本人はハワイの欧米系白人層のように農園経営者や監督者として、中国本土からの移民労働者や原住民を支配する側に立ったのである。そして、労働者を効果的に支配する方法として、ハワイのサトウキビ農園における人種／エスニック別支配方式が移植された。同時期の日本人は、どこでコーヒーを栽培するかによって、支配する側にもなり、支配される側にもなった。よって、台湾での大規模農園は、コナや南洋群島で得た栽培方式とハワイのサトウキビ農園制度に起因する労働管理方式のハイブリット型で運営されていたのである。

農園開設から5年後の1935年、住田は花蓮港の自社農園で初めて収穫されたコーヒーを、相賀安太郎が社長を務める日布時事社に寄贈した[141]。相賀の評価については『実業之布哇』10月号で紹介され、「まづ香りは未だコナコーヒーには及ばないが味はコナコーヒーと変らない逸物で飲み心地が頗るよい」とし、これが「住田氏苦心の産物、我が国産珈琲かと思ふとありがたく心強く感ずる」という感想が添えられた。さらに、「日本領土の台湾産物であるから無論、ない日には無税関、今後、全国始め支那満洲方面にも輸出されるであらう切に発展を祈る」としている[142]。当時はすでにハワイから帰国していたが、住田にはホノルルで住田商会を営む実弟代蔵がおり、相賀による「住田」や「コナコーヒー」への言及は、台湾の「国産珈琲」とハワイとの深いつながりを示唆する内容となっていた[143]。

台湾における栽培実績のほうに目を向けると、農園開設から4年ほど経った1934年には、大阪に約4,200キロの生豆が出荷され、1938年には46,895キロの収穫があった[144]。順調に収穫量を増やしているように見えるが、1937年の時点でも、住田は台湾でのコーヒー栽培に満足していなかった。ハワイ日本語紙『日布時事』では「国家的大事業として珈琲生産業に邁進」する「ハワイの大成功者の一人」として紹介されながらも、本人は南洋群島、台湾でのコーヒー栽培は苦難の連続であったことを同紙に語っている。南洋群島に関しては「こんな小ポケ［ちっぽけ］な仕事でも大変な苦労と辛酸をなめました、サイパンの植付苗が二回も海の嵐に吹き倒されて耕作者との間にゴタヽが起きた時など実に絶望に近い感じをしました」と回顧している。また、台湾に関しても、非常に謙遜した様子で、事業がまだ軌道に乗っていないことを強調した。

台湾のほうでも幾度か失敗を重ねました、ハワイの方法を試みましたが、土地によって地質、気候、害虫、その他が異なるので新工夫を案出せねばなりませんので、それで結局色々やつて見て、失敗を繰り返さねば本当のことがわからないので、いまでもまだ、ですがね[145]。

インタビューが行われた1937年には、日本本土に857,000トンのコーヒーが34カ国から輸入され、ブラジル産が最も多く50.6%（433,998トン）、続いてジャワ産が3.1%（268,062トン）であった。一方、主に米国本土に送られていたコナ産コーヒーは、0.5%（4,500トン）を占めるにすぎなかった[146]。また、台湾の住田農園産のコーヒーは日本内地内のデパートの食料品部など限られた場所で売られるのみであり、海外からの輸入を阻止するには程遠い生産量であった[147]。しかし、当時、ブラジルにおいても多くの日系移民がコーヒー産業に従事していたことも考慮すると、日本ではブラジル、ハワイ、サイパン、台湾在住の同胞によって栽培されたコーヒーが飲まれていたのである[148]。

8　植民地においてコーヒーを作ること

……住田［多次郎］氏と云ひ又山縣［直太郎］氏と云ひ、その昔日一介のハワイの移民たりし人々が、此の地にての成功を土台として小成に安ぜず、更に台湾及びサイパン島等の新天地に進出し、前人未踏の道を拓きし烈々たる意気とその抱負に対しては、実に自ずから頭の下がる思ひがあり、二世以後の我が日系市民への大いなる刺激である[149]。

『布哇タイムス』において終戦直後から連載「五十年間のハワイ回顧」を寄稿した相賀安太郎[150]は、日本帝国時代の台湾及び南洋群島でコーヒー栽培に関わった（元）ハワイ日本人の実名――住田や山縣――を挙げ、その功績を称えている。しかし、南洋珈琲の存在は、戦前エンブリーやリンドによって行われたコナでの調査、また戦後にコナ日系社会についての研究では言及されることはなかった。

その理由の一つとして、戦前のコナ日系社会に関する現地調査のなかでも最も充実したエンブリーの研究では、インフォーマントとなったコナ出身・在住者の大部分がハワイ大学卒業生もしくは在学中の二世であったことが挙げられる。1928

年の時点で、大学進学者が5％ほどであったコナ日系社会では、これらのインフォーマントはエリート層に属していた[151]。最年長の後藤安雄バロンはハワイ大学農業普及事業課に勤務しており、ハワイ農業の振興のため、各地で調査研究や農業者への講義を行っていた（第5章参照）。また、西村一男アール（Earl Kazuo Nishimura, 1906–2001年、二世男性）や中谷キヨ（Kiyo Nakatani, 一世女性、ハワイ大学卒）も農業普及事業課コナ支部に勤務していた[152]。南洋珈琲に関わった者が移民世代であったのに対し、エンブリーの調査に協力したのは、大学で農業に関する専門知識を身につけた若い一世か二世世代が中心であった。南洋珈琲の出資者とエンブリーの調査協力者の多くが南コナの在住者であったため、実際には面識があったり、家族同士のつきあいがあったりしたかもしれないが、世代間の差異は、コーヒーを通じた日本帝国や米国との関係構築に影響を与えたと考えられる。つまり、米国への帰化権を有さない移民世代は日本帝国植民地の経済的拡大のために、米国市民である二世エリートは地元産業の振興と日系人の社会的地位向上のためにと、それぞれ異なった目的と意識でコーヒー産業に関わっていた。それは、エンブリーが須恵村とコナの比較から導き出したように、移民世代が日本とのつながりを意識的に構築したことの現れでもあった[153]。また、コナ日系社会と日本との関係の維持についてエンブリーが考察した際、南洋珈琲の存在に全く触れらなかった理由には、会社が小規模であったこと、コナのごく一部の日本人しか関わっていなかったこと、満洲国成立後の調査だったため協力した二世が日本帝国との関わりを意図的に排除しようとしたことなどの要素があったことも考えられるが、南洋珈琲に対する考察の欠如が「日本村コナ」の印象を強化したことは確かであった。

*

日本村コナという認識形成は長らく学術研究において、コナ日系社会史をグローバルな文脈から考察することを阻んできた。学部生の頃からコナの研究を行ってきた筆者だが、2008年になるまで南洋珈琲の存在は全く知らず、それまで目を通してきたハワイ日系人に関する研究でも触れられてこなかった。しかし、南洋珈琲を検討することは二つの点において重要である。まず、南洋珈琲の出資者の背景が示すように、1920年代からコナ日系社会内の職業は多様化し、経済的格差も広がっていった。コーヒー産業に関しては、収穫期の日雇いから栽培地や精製所の所有者、日々の暮らしにも困る「水呑百姓」から借地農家を管理する商店経営者、そして南洋群島への投資家やハワイ大学で学ぶ二世エリートたちなどを含む日本人が様々な形で関わっていた。永住土着の理想郷として新聞や案内書などで取り上げられたコナだが、そこは増大する借金返済のため永住「せざるをえなかった」者、逆に、生活の安定的基盤を得たことから永住を選んだ者、そして、再移民によって永住を切り上げた者が混在する空間であった[154]。つまり、コナ日系社会のなかで南洋珈琲設立という活動を位置付ける作業を通じて、「永住土着」や「日本村」といった表現の裏に隠された多様な現実を描くことが可能となった。

加えて、南洋珈琲は、本書の目的であるグローバル・ヒストリーからコナを描き出す際、コナが持つ空間的影響力において要となる存在である。本人たちがどこまで自覚していたかは不明だが、コナ日系移民は日本帝国が南洋群島から台湾へとコーヒー栽培地を拡大する足がかりを提供し、ハワイ諸島からさらに北太平洋地域の西側へと、コーヒー栽培をめぐる人、苗、技術、農園経営システムの移動を促したためである。帝国及び植民地間の境界を越えたコーヒーであったが、コーヒーを栽培する人やコーヒーが栽培された土地が属する宗主国が強く結びつくこと――「国産」コーヒーというラベリング――によって、その価値は上がっていった。

南洋群島や台湾産コーヒーは日本の「国産」コーヒーとして新聞や植民地案内書などで称賛されたが、コナ在住日本人コーヒー栽培者は日米両国にコーヒーを献上することで、国産コーヒーの存在をアピールしようとした。早い時期では、1912年、柴山得造によってコナで設立された赤誠会が、米国大統領と日本の宮内庁に献上していた。献上コーヒーは日系コーヒー精製所で優良品のみを選別して特別に用意され、在ハワイ日本領事館を通じて両者に贈られた。当時の米国大統領ウィルソン（Woodrow Wilson）からは礼状が届き、宮内庁からは「天皇陛下へ献納」された旨が通知されたという[155]。1929年にも、同様に米国大統領フーバー（Herbert Hoover）と宮内庁にコーヒーが贈られた。特に、同年２月は昭和天皇の即位年であり、それを記念して「コナ在留民同胞」は「手製特等珈琲」を横浜の脇坂商店に送付し、宮内庁を通じて献上した（写真4-7）。送付にあたり代表を務めたのは中央コナ日本語学校教員兼コナ連合青年会会長の村上義雄であった。1929年にコナに赴任した村上は日系社会との関わりが浅かったが、日本帝国でコナコーヒーの「一大名誉を施」すのに重要な役割を果たした[156]。また、同年11月にニューオーリンズで開催された「珈琲大会」に出席した後藤安雄バロンは、コナコーヒーの真価を米大陸に広めるため「半俵（30キロ）」を託され、フーバー大統領とスティムソン国務大臣に贈呈する役目を託された(157)。したがって、コナコーヒーは、日本では海外移民同胞が作ったコーヒーとして、米国においては領土内で唯一栽培されるコーヒーとして、それぞれの帝国の属性——民族及び領土——を強く意識した形で売り込まれていた。

本章を締めくくるにあたり、このような環太平洋移動を植民地主義の文脈から位置づけたい。コナ日系移民は欧米系コーヒー会社の支配下にあったが、南洋群島では日本帝国臣民という立場から、コーヒー会社を運営するための大規模な土地を問題なく獲得することができた。また、コナ日系移民は直接経営には関わっていなかったが、台湾での日本人によるコーヒー農園では本島人や原住民を人種／エスニック集団によって分割統治する「ハワイ方式」が採用されたことから、台湾でのコーヒー農園経営においてハワイ日系移民の経験は切り離すことはできない。よって、このような人種主義と入植者植民地主義もコーヒーの移植に伴い日米帝国の植民地へと拡充していったのである(158)。南洋珈琲に関わったコナ日系移民は、ハワイでは帰化権を持たない移民としての立場にありながら、南洋群島では支配国の出身者という恩恵を受けつつ移民投資活動や農園経営にあたるという、移民と入植者の両側面を同時に経験していた。しかし、第2章、第3章でみてきたように、コナのコーヒー農園開発自体が土地改革制度にともなう欧米系入植者事業であり、その運営を支えてきた日系移民たちは先住

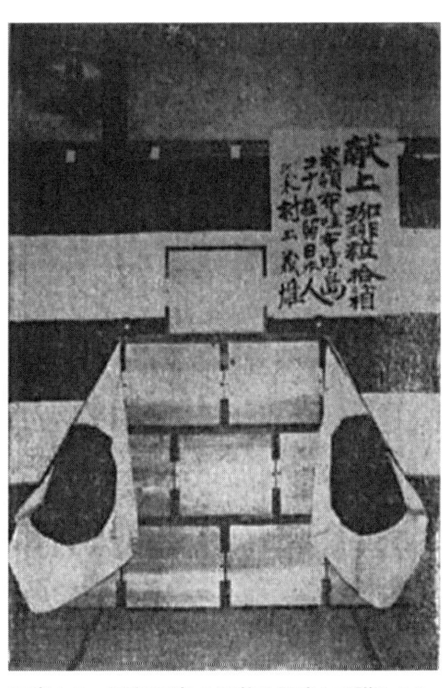

写真4-5　昭和天皇の即位を記念して贈られたコナ珈琲

献上されたコーヒー箱の横には日本国旗が架けられ、右上の掲示には「献上珈琲粒拾箱　米領布哇布哇島コナ在留日本人代表村上義雄」と書かれている。
出典：「箱詰めにして献上　コナ珈琲の名誉」『日布時事』1929年2月3日、3面。

民の視点からみれば土地や資源を奪った入植者に変わりないのも事実である。

注

(1) 林三郎、増田禎司『布哇島一周』(コナ反響社、1924年) 小沼良成編『初期在北米日本人の記録』第二期、布哇編第十五冊 (文政書院、2007年) 所収、125頁;「コナ日本人珈琲業者組合」『実業之布哇』(1917年10月)、49頁、316頁。

(2) 中野次郎『ジャカランダの径――ハワイの医師林三郎伝』(1991年)、15頁。

(3) 中野『ジャカランダの径』、88頁。

(4) Gerald Kinro, *A cup of aloha: the Kona coffee epic* (Latitude Twenty Book, 2003), pp. 39–40. 林は北コナ日本人共同墓地、北コナ日本人小学校、北コナ日本人会、北コナ珈琲業組合の設立にも深く関わっており、19世紀末の北コナ日系社会の主要機関や団体の組織化に貢献した人物である。中川金蔵「コナ日本人社会に貢献した人物」『日布時事』1955年10月1日、9面。

(5) 林『布哇島一周』(序、頁付けなし)。

(6) 林『布哇島一周』、125頁、316頁。

(7) 森田栄『布哇日本人発展史』(真栄館、1915年)、178頁。

(8) 「写真花嫁」とは見合い結婚の一種であった。妻を娶るために帰国する費用や時間が捻出できなかった男性は、故郷の親、親戚や仲介人に結婚相手を探してもらい、その女性との手紙や写真のやり取りを通じて結婚を決めた。結婚が正式に決まると花婿の代理人を立て、日本で結婚式と入籍を済ませ、花嫁は移民の「妻」としてハワイに渡った。1919年には在米日本人会と日本政府が写真花嫁の廃止を決定し、1920年2月を最後に夫が同行しない妻 (=写真花嫁) の移民は終了した (佐藤清人「「写真花嫁」と『写真花嫁』――事実と虚構の間で」山形大学紀要 (人文科学) 15巻2号 (2003):123;柳澤幾美「『写真花嫁』は『夫の奴隷』だったのか――『写真花嫁』たちの語りを中心に」島田法子編『写真花嫁・戦争花嫁のたどった道――女性移民史の発掘』(明石書店、2009年)、49頁)。

(9) Franklin Odo and Kazuko Shinoto, *A pictorial history of the Japanese in Hawai'i 1885–1924* (Bishop Museum Press, 1985), p. 49.

(10) Odo, *A pictorial history*, pp. 18–19.

(11) Ethnic Studies Oral History Project, *A social history of Kona*, vol. 1 (Ethnic Studies Program, University of Hawaii Manoa, 1981), pp. 51, 74. 敬虔なキリスト教徒であったハワイ先住民は日曜日の教会での礼拝後には仕事ができなかったため、漁も土曜日の夜までしか行わなかったという。また、日曜日は火の使用もできなかったため、火を使用する漁も土曜日までに済ませた。Ethnic Studies Oral History Project, *A social history of Kona*, vol. 1, p. 71.

(12) 中島陽『コナ日本人実情案内』(精神社、1934年)、3-209頁。

(13) 岡本翠江「コナ珈琲業の現在及将来」『実業之布哇』1917年10月、40頁。

(14) 「中央日本人会趣意書」『やまと新聞』1903年11月10日、1面;塩出浩之『越境者の政治史――アジア太平洋における日本人の移民と植民』(名古屋大学出版会、2015年)、134頁、138–139頁。

(15) 「中央日本人会趣意書」;塩出『越境者の政治史』、140頁。

(16) 塩出『越境者の政治史』、147頁、152頁。

(17)　「中央日本人会を継続せよ」『やまと新聞』1903年9月15日、4面。

(18)　「在布六万同胞に告ぐ」『やまと新聞』1903年12月22日、3面；塩出『越境者の政治史』、145頁、445頁。その後、太田は脱退している（塩出『越境者の政治史』、445頁）。

(19)　岡本「コナ珈琲業」、40頁。

(20)　東栄一郎著、飯島真里子・今野裕子・佐原彩子・佃陽子訳『帝国のフロンティアをもとめて――日本人の環太平洋移動と入植者植民地主義』（名古屋大学出版会、2022年）、226頁。

(21)　このような異なる帝国の植民地間を移動した商品作物に関する研究は2010年代から増え始め、日本帝国期の製糖業やパイナップル栽培・缶詰業についての研究も進んでいる。飯島真里子「戦前日本人コーヒー栽培者のグローバル・ヒストリー」『移民研究』7号（2011年）：1-24；Eiichiro Azuma, *In search of our frontier: Japanese America and settler colonialism of Japan's borderless empire* (University of California press, 2019); Mariko Iijima, "Japanese diasporas and coffee production," *The Oxford research encyclopedia of Asian history* (2019); Mariko Iijima, "Sugar islands in the Pacific in the early twentieth century: Taiwan as a protégé of Hawai'i," *Historische anthropologie*, vol. 27, iss. 3 (2019): 361-381; 八尾祥平「パイン産業にみる旧日本帝国圏を越える移動――ハワイ・台湾・沖縄を中心に」植野浩子・上水流久彦編『帝国日本における越境・断絶・残像――モノの移動』（風響社、2020年）、257-296頁；飯島真里子「二つの帝国と近代糖業――ハワイと台湾をつなぐ移動者たち」『農業史研究』55号（2021年）：15-24などが挙げられる。

(22)　"Tea and Coffee," *Daily Pacific Commercial Advertiser*, 4 February 1891, 3; "Coffee outlook: prospects excellent for large yield in Kona," *The Pacific Commercial Advertiser*, 27 February 1897, 1.

(23)　"Coffee outlook."

(24)　"Table of coffee growers throughout the Islands," *The Hawaiian annual* (1898), p. 182; Kinro, *A cup of aloha*, pp. 13-14. クレグホーンは1877年、妻ミリアム・K・リケリケ（Miliam K. Likelike）とともに、南コナ・ケアラケクア湾に建つジェイムズ・クックの記念碑周辺の土地を英国に寄付している。"Cook's monument at Kealakekua," *Hawaiian almanac and annual* (1912), p. 69.

(25)　"Table of coffee growers," pp. 181-182; Sales of public land," *The Pacific Commercial Advertiser*, 12 June 1896, 12.

(26)　"Table of coffee growers," pp. 181-182. 1897年11月にはコナ住民が、共和国内務大臣に郵便貯金銀行をカイルアに建設するよう求めた。その理由としては、「多くの倹約家の日本人、ポルトガル人、中国人、ハワイ先住民」は「コーヒー栽培地のための資金を少しずつ貯めており」、そのような貯金が盗まれた場合は「非常に大きな打撃」となるためであった（"Want a savings bank: settlers in Kona laying side money for coffee lands," *The Hawaiian Star*, 9 November 1897, 1）。

(27)　Baron Goto, "Ethnic groups and the coffee industry in Hawai'i," *The Hawaii journal of history* (1982), 121; Odo, *A pictorial history*, pp. 16-17.

(28)　Goto, "Ethnic groups," 121.

(29)　Goto, "Ethnic groups," 121.

(30)　J. T. Stacker, "Hilo: its changing conditions and outlook," *The Hawaiian annual* (1901), p. 129.

(31)　森田『布哇日本人』、183-184頁。

(32)　*The Honolulu Republican*, 13 October 1900, 3.

(33)　"J. B. Castle Controls Coffee: Buys out Captain Cook Co. and the Hala Cannery," *The Pacific Commercial Advertiser*, 22 April 1908, 1;「ブルーナー氏珈琲記」『やまと新聞』1903年10月21日、3面；柴田得造『椰子の枯葉』（ホノルル、1942年）、4頁；"Real estate transactions," *The Pacific Commercial*

Advertiser, 12 September 1905, 4.

(34) 森田『布哇日本人』、185頁；柴田『椰子の枯葉』、41頁；Kinro, *A cup of aloha*, pp. 19–20.

(35) Julia Lilly Katz, "From coolies to colonials: Chinese migrants in Hawaiʻi," PhD thesis submitted to the State University of New Jersey (October 2018), p. 116.

(36) Chung Kun Ai, *My seventy-nine years in Hawaiʻi* (The Cosmorama Pictorial Publisher, 1960), p. 76; Goto, "Ethnic groups," 118. アイ氏の父親は1860年代半ばにハワイに移民し、ハワイ島コハラで商店を経営していた。事業の成功により、父親は14歳のアイ氏を含む家族を1879年に呼び寄せた。彼は国王カラカウアによって設立された聖公会（英国国教会の一派）によるイオラニ・カレッジ（Iolani College）で2年ほど学んだ。もともとハワイ先住民の子弟のためのカレッジであったが、わずかに中国人の入学も認められており、同級生には孫文もいた。1898年には、シティ・ミル（City Mill）社をホノルルで立ち上げ、製材の輸出とコメの精製業で成功をおさめた。現在、シティ・ミルはホノルル郊外でホームセンターを複数店舗展開している（"Our history," *City mill*, https://www.citymill.com/our-history; "Educating a revolutionary: sun Yat-Sen's schooling in Hawaii," *Dr. Sun Yat-Sen Hawaii Foundation* (28 October 2008), http://sunyatsenhawaii.org/2008/10/28/educating-a-revolutionary-sun-yat-sens-schooling-in-hawaii/. 最終アクセス2024年3月31日）。

(37) Goto, "Ethnic groups," 119. 米国では1882年に中国系移民労働者の入国が禁止されており、併合後はハワイ準州にも適用された。

(38) 三田長造「地方版　コナ郡に於る同胞の発展」『実業之布哇』1917年10月、45頁；"H. Hackfeld & Co. Ltd.," *Kona Historical Society* (20 April 2020), https://konahistorical.org/news-blog/h-hackfeld-amp-co-ltd.

(39) "Chinese cemetery is private affair," *West Hawaii Today*, 6 January 2013, 6B.

(40) Frederick Bernays Wiener, "German sugar's sticky fingers," *Hawaiian journal of history* (1982), 16.

(41) Richard A. Hawkins, "Hackfeld, Heinrich," *Immigrant Entrepreneurship* (22 August 2018), https://www.immigrantentrepreneurship.org/entries/hackfeld-heinrich/#Business_Development.（最終アクセス2024年9月30日）

(42) 相賀渓芳『五十年間のハワイ回顧』(「五十年間のハワイ回顧」刊行会、1953年)、271頁。

(43) 「布哇諸島本邦人珈琲栽培業ノ景況」JACAR（アジア歴史資料センター）、https://www.jacar.archives.go.jp/aj/meta/listPhoto?LANG=default&REFCODE=B16080737000&BID=F2016112114043721731&ID=&NO=6&TYPE=PDF&DL_TYPE=pdf.（最終アクセス2024年10月13日）

(44) 異なる人種／エスニック集団との婚姻は5組（ハワイ先住民3組、ポルトガル人2組）と非常に少なかった。「ハワイ嶋北コナ郡在留同胞労働者の近況　二千五百名の居住者中大部分は同胞」『日布時事』1914年4月19日、4面；森田『布哇日本人』、187頁、189頁。

(45) 1913年にコナ曹達水製造会社を設立した（三田「地方版」、45頁)。

(46) 「ハワイ嶋北コナ郡在留同胞労働者の近況」；森田『布哇日本人』、187頁、189頁。

(47) 岡本「コナ珈琲業」、40頁。

(48) 「コナ人物紹介」『実業之布哇』1917年10月号、52頁。

(49) 岡本「コナ珈琲業」、41–43頁。

(50) 森田栄「在布五〇年記念祝賀会を開け」『実業之布哇』1917年9月、140頁。

(51) 三田「地方版」、45頁。

(52) 森田『布哇日本人』、185–186頁。

(53) 商店はサトウキビ農園にもあり、当時「耕地商店」とも呼ばれていた。日本語紙『布哇毎日』

の社長であり、サトウキビ農園労働者の権利や労働や生活条件改善のため数多くの記事を書いた早川治郎は『実業之布哇』に寄せた論説「耕地商店を撤廃せしめよ——然ざれば布哇の将来に悲観なる」にて、農園の商店を「労働者の寄生木」と非難した。それは商店が農園経営者によって経営されており、労働者が商店で買い物をすることで賃金が回収されているためであった。コナの商店の仕組みに関しても、同様のことが言える（早川治郎「耕地商店を撤廃せしめよ——然ざれば布哇の将来に悲観なる」『実業之布哇』1917年10月号、2-8頁）。

(54)　1908年に11軒だった商店は1934年には64軒に増加した（Kona Historical Society, *Guide to Kona Heritage Stores* (pamphlet)）。

(55)　August Soren Thomsen Lund, "An economic study of the coffee industry in the Hawaiian islands," Doctoral dissertation (Cornell University, 1937): 234-235.

(56)　森田『布哇日本人』、185頁。

(57)　Ethnic Studies Oral History Project, *A social history of Kona*, vol. 1, p. 286.

(58)　Ethnic Studies Oral History Project, *A social history of Kona*, vol. 1, p. 261.

(59)　森田『布哇日本人』、185-186頁。

(60)　Ethnic Studies Oral History Project, *A social history of Kona*, vol. 1, p. 255.

(61)　Koji Ariyoshi, "The tragedy of Kona coffee," *Honolulu Star-Bulletin*, 19 July 1938, 9.

(62)　Ethnic Studies Oral History Project, *A social history of Kona*, vol. 1, p. 257.

(63)　Ethnic Studies Oral History Project, *A social history of Kona*, vol. 1, p. 259.

(64)　Ethnic Studies Oral History Project, *A social history of Kona*, vol. 1, p. 257.

(65)　Ethnic Studies Oral History Project, *A social history of Kona*, vol. 1, p. 249.

(66)　"Kona coffee men: Japanese planters start their new mill," *The Pacific Commercial Advertiser*, 12 October 1899, 3.

(67)　森田『布哇日本人』、217頁。

(68)　「コナ日本人珈琲業者組合」『実業之布哇』1917年10月号、148頁；Kinro, *A cup of aloha*, pp. 33-34.

(69)　相賀「五十年間」、1頁。

(70)　中川金蔵「コナ日本人社会に貢献した人物」『布哇タイムス』1955年10月、9面。同年の『やまと新聞』における記事では法月が日本からコナへ「帰村」した際、「秋津州村々長」という肩書きが添えられている（『やまと新聞』1899年12月5日、3面）。

(71)　中島『コナ日本人』、1頁。

(72)　エンブリーはコネティカット州の生まれであるが、青年時代にハワイに移住し、プナホウ・スクール（Punahou School）を卒業した（「日本農村実地研究の若き米人学徒夫妻——エンブリー教授秩父丸で寄港市俄古大学で研究を」『日布時事』1936年12月11日、5面）。

(73)　A・R・ラドクリフ＝ブラウン「序」ジョン・F・エンブリー著、田中和彦訳『新・全訳 須恵村——日本の村』（農山漁村文化協会、2021年）、32頁。

(74)　加藤幸治「学問の同時代性への視点——『内から見た日本農村研究』へのコメント」『歴史と民俗　神奈川大学日本常民文化研究所論集37』（2021年）：119。

(75)　日本に長期住んでいたエンブリーの妻エラ・ルーリー・ウィスウェル（Ella Lury Wiswell, 1909-2005年）はエンブリーと異なり、日本語が堪能で現地調査において重要な役割を果たした。筆者が2004年ウィスウェルにハワイで会った際、彼女は「エンブリーは日本語ができなかった最後の日本研究者」と表現していた。ウィスウェルは1982年にコーネル大学文化人類学者ロバート・J・スミス（Robert J. Smith）との共著、*The women of Suye mura* (Chicago university press)（ロバート・J・スミス、エラ・ルーリィ・ウィスウェル著、河村望・斉藤尚文訳『須恵村の女たち――暮しの民俗誌』御茶の水書房、1987年）を出版した（「日本農村実地研究の若き米人学徒夫妻――エンブリー教授秩父丸で寄港　市俄古大学で研究を」『日布時事』1936年12月11日、5面；松本貴文「エンブリーの須恵村研究の今日的意義」『村落社会研究』（2016年）第26巻第1号：14–15。また、エラの兄ロバートは、ライジングサン石油会社（旧昭和シェル石油の前身）の「満洲国総支配人」をしていたとされる（「九州の僻村に!! 米人学者のお百姓さん　市俄古大学助教授のエンブリー夫妻」『新世界朝日新聞』1935年12月７日、3面）。

(76)　田中一彦「『非農民の農民発見』として――訳者後書き」エンブリー『新・全訳 須恵村』、395頁；ラドクリフ＝ブラウン「序」、32頁。

(77)　John F. Embree, “New and local Kin groups among the Japanese farmers of Kona, Hawaii,” *American anthropologist*, 41-3 (1939): 402.

(78)　John F. Embree, “Acculturation among the Japanese of Kona,” *Hawaii, memoirs of the American Anthropological Association, supplement to American anthropologist*, 43–4, part 2 (1941): 5.

(79)　田中一彦『忘れられた人類学者――エンブリー夫妻が見た〈日本の村〉』（忘羊社、2017年）、252頁。

(80)　Embree, “Acculturation” 6.

(81)　Embree, “Acculturation,” 140. 日本の文化人類学者泉水英計は、*Sue mura: a Japanese village* (Chicago University Press, 1936) のタイトルに含まれるvillageは日本の農村生活に関するモノグラフであることを印象付けるため、「誤解を招く不適切な副題であろう」と指摘している。泉水英計「解題――特集『交差する日本農村』」『歴史と民俗 神奈川大学日本常民文化研究所論集37』（2021年）：19。

(82)　Embree, “Acculturation” 142.

(83)　「日本農村実地研究の若き米人学徒夫妻」。

(84)　“Rural Japanese in Hawaii,” *The Jistugyo-no-Hawaii* , 28 November 1941, vol. 30. no. 44: 8.

(85)　「懐かしの熊本の山村　布哇大学教授エンブリー氏より嬉しい訪日の頼り来たる」『布哇タイムス』1946年９月24日、5面。

(86)　ハワイ大学社会学部の卒業生（バーナード・ホーマンやキヨシ・イケダ等）のなかには、シカゴ大学大学院で教育を受けた後、母校ハワイ大学に戻り教鞭をとるなど、同大学社会学部はシカゴ学派の植民地的空間であった（“Biographical sketch of Romanzo Adams and history of the Romanzo Adams, Social Research Laboratory,” *University of Hawaiʻi at Manoa Library*, https://manoa.hawaii.edu/rasrl/index.php?query=Agriculture. 最終アクセス2024年４月７日）。

(87)　Andrew W. Lind, “Attitudes toward interracial marriage in Kona, Hawaii,” *Social process in Hawaii* (May, 1938): IV, 79.

(88)　東『帝国のフロンティア』、224–225頁。

(89)　「資本金五十万円の南洋珈琲会社――コナの珈琲業者と在日布哇関係者との提携　有意義なる新事業」『日布時事』1926年５月４日、2面。

(90)　「資本金五十万円の南洋珈琲会社」；『昭和五年　南洋視察議員団報告書』（衆議院事務局、1930年）、7頁。

(91)　“Gisaburo Nishioka,” *The 1910 United States Federal Census* (Ancestry.com).

(92)　人事興信所編『人事興信録 9版（昭和６年）』（人事興信所、1931年）、67頁；松江春次『南洋開拓拾年誌』（南洋興発、1932年）、22–23頁。

(93) 出資者25名は山縣直太郎、森田丑馬、柳貞治郎、冷水幸太郎、江口（苗字のみ）、佐伯文治、永田彌太郎、彌永虎吉、中村安太郎、川口寅蔵、池田勘次郎、松永百平、井上長吉、沖野健助、川崎（苗字のみ）、森田京新、山下實蔵、佐々岡健吉、谷口万治、小林？太郎、福原覚太郎、彌永重太郎、井上清作、山縣富平であった。熊本県出身の彌永虎吉は日本から陸稲を取り寄せ、ケアラケクアで栽培したが、「生業」とするほどの利益は出さなかった（森田『布哇日本人』、190頁）。

(94) 1896年に渡布した本重和助は、薬品や化粧品の輸入業に従事しながら、日本人商人同志会（後の日本人商工会議所）の創設にも関わり、住田と同じくハワイ日本人実業界の重鎮となった（「合理的販売方針を樹て海外市場へ乗出せ布哇商会の元老」『大阪朝日新聞』1930年9月24日、神戸大学附属図書館デジタルアーカイブ・新聞記事文庫）。

(95) ハワイ渡航年や年齢に関しては、Ancestry.com, FamilySearch.com, Hoji Shinbun Digital Collectionのデータベースから個人情報を探しだし、割り出した。

(96) “The Jitsugyo-no-Hawaii presents Mr. Tasuke Yamagata of the Bank of Hawaii,” *Jitsugyo-no-Hawaii* (1935) vol. 24, no. 2, 15; 相賀渓芳「五十年間のハワイ回顧　その二百九十四　七、日支事変より日米開戦まで　サイパン島の珈琲業」『布哇タイムス』1948年5月28日、1面；「コナ人物紹介」、52-53頁。

(97) “The Jitsugyo-no-Hawaii,” *Jitsugyo-no-Hawaii* (1935) vol. 24, no. 2: 15.

(98) Embree, “Acculturation,” 51.

(99) Ancestry.comのデータベースによる調査。

(100) Kinro, *A cup of aloha*, p. 77.

(101) 川﨑壽『ハワイ日本人移民史』（ハワイ移民資料館仁保島村、2020年）、107頁。

(102) 「珈琲のコナに移住せよ」『日布時事』1919年12月2日、5面。

(103) Lund, “An economic study,” 70; *The Hawaiian annual* (1924), p. 18; *The Hawaiian annual* (1930), p. 15.

(104) Kinro, *A cup of aloha*, p. 70.

(105) Kinro, *A cup of aloha*, p. 32.

(106) 日本帝国における最初の「国内産」コーヒー栽培は、小笠原諸島で始まった。1878年、勧農局の武田昌次は、同年3月に行ったインド・ジャワ調査から持ち帰ったジャワ産コーヒーの苗を同地に植えた。そこに植えられた苗木は、1884年には4万本にまで増えたと報告され、順調な成長が窺える（伊藤博『珈琲博物誌』八坂書房、2001年、215頁）。また、田代安定は「恒春熱帯植物殖育場事業報告書」のなかで、「小笠原諸島の茄非は今日同地の一産物と為り」と評し、その実績が台湾での試作を決意させたと思われる（台湾総督府殖産局「恒春植物殖育場」115号, 3頁）。小笠原諸島から台湾に持ち込まれたコーヒー苗は武田がジャワより携帯したアラビカ種であった（台湾総督府民政部殖産局「恒春熱帯植物殖育場事業報 第二輯 纖維澱粉、及飲料食物ノ部」(1911年)、200頁）。

(107) 田代は1880年代から八重山諸島、オセアニア地域の動植物や旧慣調査を行った熱帯地域の民俗学・植物学者であった。また、恒春は牡丹社事件（「琉球漂流民殺害事件」）の際、日本軍が報復として出兵し、パラワン族に大きな被害を与えた場所であった。田代は、殖育場を建設するにあたり台湾出兵の経験から、恒春が他の地域よりも現住民が「遥かに静穏で」統治しやすいことも指摘し、植民地として理想の地であるとしている（大浜郁子「田代安定にみる恒春と八重山――「牡丹社事件」と熱帯植物殖育場設置の関連を中心に」『民族学会』第231期（2013年）：231）。田代の恒春に対する見解は入植者植民地主義を正当化する語りともとれる。

(108) 台湾総督府殖産局「恒春熱帯植物殖育場事業報告書 第五輯 事業部上巻」殖産局出版七二号

（1915年）：6。

（109） 台湾総督府殖産局「東部台湾開發研究資料第一輯 珈琲」（台北印刷株式会社、1929年）、12-13頁。

（110） カフェーパウリスタの創始者の水野龍はブラジル移民の父とも呼ばれ、戦前のサンパウロ州コーヒー農園への日系移民の送出を主導した。詳しくは、飯島真里子「戦前日本人コーヒー栽培者のグローバル・ヒストリー」『移民研究』7号（2011年）：1-24を参照。

（111） 全日本コーヒー商工組合連合会コーヒー史編集委員会編『日本コーヒー史』上巻、205頁。

（112） 大山勝「吾南洋群島の熱帯農業（二）」『文化農報』7月号（176号、1936年）、20頁。この情報は西田与四郎『女子新地理教科書教授資料　外国地理編5訂』（目黒書店、1936年）内の「第二章太平洋諸島」の「一　我が南洋群島」の項目（10頁）でも紹介されている。

（113） 大宜味『我が統治地南洋群島案内』（海外研究所、1934年）、73頁。

（114） 台湾総督府殖産局「東部台湾」、159頁；大宜味朝徳「自序」『我が統治地南洋群島案内』（海外研究所、1934年）、頁付けなし。

（115） 大宜味『我が統治』、72頁。また、三平将晴『海外発展案内書　南米篇・南洋篇　改版』（大日本海外青年会、1935年）、15頁；三平将晴『南洋群島移住案内　改版』（大日本海外青年会、1937年）、24頁にも同じ説明が掲載されている。

（116） 東『帝国のフロンティア』、226頁。

（117） "The Jitsugyo-no-Hawaii presents," *Jitsugyo-no-Hawaii*（1935）vol. 24, no. 2: 15。

（118） 相賀「五十年間のハワイ回顧」『布哇タイムス』1948年5月28日、1面。「ハワイの方が先生格」という認識は、日本帝国期のハワイと台湾間の製糖業を通じた関係にも見られた。Iijima, "Sugar islands," 361-381; 八尾「パイン産業」、257-296頁；飯島「二つの帝国と近代糖業」：15-24を参照。

（119） Kinro, *A cup of aloha*, p. 52.

（120） Kinro, *A cup of aloha*, p. 52.

（121） 東『帝国のフロンティア』、226頁。

（122） 相賀「五十年間」、1面。

（123） 「缶詰の量目統一と輸出地の嗜好に投合ハワイ実業界の重鎮住田代蔵氏は語る」『大阪朝日新聞』1930年9月24日、神戸大学附属図書館デジタルアーカイブ・新聞記事文庫。

（124） 東京でコナコーヒーを売りこむため、1922年に東京支社を開設している（株式会社エム・シー・フーズHP「沿革」、https://www.mcfoods.co.jp/company/history. 最終アクセス2018年2月2日）。

（125） 1910年には吉野村、1913年には豊田村、1914年には林田村が建設された。

（126） 花蓮港庁『花蓮港』（1929年）、1頁。

（127） 台湾総督府殖産局「東部台湾」、14頁。

（128） 1929年当時、豊田村の総戸数は139戸で、674名が住んでいた（花蓮港庁『花蓮港』、28頁）。

（129） 通常、1甲歩に付き3千本のコーヒーの木を植えていたとされる（「有望な新事業珈琲の栽培——全島到る処その適地　将来は輸入を防遏出来る」『台湾日日新報』1928年3月23日、神戸大学附属図書館デジタルアーカイブ・新聞記事文庫）。

（130） 台湾総督府殖産局「東部台湾」、14頁。

（131） 台湾総督府殖産局「東部台湾」、154頁。

（132） 台湾総督府殖産局「東部台湾」、156頁；橋本政徳『台湾珈琲栽培二就テ』（卒業報文、農学科第参学年）（1930年）、117頁。

（133） 台湾経済年報刊行会編『台湾経済年報』（東京国際日本協会、1942年）、405頁。

(134)　全日本コーヒー商工組合連合会編『日本コーヒー史』上巻（全日本コーヒー商工組合連合会、1980年）、84–87頁；飯島「戦前日本人」：15。

(135)　台湾総督府殖産局「東部台湾」、159頁。

(136)　「試験期を脱したる台湾の珈琲栽培」。

(137)　「台湾に珈琲栽培——採算上の見込も立って南洋の向うを張る」『時事新報』1930年12月13日、神戸大学附属図書館デジタルアーカイブ・新聞記事文庫。

(138)　全日本コーヒー商工組合連合会編『日本コーヒー史』上巻、185頁。

(139)　台湾経済年報刊行会編『台湾経済年報（昭和十七年度版）』、419頁、422頁。

(140)　台湾経済年報刊行会編『台湾経済年報（昭和十七年度版）』、422–423頁。また、東によると、ハワイの農園労働管理方法に由来した人種／エスニック背景による分割統治は、日本統治下台湾のパイナップル栽培・缶詰産業でも実施された。詳しくは、東『帝国のフロンティア』第6章を参照。

(141)　「住田氏の台湾　第一回目の収穫"初物"を本社へ寄贈　花蓮港農場の生産品」『日布時事』1935年9月25日、6面。

(142)　「住田国産コーヒーを味ふ——住田多次郎氏より本社へ寄贈」『実業之布哇』1935年10月号、30頁。

(143)　「台湾住田珈琲大農場　二千町歩の土地」『日布時事』1940年4月9日、3面。

(144)　全日本コーヒー商工組合連合会編『日本コーヒー史』上巻、185頁。

(145)　「国家的大事業として珈琲生産業に邁進　御影にて　住田多次郎氏と語る」『日布時事』1937年7月3日、7面。

(146)　相賀渓芳「五十年間のハワイ回顧」『布哇タイムス』1948年5月25日、1面。

(147)　「国家的大事業として」。

(148)　ブラジル、ハワイ、南洋群島、台湾での日本人のコーヒー栽培の連関史を論じた研究論文として、飯島「戦前日本人」：1–24を参照。

(149)　相賀渓芳「五十年間のハワイ回顧」『布哇タイムス』1948年5月28日、1面。

(150)　相賀渓芳の本名は相賀安太郎であり、ハワイの日本語紙『日布時事』（1906〜1942年）の社長を務めていた。その後、『日布時事』は『布哇タイムス』（1942〜1985年）へと改名された。

(151)　"Experts survey farms in Kona," *The Nippu Jiji*, 7 August 1928, 2.

(152)　Embree, "Acculturation," 7.

(153)　Embree, "Acculturation," 142.

(154)　コナ日系移民史研究者平川亮の調査によると、日本人流入世帯と流出世帯数に大差がないため、コーヒー農家総数に変化がみられない年もあるが、戦前、コナ内外への移動もかなりあった。また、流出世帯の多くはコナよりも良い仕事や生活を得るために再移動した人びとであった。詳しくは、平川亮「ハワイ島コナ地域における日本人移民の定住・定着とその過程」『文学研究論集』第53号（2020年9月）：53–73を参照。

(155)　森田『布哇日本人』、217–218頁。

(156)　「箱詰めにして献上　コナ珈琲の名誉」『日布時事』1929年2月3日、3面；「村上義雄氏　本日学校へ転任」『日布時事』1938年11月1日、8面。

(157)　「後藤農学士　米国珈琲大会へ　大統領及び国務卿にコナ珈琲を贈呈する」『日布時事』1929年10月4日、7面。

(158)　ハワイ・米国日系移民と入植者植民地主義に関しては、東『帝国のフロンティア』を参照。

Column 2

「愛国的飲料」としてのコナコーヒー

戦時中のコーヒー消費推奨

ハワイ準州では戦時中、コナコーヒー産業の維持のため、島内消費を積極的に推奨した。ところが、これまでブレンドコーヒーに親しんでいたハワイ住民にとって、100%コナコーヒーはその独特な風味から抵抗があったようである。

1942年8月の地元紙は、米国本土でコーヒーの入手が困難になっている状況にあることを伝えたうえで、ハワイ準州の人びとはコナコーヒー産業の存在により、コーヒー消費に制限がないことを誇らしげに報じた。一方で、同紙は、ハワイではブレンドコーヒーの味に慣れている消費者が多いため、価格も品質も高い100%コナコーヒーの味に馴染めるかどうかが課題であることを挙げた[1]。戦前からコナコーヒーの商品化を手がけていたメイフラワー社（Mayflower Co., ホノルルに拠点）は、同年10月に、コナコーヒーの魅力を伝えるため、以下のような広告文を出している（図1）。

図1　米軍とコナコーヒー
出典：*Honolulu Star-Bulletin*, 22 October 1942, 3.

米軍兵士、水兵、国防関係者は、ハワイがすでに知っていたこと――コナコーヒーには、他のコーヒーに引けを取らないおいしさがあること――を学んでいるのです。世界的に有名なブランドは、長年コナコーヒーを使って風味付けをしてきたわけですが、戦争が全てを変えたのです。コナコーヒーの実は、コーヒー愛好家に真の喜びをもたらすために、[ブランド用に米国本土に送られることなく]ハワイに残っているのです。[2]

さらに、同年12月にはハワイに住む女性をターゲットとした広告が掲載された(図2)。

タクシー、トラック、赤十字を運転しながら戦争と戦い——他の多くの仕事をこなしながら——戦闘任務のために男性を支えているのはハワイの女性たちです。彼女たちにとって、ハワイのおいしいコナコーヒーを飲む「つかの間の休憩」は、心安らぐひとときなのです[3]。

図2　女性をターゲットとしたコナコーヒー

出典：*Honolulu Star Advertiser*, 21 December 1942, 3.

これらの広告で描かれるのは、軍服姿の白人であり、コーヒーを飲むことと戦争が深い関わりを持つことを仄めかす。軍関係者に限っては、士気を高めるとされたコーヒーは好きなだけ飲むことができ、特にネスレ社やマックスウェル・ハウス社が作ったインスタントコーヒーは戦地に届けられ、前線を支える「愛国的飲料」として宣伝された[4]。その文脈において、戦時中に、「国産」コナコーヒーを栽培し地元ハワイで消費することは、「愛国的飲料」としての位置付けをさらに強化した。

しかし、その需要を満たすための収穫労働者が不足したため、米軍はハワイ島東海岸部のヒロや他の地域から100名の高校生をボランティアとして募り、収穫にあたらせるほどであった[5]。コナコーヒー産業の労働者不足にも、戦争が深く関係していた。

コナ日系社会と太平洋戦争

戦時中、コナコーヒー産業は「愛国的飲料」を作る軍需産業として、軍政の保護を受けたわけだが、コーヒー農家の9割ほどは日系農家であり、一世は「敵性外国人」、二世は「敵性市民」として、米政府に危険視された人びとであった。よって、

1941年12月７日（ハワイ時間）の真珠湾攻撃後は、コナ日系社会も戦前と異なる生活上の制限、一部日系人の収容、二世の従軍など大きな社会的、人口的変化を経験することとなった。

中コナのカイナリウで1926年からオオシマ・ストアを経営する大嶋兼三郎の子どもたちは、真珠湾攻撃直前の朝、いつものようにコーヒーを収穫をしていた。母親から真珠湾攻撃のニュースを聞いたのは、摘み取り作業を終えて帰宅した午後５時頃であった(6)。その日から行政権と司法権が米国陸軍に移行され軍政が敷かれたハワイでは、午後７時45分から翌朝６時15分まで、夜間外出禁止令が発布されたため、夜明け前から収穫作業をする必要があったコナコーヒー農家にとっては痛手となった(7)。また、コナは北コナと南コナに分割され、両地区を移動する際は許可書が必要であり、特に日系人（日系移民とその子孫の総称）の場合は買い物に行ったり、散歩で外出したりする時も監視されていた(8)。加えて、ハワイの他の地域と同様に、敵性語（日本語、ドイツ語、英語）を話すことを禁止するポスターが神社仏閣などの宗教施設に貼り出され、10名以上の集会も禁止された(9)。

真珠湾攻撃直後の真夜中、大嶋家にはより大きな問題が起こった。大嶋兼三郎が、警察に連行されたのである。彼はコナから米国本土の収容所に移送された40名の一人となった(10)。太平洋戦争中の日系人収容に関しては、1942年２月、ルーズベルト（Franklin Delano Roosevelt）大統領が行政命令9066号に署名し、米国本土では陸軍が太平洋岸の特定地域に住む敵性外国人・市民――うち敵性市民となった日系二世は日系人社会の６割以上――を強制的に移動させることとなった。約12万人の日系人が半年ほど仮収容所で過ごした後、急遽内陸部に建てられた10ヶ所の収容所（relocation camps）に移された。収容所の多くは寒暖の差が激しく、木が一本も生えない環境にあり、肉体的にも精神的にも厳しい生活を強いられた。しかし、開戦直前の日系人数が全人口の40％近くを占めていたハワイ準州では、強制収容は一部の日系人に対して行われるにとどまった。これは、ハワイ軍事政府長官デモス・カールトン・エモンズ（Delos Carleton Emmons, 1889–1965年）が、政府からの再三にわたる収容要請に対して、日系人がハワイ社会で模範的米国人であることを主張し、全員一律の収容を拒否したからである。その結果、日系社会のリーダー的存在であった約3,000人（日系人会幹部、僧侶、日本語学校教員など）がハワイ内、もしくは米国本土内の収容所に送られた(11)。コナの場合、収容所に送られたほとんどが僧侶であったが、大嶋は戦前、在ハワイ日本総領事館に手紙を書いたり、コナで生まれた子ども（二世）たちが二重国籍をとる登録手続きを手伝ったりと日系社会の人びとを援助した活動が原因で収容されることになった(12)。

大嶋は火山で有名なハワイ島キラウエア（Kīlauea）の軍事キャンプに収容されたのち、同島ヒロから太平洋を渡り、オクラホマ州の軍用基地フォート・シル（Fort Sill）の収容施設に連れて行かれた。ここには約700名の収容者がおり、大嶋のようにハワイからやって来た者も含まれていた(13)。戦後、笠原シヅ子が歌った『アロハ・ブギ』の作詞者尾崎無音（むね）も、大嶋と同じく1942年3月21日、ハワイからフォート・シルに強制移住させられた一人である。3年以上の収容生活に耐えた尾崎は、1948年1月1日、『布哇タイムス』に「鉄柵に散る者——監禁行五千哩の一節」という題で収容経験について綴っている。そして、その「鉄柵に散る者」が大嶋であった。ふたりとも「オー（O）」で始まる名字だったため、ヒロを離れた時から、ホルルル及び米国本土への船でも同室であり、大嶋は船に弱かった尾崎をよく世話したという(14)。

1943年5月12日の昼間、事件が起きた。理由は不明だが、大嶋はフォート・シルの入り口付近のフェンスをよじ登り、外側に出たという。仲間の大声での制止に耳を傾けることなく、走り始めた大嶋は米軍兵に撃たれ絶命した。コナに妻と11名の子どもを残し、58歳の生涯をオクラホマの灼熱の砂漠地帯にある収容所で終えることとなった(15)。彼の葬儀は北コナ・ホナロ大福寺の曹洞宗僧侶中山寶瑞により収容所内で執り行われ、遺体は収容所近くのロートン（Lawton）市の墓所に埋葬された。そして、1947年11月、大嶋の遺体は息子によって引き取られ、コナへの帰還を果たすことができた(16)。

さらに、コナ日系社会の悲劇は、日系二世兵の従軍により拡大していく。日米開戦直後、ハワイ州兵として訓練を受けていたハワイ大学の学生のうち日系人のみが解任された。この措置に対して日系人学生は、長官エモンズに抗議した。その甲斐があって、準軍事組織である大学勝利奉仕団（Varsity Victory Volunteers）を結成するに至った。奉仕団はハワイ内の基地の道路工事、鉄条網の修復、土豪堀りなどを積極的に行い、その功績が認められ、1942年6月には、彼らを母体とした「第100歩兵大隊（分離）（100th Infantry Battalion（Separate））」が結成された（1,432名）。分離

(Separate) というのは、日系兵のみによる編成であるため、陸軍部隊とは異なる扱いを受けることを意味した[17]。この大隊は、訓練のためハワイを離れ、ウィスコンシン州のマッコイ基地、ミシシッピー州のシェルビー基地で訓練を受け、1943年8月にはヨーロッパに向けて出征し、イタリアで数々の戦闘に加わった。激戦となったイタリアのモンテ・カッシーノ（Monte Cassino）では、攻撃の先頭に加わった200名の日系兵のうち、生還者はわずか23名のみという大きな犠牲を払った[18]。

1943年1月、米軍陸軍省は、兵力の不足と日系二世に対する人種差別への批判をかわすために、米国本土から3,000人、ハワイから1,500人の日系人志願兵を募集することを決定した。しかし、本土の収容所にいた日系二世は忠誠テストを受けることが義務付けられ、加えて性別を問わず18歳以上の全ての日系人に課せられたため、収容所内のコミュニティや家族を分裂させるほど大きな混乱を招いた。その結果、日系二世兵の募集に関しては、本土からの応募者数はわずか1,500人であった。これに対し、ハワイでは1万人近くの応募者が出た。この志願兵数の違いは、収容経験、忠誠テストの有無が大きく影響していたといえよう。日系二世兵は第442連隊戦闘団（442部隊、442nd Regimental Combat Team）として、第100歩兵大隊とイタリアで合流し、フランス、ドイツへと北上し数々の戦線に投入されていった[19]。

特に、1944年にドイツとの国境に位置するフランス北東部の森林地帯での戦いは激しく、2,943名で構成されていた442部隊は、ドイツ軍に占領された町――ブリュイエール（Bruyères）とビフォンテーヌ（Biffontaine）――での戦いで戦死者161名、行方不明者43名、負傷者約2,000名以上の犠牲を払うこととなった[20]。ハワイの日本語新聞『布哇タイムズ』は、約1ヶ月遅れで二世兵の犠牲を報じた。1944年11月28日の記事では「名誉の戦傷を蒙つた」コナ出身の二世兵10名を取り上げている。そこでは軍服姿の顔写真と本人の経歴とともに家族の情報も紹介された。以下は、10月15日にフランスでの戦闘中に負傷した大植譲治ジョージ（Oue George Joji, 1915–2001年）に関する報告である。

> ケアラケクアの大植謙介氏はフランスでの戦闘中の愛息大植譲治一等兵（二九）が一月十五日に名誉の戦傷を［蒙］つたとの公式通知を本月（11月）接受した。

一九一五年三月五日ケアラケクアに生まれた大植一等兵はコナワエナ校を卒業し一九四一年三月第二回選抜に応じて入営するまでは父の珈琲事業を援けてゐた。

家族は両親と弟四人と姉妹三人である。

簡潔でありながらも、この詳細な記述により、家族そしてコミュニティ単位で日系社会が払った犠牲が浮かび上がってくる。現在でも、米国陸軍史上、最も勲章を受けた（the most decorated）として知られる442部隊であるが、それは最も多くの死傷者を出した部隊を意味している。

*

日米開戦後、ハワイ在住の住民や軍事関係者の味覚を満たすために「軍需産業化」したコナコーヒー産業だが、深刻な収穫労働者不足に陥った。その背景には、日系移民・市民の収容や二世兵の従軍という、米国への愛国心を証明するためにコナを離れざるを得なかった戦時下の特殊なかつ悲劇的状況があった。コナコーヒーの消費を促す際に大いに用いられた「愛国心」という言葉は、ハワイ住民のコナコーヒーの消費と日系二世の従軍を促すというマジックワードとして巧みに使用された。皮肉にも、愛国的飲料となったコナコーヒーが、米国政府や軍が「敵」とみなした日系人による多大な犠牲によって支えられていた実態は、オブラートに包まれていたのである。

注

（1） “No coffee rationing here,” *Hawaii Tribune Herald*, 24 August 1942, 4.

（2） *Honolulu Star-Bulletin*, 22 October 1942, 3.

（3） *Honolulu Star-Advertiser*, 21 December 1942, 3.

（4） 小澤卓也『コーヒーのグローバル・ヒストリー——赤いダイヤか、黒い悪魔か』（ミネルヴァ書房、2010年）、250頁。

（5） “Army buys out coffee crop, long reports,” *The Nippu Jiji*, 15 October 1942, 3; “Students asked to harvest Kona coffee: school superintendent long outlines plan for West Hawaii work camp to save crop,” *Hilo Tribune Herald*, 10 October 1942, 1.

(6) The Kona Japanese Civic Association, *More old Kona stories* III, pp. 11–12.

(7) 小川真和子「太平洋戦争中のハワイにおける日系人強制収容——消された過去を追って」『立命館言語文化研究』25巻1号：108 ; Gerald Kinro, *A cup of aloha: the Kona coffee epic* (Latitude Twenty Book, 2003), p. 79.

(8) Kinro, *A cup of aloha*, pp. 79–80.

(9) Ethnic Studies Oral History Project, *A social history of Kona*, vo1. 1, p. 317.

(10) ハワイ日系人の収容に関しては、秋山かおり『ハワイ日系人の強制収容史——太平洋戦争と勾留所の変遷』（彩流社、2020年）や小川真和子「太平洋戦争中」、105–118頁を参照のこと。

(11) フォート・シルは日系人収容以外にも、1894～1910年には先住民アパッチ族の収容に、またオバマ政権下の2014年には非合法移民の子どもの収容所として使われた。2019年のトランプ政権下で、再び非合法移民の子ども1,861名の収容所として指定された際、日系アメリカ人と先住民による抗議活動が展開され、米国合衆国保健福祉省（United States Department of Health and Human Services）はその決定を取り消すことを決定した（Molly Hennessy-Fiske, "Japanese internment camp survivors protest Ft. Sill Migrant Detention Center," *Los Angeles Times*, 22 June 2019, https://www.latimes.com/nation/la-na-japanese-internment-fort-sill-2019-story.html. 最終アクセス2024年10月21日）。

(12) The Kona Japanese Civic Association, *More old Kona stories* III, p. 12.

(13) Hennessy-Fiske, "Japanese internment."

(14) 尾崎無音「鉄柵に散る者——監禁行五千哩の一節」『布哇タイムス』1948年 1 月 1 日、12面。

(15) 尾崎「鉄柵に散る者」。

(16) "Kona man back from Oklahoma with dad's ashes," *The Hawaii Times*, 4 December 1947, 2.

(17) 同年 9 月には分離という呼称は外された。

(18) 飯島真里子「北米地域への日本人移民——アメリカ本土・ハワイ・カナダの移住経験を比較して」『北米研究入門——「ナショナル」を問い直す』（上智大学出版会、2015年）、235–262頁。

(19) 飯島「北米地域への日本人移民」、235–262頁。

(20) 飯島真里子「フランスの『ハワイアン』たち」——ヨーロッパ戦線のおけるアメリカ日系二世兵の記憶」『北米研究入門——「ナショナル」と向き合う』（上智大学出版会、2019年）、233–259頁。

補論　グローバル・ヒストリーを紡ぎ出す

2010年代から、グローバル・ヒストリーは、日本の歴史学分野においても水島司、羽田正、秋田茂などの研究者を中心に、その方法論や視点に関する議論や実践研究が急速に蓄積されてきた[(1)]。しかし、「どのように」グローバル・ヒストリーを描くのかという実際のプロセスについて論じたものはまだ少ない。よって、ここでは本書を執筆するにあたり、グローバル・ヒストリーを紡ぎ出す過程に加え、そこで浮かび上がった課題についてみていきたい。

複数の国民国家や地域間の多様なつながりを紡ぎ出すグローバル・ヒストリーでは、分断された過去の断片を様々な歴史資料——文書、写真、モノ、インタビューなど——から拾い集め、それらをパズルのように繋げていく作業が必要となる。フランスのアナール派初期の重要な歴史研究者マルク・ブロック（Marc Léopold Benjamin Bloch）は、歴史資料を目的によって二つの基本的なカテゴリーに分類した。一つめは「読者たちを啓発したり教化したりすることを意図したすべての書きもの」であり、年代記、聖人伝、回想録などである。それに対して、商人たちの出納簿、陶器の断片、僧侶たちの祈祷文、人びとによって付けられた地名などは、意図せずして歴史研究に貢献する資料であるとする。それらの意図しない歴史資料の多くは、叙述・啓蒙的文書よりも、「経済的構造、宗教的心証、物質的文明を再構築」するのに必要な情報や題材を与えてくれると論じる。そのうえで、ブロックは研究者にとって大切なこととして、「それらから生を抽出する仕方を知ること」の重要性を強調する[(2)]。つまり、資料を探し出すだけではなく、それらから何を読み取り、自らの物語（ナラティブ）に取り込んでいくためにどのように文脈付けするか、ということが求められるのである。

しかし、グローバル・ヒストリーを構築するにあたって、まず直面するのは、資料探しそのものである。日本近代史研究者マーティン・デゥゼンベリ（Martin Dusinberre）は著書*Mooring the global archive: a Japanese ship and its migrant histories*（グローバル・アーカイブを繋ぎ留めること——日本の船と移民の歴史、2023年）のなかで、その紡ぎ手となる研究者がアーカイブス（歴史資料の保管場所）を見つけること自体が難しいことを指摘する。通常、地域に根ざしたローカルな歴史は市町村県の図書館などが保存するアーカイブス、国家の歴史は国立のアーカイブスが存在するが、グローバル・ヒストリーのためのアーカイブスが、少なくとも現時点では、存在しないためである[3]。たとえば、「コナコーヒーのグローバル・ヒストリー」として分類・保存されたアーカイブスはどの研究所、資料館や研究所にも存在しない。よって、ブラジルからハワイ諸島へのコーヒーの移植については英国乗船者の航海日記や宣教師の手紙などの個人的記録、コナコーヒー史についてはハワイの農業史・移民史関係資料、戦前の太平洋地域のコーヒー栽培史については日本の植民地農業関係資料などというように、英国、ハワイ、日本、台湾などの研究機関に所蔵される資料を探しに現地に赴くか、デジタル化されたアーカイブスがあればオンライン上で入手することとなる。このように、コナコーヒーに関する歴史の断片を、いろいろな方向にアンテナを張り、グローバルな規模で収集していく。私は研究上の使用言語としては日本語、英語のみだが、これにハワイ語や他の言語を駆使すれば、さらに収集範囲は広がっていく。

加えて、デゥゼンベリは歴史研究者がアーカイブスを「どこでどのような目的を持って見出し」、それらを「どのような想像力を持って構築するか」という、歴史資料の再発見と再解釈のプロセスの必要性を主張する[4]。本書の場合も、それらの問いは大きな課題となった。そこで、本論では、第4章で扱った南洋珈琲株式会社の事例を取り上げ、本書の執筆にあたって直面した課題を紹介し、それらをどう乗り越え、グローバル・ヒストリー的物語を紡いだのかについて語る。本書の執筆にあたっての裏話の一つともいえる。取り扱う時代、地域、主体、歴史資料の保存状況、研究者の学術的背景などによってグローバル・ヒストリーへのアプローチや課題は多様であるため、本論はあくまでの個人的体験に基づいた課題として捉えてほしい。

1　歴史研究の空間認識とポジショナリティをめぐる課題

第4章は、コナ日系移民が設立した南洋珈琲を事例として、コナ―南洋―台湾間の人、コーヒー、技術という複数の越境移動を浮き彫りにすることで、既存の研究においてハワイの「日本村」として捉えられてきたコナをグローバル・ヒストリーのなかに再配置した章である。南洋珈琲をグローバル・ヒストリー的手法によって解明していく過程は、まず、学術的研究の太平洋地域の周辺化を認識し、アジアやヨーロッパ、帝国や植民地といった既存の歴史学研究が当たり前としてきた空間認識を問い直すことでもあった。

南洋珈琲の設立と活動は、1920年代の米国ハワイ準州と日本帝国委任統治領南洋群島という異なる植民地空間を日本人やコーヒー苗が越境した例であり、現在の歴史学分野からみれば、米帝国史と日本帝国史という二つの異なる帝国史領域を跨いだ現象となる。歴史研究者の多くは学部や大学院時代から、欧米やアジアといった従来の地域区分を基にした歴史学領域に属しながら研究を行っており、大学や研究機関が規定する「地域」は、研究者個人の研究においても大きな影響を与える[5]。戦前の日本人の移動・移民史を例にとると、台湾や満洲に渡った移植民は日本帝国・植民地史分野で研究が蓄積されてきた一方で、南北米大陸やハワイに渡った移民は移民先の国や地域の移民史研究分野で研究が盛んに行われてきた[6]。このような異なる歴史学分野を越境・接続する研究は、自らの研究のポジショナリティについて考えさせられる機会ともなる。実際、研究をめぐるポジショナリティは、私が大学院時代から直面していた課題の一つであった。

先住民の視点から太平洋研究を行い、詩人や活動家としても活躍したテレジア・キエウエア・テアイワ（Teresia Kieuea Teaiwa）は、太平洋研究が、大陸ベースの地域研究と同様の価値を認められず、あくまでも「エキゾチック」な地域の研究とみられる経験について語る。

> 少人数とはいえ、それなりの数のヨーロッパ人――ヨーロッパを拠点とする学者――が、孤立した場所で、ヨーロッパ大陸に散らばって、孤独に、太平洋のテーマに真剣に取り組んでいるのを想像してみよう。太平洋のイメージにはある種のエキゾチックさがあり、少なくとも、私は太平洋から離れた場所からその研究に長い年月を費やしてきただけに、その悲壮感に共感を覚える。面白いことに、「ヨーロッパ海洋研究者協会」の存在そのものが、太平洋地域は、小さく散らばった孤立した島々によって構成されているというエペリ・ハウオファ[7]が最善を尽くした努力に反したイメージを映し出している[8]。

これは、2002年7月、オーストリアのウィーンで開催されたヨーロッパ海洋研究者協会（European Society of Oceanists）の会議での経験をもとに、テアイワが論文“On analogies: rethinking the Pacific in a global context（アナロジーについて——グローバル文脈における太平洋地域の再考）”で記したものである。「エキゾチックな」眼差しとともに、彼女は「太平洋がちょっとした色彩と娯楽を提供するだけであり、世界において本当に知るべきことはヨーロッパ／アフリカ／ラテンアメリカ／アジア／アングロ—オーストロネジア（白人のオーストラリアとニュージーランド）にあり、太平洋の島々にはないと信じる研究者」に囲まれてきた経験を語る。このことは、ヨーロッパの太平洋研究者が孤立し、周縁化された状況のなかで、自らの研究をどう正当化し、研究を進めていくためのモチベーションを維持するかという、研究者の存在意義に関わる問いまでをも突きつける(9)。

その問いは、テアイワがウィーンを訪れた2ヶ月後に、英国オックスフォード大学院で博士課程を始めた私に、幾度となく突きつけられた問いでもあった。当時（現在もそうであるが）、オックスフォード大学院歴史学専攻科には太平洋地域を専門とした研究者はいなかったため、私は日本農村史を専門とするアン・ワズオ（Ann Waswo）の指導のもと、博士課程の研究を行った。コナコーヒー産業の歴史を日系移民の経験と記憶から掘り起こす論文を執筆する予定であったため、日系移民の研究については日本現代史が最も近い歴史学分野として判断されたのであろう。オックスフォードには米国史（US History）を専門とする研究者もいたが、当時は、英国植民地期や南北戦争期を中心とした17〜18世紀にかけての米国史が中心であったため、私の研究は米国史の一部として認識されることはなかった。幸い、指導教官のワズオは自由に研究をさせてくれたが、英国研究機関で太平洋地域を研究テーマとする際、より歴史学的研究が確立されている地域——ここでは「日本」の現代史——と紐づけて研究を進めていくことを促されたのである。よって、必然的に、既存の地域に立脚した歴史学の方法論の系譜を基に、自らの研究意義を見出すことが必要とされた。

さらに、オックスフォードの歴史学専攻科は、時代や地域によってテーマ（subjects）別に分かれており、私の研究は帝国・植民地史（Imperial and Colonial History）に分類された。このテーマに分類されたとはいえ、特定の講義を受講したり、方法論的な方針があったりしたわけではなく、あくまでも書類上の分類であり、私の研究に大きな影響を与えたわけではなかった。しかし、何かの通知文書で、自分の研究が帝国・植民地史として配置されたことを知った時に違和感を覚えたことは記憶している（ハワイ諸島を「発見」したジェームズ・クックの出身地英国の研究機関だからこそ、ハワイを「植民地」として認識しているのか、と思ったりした）。当時、日米学術界における日系移民史は米国のエスニック・スタディーズ分野で発展しており、「米帝国史」の文脈で検討した日系移民研究は少なく、また、大学院生の自分にもそのような視点や発想は湧き起こらなかった。しかし、2015年、オックスフォード歴史学専攻科の帝国・植民地史分野はグローバル・帝国史（Grobal and Imperial History）へと名称が変更され、本書の原点となった博士課程の研究と専攻科の認識が、この時初めて一致することとなる。

よって、大学院時代とその後しばらくは、自分の研究を歴史学分野のどこに置くかという点についてしっかりとした軸足がなく、何かボタンを一つずつ掛け違えているような感覚で研究を進めていた。このような不安定な感覚からの解放をもたらしてくれたのが、友人と見に行った『台湾人生』（2009年）というドキュメンタリー映画であった。上映中、ある女性が屋外でインタビューを受けているシーンがあり、彼女の背後に数本のコーヒーの木が映っていた。映画は日本統治時代に生まれ、日本語教育を受けた「湾生世代」と呼ばれる台湾の人びとに関する内容であったため、もちろん、コーヒーの木に関する説明はないまま映画は終わったが、その映像を見たことが、台湾のコーヒー、そしてサイパン島のコーヒーの歴史について調べるきっかけとなった。学部時代からコナでの現地調査で、コーヒーの木を何度も見てきた私にとって、この映画でコーヒーを「発見」したことはその後、研究に大きな転換を与えた。そして、その経験により、台湾とハワイのコーヒーの歴史をどのように繋げることができるのか、というグローバル・ヒストリー的な問いが浮かびあがってきたのである。

2　断片化された移動史の収集と結合

台湾コーヒーの歴史を解明するにあたって即戦力となったのが、デジタル化されたアーカイブの存在であった。まず、2000年から公開された神戸大学附属図書館デジタルアーカイブ『新聞記事文庫』のデータベースから「珈琲」「コーヒー」、「台湾」「台灣」「臺灣」などをキーワードに、カタカナや旧字体を含む複数表記を組み合わせながら、台湾でのコーヒー栽培に関する記事をねばり強く探していった。その検索で見つかった記事はわずか一桁であった。しかし、数少ない記事から、1930年代に台湾でのコーヒーの農園経営に着手した住田多次郎が元ハワイ移民であることがわかり、その後は、日本のコーヒー栽培史に関する文献やハワイ日系移民に関する歴史資料から、住田をキーパーソンとして情報収集を進めていった。そして、彼が台湾でのコーヒー農園経営に着手する前に、サイパンでのコーヒー栽培に携わってきたことが、次第に明らかになった。住田が1918年にハワイから帰国後に設立した住田商会の後継会社のエム・シー・フーズのウェブサイトには2021年以降、住田が南洋と台湾でコーヒーを栽培した歴史が記載、公開されているが、2008年の時点では『新聞記事文庫』のデータベースから得た『台湾日日新報』『大阪朝日新聞』の記事数本、日本コーヒー史編集委員会編『日本コーヒー史（1980年）』、エム・シー・フーズ社に連絡し提供していただいた『帝飲食糧新聞』の「歴史と伝統を誇る　住田物産」（1982年）の記事しか入手できなかった(10)。よって、2011年に筆者が出版した「戦前日本人コーヒー――栽培者のグローバル・ヒストリー」（『移民学会年報』７号）の南洋群島・台湾コーヒーに関する参考資料数は、本書が第４章で使用したものより大幅に少なかった(11)。

台湾雲林県古坑の区役所
雲林県古坑ではコーヒーを地元産業として推進しているため、区役所の入り口には台湾コーヒーの大きなバナーが飾られている。（筆者撮影。2013年８月７日）

2011年以降、さらに資料収集の射程を広げ、京都大学農学部図書室所蔵の旧植民地関係資料から日本帝国植民地でのコーヒー栽培に関する資料、日本外交資料館所蔵の移民関係資料の再調査、2013年台湾雲林県古坑コーヒー産地での現地調査（写真参照）、ハワイ大学ハミルトン図書館ハワイ・コレクションやハワイ公文書館などで日系移民やコナコーヒーに関する資料収集を行った。また、コナの歴史に関する資料を最も多く所蔵しているコナ歴史協会（Kona Historical Society）も何度か訪問したが、コナ日系移民と南洋群島や台湾のコーヒー産業を繋ぐ資料は全く見つけることができなかった[(12)]。言いかえれば、ローカルの資料館、大学の研究期間、州や国立図書館といった異なるレベルの資料館や図書館で資料が保存される過程で、人びとやモノが移動した歴史はかき消されてしまい、移動のリアリティに分断をもたらしてしまっているのである。

資料収集に行き詰まりを感じていたころ、スタンフォード大学フーバー研究所（the Hoover Institution）による「邦字新聞デジタル・コレクション（Hoji Shinbun Digital Collection）」が公開された。このオンラインデータベースでは、米大陸、東アジア、東南アジア地域における海外在住の日系移民や日系人が発行した新聞記事（日本語、英語、現地の言語）、雑誌や写真が収録され、現在でもその数は増え続けている。このデータベースでの検索から、台湾の住田珈琲農園の情報を得、そして南洋珈琲がコナ日系移民によって計画、出資された事業であったことを知った。また、34名のコナ日系出資者の氏名が記載された記事も見つかったため、それらの全ての氏名を邦字新聞デジタル・コレクション、米国オンライン家系図作成会社アンセストリー・ドット・コム（Ancestory.com）やファミリー・ツリー（Family Tree）のデータベースでクロス検索し、住田や他の日系移民関係者のハワイへの渡航・出航情報や家族構成などを調べた。それにより、ハワイでの生活や経済的状況から、南洋群島や台湾でのコーヒー栽培の背景や動機の解明に努めた[(13)]。人物名については、米国のデータベースではローマ字表記となるため、同姓同名の人物がヒットする場合もあり、精査が必要となった。一方で、日本ではオンライン家系図のようなサービスがないため、南洋群島へ移動したコナ日系移民の情報に関しては、『海外発展案内書　南米篇・南洋篇　改版』（1935年）や『南洋群島移住案内　改版』（1935年）などに紹介された南洋珈琲の社員名から、移動の確認作業を行った。このように、第4章で論じたコナコーヒーのグローバル・ヒストリーを構築する過程は、日本、ハワイ、台湾での現地調査と急速に蓄積されるオンラインデータを活用することで歴史の断片を少しずつ拾い集め、その後、ハワイ―南洋―台湾間を一部でも繋ぐような人物（住田多次郎、山縣直太郎、池田寅平）やコーヒーの栽培方法（乾し棚の活用、農園システムの導入）など共通項を抽出することによって、点から線を見出していく地道な作業となった。その結果、第

４章では、1920～30年代にしばしば外部から切り離された「日本村」として描写されたコナを、アジア太平洋地域へのコーヒー栽培地拡大の拠点、間帝国の移動とネットワークの起点として位置づけることで、グローバル・ヒストリー的展開を実践することが可能となった。

ところが、収集した資料から、南洋珈琲がどのような経営を行い、コナでのコーヒー栽培技術や農園経営方法がどこまで移植されていたか、ということを解明するには限界があった。ハワイでは1970年代からハワイ大学を中心に行われたオーラル・ヒストリー・プロジェクトにより、先住民や移民を含む多様な背景を持つ人びとにインタビューを行い、その経験を記録する企画が多数実施された。これらのプロジェクトは、元サトウキビ農園労働者、写真の交換によって日系移民男性に嫁いだ「写真花嫁」、沖縄系など移民やエスニック・マイノリティを対象にしており、その一つにコナに住む34名の住民に聞き取りを行った*A social history of Kona*（コナの社会史、1981年）も含まれていた(14)。これは、ハワイ大学エスニック・スタディーズ・プログラムの「エスニック・オーラル・ヒストリー・プロジェクト（Ethnic Studies Oral History Project）」の成果であり、コナに暮らすハワイ先住民、欧米系白人、ポルトガル系やフィリピン系移民など様々な背景を持つ男女にインタビューを行っており、コーヒー栽培者の生活や異なる人種／エスニック集団との関係を、個人の生の声を通じて知ることができる貴重な資料である。それ以外にも、ハワイ地元紙や雑誌からも、コナ日系移民とコーヒー栽培に関する経験や記録は複数のルートから豊富な情報が入手可能である。

それに対して、戦時中、日米戦が繰り広げられ、日本帝国の崩壊により消費地としての日本を失ったサイパンでのコーヒー栽培に関する戦前の資料は非常に少なく、戦後のハワイのようにオーラル・ヒストリー・プロジェクトによる当事者の経験や記憶を記録することも行われてこなかった(15)。よって、1920年代半ばから1930年代の南洋珈琲が運営されていた時期に関するコナ側の情報は多様な媒体を通じて記録されているのに対し、サイパンや台湾側の情報は日本帝国植民地資料――特に、農事関係報告書や植民地移住案内書――にわずかに残っているのみである。このように、過去にいくつもの媒介――人、モノ、思想、システム――と繋がっていた移動主体が、戦争や自然災害による消滅のみならず、資料の保存のされ方によって、移動の過去から切り離されてしまうことが多々ある。よって、見つけた資料から地域間のつながりを仄めかす要素が見出せたとしても、そのつながりをどこまで深く探ることができるかは、当時そして後世による歴史資料の保存のされ方にかかってくる。歴史資料のアーカイブ化が、移動する主体の追跡を妨げるという逆説的にも見える事態を引き起こす。

移動や連携など越境現象に焦点を当てて過去の物語を再構築するグローバル・ヒストリーにとって、国家や地域によって分断された歴史資料は発想・知の源でもあると同時に、その分類は障壁ともなる。しかし、その障壁を乗り越えようとすることで、これまでの歴史叙述に新たな物語を与えることができる。それこそがグローバル・ヒストリーの醍醐味といえよう。

注

(1) 参考文献として、本書の序章の脚注8〜10を参照のこと。

(2) カルロ・ギンズブルグ著、上村忠男訳『ミクロストリアと世界史――歴史家の仕事について』(みすず書房、2016年)、197頁。

(3) Martin Dusinberre, *Mooring the global archive: a Japanese ship and its migrant histories* (Cambridge University Press, 2023), p. xxi.

(4) Dusinberre, *Mooring the global archive*, p. xxi. グローバル・ヒストリーの先駆者の一人であるゼバスチャン・コンラート(Sebastian Conrad)は、論文“Enlightenment in global history: a historiographical critique(グローバル・ヒストリーにおける啓蒙主義――批判)”のなかで、ヨーロッパ発祥とされる啓蒙主義を「世界中の多くの思想家による知の越境的共同作業の結果」として論じることで、グローバル・ヒストリー的な再解釈を与えている(*American historical review* (October 2012), 1026)。

(5) ごく最近になって、グローバル・ヒストリーを専攻として設置する英語圏や日本の大学・研究機関が増えているが、若手研究者の育成は始まったばかりである。

(6) そのような日本帝国・植民地史と移民史研究分野に分かれて研究されてきた日本人の移民・植民活動を繋げて研究したのが、東による*In search of our frontier*である。同書では、北米地域から台湾、朝鮮や満洲を往来した日本人の移動を取り上げ、彼らが日本帝国植民地に導入した入植者植民地主義について論じている。

(7) トンガ出身の文化人類学者。

(8) Teresia Kieuea Teaiwa, “On analogies: rethinking the Pacific in a global context,” *The contemporary Pacific*, vol. 8, iss. 1: 77–88; in Katerina Teaiwa, April K. Henderson and Terence Wesley-Smith (eds.), *Sweat and salt water: selected works* (University of Hawai‘i Press), pp. 70–83.

(9) Teaiwa, *Sweat and salt water*, p. 70.

(10) 「沿革」『株式会社エムシーフーズ』、https://www.mcfoods.co.jp/company/history/index.html.(最終アクセス2024年8月10日)

(11) 飯島真里子「戦前日本人コーヒー栽培者のグローバル・ヒストリー」『移民研究』7号(2011年):1–24。

(12) コナ歴史協会にはコナの日系移民以外にも、ハワイ先住民や中国系移民に関する貴重な資料や写真が保存されている。また、コナの牧畜業に関する調査も精力的に行っている。

(13) この調査にあたっては、松平けあきさんに大変お世話になった。

(14) Ethnic Studies Oral History Project, *A social history of Kona*, vol. 1 (Ethnic Studies Program, University of Hawaii Manoa, 1981).

(15) 日本統治時代の南洋群島に関して丁寧な聞き取り調査を行った文献に森亜紀子著『複数の旋律を歩く――沖縄・南洋群島に生きたひとびとの声と生』(新月舎、2016年) がある。また、2023年11月4日には、NHKがドキュメンリー「小さな島のコーヒー大作戦――ミクロネシア ロタ島」で南洋群島のコーヒー栽培史について取り上げた (https://www.nhk.jp/p/ts/8QR5YMY4YK)。

コナ日系コーヒー栽培者たち(1934年)
1928年にハワイ大学農業普及事業課の西ハワイ郡主任に任命された後藤安雄バロン(前列右から1人目)と、コナの日系コーヒー栽培者たち。米国農務省を頂点とした普及事業は全米の土地付与大学を通じて、研究・教育・実践の普及が個人農家へと達成されるよう組織的に設計され、普及事業課のスタッフと農家が協働で農業技術や生産の向上を目指した。
(提供:The Collection of the Kona Historical Society)

第5章 コナ「哀史」とそれを継ぐ者たち

日系、ラテン系、新たな担い手のゆくえ

> ハワイにおけるコーヒーの栽培は、ほとんどが日本人の独占事業であった……
> 「コナ・コーヒー」は品質第一等である上に、産出量が少ないので、珍重され、「コナ・コーヒー」の名は世界的に記憶されている。しかし、往年の黄金時代は、今は夢物語となってしまった。
> コナ地方のコーヒー業の栄枯盛衰そのものが、ハワイにおける日本人移民発展史であり、また、時の流れに押し流されて廃れていくものの哀史である[1]。

ハワイ生まれの日系二世ジャーナリスト田坂養民ジャック（Jack Yoshitami Tasaka, 1914–2013年）[2]は『布哇タイムス』に寄稿した「ハワイ今昔物語」（1984年）で、コーヒー産業の盛衰とハワイ日系人の軌跡を重ね合わせ、時代とともに衰退する「哀史」と評した。若い頃日本で過ごしたことがある田坂は、日系二世が通うホノルルの布哇中央学院（Japanese Central Institute）で戦前に教鞭をとっていた頃、コナを訪れており、そこで日系栽培者が作ったコーヒーを味わっていた[3]。特に気に入ったのは、南コナのキャプテン・クックの日系夫婦によって経営される眞名子ホテル（Manago Hotel）で出されたコーヒーで、田坂は「これに如くものなし」と絶賛した[4]。

田坂が「ハワイ今昔物語」を執筆した1980年代半ば、コナコーヒー産業はまさに「哀史」と呼ぶにふさわしい状況にあった。1960年に5,500エーカーほどあったコーヒー栽培地は、1970年には3,900エーカー、1980年には1,900エーカーへと激減した[5]。それは日系人によるコーヒー栽培の「独占事業」の終焉も意味していた。よって、田坂がコナコーヒー産業と日系社会を運命共同体のように捉え、両者を「消えゆく」存在としたのも無理はなかった。

ただ、「哀史」幕開けの前には「発展史」もあった。特に、戦後直後から1960年代初期にかけて、コナコーヒー産業は日系二世世代の栽培者や精製所経営者を中心に、経営面や栽培技術面で大きな発展を迎えることになる。具体的には、それまでの欧米系白人会社による独占的支配から脱却し、日系農家がコーヒーの生産や米国本土でのマーケティング（詳しくは第6章）に主体的に関わるようになり、ある意味での独立を達成したのである。その発展を支えたのは、1920年代末にハワイ大学に設立された農業普及事業の運営に関わった日系研究者や技術者と、日系コーヒー栽培者との協働であった。本章の前半部分では、1950年代〜1960年代初期にかけての日系コーヒー栽培者の発展史を描き出すことで、後半に描く「哀史」を理解するための前章とする。

しかし、本章が描き出す発展史は、既存のハワイ日系研究が描き出す「発展」とは少々異なる。対象となる時期は、ハワイ日系二世の飛躍の時代とされてきた頃と重なる。第二次世界大戦中、米軍として戦った元日系兵はGI法[6]を活用し大学で専門的教育を受け、ホワイトカラー層の職に就き、19世紀半ばから欧米系白人層が牛耳ってきた政界や法曹界で目を引く存在となっていた。例えば、戦後ハワイで活躍した日系二世退役軍人の政治家として、井上建ダニエル（Daniel K. Inoue, 1924–2012年）、松永正幸スパーク（Spark Masayuki Matsunaga, 1916–1990年）、有吉良一ジョージ（George Ryoichi Ariyoshi, 1926年–）が挙げられる。1974年には、全米初の日系州知事として有吉が就任し、その後1978年、1982年と再選され３期連続で務めた。1985年の時点では、ハワイ州上院議員25名中10名、下院議員51名中21名、ハワイ州選出連邦員４名中２名が日系人によって占められるほどになっていた[7]。また、戦前、日系移民を含む非白人移民労働者を苦しめてきたサトウキビ農園では、終戦直後からハワイで勢力を伸ばした国際港湾倉庫労働者組合（the International Longshore and Warehouse Union）のメンバーとなった農園労働者が抗議活動やストライキを実行するようになった。1946年のストライキが28,000人を動員し、人種別賃金制度の廃止を勝ち取ったことを皮切りに、組合労働者たちは集団行動を通じて、次々と待遇や賃金の改善を達成していった[8]。このように、戦後のハワイ準州では、これまで欧米系白人によって支配されていた政治、経済活動が、日系二世世代の台頭により崩壊し始めた。本章では、戦後のコナコーヒー産業における日系二世世代の台頭を、ハワイ州農業普及事業と地元コーヒー栽培者との関係から明らかにする[9]。ここでは、戦後ハワイにおいて政界や組合活動を通じてみられる、欧米系白人が作り出した人種主義的構造の切り崩しという側面より、世界的なコーヒー生産量や価格の変動の影響を受けやすいコナコーヒー産業の発展のための自主的取り組みに着目する。そして、その発展には、二つの日系二世世代層――農業改良事業の研究者・技術者とコーヒー栽培者・精製工場経営者――の協働が重要な役割を果たしていた。

本章の後半は、1970年代からのコナコーヒー産業の衰退による日系コーヒー栽培者の「哀史」に関わる部分となる。後継栽培者の減少や観光業の発展によって、コナ日系社会が「時の流れに押し流されて」影響力を失う様子も追いつつ、1970年代半ばのコナコーヒーの「スペシャルティコーヒー化」（第６章参照）によって、新たに参入してきた外部企業や移民集団について考察する。それにより、再度、コナ社会と産業に新たなグローバルの人流が出現したことを明らかにする。特に、1980年代頃以降、米国本土や日本からのコーヒー生産・加工会社が参入すると同時に、農業経験に乏しい欧米系白人移住者や欧米圏に住む不在農家が自家農園（エステート・コーヒー農園）を経営し始めることにより、経営方法の多様化の時代を迎える。このような新規参入業者や農家による産業の活性化は、新たな収穫労働者としてラテン系移民を中心とした人びとの流入を導いた。そして、ラテン系移民は、かつてのハワイ共和国時代に日系移民が問題視された（第3章）ように、政治的、社会的な偏見や差別を受けながらコナコーヒー産業を支える存在となっていった。ここに、かつての日系移民の経験にも重なるようなもう一つの哀史が展開される。

1　戦前の農業普及事業とコナ

1950年代のコナコーヒー産業における日系二世世代の台頭は、1920年代末からのハワイ大学による農業普及事業（Agricultural extension service）との関わりが重要な基盤となっていた。農業普及事業とは19世紀初頭に、米国南部のルイジアナ州やテキサス州を中心に活動していた農学者シーマン・アサヘル・ナップ（Seeman Asahel Knapp, 1833–1911年）による発案をきっかけに導入された農家支援制度である[10]。ナップは農業従事者を「実習者（demonstrator）」とみなし、彼らに試験的農業の「実習（demonstration）」を提供することで、農家の成人教育制度の構築と導入を試みた[11]。その思想的背景には、「農業は［米国の］根幹をなす重要な産業であり、そのような土地に住む、富と幸福感に満ちた民は、国家の繁栄、永続性、偉大さにとって不可欠である」[12]という農本主義的思想があった。さらに、農業の向上には技術的改良のみならず、農業を支える「家庭（home）」環境の充実も重要であると説いた[13]。

ナップの発案は、1914年にスミス＝レーバー法（the Smith=Lever Act）として制定され、州単位での農業普及事業に連邦政府の資金が投入され、全国規模で展開されていった。事業の実質的運営に関しては米国農務省と土地付与大学（the land-grant college)[14]が協力し、農業及び家畜従事者らを対象に新たな知識を普及させるというトップダウン型の伝達系統を作り上げた。ハワイでは、1901年に農業試験場が設立され、連邦政府による統括のもと活動していたが、1929年からは米国農務省とハワイ大学によって運営されるようになった[15]。

ハワイ準州での農業普及事業の開始にあたり、米国農務省派遣の初代事業長(the Dean of the Agricultural Service)ウィリアム・アリソン・ロイド(William Allison Lloyd, 1870–1946年)は1929年の第1回事業報告の序文において、同州での農業普及事業の歴史をクックまで遡り、欧米系白人の貢献を称えている。

> ハワイ諸島における農業改良の始まりは、発見者キャプテン・クックが1788年に2度目の航海でハワイ諸島に羊、豚、牛を持ち込んだ時と考えるのが妥当であろう。しかし、考古学者や古物収集家たちは、農業改良においては、この白人による来島以前に、より多くのことが行われていた事を容易に証明するかもしれない。実際、先住民(Aborigines)が米国大陸の発見以前から、野生のモロコシをトウモロコシに改良していた。[しかし] 多くの植物が宣教師、船乗り、商人によってハワイ諸島に持ち込まれ、ハワイの農業の発展に大きな影響を与えたのである[16]。

白人入植者植民地主義と植物帝国主義を正当化し称賛するような序文とは異なり、実際には、ロイドは新たな赴任地ハワイに対して大きな不安を抱いていた。白人人口が大多数を占めるオハイオ州モロー(Morrow)郡で生まれ育ったロイドにとって、ハワイは米国領土であるとはいえ、多くの点で異なっていたためである[17]。栽培される植物の違いはもちろんのこと、欧米系白人経営者の大企業による製糖業やパイナップル栽培・缶詰業がハワイ諸島の土地と経済を支配しており、米国本土でいう「農場(farm)」が皆無な状況であった。それは、事業の対象となる農家がないことを暗示していた[18]。さらに、人種/エスニック集団の多様性のゆえ、「ほとんど『ハオレ(白人)』の小規模農家がない」ことにも驚きを隠せなかった。しかし、その後の調査で、「このような複雑さ[=米国本土の状態とはかけ離れていること]はしばしば無駄な想像であった」とし、「本土の組織と同様に、ハワイには農業普及事業が重要な場所があり、正しく指揮をとれば、このような組織は公共に役立つのだ」と自らを励ますような言葉を残している[19]。

ロイドは「小規模で、多種にわたる野菜・果実を栽培する農場」を徐々に増やしていくことが、ハワイ準州の農業普及事業の根幹を成すという見解にいたった。そして、この事業の担当者を「病人を癒し、ハンセン病患者を清め、悪霊を追い払う」といった善行を積む「教師」に喩え、教師を通じて、自給自足の生活、利益のある事業、社会的に満ち足りた生活や農場で働く次世代育成の達成を目標とした[20]。ロイドが掲げた理想と目標は、19世紀初頭に米国からやって来た宣教師の使命感に通底するものがあり、それは農業普及事業の域を越え、米国本土の農本主義的思想を移植するものとして捉えることもできる（第1章参照）。この当時、ハワイではサトウキビ栽培とパイナップル栽培・缶詰業が二大産業として君臨するなか、農業普及事業は、わずかに残された土地で他の作物を栽培する空間へと入り込んでいった。その理想的な実習地の一つが、コナであった。

米国農務省を頂点とするこの事業は州立大学を通じて、研究・教育・実践の普及が個人農家へと達成されるトップダウン型の組織となっていた（図5-1参照）。ハワイにおいては、ハワイ大学の運営のもと、実習内容は農業と家政学に分かれていた。それぞれの分野の副主任（assistant director）が各島・郡に配置され、現地に駐在し地元農家と直接交流しながら、調査や実地研修を行っていた。1929年10月の時点では、22名のメンバー（全てがハワイ大学所属の教員や研究者）のうち、中国系ハワイ出身者2名、日系ハワイ出身者6名、ハワイ先住民（混血）1名、白人13名という、ロイド曰く「島内の多様な人種からなる人口構成を反映した国際的（cosmopolitan）な集団」であった（写真5-1）[21]。

ハワイ島は広域なため東部と西部に分けられ、コナは西ハワイ郡に属し、後藤安雄バロンが初代主任として着任した。戦後、米国連邦政府による独立研究機関として設置された東西センター（East West Center）所長やアジア地域の農業開発に従事していた後藤は、1901年、日本に生まれ、1903年に両親に連れられハワイに移民した[22]。父親はハワイ島北東部のプアコ（Puakō）のサトウキビ農園でしばらく働いていたが、その後ハチミツ製造業を営み始めた。ところが、1920年代初期にハチミツ製造業を農園主に売るよう迫られたことから、父親は牧場経営業に転職した。当時、後藤は北コナの中心地であるホルアロアの学校に通い、その後、成績優秀により、ホノルルのミッド・パシフィック・インスティテュート（Mid-Pacific Institute）の奨学生として高校に進学した。1924年には、ハワイ大学で農学を学び卒業した[23]。卒業後3年ほど、父親の牧場経営を手伝い、1928年にはハワイ大学農

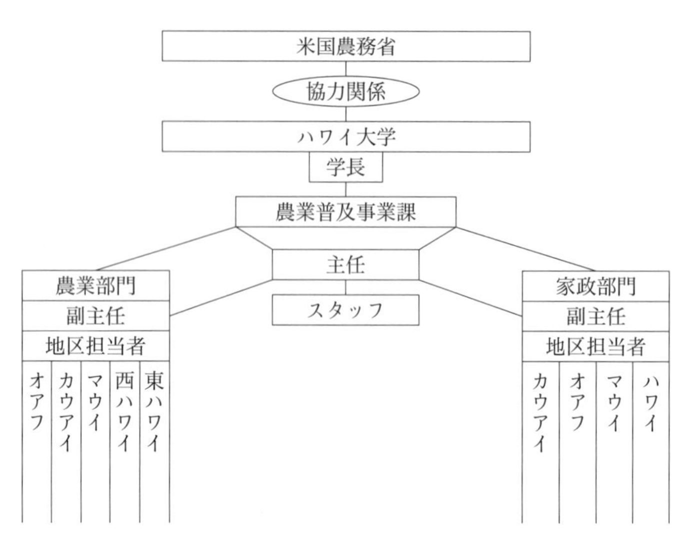

図5-1　農業普及事業課の組織図

出典：“Agricultural Extension work in Hawaii,” *Extension Bulletin* No. 3 (October, 1929): 12.

写真5-1　第1回ハワイ農業普及事業課会議におけるスタッフ（1929年8月22日）

前列右から3番目にロイド、最後列左から3番目に後藤が立っている。女性の多くは速記者であった。

出典：“Agricultural Extension work in Hawaii,” *Extension Bulletin* No. 3 (October, 1929): 9.

業普及事業課の西ハワイ郡主任（Assistant County Agent for West Hawaii）に任命された。ホルアロアの学校に通っていたこともあり、コナコーヒー栽培者の不安定な生活状況を目の当たりにしていた後藤は、技術改良による農業発展の重要性を認識していた[24]。1929年10月には「布哇大学郊外［ハワイ大学農業普及事業課］教授米国農務技師」として『日布時事』に「『珈琲』を語る」という全10回の連載を執筆し、コナコーヒー産業の歴史とともに、日系栽培者を取りまく現状についても言及した。特に、連載最終回の記事では、日系二世が「コナ特産であり又米国の国宝である珈琲園に働く事を好まず……今後幾何ならずして他の或る人種が、この多大な貢献をなした初代同胞に代るのではないか」と、ハワイ日系社会の「識者」たちが憂える様子を伝えた。続けて、後藤は4～5年前からフィリピン系移民がコーヒー農園労働者として移住しており「後日大ひに活躍せんものと期待さる丶」とし、この「巷間の説」はあながち無視できないものと述べた。最後には、フィリピン系移民がコーヒー栽培の経験を積み、「一つの潜勢力を作りつ丶あることで、吾人の最も注意を要する点であると思ふ」とし、連載を締めくくった[25]。このように、後藤は、冒頭で紹介した1984年の田坂よりも半世紀も前に、コナコーヒー産業における日系農家の衰退を察知しており、それ以降、農業普及事業において日系栽培者の技術向上に向けて尽力するようになる。また、日本生まれとはいえバイリンガルであり、日系二世世代と歳が近かった後藤は、コナ社会で「実習」を行うにあたって、普及事業とコーヒー栽培者を繋ぐ理想的な仲介役であった。

また、後藤は1935年に5ヶ月ほど、コーヒーや他の熱帯植物の栽培事業の視察のため、オランダ領インド（ジャワ）、マレー半島、インドシナ半島、中国、日本を訪れた。『日布時事』に掲載された視察報告では、ジャワには日本の財閥による大規模な資本が流入し、農園経営が行われていることに、驚きを隠せない様子が伝えられた。

> ジャワの人口は六千四百万其中日本人は七千人のみで日本人は主として資本家としてやつてをります、三井、野村等の大資本は何十万歩といふ広大な珈琲園や胡麻園を経営し盛んにやつてゐます労働者は土人でその賃銀は一日男十銭女六銭位なので生産費の安いこと布哇あたりの十分の一です各都市に日本人経営の大きな百貨店があつて肩身広く感じました、日本商品の進出してゐること

も驚くばかりです[26]

『南洋栽培事業要覧』によると、1934年の時点で、南国産業株式会社がインドネシア東ジャワ州マランに、野村東印度殖産株式会社がスマトラ島最北端のアチェ州に、二大コーヒー農園を経営していた[27]。南国産業株式会社に関しては、主要株主が三井物産となっていた台湾製糖が出資者であったことから、後藤は「三井」と言及したと思われる[28]。コーヒー栽培地は租借地であったが、両社で合わせて1,637エーカーに達していた[29]。東南アジアでの同胞財閥による農園は低賃金で「土人」[30]を雇って経営されていたのに対し、同時期（1938年）のコナは世界大恐慌の煽りを受け長引く不況のなか、4,372エーカーの栽培地に散らばる600戸の小規模農家によってコーヒー栽培が行われていた。そして、その大部分が日系借地農家であり、フィリピン系移民が収穫のための季節労働者として雇われていた[31]。よって、後藤は視察先のジャワやスマトラで、ハワイでは想像できないほどの日本人の資金力、農園規模、現地先住民に対する支配力を目の当たりにしたのである。

もちろん、東南アジア地域の視察によって、後藤がコナ日系人による大規模農園の経営を目指すことはなかったが、彼は20〜30代の日系二世を中心とした次世代農家によるコーヒー産業の再興に注力した。1936年の『実業之布哇』には、後藤が一問一答形式で答えた農業普及事業と若手農家育成事業の説明が掲載された。同雑誌の多くの記事は日本語であったが、この記事は英語で書かれており、ハワイで生まれ育った日系二世を対象としていることがわかる。後藤は、農業普及事業がハワイ「農村部（rural）」の人びとに、実習を通じて、生産技術の改善とマーケティングに関する情報を提供する役割を担っていることを強調した。また、この事業の最大の特徴ともいえる実習の有効性については、発案者ナップの逸話に言及しつつ、以下のように説明した[32]。ある時、ナップは綿栽培農家の若手を集め、青年会（club）を結成し、各メンバーに小さな栽培地を管理させた。農務省が推奨する方法で綿を栽培した農家は綿ゾウムシの被害に遭うことなく収穫できたが、その方法を採用しなかった農家は大きな被害を受けた。この逸話から、政府や研究教育機関による農業指導の重要性を唱え、特に、これらの機関と次世代農家との積極的な関わりを推奨した。

さらに、コナの事例をハワイにおける実習の成功例として伝えている。農業普及事業課の働きかけにより、コナでは肥料、農法、害鼠対策などに関する情報の交換が頻繁に行われ、肥料に関しては9割以上のコーヒー農家が窒素、リン、炭酸カリウムに対する知識を持ち合わせるようになった。その結果、1930年代のコナコーヒー産業は生産量が飛躍的に増えた。大恐慌後のコーヒー価格の下落によるコーヒー栽培者の苦境は解消することはなかったが、農業普及事業の推進者たちは実習の成果が良好であったため、産業の将来に対して「楽観的」になり、継続して支援を続けることを決めた(33)。よって、後藤は実習の事例を示すことで、普及事業の仕組みと有効性をハワイ日系社会に説いた。

欧米系白人入植者が支配していた大農園制度によって経営されていた製糖業やパイナップル栽培・缶詰業とは異なり、小規模農家で成り立っていたコナは、「健全な土地、健全な農民、健全な農業」(34)を柱とした社会の形成を目指す農業普及事業にとって、理想的な実践の場であった。また、サトウキビやパイナップル栽培においては、それぞれハワイ砂糖農園主協会（Hawaii Sugar Planters' Association, 1895年設立）やハワイ鳳梨栽培者協会（The Hawaiian Pineapple Growers' Association, 1908年設立。1922年にAssociation of Hawaiian Pineapple Cannersに改名）が組織され、それらの協会は独自に、栽培技術改良から商品の宣伝戦略にいたるまで幅広い研究を行っていた。これらの協会は、政府からの援助をほとんど受けず、農園主や経営者の資金から活動しているという点で米国農業史においても珍しいものであった。よって、1920年代末からハワイで始まった農業改良事業は、両産業を指導するような余地はなかったため、コナが選ばれたとも考えられる(35)。

さらに、第4章で言及したように、エンブリーが1937年にコナで調査をした際にインフォーマントとなったのは、ハワイ大学や農業普及事業に関わるコナ出身の日系二世であった。その背景には、1930年代初頭からハワイ大学の傘下にあるこの普及事業課が「実習」を通じてコナ日系農家との緊密な連携をとっていたことが挙げられる。その連携はハワイ大学の人類学者・社会学者が現地調査をする際に活用されたといえる。

2　戦後の日系技術者とコーヒー農家の協働

それ［農業普及事業］は、農村の人びとが満足していることが経済的に健全であり、どの国も繁栄するためには、豊かで満足した農業人口を有さなければならないという信念に基づいている。したがって、農業普及事業は究極的に、農村家庭の幸福に向けられている(36)。

1936年に『実業之布哇』で、後藤がこのように語った普及事業の理念——「農村家庭の幸福」——の実現への道のりは険しいものであった。世界的なコーヒー価格の影響を受けやすいうえに、コーヒーの栽培からマーケティングに至るまでの統一された仕組みがないことがその障壁となっていた。特に、1936年から後藤の後継者となった西村一男アールは以上の点を強調していた。1939年に3ヶ月ほど米国本土のコーヒー販売状況を視察した西村は、ニューヨークの有名デパートであるメイシーズ（Macy's）ではコナコーヒーがジャワ産やモカ産コーヒーよりわずかに高い49セントで売られているのに対し、サンフランシスコではそれらの半額で売られていることに気付いた。その原因として、コナコーヒーの販売経路が統一されておらず、個人ブローカーたちがコナコーヒー本来の質に見合わない低価格で売りさばいていることを挙げた(37)。彼が本土を訪れていた時期は、1929年の世界大恐慌に始まる不況のあおりを受け、コナコーヒーの価格も下がり続けていた時期であった(38)。

しかし、1941年、米国価格管理局（the Office of Price Administration）の介入と戦時中の米軍によるコーヒーの買い上げにより、コナコーヒーの価格は上向き始める(39)。それに加え、ブラジルでは1929〜1930年に大豊作を経験したが、世界不況によりコーヒーの消費先を失い、コーヒーの市場価格も57％ほど下がっていた。このため、ブラジルのコーヒー栽培者は1930年代前半にかけて、買い手のないコーヒー豆を海上投棄や焼却によって大量処分するほどであった。廃棄されたコーヒー豆は4,700万袋と推定され、それは世界恐慌直前の世界消費量の2倍に相当した(40)。さらにブラジルではコーヒーの木の伐採が進み、1946年ごろにはかつての栽培地は綿栽培地や牧場へと姿を変え、生産量も減少していた。一連の変化に伴い、サンパウロ（São Paulo）州南部やパラナ（Paraná）州北部で新たにコーヒーの木が植林されたが、1949年からの旱魃も追い討ちをかけ、ブラジル産コーヒーの供給量は世界的需要に追いつかない状況に陥った。1950年に入っても、1953年や1956年の霜害により500万から800万袋分のコーヒーの被害を受け、ブラジルでのコーヒー栽培の苦境は続いていた(41)。当時、農業普及事業課長に就任していた後藤は、1957年5月にコナのコーヒー農園を視察した際、「このようなことは言いたくないが、ブラジルの不作はハワイにとっては朗報になる」と述べるほどであった(42)。

第二次世界大戦の終結後、コナコーヒー産業はしばらくの間、高値を付けたことから、栽培地も順調に増えていった。コナコーヒーの価格に関しては、1938〜1939年にかけては1ポンドのパーチメント（皮付きコーヒー豆）につき4.5セントで買い取られていたのに対し、1940年代末には28セント、1956年には50セントに上昇した(43)。それに伴い、コーヒーの栽培地も1946年の3,380エーカーから1956年には約2倍の6,530エーカーに拡大した(44)。終戦後の数年間は、新たに500軒近くの家がコナコーヒー・ベルト地帯に建設され、それらの農家にはコーヒー栽培や生産用の器具（コーヒーの実から豆を取り出すパルパー（pulper）や乾し棚など）も備え付けられた(45)。

ところが、1957年、再びコナコーヒー価格は下落し、コーヒー農家は借金を抱えることとなる。下落の理由は、前述したブラジルでの霜害（1953年）により1954年以降に世界のコーヒー生産量が次第に増加したことに加え、低品質・低価格のインスタントコーヒーの普及であった(46)。1957年のコナコーヒー価格の下落を報じた地元紙は、コーヒー価格の変動があまりにも激しくはあるが「歴史的にみても、コーヒー農家はそんなに順調でなかった」と言及し、このような下落は初めてではないことを示したが、この時期の日系二世世代のコーヒー栽培者は戦前のような「水呑百姓」の立場に甘んじたわけではなかった(47)。彼らが目指したのは、コーヒー栽培からマーケティングまでを一手に手掛けることでキャプテン・クック社やアメリカン・ファクターズ社による独占体制から独立し、栽培農家の自立を確立することであった。そのためには、ハワイ大学による農業普及事業課との協働は不可欠であった。

戦後から1956年にかけてのコーヒー・ブームは、不況の影響で一時期的にコナを離れていた日系二世の帰郷とコーヒー農園への従事を促すこととなった。1947年より、農業普及事業課コナ支部に派遣された福永存エドワード（Edward Tamotsu

Fukunaga、1909–84年）は、退役軍人となったコナ日系二世に対して、コーヒー栽培方法（植樹、堆肥、剪定、収穫など）を教えた。自身も日系二世であった福永は1909年にカウアイ島コロアに生まれ、ハワイ大学で化学を専攻した。1935〜1941年にかけてホノルルを拠点に農業普及事業課の化学分野の専門家として働き、1941年からコナ支部に赴任していた。戦時中は米軍兵士の日本語教育にあたり、1947年に再度コナに戻ってきた(48)。1950年代半ばには、週２回、10週間ほど日系二世向けにコーヒー栽培に関する夜間教室を開き、それは３年ほど続いた。これらの費用は米国退役軍人運営局から支払われており、退役軍人への援助政策の一環であったことがわかる(49)。同時期には、農業普及事業課による「コーヒー学校（coffee school)」も企画された(50)。1954年３月に２日間に分けて開催されたコーヒー学校では、世界の農業事情に詳しい後藤自ら、コナの新たなコーヒー栽培者に向けて講演を行った(51)。その後も、コーヒー学校はしばしば開かれ、農業普及事業課が開発した新技術の普及のため講演会なども開催された(52)。

このように、1950年代から農業普及事業の推進者（後藤や福永）とコーヒー栽培者はともに日系二世世代が中心となり、コナコーヒー産業は発展期を迎えた。1956年にはコナにおいて、ハワイ大学農学部（College of Agriculture）とコーヒー栽培者による「座談会（confab)」が丸一日を使って開催され、両者の協力関係が窺える。開催にあたり、ハワイ大学農学部初代学長ハロルド・A・ワズワース（Harold A. Wadsworth）は「農業普及事業課によるコーヒーへの取り組みが理解され」ることの必要性を唱え、「現在のコーヒー産業における深刻な問題」は「積極的な実習なしには解決されない」とし、実習を通した普及事業メンバーと栽培者による協働作業の重要性を強調した。午前には６つのパネルディスカッションが企画され、植樹方法、最新の剪定法、害虫駆除、栽培費用、肥料、品質に関して、それぞれハワイ大学や普及事業課の研究者や技師と、リーダー的存在のコーヒー栽培者が意見交換を行うプログラムが催された。午後には福永とハワイ大学園芸学科長兼農業普及事業メンバーのジョン・H・ボーモント（John H. Beaumont）が開発したボーモント＝フクナガ・システム（以下、B–Fシステム、写真5–2）という新しい剪定方法の視察も行われた(53)。

座談会後に披露されたB–Fシステムは剪定、収穫、植林が容易であるうえ、樹齢60年以上の木でも安定的な生産性が維持できるため、新旧コーヒー栽培者にとって有益な方法として紹介された(54)。コーヒーは１年毎に豊作と不作を繰り返すことから、そのムラを防ぐために毎年剪定を行う必要があった。これまでの剪定方法では、生えてから４年以内の枝の部分を剪定する「芽かき（propping）」という作業が必須であった（「コナ方式（Kona method）」と呼ばれる）。この方法では、それぞれのコーヒーの木の成長状態に合わせて剪定するため、その作業には経験と技術が必要とされた（写真5-3）[55]。1955〜1956年にかけてハワイ大学農業試験場によって行われた小規模農園15戸に対する調査では、コーヒー栽培にかかる労働時間のうち、剪定作業には72時間（うち家族労働67時間、労働者15時間）で、収穫時間568時間（家族労働231時間、労働者337時間）に次いで最も多く時間がかかる作業であることが明らかになった[56]。よって、「芽かき」の手間が必要ないB－Fシステムでは、毎年、４年目の枝を幹から切り落とすため労働力と時間が大幅に節約できた。また、経験の浅い栽培者にとっては、B－Fシステムでは剪定の際、地上から膝下くらいまでを残して木の幹をばっさり切り落とすため、非常に簡単な剪定方法であった[57]。そのうえ、1953〜1958年のボーモントと福永による実験の結果、新剪定方法は樹勢の問題もなく、収穫量にも「重大な犠牲」が生じないことから有効な剪定方法と判断された[58]。

現在ではB－Fシステムはコナで広く普及しているが、木の根元近くから幹を切断するというこの斬新な方法は、戦前からの旧コーヒー農家には受け入れ難いものであった[59]。また、新システムを採用する際には、年ごとに一斉に幹を切る列がどれかを分かり易くするため、木の配列を再編成する必要があり、そのための資金が必要となった[60]。よって、熟練したコーヒー栽培者の新技術に対する慎重な態度からB－Fシステムはすぐには普及せず、農業普及事業とコーヒー栽培者の連携が必ずしも成功したわけではなかった。

B－Fシステムは当時のコナで受け入れらなかったが、ラテンアメリカ地域で急速に普及した[61]。1957年から福永は同地域に赴き、コーヒー栽培の技術指導を積極的に行った。これはトルーマン（Harry Truman）大統領によるラテンアメリカ地域の経済・農業発展の支援政策の一環であり、福永はコーヒーを主要輸出品とする８カ国を回っていた。その際、彼は「日本語もかなり上手に話せたため」、各地の日系社会も訪れ、コーヒー栽培の指導をしている[62]。福永によると、ラテンアメリカのコーヒー農園は「優れた品種が植えられているにもかかわらず、ハワイと比べて、全体的に生産性がとても低く」、栽培方法が「未熟であった」。1953年と1957年に福永がラテンアメリカ地域のコーヒー産地を訪問したことによって、同

写真5-2　B-Fシステム（1956年頃）

1年目と書かれた右から2番目の列には、B-Fシステムによって剪定されてから1年後のコーヒーの木が見える。その左隣は4年目のもので、写真中央にいる男性の身長の3倍ほどの高さに木が成長しているのがわかる。

出典：J. H. Beaumont and E. T. Fukunaga, "Factors affecting the growth and yield of coffee in Kona, Hawaii," *Hawaii agricultural experiment station bulletin* 113 (June 1958): 38.

写真5-3　「コナ方式」で選定されるコーヒーの木（1956年頃）

男性が長い枝を下ろしながら、剪定作業を行っている。

出典：Joseph T. Keeler, John Y. Iwane, Dan K. Matsumoto, "An economic report on the production of Kona coffee," *Agricultural bulletin* 12 (Hawaii Agricultural Experiment Station, University of Hawaii, December 1958), p. 25.

地からコナに視察に来るコーヒー栽培者も増え、B-Fシステムはエルサルバドル、コスタリカ、ニカラグアで導入され、大きな成果を見せていた。よって、B-Fシステムはコナよりも早くラテンアメリカ地域に、「システマ・アワイ（Systema Hawaii）」や「システマB-F」という名称で広がっていった[63]。コナコーヒーの生産量はラテンアメリカ地域全体の生産量には全く及ばなかったが、コナコーヒー栽培の実習過程で培われた技術は、1950年代の米国の経済・農業支援政策として、太平洋の東側へと移植されていったのである。また、技術の受け取り側として、同地域に移住していた日系社会の存在も重要であったと思われる。

新しい剪定方法に加え、福永は1950年代のコナコーヒー・ブーム期に、マカデミアナッツの栽培を日系コーヒー栽培者に提案した。彼は過去の経験からコーヒー価格の変動が激しく、今回のブームもまもなく終焉がくることを察しており、他の商品作物としてコナの土壌に適したマカデミアナッツの栽培を奨励したのであった[64]。しかし、栽培者の多くはその提案に反発し、彼を解雇しようとした[65]。福永はコーヒー価格下落の可能性について説いたが、日系農家たちは「感情的」な反応を返すだけであったと回顧している。

> ［日系農家は］「我々の家族が［コーヒー栽培］を始めて、彼らは汗水たらして働いた。ここで、私がコーヒー［農園］を壊したり、コーヒーを見捨てる者となってはいけない」みたいなことをよく言っていた。彼らはコーヒーに感情的に執着していた。でも、それは間違っている、と思う[66]。

農業普及事業関係者による技術改良や栽培作物の多様化の提案は、時として、これまで日系コーヒー栽培者が移民世代から培ってきた経験知や技術を否定するかのようにみえた。特に、1950年代、日系農家のなかには、「今までの経験から値段下落の場合に多少とも備えており、覚悟が出来て」いるため、福永が指摘するように価格が下落しても「勤勉に働くことによつて如何なる難関も切り抜ける」ことができると信じる者が多かった[67]。

技術革新に加え、1950年代の日系二世による協同組合の設立はコナコーヒー産業に大きな変化を与えた。コーヒーの生産量が向上したとしても、収穫したコーヒーの大部分を欧米系白人会社——キャプテン・クック社とアメリカン・ファクターズ社——に売っていたのでは、借地農家の生活向上に結びつかないと考えた

写真5-4　工藤猛とサンセット組合（1962年）
コナコーヒー協同組合とハワイ州政府代表を交えたミーティングの様子。中央で立っている人物が工藤である。

ためであった。このため、1953年に、土壌保全技術者の経歴を持つ原田タダシ・ジョージ（George Tadashi Harada, 1917–81年）はコナコーヒー協同組合（Kona Coffee Cooperative）を設立した。1956年の時点では、80農家がメンバーとして加入しており、それは約4,000エーカーのコーヒー栽培地に相当した。メンバーは組合に経費報告書を提出することを要求され、その分析によって無駄な支出と時間を削減し、それぞれの農家に合った内容で栽培方法を改善しようとした。また、ハワイ大学農業試験場や普及事業課との連携のもと、コーヒーの品質向上にも注力した。そして、メンバーから協同組合ができるだけ高値でコーヒーを買い取ることにより、農家の栽培・生産技術及びコーヒーの品質向上に還元できるようにし、コナコーヒー産業の底上げを目指した(68)。その後、1955年には野口ヨシオ（Yoshio Noguchi, 1907–90年）が太平洋コーヒー協同組合（Pacific Coffee Cooperative）を、1956年には工藤猛（Takeshi Kudo, 1922–2019年）がサンセット・コーヒー協同組合（Sunset Coffee Cooperative, 以下サンセット組合）を設立した（写真5-4）(69)。

特に、工藤は米国本土におけるコナコーヒーのマーケティングにおいて、重要な役割を果たした。工藤の父（工藤巧）は1920年代に南コナに移住し、コーヒー農園を営みながら、コナコーヒーを米国市場に売るブローカーとして活躍していた。戦時中、日系二世によって構成された442部隊に従軍した工藤はコナに帰ってきた後、４エーカーのコーヒー農園の経営を始める(70)。ハワイ青年商工会議所より功労賞を受賞した1956年には、コーヒー農園を70エーカーにまで拡張していたうえ、サンセット組合を統括するなど、多くの地元の活動に携わっていた(71)。

また、同年にはハワイ準州の若手農業家の代表に選ばれ、ノースカロライナ（North Carolina）州ダーラム（Durham）市で行われた農産物品評会で最終選考まで残り、日系二世のコーヒー産業及び社会の中心的存在となっていた(72)。彼はサンセット組合を設立するにあたり、27名のコーヒー栽培者を集め、収穫したチェリーからパーチメントの状態にまで精製できるようにした。コナコーヒー協同組合と太平洋コーヒー協同組合は元々コーヒー精製所の経営者によって運営されていたため、コーヒーの実を取り除き乾燥させたパーチメントの状態の豆のみを取り扱っていたことから、チェリーの状態から処理してほしい栽培者は組合に所属することができなかった(73)。さらに、工藤は1962〜1963年にかけて、クック社とアムファク社からコーヒーの精製工場を買い取ることで、サンセット組合が「コナ地区の全てのコーヒー農家に奉仕できる」体制を作り上げた(74)。まさに、日系二世による組合の設立は、戦後のコナコーヒー産業における日系コーヒー農家の「発展史」の全盛期にあたるといえる。

3　コナの観光業とコナコーヒー産業の衰退

1950年代に農業普及事業課との連携や組合の結成によって日系二世世代を中心とした生産・運営体制が確立したコナコーヒー産業は、1960年代には品質管理を徹底化し、米国本土でのコナコーヒーの販路拡大を狙った（第６章）。しかし、産業は早くも衰退の兆しを見せ始める。その原因は、収穫労働者不足によるコーヒー栽培地の減少であった。1960年10月の『布哇タイムス』は、「コーヒー栽培者は労働者の急激な不足」により収穫が大幅に減少する可能性を報道している(75)。さらに、1950年代から、北コナのカイルア・コナ地区を中心とした海岸部で発展し始めた観光業は、農園からリゾート地への労働力の流出を促した。1949年6月にコナ国際空港（現在エリソン・オニヅカ・コナ国際空港、Ellison Onizuka Kona International Airport）が開港し、特に厳しい冬が長い米国東部や中西部やカナダ、アクセスの良い米国西海岸部からの旅行客が押し寄せるようになった。1951年に18,400人だった旅行客は1956年には4万人に膨れ上がり、さらに、1959年のハワイ州への昇格後の1965年にはおよそ70倍の281万8千人となっていた(76)。1960年代も引き続き、コナ海岸部のリゾートホテルやコンドミニアムの建設が進み、男性のコーヒー栽培者は給料の良い建築現場などで働くため、ますますコーヒー農園での労働力確保は難しくなっていた。そして、収穫作業は、主に女性と子どもが担うようになった（写真5-5）(77)。この状況に追い討ちをかけたのは、「コーヒー休暇（coffee vacation）」と呼ばれた公立学校の夏休み期間の変更であった。

コーヒー休暇は1933年に、後藤がコーヒー栽培者とハワイ島西部教育委員会の仲介に入り実現された。収穫期に合わせて、コナ地区の小学校と中学校の夏休みを8月中旬から11月初旬と設定した。当初の計画では「栽培業者全体で約三万弗の節約」を見込んでおり、1933年には、休暇中の学童による労働力の節約は、8,600ドルとされていた(78)。しかし、1960年代以降、コーヒー産業が衰退傾向にある状況下、コーヒー休暇の継続により教育の質が低下することを危惧したハワイ島学務諮問委員会（the Board of Education）は、1966年7月南コナのコナワエナ高等学校の食堂にて、夏休み期間の変更に関する協議会を開いた。この協議会には南北コナから600人以上の住民が集まり、変更に対する様々な意見が交わされた。すでに深刻な労働者不足に直面していたコーヒー農家は「ある少数のコナ特権人が叫んで求めているが如くコナが普通の夏休み、三十年前の昔に後退すれば、之は正にコーヒー産業には致命的のもの（ママ）であることは火を見るより明らかである」と主

写真5-5　女性と子どもによる収穫作業（1950年代末）
Joseph T. Keeler, John Y. Iwane, Dan K. Matsumoto, "An economic report on the production of Kona coffee," *Agricultural bulletin* 12 (Hawaii Agricultural Experiment Station, University of Hawaii, December 1958), p. 11.

張した。ここでいう「コナ特権人」とは休暇をハワイの他の学校と合わせるよう主張していた欧米系白人医師夫妻や牧師と思われ、いずれもコーヒー産業とは関わりのない人びとであった。ハワイ大学社会学部教授リンドは当時、ハワイ州学務諮問委員会の依頼により現地調査を行い、コナ在住の欧米系白人家庭にも聞き取りを行っている。彼らが変更を希望する理由として、コーヒー休暇により「不便なスケジュールのため」に「自尊心のある教員」が赴任せず教育の質が低下していることを挙げた。さらには、教育の質の低下により、良質の教育を施すため子どもをマウイ島の私立大学に通わせており、教育費を多く支払っていると述べた。加えて、コーヒー休暇に対する批判はコーヒー栽培者にも向けられ、「大工、配管工などになって」より良い暮らしができる人びとがコーヒーにしがみついているだけだという主張すら出た[79]。よって、意見交換は、地元住民間差異――コーヒー産業との関わり、人種／エスニシティ、経済的背景――を映し出す結果となった。

一方、同じくリンドによる聞き取り調査からは、日系コーヒー栽培者の家庭や二世教員が、産業の賄い手の不足のみならず、コーヒー休暇の終焉による、若い世代へのモラル的影響を気にしていることも明らかになった。ある教員は、若い世代が夏休みにコナ海岸部のホテルにてパートタイムで働き始めた際、他のホテルスタッフと関係を持ち、妊娠してしまった事実を例に挙げ、コーヒー農園での労働が若い世代の道徳的教育にも役立っていると唱えた[80]。協議会中には、「八百戸のコーヒー事業者はコーヒー休暇が必要」、「コーヒー休暇無ければコナは破滅する」、「コーヒー休暇と子供の犯罪皆無」などのプラカードを持ち練り歩くコーヒー栽培者や関係者もいた[81]。また、1966年6月末に諮問委員会によって行われた調査では、1,094世帯のうち688世帯（62.8%）がコーヒー休暇に賛成していた[82]。結局、コーヒー農家の声は聞き入れられず、1969年、コーヒー休暇は廃止された[83]。

コーヒー休暇の撤廃、労働者不足、コーヒー価格の下落により、コーヒーの栽培面積は減少の一途を辿る。1960年には5,500エーカーあった栽培面積は、1970年には3,900エーカー、1980年には1,900エーカーへと減少した[84]。実際、この時期、コナに残り協同組合の成立に尽力したような日系二世は少数派であり、多くがハワイの都市部や米国本土へと流出していった。それに加え、一世の高齢化、協同組合間の争い、ベトナム戦争による若手青年労働者の不足などから、1970年代半ばにはコナコーヒー産業は存亡の危機にさらされていた。1974年には、ハワイ州農務省が「コーヒー精製工場が近い将来無くなるのは確実であり、それによってハワイのコーヒー産業は消滅するであろう」と報告するほど産業は衰退しており、コナ産業と日系社会の「哀史」が始まったかのように見えた(85)。

4　スペシャルティコーヒーと新たな農家

1970年代半ばには存続の危機にさらされたコナコーヒー産業であったが、1980年代に入ると、ハワイ州外からのコーヒー栽培者の流入によって復活の兆しを見せる。日系コーヒー農家が、産業の中枢から周縁的存在へと追いやられる一方で、産業は新移民集団――欧米系栽培者・加工業者とラテン系労働者――を迎えることで新たな「発展史」を描き始めた。

コナコーヒー産業を担う新たなグループは、コーヒー生産・加工会社とエステート・コーヒー農家の二つのグループに大別できる。まず、前者は、米国本土や日本を拠点とするコーヒー加工もしくは食品関係企業であり、小規模農家からパーチメントや生豆（グリーンコーヒー）を買い、それらの精製、焙煎、販売を行っている。このようなハワイ州外からの企業進出はボング・ブラザーズ社（Bong Brothers Coffee Co., 以下、ボング社と略記）が1980年にコナに精製工場を建設したことに始まる。同社で精製された生豆はカリフォルニアのサンクスギビング・コーヒー社（Thanksgiving Coffee Company）に送られ、ブレンドコーヒーとして米国本土で売りだされ、コナコーヒー産業の再興のきっかけとなった(86)。

ボング社がコナに進出した2年後には、米国スペシャルティコーヒー協会（Specialty Coffee Association of America）がカリフォルニア州南部の街ロングビーチ（Long Beach）に設立され、コナコーヒーは欧米諸国や日本などを中心に希少性が高いコーヒーとして注目されるようになった（第6章参照）。特に、1983〜1984年にかけて10年ぶりの豊作に見舞われた時期には、コナコーヒーがスペシャルティコーヒーとして高値で売れ始めたこともあり、「コナコーヒー［栽培］を始めた誰もが成功するだろう」と言われるほど、産業への期待が増していた(87)。その結果、米国本土からのコーヒー生産・加工会社が、次々とコナコーヒー産業へと進出してきた。1980年代半ばまでに、コナ・カイ農園（Kona Kai Farms）、キャプテン・

クック・コーヒー社（The Captain Cook Coffee Co.）、ルースター・ファーム・コーヒー（Rooster Farm Coffee）などが、ボング社同様コーヒーの精製から販売までの過程を一本化する形で、コーヒー生産を始めた[88]。このような加工会社は、地元の小規模農家からチェリーやパーチメントを買い取り生豆に加工し、米国本土の工場で焙煎し販売するという経路を確立し、商品化と販売にかかる諸経費を削減した。また、加工会社は日系協同組合よりも高い値で地元農家からコーヒーを買い取ることにより、1960年代米国本土のコーヒー会社スペリア・コーヒー社（The Superior Coffee Co.）との契約に縛られていた日系コーヒー栽培の協同組合離れが加速化していった（詳しくは第6章参照）。結果として、1950年代末から日系二世によって組織された協同組合は、次第に影響力を弱め、解散していく[89]。

米国本土を拠点とするコーヒー生産・加工会社に遅れをとったものの、日本の会社も1980年代末からコナコーヒー産業に参入し始めた。1988年10月にＵＣＣ上島珈琲株式会社（以下、ＵＣＣ社と略記）が、北コナのホルアロアに26エーカーの土地を買い、直営農園ＵＣＣハワイコナコーヒー・エステイトを開設した。ジャマイカのブルーマウンテンで同社のコーヒー農園の開発に携わった川島良彰はコナでの農園開設にあたり、日本の市場では多くの「偽コナコーヒーが出回っているため」、消費者に本物のコナコーヒーを届けることが目的の一つであるとハワイ地元紙に語った。これも第6章で詳しく議論するが、ブランド化したコナコーヒーはこの時期、コナ内で偽物商品の流通が問題化しており、日本でも同様の現象が確認されていた。このことから、ＵＣＣ社は農園からの利益よりも「コナコーヒーの名称」と品質を守ることを優先した[90]。

また、1991年には株式会社ドトールコーヒー（以下、ドトール）が、同様に直営農園マウカメドーズ（Mauka Meadows）を開設した[91]。ＵＣＣ社とドトールは両社ともコーヒーの栽培、精製、焙煎、販売までをコナの自社農園で行い、日本の消費者を主なターゲットとしてコナコーヒーを売り込んだ。米国本土からの会社とは大きく異なるのは、コナへの観光客との交流を積極的に行っている点である。自社農園を観光客（日本人を多く含む）に一般公開することによって、コーヒーの歴史を学び、栽培方法を体験できる場を積極的に提供した。例えば、ＵＣＣ農園では、農園を訪れた人々がコーヒーの焙煎を体験し、自分でデザインしたラベルを貼ったオリジナルコーヒーを作ることができる「焙煎体験ツアー」に加え、「農園見学ツアー」や「コーヒー収穫体験ツアー」なども企画している。また、ドトール農園では、コーヒーの苗木に名を付け農園内に植え、コナに来るたびに自分のコーヒーの木の成長を観察できる機会を提供した(92)。このように、日本からのコーヒー生産・加工会社は、自社農園から日本へコーヒーを直接輸出する経路を確立するのみならず、日本からの観光客を主なターゲットとした企画を実施し、コナコーヒー商品の宣伝と販売を行っている。

特に、UCC社は直営農園開設の10年ほど前からコナコーヒーを日本に輸出するとともに、コナで毎年11月に行われるコナコーヒー文化フェスティバル（Kona Coffee Cultural Festival）などの地元イベントのスポンサーも務めてきた(93)。直営農園を開設した1980年代後半は、プラザ合意（1985年）後の急激なドル安の影響により、1970年代後半から始まっていたハワイへの日本の大企業（西武、東急、三菱など）による投資が盛んになった頃であった(94)。日本からのハワイへの投資額は1985年の時点で、8億5千万ドルであったが、1989年には50億ドルにまで達していた。それらの投資先は主に不動産購入、リゾート開発及びホテル建設であり、それらは最も多くの観光客が訪れるオアフ島に留まらず、ハワイ島など他島にも及ぶようになった(95)。ハワイで不動産を取り扱う大手会社でもあったアムファク社（コナでの活動については第4章を参照）やホリタ不動産（Horita Reality Co.）が、それぞれ日本の建設会社である飛島建設や熊谷組とパートナーシップを結び、リゾート施設やホテルの建設にあたり、日本の会社の投資や開発計画の受け皿となっていた(96)。他方、日本からの観光客や投資の急増は家賃や土地の値段の高騰を招き、地元住民からの否定的な感情を引き起こしていた(97)。このようにハワイ諸島全体での日本の「侵略」が危惧されるなか、日本からの企業がコーヒー農園を経営することに対する地元社会からの理解は必須であった。よって、UCC社は急増する日本人観光客をターゲットとしつつも、コナコーヒー産業への貢献――フェスティバルへの積極的参加やコナコーヒーの品質維持――により地元社会とのつながりを維持しながら、農園開設や経営を行なってきた。

さらに、コーヒー生産・加工会社ではなく、個人のコーヒー農園経営者が現れ始めたのも1980年代であった。いわゆるエステート・コーヒー農家である。エステート・コーヒーとは栽培、加工、袋詰めまでの過程を自家農園で行い、他の農園で育てられたコーヒー豆を含まないコーヒーを売る農家である。そのため、加工費用が全て農家側の負担となるが、その希少価値から世界中のグルメな消費者が高額で購入する。商品は通常、農園併設の店やスタンドや、インターネットを通じて販売されている[98]。1990年頃には、コナに200以上のエステート・コーヒー農園があり、それらは背景の違いによって3つに大別できる[99]。欧米からの新移住者によって経営される農園、古くからコナに住む地主によって運営される農園(多くが欧米系白人)、日系人による農園である。

まず、欧米からの新移住者によるエステート・コーヒー農園は、5〜10エーカーの農地を地主や日系農家から借り受けるか購入して、コーヒーを栽培する。彼らのほとんどはコナにやって来る以前は弁護士、政府官僚、会社役員などのエリート職に就いていた欧米系白人であり、コーヒー栽培の経験はほとんどない。都市の喧騒を離れ、自然豊かなコナでゆったりとした生活を楽しみながら、コーヒー栽培を行っている人びとが多いのが特徴である[100]。

2004年11月に、筆者がインタビュー調査を行ったレフウラ農園(Lehuula Farms)を経営していたボブ・ネルソン(Bob Nelson)氏もそうした新移住者の一人であった[101]。同氏は、1986年に約4エーカーの土地を日系農家から買い取った[102]。当時、アラスカ州在住の生物学者であったネルソン氏は、コーヒー栽培に関する知識はほとんどなかったが、1994年に退職し、妻とともにコナへ移住した。そして移住後すぐに農園を設立した。彼はコーヒーの木の剪定が容易なB-Fシステムによって、農園を管理し、コーヒー栽培に成功した。また、1990年代に大きなスキャンダル(後述)を起こすこととなるコナ・カイ農園(Kona Kai Farms)の創設者ボブ・レーリ(Bob Regli)もまた、もともとサンフランシスコで弁護士をしていたがその生活に疲れ「逃げてきた」欧米系白人新移住者であった。彼は「農業やコーヒーについてのことは全くわからな」かったが、「きっと長く住めば、どうやって生活していくかわかるようになると思った。この農園はコーヒーやパパイヤを育ててきたし、少なくとも毎朝朝食には困らないしね」と地元紙のインタビューに対して答えている[103]。このように、欧米系白人の新コーヒー農家のなかには、農業に関わったことがないが、都市部から離れたコナでの農村生活に憧れて、移住してきた元専門職の人びとが多く含まれていた。

また、古くから住んでいた欧米系白人コーヒー農園所有者も、1980年代になってエステート・コーヒー農園の経営に乗り出した。第3章でも言及した、19世紀半ばから南コナに土地を所有しているグリーンウェル家は、1985年にグリーンウェル農園(Greenwell Farms)を開設した。英国出身のヘンリー・N・グリーンウェルはオーストラリア、カリフォルニアを経て、1850年コナに移住した人物である。

写真5-6　ウィリアム・グリーンウェルを偲んで作られた碑
石碑の裏には、「この碑は、彼への友情を永遠に偲ぶため、彼の日本人の友人たちによって建立された」と英語で記されており、地主として日系農家に深く慕われていたことがわかる。また、土台部分の白いプレートには、寄付者の名前と寄付金額が日本語で彫られている。また、1954年の『布哇タイムス』は、「コナ温情地主の遺徳碑を建設」という記事で、彼と日系借地農家との心温まる関係を伝えた。「驚異的珈琲上騰の為めか、コナの特殊の小地主と小作人との関係が悪化して、四十年来順調にリースして来た人に再リースを許さぬとか、又再リースの条件として今まで小作人の手に依つて改善した珈琲園珈琲精製設備並びに住宅等を数千弗の莫大なる高価を以て買収さしめその上従来のレントの四五倍にも匹敵する土地代の数ヶ年に文現金前払と云う事を要求された如き事情の存在する中に流石にコナの大地主グリーンウェルの各家族は昔も今も変らぬ小作人との親交を継続して寛大である事は吾人周知の慶事である(108)」。(ハワイ島南コナ・ケアラケクアにて筆者撮影。2012年 2 月29日)

ちょうど、ハワイ王国による土地改革により外国人も土地所有が許可された頃であったため、グリーンウェルはコナに土地を買い、コーヒーやオレンジの栽培、牧畜業、商店の経営など多角的にビジネスを展開していた(104)。1873年にウィーンで行われた万国博覧会に出品された彼のコナコーヒーは、その高い質が認められた(105)。また、グリーンウェル家は地主として日系農家にも土地を貸しており、1928年にヘンリーの長男ウィリアム（William Henry Greenwell, 1867-1928年）が死去した際には、南北コナの日本人によって彼を偲ぶ石碑が建てられ、その除幕式には子どもも含めて600人ほどの日系人が集まったという（写真5-6）(106)。そして、現在でも、グリーンウェル家は地元のコーヒー生産、土地管理、歴史保存などの事業を精力的に行っている。コーヒー生産に関しては自家農園（150エーカー）で収穫されたコーヒーとともに、周辺の農家が収穫したコーヒーを加工・商品化し、農園内にある店舗やインターネットを通じて米国本土や日本に出荷している[107]。このように、エステート・コーヒー農園経営者のなかには19世紀半ばからコナに土地を所有している欧米系入植者の子孫もわずかだが含まれている。

エステート・コーヒー農家の3つめのグループとしては、少数派となったが、日系農家の三世・四世世代が挙げられる。彼らはホノルルや米国本土で高等教育を受けた後、より良い仕事を求めて、一度はコナを出て行った世代である。その一人が、日系三世のウォルター・クニタケ（Walter Kunitake）氏である。彼は米国本土で会計学の博士号を取得し、複数の大学で教鞭をとった後、両親のコーヒー農園を継ぐためコナへ帰ってきた。クニタケの経営するカントリー・サムライ・コーヒー社（Country Samurai Coffee Company）では昔ながらの栽培、加工、焙煎方法を維持し、健康な木を育てるため、除草剤や殺虫剤は一切使用していない（写真5–7）。また、コーヒーの木は古くて大きいものほど質が良いという考えのもと、クニタケ農園に植えられているコーヒーの木は3メートルから4メートルの高さで栽培された。現在は、ほとんどのコナコーヒー農家では、収穫しやすいようにコーヒー木を2メートル前後の高さに保っている。その他にも、リー・スガイ（Lee Sugai）氏によるスガイ・コーヒー農園（Sugai Coffee Farms）やウィルフレッド・ヤマサワ（Wilfred Yamasawa）氏によるコナズ・ベスト・コーヒー農園（Kona's Best Coffee Farms）などの日系エステート・コーヒー農園が、先祖からのコーヒー栽培地を引き継ぎ、開設された[109]。

写真5–7　クニタケ農園の100％コナコーヒー

ハワイ州農務省が定めた等級審査を受けた豆を使用したクニタケ農園の100％コナコーヒー商品「100% Premium Kona Coffee」。苗字の「国武」を英訳したカントリー・サムライ（Country Samurai）という農園名は日本人のルーツを想起させる。

参考：Country Samurai Coffee, https://www.countrysamurai.com
（最終アクセス2024年11月28日）

エステート・コーヒー農園経営においては、コーヒーの栽培・収穫から商品の発送に至るまで全ての工程を担わなければならないので、経営を始めるにあたりかなりの資金力が必要である。しかし、経営が軌道に乗り始めると、商品の流通量や価格を自分で設定できることから、いくらか収入の安定性も望める。それに対し、家族代々受け継がれてきた農園で借地農家として生活してきた日系農家は高齢化が進み、エステート・コーヒー農園を始めるための資金力も労働力も不足している。そのため、現在でも収穫したコーヒーを生産・加工会社（協同組合や大手コーヒー業者）に売って生計を立てており、その収入はコナコーヒーの相場に大きく影響される。欧米系白人を中心とした新移住者による農家と戦前からの日系農家はともに小さな土地で細々とコーヒーを栽培しているが、両者との間には資金力や収穫したコーヒーの販売方法に大きな差があるといえる[110]。このように、1980年代のコナコーヒー産業の大きな転換期に、1950年代から60年代にかけて活発化した二世世代を中心とした日系農家の存在感は次第に薄れていった。そして、コナコーヒーは、より様々な背景を持つ人びとや会社によって栽培されるようになり、その栽培・加工・販売方法は急速に多様化していった。

しかし、日系と欧米系白人コーヒー農家の関係は希薄であり、お互いの交流は限られていた。100％コナコーヒーに関する啓蒙活動のため1985年に設立されたコナコーヒー・カウンシル（Kona Coffee Council）の設立者であるトム・カー（Tom Kerr）は、自分の農園で新しい栽培方法を実験的に行った際、長い間コーヒー栽培に従事していた「高齢の日本人やフィリピン人」から反対されたという。52歳の時にコナにやって来たカーの前職は、サンフランシスコで法学を教える大学教員であった。1982年、彼は12年間放置されていた９エーカーのコーヒー農園を買い取り、２万ドルかけて土地をブルドーザーで均し、そこに大きな新居を建て、コーヒーの木も植えた。彼の背景が示すように、カーはエステート・コーヒー農園を経営する、典型的な欧米系白人であった。コーヒー栽培の経験に乏しい新移住者が推奨する栽培方法を学ぶことは、旧世代の日系栽培者は受け入れ難いことであった。しかし、スペシャルティコーヒーとしての価値が急激に上がったコナコーヒーは、1980年代半ば、需要が追いつかない状況にあり、日系農家と欧米系農家は互いの関係性には距離があったが、それぞれの方法でコーヒー栽培を精力的に行っていた。

5　ラテン系収穫労働者の誘致

1980年代にコナコーヒー栽培者や農家は多様化したものの、収穫労働者不足の問題は依然として残っていた。ここでは1980年以降急増したラテン系移民を取り上げ、彼らのグローバルな移動の経験と新移民としてのコナ社会への受け入れについて明らかにする。さらに、新たに創出される（もしくは、繰り返される）「哀史」についても見ていく。ラテン系移民は、1960年にはコナの人口統計にも載らなかったほど少数であったが、2000年にはコナの人口の8.2％（2,110人）を占めるほどに増加した人種／エスニック集団である[111]。ハワイのラテン系移民研究者ルーディー・P・ゲバラ・ジュニア（Rudy P. Guevarra Jr.）によると、1990年代にはラテン系移民はコナコーヒー産業には欠かせない労働力となっていた[112]。

メキシコを中心としたラテン系移民が収穫労働者としてコナコーヒー農園に初めて雇われたのは1989年であった。コーヒー生産・加工会社はアリゾナ州やカリフォルニア州の新聞広告や人材派遣会社を通じて、収穫労働者を確保しようとしていた。メキシコ・ミチョアカン（Michoacán）州プルアンディロ（Puruándiro）市出身のハビエール・メンデス（Javier Méndez）は、カリフォルニア州南部ベンチュラ郡（Ventura County）の新聞の広告で、前述のコナ・カイ社による収穫労働者募集の記事を目にした[113]。カリフォルニアでレモンの収穫や庭師として生計を立てていたが「あまりつらくない（un trajabo no fuera ... muy duro）」仕事を探していた頃だった。スペイン語しか話せなかったが会社に電話すると、ちょうどメキシコ出身者がいたためスペイン語での交渉が成立し、1989年６月、彼は同郷の６人とともにハワイ島へ向かった。その際の雇用条件は、収穫作業が終わる12月まで滞在した場合、賃金に加え、航空券代、食費、宿泊費が支払われるという魅力的なものであった。ところが、翌年、メンデスが同郷から30人の季節労働者を誘致するよう会社から依頼された時には、航空券代、食費、宿泊費は労働者側の負担となった。雇用条件が悪化したものの、その後もこのネットワークを通じて、150名ほどのメキシコ系移民がコナのコーヒー農園に雇われた[114]。

1990年代初頭の地元紙は、観光業ブームによって地元の労働力を奪われたハワイの農産業全般（パイナップル、マカデミアナッツ、コーヒーなど）におけるラテン系移民労働者の重要性を報じた[115]。1990年には米連邦政府から支援を受け、米国本土を拠点とするメキシコ系移民を集団誘致したNPO団体マウイ・エコノミック・オポチュニティ（Maui Economic Opportunity）の事務局長グラディーズ・コエーリョ・バイサ（Gladys Coelho Baisa）は、「もし缶詰工場や農園が移民労働者を確保できなかったら、おそらくそれらを閉鎖しなければならなかったでしょう。それくらい、今、事態は深刻なのです」と述べ、ラテン系移民によるハワイ経済への貢献について強調した(116)。また、別の記事では、バイサによるもう一つのコメント——ハワイ社会において文化的に溶け込む素質を持ったメキシコ人——を紹介している。

> 彼ら［メキシコ系移民］はとてもうまく［ハワイ社会に］馴染んでいます。なぜなら、メキシコ文化は、ハワイ文化と非常によく似ているからです。家族を大切にしますし、文化的な配慮も持っています(117)。

これらのコメントが示すのは、ラテン系移民がハワイ社会にとって未知の移民集団であり、社会に適した移民集団として紹介する必要があったことである。地元住民がやりたがらない仕事を請け負っているため、ラテン系及びメキシコ系移民は地元社会と接点がほとんどなく、不可視化された存在であった。それゆえに、1990年代半ば以降の新聞やメディアの報道はラテン系移民のイメージを形成する上で重要な役割を果たした。

バイサのコメントが地元新聞を通じて「好意的」なイメージを提供したのとは裏腹に、ラテン系移民に対して、非合法移民や麻薬ディーラーとしての負のイメージが蓄積されていった。1990年代以降ラテン系移民の多くはカリフォルニア州やアリゾナ州からハワイにやって来ており、そのうちメキシコ系移民が８割を占めていた。1995年２月24日の地元紙に掲載された記事“Mexican workers find an isle paradise（メキシコ系労働者たちは楽園の島を探す）”によると、大別して３つのタイプの移民——合法移民の専門職従事者、合法移民の季節労働者、非合法移民の季節労働者——がいた(118)。

まず、合法移民の専門職従事者は弁護士、医師、獣医などの資格を持ってはいるものの、当時のメキシコ政府が専門職を量産する教育システムを実施していたため、国内で資格に見合ったポストに就くことができず、ハワイにやって来た移民であった。このような人びとは、移民後に教育背景や資格を活かした職に就くことができるとは言い難いが、自国に残るよりもはるかに良い収入を得ることが見込めた。そして、ホワイト・カラー層としてハワイ社会に溶け込んでいくことができた[119]。

次に、合法的にやって来た季節労働者であるが、大部分は米国本土で数々の季節・短期労働に携わってきた人びとである。その多くは、メキシコのハリスコ州都グアダラハラやその周辺の農村からカリフォルニア州に移住し、そこを拠点として季節労働を繰り返していた。1990年代になると、彼らの移動範囲はカリフォルニアの隣接州のみならず、アラスカ州の缶詰工場、ペンシルバニア州のマッシュルーム農園、ノースカロライナ州のタバコ農園、そしてハワイのパイナップルやコーヒー農園など、飛行機で移動が必要な長距離の出稼ぎ地へと拡大していった。つまり、彼らは労働者不足に悩む第一次産業――米国人が就きたがらない必需品生産の生産現場――を全米規模で支えていくようになる[120]。

その流れには、3つめのグループである非合法移民も含まれていた。1990年代末には、500〜2,000ドルで偽造米国在留許可書が得られると言われていた[121]。また、非合法移民のハワイへの流入は米国本土経由、つまり国内移動であることが盲点となっていた。1995年の時点で、移民帰化局は1日に30〜40の国際便でやって来る乗客の法的身分を確認していたが、50〜60便ほど島内に着陸する米国本土からの国内線については、ほとんど乗客の身元審査をしていなかった[122]。ハワイの非合法移民で最も多いのはアジア系移民で、2011年の司法省による統計においても国際線でやって来るフィリピン系移民が全体の40%を占めて最も多く、次いで中国系移民の12%であった。それに対し、メキシコ系移民は10%となっており、非合法移民の割合からすると決して多いとは言えなかった。また、国内線でやって来る移民の審査には手が回らない状態であった[123]。

ところが、ラテン系労働移民が誘致されて5年ほどで、島内での非合法移民の検挙や逮捕に関する報道が過熱し始めた。1995年9月初旬、マウイ島での連邦移民局による一斉捜査によって、ラテンアメリカ地域出身の非合法移民45名が逮捕された。その大部分がメキシコ出身者であった。結果として、1995年9月末までには約100名の非合法移民が逮捕され、太平洋諸島民に次いで検挙数が多い移民集団となった。地元紙は、非合法移民に対する不当な待遇や家族離散のエピソードを織り交ぜながら、一斉検挙についてある程度同情的な報道をしたとはいえ、記事のタイトルに「illegal aliens（不法外国人）」や「Mexicans（メキシコ人）」を併記したため、ハワイ社会に非合法移民としての偏った見方を根付かせた。この一斉捜査・検挙では、メキシコ出身者以外にもフィリピン人、英国人、カナダ人がそれぞれ1名及びトンガ人2名がいたが、そのことに触れる記事はほとんどなかった(124)。

追い打ちをかけるように、ハワイ島では地元警察と移民局の連携のもと、ヒロ、プナ、コナで捜査が行われた。1995年9月20日までの1週間に17名のメキシコ系移民がヘロイン密輸入に関わったとして逮捕された(125)。2日後には1万4千ドル相当のヘロインを所持していたとして、さらに3名が逮捕された。捜査を統率した責任者は、この3名を「非合法で、不法のメキシコ系外国人（undocumented illegal Mexican Aliens）」と表現し、ハワイ社会内のラテン系移民の負のイメージを助長した(126)。

1990年代末、コナ社会でもラテン系移民に対する偏見は強まっていた。1980年代末、コナ・カイ社によって収穫労働者として雇われたローランド・イダルゴ（Roland Hidalgo）も、当事者として、ラテン系移民への風当たりの強さを感じた一人である。エルサルバドル出身のイダルゴは30歳の時、非合法移民としてフロリダ州マイアミに移住し、1986年の移民恩赦(127)によって米国籍を取得した。米国本土で土壌管理や農産物栽培の経験を積み、コナでは収穫労働者としてしばらく働いた後、専門的知識を生かし、米国（アラスカ州、カリフォルニア州）やドイツに住む不在農園主の農園管理を行っていた。そして、次第に、コナのラテン系移民社会の取りまとめ役となっていった。この頃、収穫期の8月～翌年3月にかけて、150～200名のラテンアメリカ地域（チリ、エルサルバドル、グアテマラ、メキシコ、ニカラグアを含む）出身の若手労働者がコナに滞在し、主要な収穫労働者として熱心に働いているにもかかわらず、社会内のラテン系移民に対する偏見は強くなるばかりであった。1997年の地元紙の取材に対し、ヒダルゴは、コナ社会では「ラティーノを好きじゃない人はたくさんいる」と言及し、その理由として麻薬取り引きへの関与を挙げた(128)。

そのような偏見に対し、コナ日系二世の坂田ミツユキ・ノーマン（Norman Mitsuyuki Sakata, 1927–2023年）は強く反論した。コーヒー栽培者でもあり、1990年代からコナコーヒー文化フェスティバルの運営の中枢を担っていたサカタは、産業内の状況をよく知る人物であった。

私はそんな［麻薬取り引きに関する］報道は信じない。彼ら（中南米系）は本当によく働くし、その点で、彼らは私たちのコーヒーを救ってくれている。一体、彼ら以外に誰が［ハワイ島コナの］コーヒーを収穫するだろうか。私たち［日系］の若い世代は手が汚れない仕事に就きたがって、コーヒーに関わることはない。若い人たちがコーヒー栽培に興味がないから、私たちの栽培地は減り続けているのだ。

1990年代の急増する人口、非合法移民や麻薬ディーラーの一斉逮捕、メディアによる報道という三大要素は、米国本土同様に、ハワイやコナ社会における「ラティーノ脅威論（Latino Threat Narrative）」を引き起こした。米国本土を中心にラテン系移民に対する脅威論について研究した文化人類学者レオ・チャベス（Leo R. Chavez）は、彼らが「［米国の］南側の国境からの侵入者」であり、「米国の生活様式を破壊する者」としてみなされていると主張した[129]。ラテン系移民の環太平洋移動とともに、多民族社会の理想モデルとされたハワイにも、脅威論が辿り着いたのである[130]。

2017年、ラテン系移民の「非合法性」をめぐる問題はトランプ（Donald Trump）政権下で再燃した。政権発足後の1週間で行った移民政策に関するいわゆる大統領令の施行により、コナで20年近くコーヒー農園を営んでいたアンドレス・マガーニャ・オルティス（Andrés Magaña Ortiz）は妻子を残し、単身メキシコへと帰国した[131]。ハワイ州からの強制送還者第1号となったマガーニャ・オルティスは、トランプ政権が行った非人道的政策の犠牲者、米国籍の妻子を支える大黒柱、衰退するコーヒー産業の貢献者として、ハワイ社会ばかりでなく米国本土でも報道された。これまでラテン系移民を非合法移民として批判してきたハワイ社会とは真逆ともいえる反応であった。

オルティスがハワイ社会で注目されるようになったのは、2017年5月30日の連邦第9巡回区控訴裁判所にて、スティーブン・レインハート（Stephen Reinhardt）裁判官が、トランプ政権下の移民政策が「悪人（bad hombres）」を対象としているという発言に対し、「マガーニャ・オルティスの送還に対する政府の決定は、『善人（good hombres）』でさえも安全ではないこと示している」という意見を述べたことによる[132]。この発言は、強制送還を阻止するほどの効力は持っていなかったが、これを機にハワイ州議員やメディアによる支援の声が高まっていった。

マガーニャ・オルティスは、1989年15歳の時に、すでにカリフォルニアで働いていた母と一緒に住むため、ブローカーの手助けによってアリゾナ州の国境地帯から米国に入国した。1997年頃に収穫労働者としてコナにやって来た後、農園労働者として働き、次第にコーヒー栽培に関する知識や経験を増やしていった。貯めた資金で南コナのホナウナウにコーヒー農園を買い、2000年初頭には20エーカーほどのエステート・コーヒー農園「エル・モニリート（El Monilito）農園」を開設した(133)。それに加え、彼は不在農家や高齢農家を含む15の小規模農園の管理も引き受けており、その面積は100エーカー以上にのぼった(134)。例えば、近くに住んでいた75歳の女性は体が不自由なため、10エーカーのコーヒー農園を維持することが難しく、その管理をマガーニャ・オルティスに任せていた。強制送還の話を聞き、彼女は「もし彼が出ていかなければならないのなら、私はもう［農園を］どうすることもできないでしょう(135)」と将来の農園運営に対する絶望感を吐露した。2017年には彼が管理していたコーヒー農園は150エーカーにのぼり、彼のチームは70万トンのチェリーを収穫するはずであった(136)。マガーニャ・オルティスの存在が、高齢化、労働者不足に悩むコナコーヒー産業にとってどれだけ重要であったかがわかる。2010年には、コーヒーの木に甚大な被害を与える害虫調査のため、無償で米国農務省による5年間の調査にも協力した(137)。

このような彼の行いに対して、コナコーヒー農業者協会（Kona Coffee Farmers Association, 以下KCFA）会長は、2017年6月1日付けのジェフ・セッションズ（Jeff Sessions）司法長官への手紙のなかで、彼はコナコーヒー産業に大きな被害を与えていた害虫対処に対する協力ばかりではなく、「(コナ）社会において、バイリンガルの架け橋(138)」となり、そして「アメリカンドリームの真の例」であることを述べた(139)。マガーニャ・オルティスの妻によると、コナの同業者からも多くの励ましの手紙をもらったという(140)。

2017年6月5日、ハワイ議会の代表団は、マガーニャ・オルティスの強制送還の撤回を要請し、米国国土安全保障省長官宛てに声明文を提出した。この声明文は、ハワイ州選出上院議員2名メイジー・ヒロノ（Mazie Hirono）とブライアン・シャーツ（Brian Schatz）及び下院議員2名コリーン・ハヤブサ（Colleen Hanabusa）とツゥルジ・ガバード（Tulsi Gabbard）の連名で提出され、ヒロノは全文を自らのTwitterでも声明文を公開した。そのなかで、マガーニャ・オルティスは「私たちのコミュニティの立派な一員であり、強制送還されるべき危険な人物」ではなく、トランプ大統領がいう「悪人」ではないことを強調した。続けて、彼が「彼は［コナ社会］の中心的存在であり、献身的な父親であり夫である」とし、コーヒー産業での活動には細かく言及しないまでも、強制送還すべきではない「善人」であると訴えた[141]。

マガーニャ・オルティスの強制送還事件は、米国有力紙『ワシントン・ポスト』や『ロサンゼルス・タイムズ』でも取り上げられ、トランプ政権による移民政策の不公平性を批判する格好の材料ともなった。しかし、2017年6月1日にハワイ地元紙が行った一般読者向けの投票では、「長年にわたるハワイ島コーヒー農家アンドレス・マガーニャ・オルティスについてどう思いますか」という質問に対し、57.7％（1,040名）が「厳しすぎる、彼が残れるよう何らかの選択肢を与えるべき」、37.1％（688名）が「彼は非合法にここにいるため、（強制送還は）妥当である」、0.52％（94名）が「わからない」と答えた[142]。メディアの報道や議員の反応が一気にマガーニャ・オルティスへの支持にまわったのに対し、この投票結果は非合法性に対するハワイ社会内の否定的な反応がぬぐいきれないことを示している。とはいえ、この事件によりラテン系移民のコナコーヒー産業への具体的な貢献――コーヒー農園経営者であり、高齢化する（日系）農園所有者の支援者であること――が明るみに出たことは、大きな変化であった。皮肉にもラテン系移民への貢献は、一人の非合法移民の強制送還の事件とともに明らかになったのである。

1989年に本格的に始まったラテン系移民のハワイへの流入は、第一次産業での収穫労働者の補充を目的としていた。その多くがメキシコ出身であるが、すでに米国を拠点に季節労働を経験していた移民であり、彼らはいわば米国全土を網羅する単純労働の調整弁として機能していた。しかし、新たな労働力として注目されたものの、ハワイの多民族社会の構成する新たな人種／エスニック集団として受け入れられたわけではなかった。特に、1990年代半ばには、ラテン系移民の存在は非合法移民と麻薬ディーラーの一斉検挙によって、偏ったイメージで可視化された。実際には、非合法移民に関してはフィリピン系移民が最も多いにもかかわらず、新聞での報道や当局関係者による発言は「非合法移民」としてのラテン系労働移民像を定着させたのである。

さらに、彼らの多くが米国本土―ハワイを移動する労働者であるゆえに、その移動性の高さから存在が不可視化されていたともいえる。その不可視性は、筆者が2016年に初めて、コナのラテン系移民について調査を始めた際の経験からも指摘できる[143]。20年以上に及ぶコナ日系社会での調査経験とこれまで培った日系コーヒー栽培者の人脈を通じて、ラテン系移民のインフォーマントに会うのは容易なことだろうと予想していた。しかし、実際はそうではなかった。知り合いの日系コーヒー農家に複数当たってみても、ラテン系移民に収穫作業を依頼しているが季節労働者であるため、個人的な接点はほとんどなく連絡先も知らないということだった。彼ら彼女らがどこから来て、どのようにリクルートされたかは知られず、日雇いとしてコーヒーの実を摘み取る労働「力」と認識してされているだけであった。その後、KCFAを通じて、メンバーであったメキシコ出身のアルマンド・ロドリゲス氏（Armando Rodriguez）に出会うことができた。

6　「哀史」を越えて

トランプ政権下で強制送還されたとはいえ、マガーニャ・オルティスのような農園経営者の存在からもわかるように、少しずつではあるがラテン系移民の存在が、収穫労働者という単一的役割から脱却し始めている。2018年２月と2019年２月に筆者がインタビューを行ったアルマンド・ロドリゲス氏（Armando Rodriguez）とその妻カリーナ(Karina, ドミニカ共和国出身)は、南コナ・ホノマリノ（Honomalino）で、エステート・コーヒー農園（アロハ・スター農園（Aloha Star Coffee Farms））を経営する数少ないラテン系経営者である（写真5-8, 5-９）。メキシコ・ソノラ(Sonora) 州出身のロドリゲスは７歳の時、両親と兄弟３名とともにアリゾナ州フィーニックス（Pheonix）に移住し、2013年、約25年住んだ同市から妻とともに、ハワイ島に移住した。その理由は、彼の両親が現在住んでいるコーヒー農園を2010年代に購入していたこと、そして何よりもアリゾナ州と比べて治安が良いことにあった。13エーカーの農園は、両親が購入した頃はマカデミアナッツが植えられており、毎年１～２回ほど農園の手入れと休暇を兼ねてフィーニックスから訪れていた。今では、農園内の土地５エーカーにコーヒーを植え、2018年頃からは収穫、焙煎、包装、発送までの全ての行程を自家農園で行いコーヒーを生産、販売している(144)。

2014年のハワイ大学熱帯農業人材学部（College of Tropical Agriculture and Human Resources）の調査によると、ハワイには800ほどのコーヒー農園があり、その内訳

写真5-8(左)　アロハ・スター農園を営むロドリゲス夫妻と息子

ハワイ島コナ・ホノマリノにて筆者撮影。2023年9月4日

写真5-9(右)　アロハ・スター農園の100%コナコーヒー

ハワイ州農務省の等級審査と米国スペシャルティ・コーヒーの認定を受けた100%コナコーヒー商品「100% Kona Private Reserve Honey Dark」。この商品は、パルプド・ナチュラル(pulped natural, honey methodとも呼ばれる)製法で処理されている。コナでは伝統的に、チェリーから赤い皮を取り除いた(pulped)後、水を張った発酵タンクに入れ、洗った後乾燥させるウォッシュド(washed)製法を使用してきた。一方、水が少ないブラジルやコスタリカで普及しているパルプド・ナチュラル製法は、赤い皮を取り除いた後、水中での発酵や後洗いをせずに乾燥させる。アロハ・スター農園では、パルプド・ナチュラルを取り入れることで、コナコーヒーの新たな風味を引き出している。

参考:"Our Processing Method," *Aloha Star Coffee Farms*, https://www.alohastarcoffee.com/our-coffee.(最終アクセス2024年11月28日)

はコーヒーによる年間収入1万ドル未満の非営利目的農園(1農家の栽培面積:平均1.67エーカー)が516戸、1万ドル〜25万ドル以下の営利目的の小規模農園(同:5.8エーカー)が327戸、大規模農園が11戸となっている(145)。よって、ロドリゲスの農園は営利目的の小規模農園に分類される。

農園経営者でありメキシコ出身であるロドリゲスは、ハワイ社会において人種化されたラテン系移民像に一石を投じる存在である。自らも非合法移民として米国に入国した経験を持つロドリゲスは1986年の恩赦によって米国市民権を獲得し、米国社会でのラテン移民に対する偏見やコナ社会での負のイメージを十分に理解し、それを「勤勉さ(hard work)」によって克服している。ここでいう勤勉さとは、農園管理・経営を徹底化し、高品質のコナコーヒーを作ることである。そうすることで、ラテン系移民も経営者としてコーヒー産業に貢献していることをコナ社会に示すという[146]。

そのような姿勢は、ロドリゲスの農園経営からも見ることができる。筆者がこれまで訪れた日系農家と比較した場合、彼の農園の特徴としてコーヒーの苗を自ら育てていること、様々な品種を試していることが挙げられる（写真5-10）。日系農家の場合は、現在、その多くは祖父母や両親から受け継いだ土地のコーヒーの木を維持した形で栽培を続けており、新たに品種を導入することはほとんどない。それに対し、代々伝わるコーヒー農園や栽培技術を引き継いでいないロドリゲスは、農園の気候と土地にあった品種を見つけることで、常に生産性と品質の向上を心掛けている[147]。コーヒーの木の病気によって農園が全滅するのを防ぐため、他の農家にも複数の種類を植えることを推奨しているが、その提案は、彼がラテン系で、新世代のコーヒー栽培者であるという理由から反対されることもあった。ただ、2020年10月頃からコナで問題となっているサビ病が蔓延し始めたため、新たな種類の植え付けに対する理解は得られるようになってきたという[148]。

写真5-10　アロハ・スター農園で育てられるコーヒーの苗

コナで伝統的に栽培されてきたコナ・ティピカに加え、レッド・ブルボン、SL34、ゲイシャが栽培されている。ハワイ島コナ・ホノマリノにて筆者撮影。2023年9月4日

世界では、異なるコーヒーの木を植えている。現在、彼ら［コナコーヒー農家］が使用している品種は、150〜200年間も使っている。当時はその品種しか入手できなかったからね。世界は変化しているし、彼らも変わらなければいけない。私［ロドリゲス］、アルトゥーロ、そしてジノは、積極的に発言してきた。しばらくの間は、彼らが我々を追い出すのではないかと思ってたよ。でも、今ではサビ病のことについても話しているから、もっとサポートをもらうようになったよ[149]。

このように、ロドリゲスや他のラテン系コーヒー栽培者たちは、世界のコーヒー産地を悩ます病気が今後ハワイにもやって来ることを想定した栽培を行っている(150)。その意味で、グローバルな視点からコナコーヒー産業の状況と将来を見据えた新しいコーヒー栽培者であるといえる。

さらに、ロドリゲスは、2018年から2020年までKCFAの役員を務めていた。2006年に設立されたこの団体はコナの小規模農家の支援、コーヒー栽培・販売に関する情報提供、100%コナコーヒーの販売促進を行っている。近年、同協会が取り組む課題の一つは、20世紀初頭にグアテマラから持ち込まれ、現在でも最も多く栽培されている品種ティピカ（Typica）を、コナコーヒーとして認証する際の必要条件とすることである。KCFAのメンバーになった場合、ティピカ種を栽培するという内規があるが、ハワイ州ではコナコーヒーはコナ地区で栽培、収穫されたものとし、品種に関しては特定はしていない。栽培品種の多様化を主張するロドリゲスとは方針が異なるが、彼はKCFAに所属することで、コナコーヒーの認証シールを貼って自家農園コーヒーを売ることができるのが利点の一つだという。しかし、それよりも彼が重要だと考えるのはコーヒー農園経営者としてのラテン系移民の存在をアピールすることである。事実、2018年の時点では13名の役員のうち非白人のメンバーはロドリゲス１名のみであり、それは周縁化されたラテン系コーヒー栽培者の現状を映し出すと同時に、役員という立場の獲得はラテン系移民のコナコーヒー産業への進出を示す象徴でもある(151)。

しかし、ロドリゲスの農園も、大部分のコナコーヒー農家がそうであるように、収穫労働者の確保の問題に直面している。５月末から12月にかけてコーヒーの収穫が行われ、自分と家族のみの労働力では間に合わないため、季節労働者を雇っている。その８割ほどがメキシコ・ミチョアカン（Michoacán）州出身の米国本土在住者である。その他、ホンジュラス、エルサルバドルからの移民や、アラスカでの労働を終えハワイに来るプエルトリコ系移民も含まれる。季節労働者は若い世代に多く、前日に酒を飲み遅刻してきたり、コーヒーの木を傷つけて収穫したりと、真面目に働かない者も少なくない(152)。このような若手労働者の存在は、先に紹介したイダルゴが1997年の時点ですでに指摘していた。当時、彼が斡旋したメキシコからの３名の収穫労働者は大学生であり、その１人はシドニーオリンピックでメキシコ代表チームとしてサーフィンに出場をするためのツアー費用を稼ぐため、７ヵ月間コナで働くことにした。イダルゴの談話を掲載したこの1997年の記事ではアルバイト感覚でハワイに来た彼らを「ラテン系移民の新世代」と呼んでおり、ロドリゲスの話から、現在もそのような季節労働者がいることが窺える[153]。

アロハ・スター農園のような営利目的の小規模農園の場合、収穫労働者に支払う賃金は、コーヒー農園経営の支出のなかで最も多く全体の35%強を占めているが、労働者の確保は必須である[154]。しかし、個人経営の農園では基本的に他の栽培者からの口コミによって収穫労働者を雇うことが多いため、その安定的確保が難しい。ロドリゲスの農園での雇用のプロセスは、以下の通りである。労働者のまとめ役となる仲介者に電話をし、収穫予定日に合わせて日程を調整する。彼の農園は、コナコーヒー・ベルトと呼ばれる農園密集地域の最南端に位置し、近隣の町からでも車で1時間ほどかかるため収穫労働者の確保はより難しくなる。よって、収穫量1ポンドあたり1ドルを支払い、加えてガソリン代も負担し、労働者にとって少しでも魅力的な条件を提示しなければならない。大手コーヒー生産・加工会社やコナの中心部にあるコーヒー農園が1ポンドあたり約65セントしか払わないことを考えると、かなり高い賃金を払っているといえる[155]。

一方、収穫労働者の立場に立つと、彼らはコナでの収穫期間は農園から農園への移動を繰り返す。ハワイの場合は大規模なコーヒー農園の数は非常に限られており、多くが小規模農家である。そのような農家では、収穫の作業は2、3人で働けば1日で終了するため、労働者は毎日異なる農家をまわることとなる。ただ、コナでは品質維持のため赤く熟した実のみを収穫することを求められるために、収穫シーズン中に、すでに収穫を行った農家でも時期をずらして複数回訪れることもしばしばある[156]。コナ内での高い移動性に加え、賃金は収穫量に応じた出来高制で、天候やハワイ島の南にあるキラウエアの火山活動の状況によって収穫量が左右されることもあり、収入は不安定になる[157]。

また、2011年末から2012年初めの米国労働省の調査により、複数のコーヒー農園経営者や会社が収穫労働者に最低賃金よりも少なく支払っていたことが発覚した。出来高制で支払われた賃金を公正労働基準法が定める労働時間を基にした最低賃金と照らし合わせると、基準を満たしていないということであった。その結果、労働者150名に対して、6,300ドル(1人当たり420ドル)ほど少なく支払われていたことがわかった。「被害」にあった労働者のほとんどがスペイン語を母語とするカリフォルニア州からのラテン系移民で、少数だがミクロネシアからの移民も含まれていた[158]。同時に、「移民及び季節農業労働者保護法（the Migrant and Seasnal Worker Protection Act）」によって定められた労働者に対する待遇（労働内容に関する規約、雇用や賃金履歴の記録や安全な移動手段の提供）も、不十分であったことも明るみに出た[159]。賃金の支払いに対しては、コナコーヒー産業が行ってきた出来高制と政府が定める労働時間制との齟齬が問題の根幹にあるとはいえ、収穫労働者が農園経営者や会社によって不利な状況で働かされ搾取されていたことは否めない。

このように、コナコーヒー産業内におけるラテン系移民の役割も多様化してきている。まず、農園経営者となったマガーニャ・オルティスやロドリゲスの事例が示すように、「非合法移民」や「麻薬密売者」といった負のイメージを払拭しながら衰退の危機にあるコーヒー産業を支えるラテン系移民の存在である。マガーニャ・オルティスは、コーヒー産業内でも一目を置かれ、コナ社会の一員となった矢先にトランプ政権下の移民政策の強化により、非合法移民として強制送還された。ここに、国家によって運命が左右される移民の脆い立場が明らかにされる。この事件により、コナ社会やハワイ議員が彼の非合法性を批判するのではなく、強制送還を撤回するために行動を起こしたことも注目に値する。このことは、ラテン系移民は新しい世代の、そして将来有望な農園経営者として期待され始めていることを示唆する。ところが、ラテン系移民に対する負のイメージや移民政策は、ハワイへの定住を不安定なものにしていることも事実である。実際、2018年のコナでの調査時に筆者が出会った、20年以上コナコーヒー栽培に関わってきたというメキシコ出身の男性は2019年再訪した際にはコナにはおらず、ある日突然一家ごといなくなっていたという。移民労働者に頼るしかないコナコーヒー産業は、その基盤の脆弱さを浮き彫りにする[160]。

＊

20世紀初頭から1960年代末まで、コナコーヒー産業を支える中心的な人種／エスニック集団であった日系人は、その間、収穫労働者から日系農業組合を組織するまでに、その影響力を徐々に拡大していった。そして、特に戦後コナコーヒー産業における日系二世世代の台頭を支えたのは、米国農務省によって推進され展開された農業普及事業であった。普及事業課とコーヒー栽培者の日系二世世代が目指していたのは、世界のコーヒー産業の影響を受けやすい小規模なコナコーヒー産業にいかに安定と発展をもたらすかという課題であった。同時期の、欧米白人による人種主義を切り崩そうとしたハワイ政界や労働組合に属する日系人の活動とは異なり、コナでは世界のコーヒー産業というグローバルな視点から産業の課題に取り組む必要があったのである。世界の動向を見据えつつ、日系二世世代は栽培技術の改良や農業組合の組織化により、生産量の増加や販路拡大を目指したが、日系コーヒー農家の衰退を招いたのは労働者と後継者不足という、ローカルな問題であった。

1970年代、日系人の影響力が縮小するなか、スペシャルティコーヒーの台頭により、コナコーヒー産業には新たな労働者、栽培農家・農園経営者、生産・加工業者が流入し、産業復活の兆しを見せた。それは同時にコナ社会における人種／エスニック構造の変容を意味した。コナコーヒー産業においては、戦前からの日系農家に対して1970年代以降に流入してきた欧米系白人農家、欧米系白人の農園経営者に対して非白人移民（ラテン系、ミクロネシア系、フィリピン系[161]）の収穫労働者、というように、人種／エスニック的背景とコナ在住期間の長さが、産業内の役割と社会内の階層に大きく作用しているといえる。社会学者オカムラは、現在のハワイ社会の人種／エスニック間の関係については、19世紀後半の欧米系入植者によるサトウキビ農園の設立以来に始まった人種構造が大きな影響を与えていると主張する[162]。そして、同様のことはコナについてもいえる。第4章で論じたように、人種主義的待遇から逃れるためサトウキビ農園から逃げて来た日系移民がコナにやって来たにもかかわらず、コナ社会でもサトウキビ農園の負の社会的影響が継続しているからである。

コナ出身の労働運動家である有吉幸治は、1971年、久しぶりに故郷を訪れた際、「ヒッピー・ファーマー」に出会う。数名と話すうちにわかったのは、彼らのほとんどが高卒か大卒の「聡明な」白人の若者で、自分たちが育った環境――金儲け主義、名声を求める親世代の社会、ベトナム戦争に乗じた経済構造など――を嫌い、自然に触れながら農業で生計をたてるため移住してきたことであった。しかし、彼らに対するコナ地元住民（the locals）の受け入れは厳しいものであった。その背景は、地元住民の多くはサトウキビ農園で苦しみ経験した日系移民やその子孫であり、「心地よい、中産階級出身のヒッピー」との共有の歴史がないことだと有吉は推測した。しかし、彼は、90歳になる知り合いを訪ね、コナ日系移民の思い出話を聞いているうちに、自分の両親も「ヒッピーのように、状況に不満だったから、まず日本を離れ、［サトウキビ］農園を離れ、コナにやって来た」[163]のだと思うようになる。

コナではコーヒー産業をめぐり様々な「哀史」が展開され、それは現在も続いている。その「哀」の根源には、ハワイ社会が根強く持ち続ける人種主義が流れている。かつて日系逃亡移民が経験したように、現在ではラテン系移民が差別や搾取の対象となり、皮肉にもそれを糧に、模範的なコーヒー農園経営者として活動する彼らの姿は、まさに人種主義が根源にあることを象徴的に示している。

200年以上もグローバルな規模で多様な背景を持つ移民集団を受け入れながら、現在まで存続しているコナコーヒー産業は人種主義を内包しつつも、それを乗り越える基盤を新たな移民に与え続けている。歴史的に繰り返されてきた哀史に終わりはないかもしれないが、コーヒー栽培は少なくとも、コナを目指した移民にとって希望の芽ももたらしている。

注

(1) 田坂養民「ハワイ今昔物語　十四」『布哇タイムス』1984年7月5日、22面。

(2) 白水繁彦・鈴木啓編『ハワイ日系社会ものがたり――ある帰米ジャーナリスの証言』(御茶の水書房、2016年)。

(3) 布哇中央学院は1896年、ハワイ初の日本語学校「ホノルル日本人小学校」として開校した。1907年には中学部と女学部を新設し、1910年から布哇中央学院と名称変更した(『日布時事』1936年4月11日、5面)。

(4) 田坂養民「ハワイ今昔物語　十三」『布哇タイムス』1984年6月28日、8面。ホテルの経営者の真名子金造は福岡県生まれで、1907年ハワイに渡航した。ハワイ島南部にある町ナアレフで数ヶ月働いた後、ホノルルに移り、しばらくしてからコナに移住した。コナではコーヒー栽培者や料理人として働き、1917年にホテルの開業に至った。現在でも操業当時の面影を色濃く残したまま、営業を続けている。“Kinzo Manago,” *The Nippu Jiji*, 8 July 1935, 2.

(5) Hawaii Agricultural Statistics Service (1991).

(6) 1944年に制定された復員兵援護法のこと。第二次世界大戦の退役軍人を支援するするプログラムで、その一つに教育資金援助が含まれていた。

(7) Roland Kontani, *The Japanese in Hawaii, a century of struggle* (Hawaii Hochi Ltd., 1985), p. 163; 中嶋弓子『ハワイ・さまよえる楽園――民族と国家の衝突』第2版(東京書籍、1998年)、223頁;堀江里香『ハワイ日系人の歴史的変遷――アメリカから蘇る「英雄」後藤濶』(彩流社、1921年)、164頁。また、そのような日系人勢力の拡大は、フィリピン系住民やハワイ先住民、そして高学歴の欧米系新移民からの批判も招いた(中嶋『ハワイ』、224頁)。

(8) 中嶋『ハワイ』、204-205頁。

(9) 本論で日系二世世代としたのは、第4章にも登場した後藤安雄バロンのように、世代的には二世に近い年齢だが、幼少期にハワイに移民した日本国籍の人びとも含まれるためである。

(10)　ナップは1898年に日本を視察しており、日本米「キュウシュウ（kiusiu）」を米国南部州に移植することで稲作を産業化し、南北戦争後の復興を目指した。特に、19世紀初頭、内田定槌がテキサス州ウェブスター（Webster）に「日本人コロニー」建設を計画した際、ナップは稲作に長けた日本人の入植を歓迎し、その計画を強く支持した。歴史学者山中美潮は、稲作を通じたこの日本人入植計画が南北戦争によって疲弊した南部の復興政策と日本帝国の海外膨張計画の「共鳴」によって実現した結果であると論じている（山中美潮「稲作と人種——20世紀初頭のアメリカ南部における日本人」『アメリカ研究』58号（2024年）：169–186））。

(11)　"Agricultural extension work in Hawaii," *Extension Bulletin* no. 3 (October 1929): 8.

(12)　"Agricultural extension," 10.

(13)　農家支援制度では青年教育や家政学（Home Economics）も事業の対象となっていた（"Agricultural Extension," 11）。ジェンダー史を専門とする小碇美玲は、この事業を通じた、戦後米国占領下の沖縄への家政学の移植について論じている。詳しくはMire Koikari, *Cold war encounters in US-occupied Okinawa: women, militarized domesticity, and transnationalism in East Asia* (Cambridge University Press, 2015）を参照のこと。

(14)　モリル土地付与法（Morrill land-grant acts of 1862, 1890）によって、州政府に付与された連邦政府所有の土地に設置された高等教育機関。リベラル・アーツに加えて農業や機械工学などの教育にも力を入れた。ハワイ大学は1908年、土地付与大学として設立された（"Agricultural extension," 2）。

(15)　Mire Koikari, "Transforming women and the home in Hawaii and Okinawa: gender and empire in Genevieve Feagin's Trans-Pacific Trajectory, " *International iournal of Okinawan studies*, vol. 6 (2015): 72–73; "Agricultural extension," 8; George Alstad and Jan Everly Friedson, "The cooperative extension service in Hawaii, 1928–1981," *University of Hawaii, Information Text Series*, no. 6 (Hawaii Institute of Tropical Agriculture and Human Resources, College of Tropical Agriculture Human Resources, 1982): 3.

(16)　"Agricultural extension," 1.

(17)　"William Allison Lloyd Papers," *USDA National Library*, https://www.nal.usda.gov/collections/special-collections/william-allison-lloyd-papers.（最終アクセス2024年４月18日）

(18)　"Agricultural extension," 11. パイナップル生産・缶詰業に関する記述は、地元紙『デイリー・ブレティン』に見られ、とても美味であると報告されている（"Fruit growing and preserving," *The Daily Bulletin*, 17 July 1882, 2）。この産業の発展は、共和国初代大統領サンフォード・ドールのまた従兄弟にあたるジェームズ・ドラモンド・ドール（James Drummond Dole, 1877–1958年）に負うところが大きい。1899年にハワイに来たドールは、1901年にハワイアン・パイナップル会社（Hawaiian Pineapple Company, HPC）を設立し、製糖業と同様に大農園制度によるパイナップル栽培を展開した。また、1910年代初頭に開発され改良を重ねた自動皮剥き機（ギナカ・マシーン、Ginaca machine）によって、パイナップル缶生産量が飛躍的に伸びた。1923年までにHPCは世界第一の生産量を達成し、ハワイでは製糖業に次ぐ主要商品作物となっていた。詳しくは、Okihiro, *Pineapple culture*, chapter 7; Richard A. Hawkins, "James D. Dole and the 1932 failure of the Hawaiian Pineapple Company," *The Hawaiian journal of history*, vol. 41 (2007): 149–170; Duane P. Bartholomew, Richard A. Hawkins, and Johnny A. Lopez, "Hawaii pineapple: the rise and fall of an industry," *HortScience*, vol. 47, no. 10 (October 2012): 1390–1398を参照のこと。

(19)　"Agricultural extension," 13.

(20)　"Agricultural extension," 38–39.

(21)　"Agricultural extension," 17.

(22) 後藤は、米軍占領期の沖縄（1945～1972年）における国際農業青年交換プログラム（International Farm Youth Exchange Program）も主導していた。このプログラムでは、米国―各国（沖縄も含める）間で次世代農業従事者を農業実習生として派遣しあい、沖縄では荒廃した沖縄農業の復興の一助となった。アジア研究者安里陽子によると、この事業は「アメリカのアジア太平洋における冷戦外交の一端を担っていた」。詳しくは、安里陽子「米軍占領期沖縄からハワイへの農業実習生派遣事業――ハワイにおける沖縄系移民のかかわりに着目して」『農業史研究』58号（2024）：31-40を参照。

(23) 1908年に設立された共学の学校ミッド・パシフィック・インスティテュートは、全ての人種／エスニック集団の学生を受け入れていた。宣教師とその子孫によって経営されたこの学校は、欧米系白人が通う私立学校よりも学費が安かったため、中国系や日系子弟が多く在籍していた（Lawrence H. Fuchs, *Hawaii Pono: a social history*（Harcourt Trade Publishers, 1961), p. 267）。後藤は1920年に同校の高等部を卒業した日系学生13名（全学生数20名）のうちの一人であった（*The Nippu Jiji*, 9 June 1920, 8）。

(24) Baron Goto, “Isle agricultural ambassador, dies at 83,” *The Honolulu Advertiser*, 16 November 1895, 5.

(25) 後藤安雄「『珈琲』を語る――ハワイに於ける珈琲の歴史（十）」『日布時事』1929年10月30日、7面。

(26) 「ジャワに進出する日本の大資本」『日布時事』1936年１月23日、3面。

(27) 丹野勲「戦前日本企業の東南アジアへの事業進出の歴史と戦略――ゴム栽培、農業栽培、水産業の進出を中心として」『国際経営論集』51巻（2016年）：28。

(28) 三井物産と台湾製糖の関係については、植村正治「台湾製糖の設立――資本と技術の結合」『経営史学』第34巻第３号（1999年）：1-23を参照のこと。

(29) 『南洋栽培事業要覧　昭和9年版』（海外拓殖事業調査資料）第28輯（拓務省拓務局、1935年、2版）、101頁。南国産業株式会社は1920年に設立され、主要出資者は台湾製糖であった。コーヒーの他、ゴム、茶、キナも栽培していた。野村東印度殖産株式会社は1917年に設立され、ゴム、油ヤシの栽培を行っていた（南洋経済研究所編『南洋関係会社要覧　昭和13年度版』南洋経済研究所、1928年、58頁、77頁）。

(30) 1938年の『茶と珈琲』に掲載された野村東印度殖産会社のコーヒー農園に関する記事によると、農園労働者はジャワからきており、１日あたり男性32仙（日本円64銭）、女性は27仙（54銭）と報告されており、後藤による報告は極端に少ないといえる。ただし、同記事でも「苦力」に支払われる賃金が低いことが指摘され、それにより栽培方法の改良により多く資金を注入することができるため「栽培者達にとつて都合が良い」とされた（「野村東印度殖産のスマトラ・ロブスタ珈琲」『茶と珈琲』6-5（1938年）：6-7）。

(31) John F. Embree, “Acculturation among the Japanese of Kona,” *Hawaii, memoirs of the American Anthropological Association, supplement to American anthropologist*, 43-4, Part 2（1941): 5; Gerald Kinro, *A cup of aloha: the Kona coffee epic*（Latitude Twenty Book, 2003), p. 72. 一方で、ジャワやスマトラで栽培されたコーヒーの種類はコナで栽培されたアラビカ種ではなく、現在では缶コーヒーに使用されるカネフォラ（ロブスタ）種であり、「飛切上等品」ではない。「徳用品」のコーヒーとして日本で売られていた（「野村東印度殖産のスマトラ・ロブスタ珈琲」：6-7）。

(32) “Agricultural extension,” 10.

(33) “Agricultural extension,” 3.

(34) “Agricultural extension,” 38.

(35) Bartholomew and et al., “Hawaii pineapple,” 1393.

(36) "Agricultural extension," 3.

(37) "Kona needs organization on the sale of coffee says Earl Nishimura," *The Kona Echo*, 22 October 1939, 1.

(38) Ethnic Studies Oral History Project, *A social history of Kona*, vol. 1 (Ethnic Studies Program, University of Hawaii Manoa, 1981), p. 981. 福永によると、前任者の西村はロー・スクールに通うことに決めたため、農業普及事業の西コナ郡担当を退職した（Ethnic Studies Oral History Project, *A social history of Kona*, p. 983）。

(39) "Army buys up entire Kona coffee crop", *Honolulu Advertiser*, 15 October 1942, 11; Kinro, *A cup of aloha*, p. 80. 価格管理局は1941年にルーズベルト大統領により設立された非常時管理局内に設置され、配給と価格の管理を行っていた（Meg Jacobs, "How about some meat?: the Office of Price Administration, consumption politics, and state building from the bottom up, 1941–1946," *The journal of American history*, 84-3 (December 1997): 910.

(40) 小澤卓也『コーヒーのグローバル・ヒストリー——赤いダイヤか、黒い悪魔か』（ミネルヴァ書房、2010年）、90頁。

(41) "Foreign aid trainee plan is imminent," *The Hawaii Times*, 4 March 1954, 1; "Coffee prices expected to remain high," *The Hawaii Times*, 29 November 1949, 3.

(42) "Record crop looms for Kona coffee growers," *The Hawaii Times*, 11 May 1957, 3; Ethnic Studies Oral History Project, *A social history of Kona*, vol. 1, p. 995.

(43) "Coffee prices," 3; Hawaii State Department of Agriculture, *Hawaii coffee* (Honolulu, 1991), p. 1.

(44) Hawaii State Department of Agriculture, *Hawaii Coffee*, p. 1.

(45) Kinro, *A cup of aloha*, p. 70.

(46) "Price drop hits Kona coffee growers," *The Honolulu Advertiser*, 27 October 1957, A15; Kinro, *A cup of aloha*, p. 83.

(47) "Price drop."

(48) Ethnic Studies Oral History Project, *A social history*, vol. 1, pp. 963, 993.

(49) Ethnic Studies Oral History Project, *A social history*, vol. 1, p. 995.

(50) "Foreign aid trainee plan is imminent," *The Hawaii Times*, 4 March 1954, 1.

(51) "Many expected to attend Kona Coffee School," *The Hawaii Times*, 10 March, 1954, 2.

(52) Ethnic Studies Oral History Project, *A social history*, vol. 1, p. 995.

(53) "Kona coffee confab to be hele Thursday," *The Hawaii Times*, 16 April 1956, 3.

(54) E. T. Fukunaga, "*A new system of pruning coffee trees," Hawaii farm science: agricultural progress quarterly*, vol. 7, no. 3 (January 1959): 1, 3.

(55) Virginia Easton Smith, "Prune coffee trees right and they will reward you," *Hawaii Tribune-Herald*, 13 January 2008, D4; Kinro, *A cup of aloha*, p. 84.

(56) Joseph T. Keeler, John Y. Iwane, Dan K. Matsumoto, "An economic report on the production of Kona coffee," *Agricultural bulletin* 12 (Hawaii Agricultural Experiment Station, University of Hawaii, December 1958): 21.

(57) B-Fシステムについては、J. H. Beaumont and E. T. Fukunaga, "Initial growth and yield response of coffee trees to a new system of pruning," *Proceedings of American society for horticultural science*, 67 (1956): 270–278を参照。

(58) J. H. Beaumont and E. T. Fukunaga, "Factors affecting the growth and yield of coffee in Kona,

Hawaii," *Hawaii agricultural experiment station bulletin* 113 (June 1958): 30.

(59) Greenwell Farms「コーヒーの剪定――伝統と革新」(10 December 2013)、https://www.youtube.com/watch?v=5xz-vRzCsUI.

(60) Mariko Iijima "Twice-migration in Hawai'i: the Japanese farmers in Kona from the 1890s to the present," DPhil Thesis submitted to the University of Oxford (2006), p. 163.

(61) State of Hawaii Depart of Agriculture, "History of agriculture in Hawaii," *hawaii.gov.*, 31 January 2013, https://hdoa.hawaii.gov/blog/ag-resources/history-of-agriculture-in-hawaii/.

(62) "Japan honors Kona's Fukunaga for his agricultural Kokua ...," *Hawaii Tribune-Herald*, 30 November 1979, 11.

(63) "Latins lag," *Hawaii Tribune-Herald*, 30 July 1958, 8.

(64) Ethnic Studies Oral History Project, *A social history of Kona*, vol. 1, p. 998; 福永「コナの産業」『布哇タイムス』1955年1月1日、11面。

(65) Ethnic Studies Oral History Project, *A social history*, vol. 1, p. 998.

(66) Ethnic Studies Oral History Project, *A social history*, vol. 1, pp. 998–999.

(67) 「珈琲値の下落を会社は恐れず　彼らは皆豫期している模様」『布哇タイムス』1956年1月11日、4面。

(68) "Kona cooperative ass'n aids Kona coffee farmers," *The Honolulu Advertiser*, 4 July 1956, 19.

(69) 「コナの工藤猛氏が模範農夫に選ばれる」『布哇タイムス』1957年2月8日、5面；Kinro, *A cup of aloha*, p. 84.

(70) 「コナの工藤猛氏が模範農夫に選ばれる」；Kinro, *A cup of aloha*, p. 86.

(71) "Nine isle young men receive Jaycee Awards," *The Hawaii Times*, 26 January 1957, 1.

(72) 工藤は1950年代末から1960年代にかけてハワイ州選出下院議員として、政界でも活躍した（「工藤猛下議が五期出馬」『布哇タイムス』1966年9月3日、5面)。

(73) Kinro, *A cup of aloha*, p. 86; "A new lease on life for Kona coffee," *Hawai'i business and industry*, XII (1966): 60–67.

(74) Kinro, *A cup of aloha*, p. 86; "Amfac sells coffee mill on Big Island," *The Hawaii Times*, 16 July 1963, 5.

(75) "Big coffee crop losses seen in Kona," *The Hawaii Times*, 24 October 1955, 1.

(76) Andrew W. Lind, *Kona: a community of Hawaii*, a report for the Board of Education, State of Hawaii (Honolulu, 1967), p. 30; The State of Hawaii Data Book, table 7. 06.

(77) Kinro, *A cup of aloha*, p. 92;「コーヒ休暇の変更　諮問会議開催　会社は断固と反対」『布哇タイムス』1966年7月13日、3面。

(78) 「当局へ請願運動　此れで栽培者に労力費が約三万弗浮く」『布哇タイムス』1931年7月15日、2面；「学童のコーヒーもぎ　八千六百余弗　コーヒー休暇中に」『布哇タイムス』1933年12月12日、5面。

(79) Lind, *Kona*, p. 106.

(80) Lind, *Kona*, p. 104.

(81) 「コーヒ休暇の変更」。

(82) "Kona Coffee School schedule survey results," *Kona Torch*, special edition (Kailua-Kona) 9 July 1969.

(83) Kinro, *A cup of aloha*, p. 93.

(84) Hawaii Agricultural Statistics Service (1991).

(85) Hawaii State Department of Agriculture (1974), 26. 太平洋コーヒー組合は1975年、サンセット組合は1977年、いずれもコナ農業者組合（Kona Farmers' Cooperative）と合併する形で解散している（Leigh Critchlow, "Farm co-op split erupts," *Hawaii Tribune-Herald*, 11 November 1976, 8; "Notice to creditors of sunset coffee cooperative of Kona," *Honolulu Tribune-Herald*, 1 February 1978, 21)。

(86) Amelia C. Levy, "Coffee with Aloha spirit: the 32nd annual Kona Coffee Cultural Festival," *Tea and coffee trade journal*, vol. 177, no. 4 (April/May 2003).

(87) Rod Thompson, "Best in decade: a banner season for Kona coffee," *Honolulu Star-Bulletin*, 22 March 1984, 25.

(88) "Coffee industry reported to be in a growing stage," *Hawaii Tribune-Herald*, 29 June 1986, 16.

(89) Shree Chase, *The Kona coffee coop: a social history* (Senior Thesis, University of Hawaii at Hilo, 1990), pp. 5–6.

(90) Dave Smith, "Japan coffee company buys isle plantation," *Hawaii Tribune Herald*, 15 November 1989, 28.

(91) Doutor「沿革」、https://www. doutor.co.jp/about_us/company/history.html.（最終アクセス2024年10月15日）

(92) Iijima, "Twice-migrant," p. 168. 筆者が2006年に行った調査では本企画は実施されていたが、2023年時点では中止されている（*Mauka Meadows Doutor Coffee Farm*, https://maukameadows.com. 最終アクセス2024年8月14日)。

(93) Smith, "Japan coffee," 8.

(94) 日本での海外渡航が自由化された1964年以降、日本人観光客や日本の大企業の大型投資については、矢口祐人『憧れのハワイ――日本人のハワイ観』（中央公論社、2011年）、第5章を参照のこと。

(95) Carl Bonham, "Japanese investment in Hawaii: past and future," University of Hawaii Economic Research Organization (September 1998), p. 2.

(96) "Big question in treasury auction: how much will the Japanese buy?," *Honolulu Star-Bulletin*, 4 August 1986, 9. ホリタ不動産は、1959年日系二世ハーバート・カズオ・ホリタ（Herbert Kazuo Horita, 1930–2010年）によって設立された。1986年からオアフ島西部で始まったコ・オリナ（Ko Olina）リゾートは624エーカーに及ぶ大規模開発であり、熊谷組とのパートナーシップのもと進められた。この計画に対しては周辺住民から反対もあった（Jerry Tune, "West beach begins largest single job," *The Honolulu Advertiser*, 7 December 1986, 42; "Real estate developer Herbert K. Horita dies at 80," *Hawaii News Now*, 24 December 2010, https://www.hawaiinewsnow.com/story/13734603/real-estate-developer-herbert-k-horita-dies-at-80/. 最終アクセス2024年10月13日)。

(97) Bonham, "Japanese investment in Hawaii," 2. また、ハワイ先住民研究者及び活動家であるハウナニ＝ケイ・トラスク（Haunani-Kay Trask）は、ハワイの文化や歴史をほとんど理解することなく、自らの欲求のために押し寄せる日本人観光客によって、先住民の土地や労働力が搾取される状況にあることを痛烈に批判した。ハワイ先住民と観光業について、詳しくは、Haunani-Kay Trask, *From a native daughter: colonialism and sovereignty in Hawaii* (Latitude Twenty Book, 1999)（ハウナニ＝ケイ・トラスク著、松原好次訳『大地にしがみつけ――ハワイ先住民女性の訴え』（春風社、2002年）やHokulani K. Aikau, Vernadette Vicuna Gonzalez (eds.), *Detours: a decolonial guide to Hawai'i* (Duke University Press, 2019) を参照。

(98) 植村円香「ハワイ島における新たな担い手によるコナコーヒー生産とその課題」『E-journal GEO』

第17巻第1号（2022年）: 137–154。

（99） Chase, *The Kona coffee*, pp. 5–6.

（100） Bryce Decker, "The Kona coffee belt," D. W. Woodcock (ed.), *Hawaii: new geographies* (1999), p. 6.

（101） レフウラ農園はネルソンから受け継いだアクセルロッド（Axelrod）夫妻が12年間管理した後、現在（2024年5月）はモレノ（Moreno）夫妻によって経営されている。"About," *Lehuula Farms*, https://www.lehuulafarms.com/about.

（102） コナでは「買い取った」という表現を聞くことが、多くの場合、借地権の移行を意味する。

（103） Nadine Kam, "Gourmet coffee colors Kona green," *Honolulu Star-Bulletin*, 25 October 1989, E-3.

（104） Kinro, *A cup of aloha*, p. 14.

（105） Kinro, *A cup of aloha*, p. 15.

（106） "Erect memorial for Greenwell: 600 people attend unveiling of monument in Kona," *The Nippu Jiji*, 5 July 1928, 1.

（107） "Our History," 3 January 2006, http://www.greenwellfarms.com/our_story.htm.

（108） 「コナ温情地主の遺徳碑を建設」『布哇タイムス』1954年8月18日、7面。

（109） Iijima, "Twice-migrant," p. 171.

（110） Iijima, "Twice-migrant," p. 172.

（111） The United States Bureau (2000).

（112） Guevarra Jr., *Aloha compadre*, p. 143.

（113） コナ・カイ社は、カリフォルニア州バークレーに拠点を置く、コナコーヒー農園経営と米国本土での販売を行う会社である。1995年には中米産コーヒーをコナコーヒー100%として売っていたことで起訴された。事件に関しては第6章を参照のこと。

（114） Kyle Ko Francisco Shinseki, "El pueblo Mexicano de Hawai'i: comunidades en formación / The Mexican people of Hawai'i: communities in formation", MA Thesis (University of California, Los Angeles, 1997), pp. 33–34.

（115） Lila Fujimoto, "Imported-worker plan bears fruit on Maui: fifty women from job-poor western states are working for Maui Land and Pineapple Co.", *The Honolulu Advertiser*, 29 October 1990, A-3.

（116） Fujimoto, "Imported-worker plan bears fruit on Maui,"; Rudy P. Guevarra Jr., "'Latino threat in the 808?' Mexican migration and the politics of race in Hawai'i, Camilla Fojas, Rudy P. Guevarra Jr., and Natasha Tamar Sharma (eds.), *Beyond ethnicity: new politics of race in Hawai'i* (University of Hawai'i Press, 2018), p. 160. マウイ島生まれのポルトガル系三世バイサは、37歳でMEOの事務局長に就任して以来、マウイ島コミュニティの発展のため、数多くの事業を手がけ、2008年から14年にかけてはマウイ郡議会議員を務めた（"Maui county," *Our Campaigns*, https://www.ourcampaigns.com/RaceDetail.html?RaceID=809430. 最終アクセス2020年8月26日）。

（117） "Migrant workers imported for Maui agriculture jobs," *The Honolulu Star-Bulletin*, 31 December 1991, C-5.

（118） Joan Conrow, "Mexican workers find an Isle Paradise: the migrant laborers are finding new frontiers here and in other states," *The Honolulu Star-Bulletin*, 24 February 1997, A-3.

（119） Conrow, "Mexican workers."

（120） Conrow, "Mexican workers."

（121） Conrow, "Mexican workers."

（122） Gary Kubota, "31 illegal aliens working on Maui arrested: the Mexicans fly in from the mainland

and find work in the visitor industry," *The Honolulu Star-Bulletin*, 6 September 1995, A-8.

(123) Jeanne Batalova, Sue P. Haglund, and Monisha Das Gupta, *Newcomers to the Aloha State: challenges and prospects of Mexicans in Hawai'i* (Washington DC, Migration Policy Institute, 2013), p. 23.

(124) Kubota, "31 illegal aliens," A-1, A-8; Gary T. Kubota, "Hispanics cry foul over immigration crackdown: they say the action on Maui is trampling on their rights and hurting families," *The Honolulu Star-Bulletin*, 8 September 1995, A-3.

(125) "17 Mexicans arrested," *The Honolulu Star-Bulletin*, 1995, 3.

(126) "Big Isle Police seize 3, $14,000 in Mexico heroin," *The Honolulu Advertiser*, 22 September 1995, 4.

(127) レーガン政権のもと1986年に移民法が改正された際、1982年以前に非合法に入国し、そのまま米国で暮らし続けていた移民に対して合法移民としての地位を与えた恩赦のこと（小代有希子「移民の国アメリカの『寛容性』――1986年移民法と不法移民」『アメリカ研究』25号（1991年）：161)。

(128) Catherine Kekoa Enomoto, "A new generation of Latino immigrants harvest: Hawaii's golden crop," *The Honolulu Star-Bulletin*, 17 November 1997, B-1, B-5.

(129) Leo R. Chavez, *The Latino threat: constructing immigrants, citizens, and the nation* (Stanford University Press, 2008), pp. 2–3; Guevarra Jr., "'Latino threat'," p. 158.

(130) Guevarra Jr., "'Latino Threat'," p. 158.

(131) Scott Martelle, "Opinion: a single deportation ruling spotlights the conflict between the legal and the just", *The Los Angeles Times*, 31 May 2017.

(132) Cole, William and Susan Essoyan, "Kona coffee farmer says goodbye to family ahead of deportation," *The Honolulu Star-Advertiser*, 28 August 2017; "Hawaii coffee farmer gets 30-day reprieve from deportation," *The Honolulu Star Advertiser*, 28 August 2017; Derek Hawkins, "Facing deportation, Hawaii coffee farmer, father of three returns to Mexico after years," *The Washington Post*, 10 July 2017.

(133) "Hawaii coffee farmer fets 30-day reprieve from deportation"; Hawkins, "Facing deportation."

(134) Scott Martelle, "Opinion: a single deportation ruling spotlights the conflict between the legal and the just"; Guevarra Jr., *Aloha compadre*, p. 1.

(135) Cristian Farias, "'Pillar' of Hawaii's coffee industry given last-minute reprieve from deportation," *Huffpost* 6 August 2017.

(136) Farias, "'Pillar' of Hawaii's."

(137) William and Essoyan, "Kona coffee farmer"; Hawkins, "Facing deportation."

(138) Farias, "'Pillar' of Hawaii's."

(139) "Page: CREC-2017-06-08.pdf/126," *Wikisource*.

(140) Cameron Miculka, "Kona coffee farmer facing deportation had applied to become legal", *West Hawaii Today*, 8 June 2017.

(141) Hawkins, "Facing deportation."

(142) "Big Q: What do you think about the deportation of longtime Hawaii Island coffee farmer Andres Magana Ortiz?" *The Honolulu Advertiser*, 1 June 2007.（最終アクセス2020年８月30日）

(143) 飯島真里子「Who else will harvest the coffee?――1990年代以降のハワイ島コナ・コーヒー産業と中南米系移民」『イベロアメリカ研究』42巻特集号（2021）：80–81。

(144) 筆者によるインタビュー（ハワイ島コナ、2018年２月26日、2019年２月17日）。

(145) John A. Woodill, Woodill, Dilimi Hemachandra, Stuart T. Nakamoto, Ping Sun Leung, "The economics of coffee production in Hawai'i" (2014) College of Tropical Agriculture and Human

Resources, University of Hawai'i, *Economic issues*, 4–5.

(146) 筆者によるインタビュー（2018年2月26日）。

(147) 筆者によるインタビュー（2018年2月26日、2019年2月17日）。

(148) Guevarra Jr., *Aloha compadre*, p. 152.

(149) Guevarra Jr., *Aloha compadre*, p. 152.

(150) Guevarra Jr., *Aloha compadre*, p. 152.

(151) 筆者によるインタビュー（2018年2月26日）。しかし、2023年9月4日のインタビューでは、ロドリゲス氏は同協会を辞めている。

(152) 筆者によるインタビュー（2018年2月26日、2019年2月17日）。

(153) Catherine Kekoa Enomoto, "A new generation of Latino immigrants harvest Hawaii's golden crop", *The Honolulu-Star Bulletin*, 17 November 1997, B-1, B-5.

(154) Woodill and et al., "The economics of coffee production," 4, 6.

(155) 収穫量1ポンドあたりの賃金には仲介料の10セントが含まれており、労働者の手取りは65〜75セントとなる。筆者によるインタビュー（2018年2月26日、2019年2月17日）。

(156) ロドリゲスの農園では8月が第1収穫期、10〜11月が第2収穫期（最盛期）、12〜1月が第3収穫期となっている（筆者によるインタビュー（2018年））。

(157) そして、不安定さは、コーヒー栽培者にも影響を与える。雨が収穫の前日に降り、実が急速に熟してしまった場合、労働者が確保できず、結局収穫が間に合わないというケースも出てくる。ロドリゲスの農園では、2017年は4,000ポンド（8,000ドルの価値、全体のコーヒー収入の10%）の被害ができたという（筆者によるインタビュー（2018年））。

(158) Allison Shaefers, "Coffee growers violated Labor Laws," *The Honolulu Star Advertiser*, 22 February 2013, B-1, B-2.

(159) Shaefers, "Coffee growers," B-2.

(160) 飯島「Who else will harvest」: 87。

(161) 本章では取り上げられなかったが、収穫労働者はラテン系移民のみに限らない。ミクロネシアからの移民は、1940〜1950年代の米国によるビキニ環礁での核実験被害の補償の一般として、収穫労働者として雇用されている（植村円香「ハワイ島における新たな担い手によるコナコーヒー生産とその課題」：153）。また、フィリピン系収穫労働者の事例に関しては、Guevarra Jr., *Aloha compadre*, p. 145を参照。

(162) Jonathan Y. Okamura, *From race to ethnicity: interpreting Japanese American experiences in Hawai'i* (University of Hawaii Press, 2014), pp. 6–7.

(163) Koji Ariyoshi, "The hippie farmers," *Honolulu Star-Bulletin*, 28 July 1971, A-23.

Column 3

「コフィア・アラビカ」をめぐる言語帝国主義

植物の名称には必ず、ラテン語調の「正式」名称が付いている。それには、18世紀の植物分類学が深く関わっている。実際、「コーヒーノキ」が植物学的名称を付けられて記録されたのは、1713年であった。それは、オランダ・アムステルダムの植物園のコーヒーの木について研究していたアントワン・ド・ジュシュー（Antoine de Jussieu）という植物学者によって命名された（写真）。その際、彼が付けた名称はアラブのジャスミンを意味する*Jasminum arabicanum*であった[1]。しかし、その後、スウェーデンの植物学者カール・フォン・リンネ（Carl von Linné, 1708–1778年）によって「コフィア（Coffea）」という名称が普及することとなる。「植物学の父」、もしくは生物・植物の体系的分類の基礎を築いたことから「分類学の父」とも呼ばれるリンネは、当時世界中を回っていたヨーロッパの航海者、植物学者、探検家が持ってくる珍しい植物を統一的な方法で命名しようとした。それが、二名法である。どの植物にも二つのラテン語、もしくはラテン語調の語句から構成される名称を与えることにより、表記の統一が図られた。具体的には、最初のラテン語は一般名、そしてその後には性質や属性を表す特殊名が与えられた[2]。

ラテン語の使用を主張したリンネは、非ヨーロッパ的なものに対して強い偏見を持っていた。彼は、一般名となる名称には「ギリシャ語かラテン語由来のもの以外は拒否すべきである」とし、その他の外来語や用語は「野蛮（barbarous）」として見下していた。そして、特にラテン語を選んだ理由として、「重年にわたり、欧州の教養人は、学ぶにあたり共通語としてラテン語を選んでいた」ことを挙げており、ここにヨーロッパ中心主義的思想が見える[3]。このような命名法に対して異議を申し立てた植物学者や博物学者もいた。その一人が、フランスの博物学者ミシェル・アダンソン（Michel Adanson, 1727–1806年）である。リンネよりも20歳ほど若かったアダンソンは、欧州以外の地域を訪れたことがなかったリンネの植物名法はラテン語風にしただけであり、アフリカ、アメリカ、インドの人びとからしたら、ヨーロッパ的命名こそが「野蛮」であると強く批判した[4]。しかし、アダンソンの意見は当時の学会で聞き入れられることはなかった。

植物の命名にあたり、リンネが作り出したラテン語には彼の持つ個人的イメージが反映されたものも多かった。「コフィア（coffea）」の例でもわかるように、コーヒーをラテン語風に聞こえるよう発音をia、もしくはumやusで終わるようにしていたり、ギリシャ語を借用してラテン語風にしたりした[6]（ニューラテンと呼ぶ）。また、コナコーヒーの原種の特殊名は、前述のジュシューの命名の一部をとってアラブを女性形にした「アラビカ（arabica）」が付けられた。ただ、特殊名に関しては、植物を「発見した」ヨーロッパ人男性の植物学者の名前が使われることも多く、第１章で登場したブロンド号に乗船していた植物学者ジェームズ・マクレイの名前が名祖となった植物は17種ほどある[7]。そして、1905年、植物学会はリンネが編んだ『植物の種（*Species plantarum*）』（1753年）を植物命名方式の基本とすることを決定し、ニューラテンを使用した二名法は今日まで使われるようになった[8]。

オランダ・アムステルダム植物園（Hortus Botanicus）のコーヒーノキ
1706年頃、コーヒーノキは蘭領東インドのバタヴィア（現在のジャカルタ）からアムステルダム植物園に移植され、順調に育っていった。1714年には、フランス国王ルイ14世に献上され、1725年にラテンアメリカ地域のフランス植民地へ移植された[5]。ブラジル経由で移植されたコナコーヒーをさらに辿れば、オランダ、インドネシアへと繋がっているかもしれない。（筆者撮影、2011年10月23日）

以上の歴史が示すように、植物の命名法は、当時の学術世界――ヨーロッパ白人中心的で男性優位主義の世界――を反映したものであった。コナコーヒーの原種「コフィア・アラビア」という名称にも、時空間を越えたヨーロッパ帝国主義的影響を孕むグローバル・ヒストリーが隠されている。

注

(1) André Charriar and Julien Berthaud, "Botanical classification of coffee," M. N. Clifford and K. C. Willson (eds.), *Coffee: botany, biochemistry and production of bean and beverage,* (Croom Helm, 1985), 14; 9.

(2) Londa Schiebinger, *Plants and empire: colonial bioprospecting in Atlantic world* (Harvard University Press, 2004), p. 198.

(3) Shieginger, *Plants and empire*, 200

(4) Shieginger, *Plants and empire*, 220–221.

(5) Karina Hof, "Coffee's history blooms at Amsterdam's Hortus Botanical Garden," *Sprudge* (2 February 2017), https://sprudge.com/coffees-history-blooms-at-hortus-amsterdams-108875.html.

(6) 例えば、*Helianthus*（ヒマワリ属）はギリシャ語の太陽を意味するhéliosと花を意味するánthosを組み合わせたニューラテンである。Schiebinger, *Plants and empire*, pp. 201, 221.

(7) "Category: Eponyms of James Macrea," *Wikispecies*, https://species.wikimedia.org/wiki/Category:Eponyms_of_James_Macrae.（最終アクセス2024年８月30日）

(8) Shiebinger, *Plants and empire*, pp. 204, 221.

ブレンドコーヒーと100%コナコーヒー
近年、コナコーヒー産業内では、コナコーヒーの含有量(コナ10%のブレンド商品か100%の商品か)をめぐって議論が続いている。2024年現在、コナコーヒーを名乗る場合は、コナ産コーヒーを10%以上含むことと、含有率を明記することが州の法律で定められている。ハワイでコナコーヒーを販売するライオン・コーヒー(Lion Coffee、オハイオ州トレドにて1864年に誕生)の場合、10%コナのブレンド商品(商品名: Premium Gold Roast 10% Kona Coffee Blend、11.95ドル／約200グラム)と100%コナの商品(商品名：24K Gold Roast 100% Kona Coffee、29.95ドル／約200グラム)では異なるパッケージの色を使用し、違いを見せている。また、ライオンのロゴの下部にコナコーヒーの含有率が示されている。
(提供:Hawaii Coffee Company LLC)

第6章 スペシャルティとは何か

「コナコーヒー」のアイデンティティ

> コナコーヒーのコクのある味わいと美味しい香りの秘密は、そのユニークな産地にあります。コナコーヒーは、ハワイの標高13,680フィートの火山、マウナロアの緑豊かな斜面でのみ栽培されています。そこは、素晴らしいコーヒーを栽培するのに完璧な条件を揃えており、火山性の土壌に恵まれています。フランスのシャンパン、ボルドーのクラレット（赤ワイン）やコニャックのように、コナコーヒーは一つの地域でしか生産できません……そして、それがコナコーヒーを特別なものにしているのです。コナコーヒーはコーヒー界の貴族的存在なのです。ますます多くのコーヒー愛好家がこのことに気づき、コナが与える特別な満足感を得るため、少しだけ高く払うことを厭わなくなっています。もし新しい味を冒険したいのであれば、コナコーヒーを試してみてください。グルメ品を取り揃えているお店でコナコーヒーを探してみてください[1]。

図6-1　コナコーヒー協会による広告（1972年）

「なぜ、そんなにもコナコーヒーは特別なのでしょうか」というタイトルで始まる長文の広告は、コナコーヒー協会（the Kona Coffee Association）によって1972年に地元紙『ホノルル・アドバタイザー』に掲載された（図6-1）。上で引用した広告文の続きが示すように、コナコーヒーは「コナ」という地域でしか生産することができないとし、その風土的特徴が他のコーヒーとは異なる風味や品質を作り出していることが強調されている。

このように、コーヒーの独特な風味、香り、品質と産地を結びつける視点は、1970年末に米国市場で台頭したスペシャルティコーヒーが大きく影響している。スペシャルティコーヒーは、産地の特別な地理的条件や気候がコーヒーの独自の風味を育むという視点を導入することで、単一産地によるコーヒーを商品化することに成功した[2]。それまで、米国をはじめとする多くの国々では様々な産地のコーヒーがブレンドされ、大量生産されていた。しかし、コナではスペシャルティコーヒーの概念が広がる以前の1960年代から、コナ産コーヒーをブランド化する動きはすでに始まっていた。それは、1959年のハワイ立州に伴う好景気に取り残されたコナコーヒー産業を存続させようとする、州知事、議員や日系二世を中心としたコナコーヒー農家、精製業者や組合メンバーによる働きかけから始まった。しかし、米国本土への積極的なコナコーヒーの宣伝販売にもかかわらず、1970年代まで産業の状況は改善することはなく、1980年代のスペシャルティコーヒー・ブーム到来によって新たなコーヒー農家や業者がコナに参入するまで、産業の存続自体が危ぶまれていた。よって、スペシャルティコーヒーという概念の確立とグローバルな拡散がコナコーヒー産業の復興に一役買ったことは否めないが、本章では、立州直後からコナコーヒーのブランド化の動きがあり、そのことが、1980年代にコナコーヒーがスペシャルティコーヒー市場に参入する土台を作り上げた点において重要な活動であったことを論じる。つまり、コナコーヒーのブランド化はハワイを米国の一州として連邦政府や本土の人びとに認識してもらうための取り組みであり、その活動は1970年代末に台頭したスペシャルティコーヒー市場の流れに乗る形で結実したといえる。

一連のスペシャルティコーヒー化の流れにより、コナコーヒーは産地、品質、イメージと密接なつながりを持つようになった。これは、フランス・ワインに始まったテロワール（terroir）の影響を受けているといえる。テロワール概念に関する歴史研究を行った赤松加寿江は、テロワールを「味や香りが作られた土地と風景をノスタルジックに想起させ、産品や地域の魅力を豊富化させる魔法のような言葉」と説明する[3]。冒頭の引用にもあるように、「マウナロアの緑豊かな斜面」や「素晴らしいコーヒーを栽培するのに完璧な条件を揃えた、火山性の土壌」といった表現は、海やリゾート地とはかけ離れたハワイのイメージを提示しつつも、コーヒーに適した風土や気候を消費者に感じさせる。高品質コーヒーを作り出す産地として広く知られているタンザニアのキリマンジャロ山は標高5,895メートル、ジャマイカのブルーマウンテン山脈は2,256メートルであるのに対して、言及されるマウナロア山も4,169メートルと高い山である。両産地に引けを取らない自然条件を兼ね備えていることが仄めかされ、高級コーヒー産地としてのコナがイメージ化される。

ところが、赤松が主張するように、商品のブランディングに多用されるようになったテロワールの概念は、「なんにでも使えるマーケティング用語として陳腐化する」危険性も有している[4]。コナコーヒーにおいては陳腐化の域を超え、1990年代からは偽コナコーヒーの登場や産地名を「悪用」するような商品が出回り始め、その評判を著しく傷つける事件が頻発した。コナコーヒーは、スペシャルティコーヒー市場に参入しグローバルな消費者を獲得したが、その評価に縛られ、時には傷つけられるというリスクを負うことになった。コナコーヒー栽培者が戦前のようなハワイ政府や欧米系白人入植者による支配から脱却したとはいえ、コナコーヒーのグローバルな評価は、産業内（＝ローカルレベル）にコナコーヒー商品の「信憑性」をめぐる論争を引き起こし、産業に新たな課題を突きつけた。この局面で主要な役割を果たすようになったのが、1980年代以降にコナコーヒー産業に参入してきた米国本土出身の農家や生産・加工業者であり、このような人びとは前職の知識や経験を生かし、州レベルでの「100％コナコーヒー」の規制や保護に向けて動き出した。よって、コナコーヒーが産地重視型のスペシャルティコーヒーへ変貌していく過程とそれがもたらした課題には、ハワイ州と米国本土、ローカル産地コナとグローバルな市場、という異なるレベルの関係性が絡み合っているのである。

1　ハワイ立州とコナコーヒー産業

冒頭に紹介したコナコーヒー協会は、ハワイ立州後の1961年６月に、サンセット・コーヒー組合を設立した工藤猛（第５章２節参照）が中心となり、コナにある全てのコーヒー精製所と組合が協力し、販売促進のために作られた[5]。協会は設立直後から、ハワイ州経済開発局（the State Department of Economic Development）や農務省（the Hawaii State Farm Bureau）の援助を得た。特に、経済開発局は、17,500ドルを協会に提供するとともに、輸出用生豆１袋につき15セントを課税することで12,500ドルを調達するという内容で資金援助を行った[6]。経済開発局の活動は1960～1963年という短期間であったが、その設立は1959年８月に行われたシカゴの行政サービスによる調査結果を受け、促されたものであった。調査は、ハワイ準州最後の知事となったウィリアム・フランシス・クイン（William Francis Quinn, 在職1957–1959年）によって依頼され、その結果は地元紙でも報告された。クインは、準州政府による資源及び経済開発管理が「あまりにも複雑で、雑然」としていることが浮き彫りになったとし、行政内部局をスリム化することを決定した。それにより、官有地・資源局（the Department of Public Lands and Resources）と経済開発局が新設された[(7)]。

ニューヨーク生まれのクインがハワイにやって来たのは、第二次世界大戦中に米国海軍情報局に配属されたためであった。終戦後、クインはハーバード大学で法学部を学び、弁護士事務所を開くため再びハワイに戻ってきた。弁護士をしながら、1947年に設立されたハワイ州昇格委員会（the Hawaiian Statehood Commission）の委員として活動し、1957年には米国大統領アイゼンハウアー（Dwight David Eisenhower）によって第12代準州知事に任命された。ハワイ立州の承認（1959年3月12日）後に行われた知事選では、共和党候補のクインは民主党候補のジョン・アンソニー・バーンズ（John Anthony Burns）と接戦の末、初代知事（在職1960–63年）に就任した。実際、ハワイ準州時代の1954年の選挙では、長らくハワイ政治を支配してきた共和党の独占体制を崩し、バーンズ率いる民主党が多数派議席を獲得した「民主党革命（Democrat Revolution）」が起こっていた[(8)]。それにもかかわらず、アイルランド系白人の共和党のクインが州知事に選ばれたのは、歴史家フックス（Laurence H. Fucks）によると、2年間の準州知事時代に「有能で、リベラル」な指導者としてハワイ住民に評価されたためであった[(9)]。クインはネイバーアイランズ（neighbor islands）と総称されるカウアイ島、マウイ島、ハワイ島の経済復興を目指し、立州後の将来は「私たちの観光業の成功と密接に関わっている」と主張した[(10)]。そのような意向を反映して設立された経済開発局は、農業、工業、観光業を3つの柱としてハワイ経済の発展を促進させるため、農産物の品評会の開催、農家や事業への資金的援助、品質維持・保証制度の設置などを次々と行った[(11)]。クインの州知事退任後、経済開発局は事業・経済開発・観光局と（the Department of Business, Economic Development and Tourism）として存続し、第2代州知事のバーンズ時代には、ネイバーアイランズにおける観光開発がさらに進められた[(12)]。

これによって、ハワイの観光業は急速に発展し、1961年には州の年間総生産額で製糖業とパイナップル産業の合計額を上回るほどになった。この頃、人件費が安いフィリピンやキューバとの競争によって、ハワイの製糖業が衰退し始めていた。それに対し、商業用ジェット機の普及により米国本土からの観光客が急増し、観光客が製糖業にかわる産業として注目されるようになった。終戦直後、ハワイに2〜3日間滞在した観光客数は3万4千人だったが、1959年には23万3千人へと膨れ上がっていた[13]。ところが、クインの意図に反して、観光客が訪れた場所はオアフ島ワイキキとその周辺地域に限られていた。加えて太平洋戦争に引き続き冷戦中も、太平洋地域の重要な軍事拠点となったオアフ島には軍事関係者も多く駐在していた。この頃には、軍事産業は観光業を抜き州の主要財源となっており、1959年の時点で、観光業による収入の92%、軍事関連活動の98%がオアフ島に集中し、他の島々は経済ブームから取り残された[14]。

よって、クインが目指したネイバーアイランズの経済発展は実現されず、戦後からの不況に苦しんでいたコナコーヒー産業をさらに疲弊させた。1960年6月の日本語紙『布哇タイムス』は、立州景気の恩恵を享受できない同産業の悲惨な状況について、「ハワイの日系人は米国全般の経済好況、殊にハワイでの立州の影響を受けて建築業、観光業、一般ビジネスが益々好景気に向い、就職状況は好転」しているのに対し、「ただ一つ不況に苦しんでいるのがコーヒー産業である」と報じた。第5章でも論じたように、不況の理由の一つはコーヒーの世界的な生産過剰による価格の低下であったが、同紙は解決策として「一般州民」が「自ら率先してコナコーヒーを飲むようにする」よう呼びかけた[15]。よって、コナ・ライオンズクラブやハワイ島日本人商工会議所（Hawaii Island Japanese Chamber of Commerce and Industry）などにより、ハワイ諸島内でのコナコーヒーの宣伝・販売促進が積極的に展開された。また、ハワイ大学農業普及事業の一環として設立されたコナ大学農業普及協議会（Kona University Extension Council）では、コナコーヒーを使ったレシピ・コンテストを後援した[16]。1961年5月27日にコナワエナ高校で行われたこのコンテストでは、コナ在住の主婦、高校生や男性にも参加を呼びかけ、ケーキやアイスクリームなどの様々なお菓子のレシピが募集された。コンテストは18歳未満とそれ以上の部に分かれ、焼き菓子・パン、冷蔵菓子（ゼリー、パイ、アイスクリーム、シャーベット）、その他（キャンディーや料理）の部門で競われ、審査員には地元ホテルのシェフ、教員、コナ農務省関係者などが選ばれた[17]。賞をもらったレシピは小冊子にまとめられ、希望者に配布されたという[18]。

地元社会や日系組織のみならず、コナコーヒー産業の復興は、ハワイ州議員からも援助を受けた。クイン州知事は1959年５月、コナコーヒー豆の値段の保護を要請する決議案（下院共同決議案46号）に署名し、米国連邦議会に提出した。しかし、この決議案については、当時ハワイを訪れていた内務長官シートン（Fred Andrew Seaton, 在職1956–1961年）がすでに難色を示しており、「価格の保護を要請することは賢明」ではなく「実現は不可能であろう」と苦言していた。クインはコナコーヒー農家との会合を勧めたが、シートンは不要としたため実現することはなかった[19]。1961年５月には、コナコーヒーを高値で売れるよう援助するコナコーヒー業援助法案（上院法案第605号）に署名し、クインによる米国議会への働きかけは続けられた[20]。

また、立州を機にハワイ州代表として選出された議員らも、連邦政府・機関レベルでの援助の獲得に尽力した。上院議員ハイラム・レオン・フォング（Hiram Leong Fong, 1906–2004年）はコナコーヒーの価格安定化のため、1959年頃から米国農務省に強く働きかけていた。1906年、中国系移民夫婦のもとにオアフ島で生まれたフォングは、ハワイ大学進学後、ハーバード大学で法学を学んだ。ハワイに戻ってきた後、法律家として活躍しながら、1938年からは政治家としてハワイ立州にも深く関わり、1959年にはアジア系アメリカ人初の上院議員に選出された[21]。フォングは1950年代のコナコーヒー農家の窮状に深い理解を示し、援助を拒む米国農務省に対して、1959年９月、ハワイ産コーヒーの価格を支援する二つの法案を上院に提出した。加えて、農務大臣に直接手紙を送ることで、産業の状況改善を試みた[22]。1961年６月には、フォングと同じくハワイ州上院議員に選出された井上建ダニエルが、米軍によるコナコーヒーの買い取り計画を進めた。この計画では米軍関係者が少なくとも10％のコナコーヒーを含むブレンドコーヒーを半年ほど飲み、味や品質によって、今後の配給を決めるというものであった[23]。しかし、その１年前の５月にコナを訪れたマッキントッシュ少将（Hugh Mackintosh）は、陸軍のコーヒーはブラジル産７割、コロンビア産３割のブレンドで作られており、「国内［ハワイ州］産のコーヒーが優先され」ることはないだろうと明言し、井上の案はその後何度か模索されたが、実現することはなかったと思われる[24]。

州知事や議員によるコナコーヒー産業救済のための連邦レベルへの働きかけは、順調には進まなかったが、それらの政治的活動は立州に対する不安を反映していた。不安の一つはハワイ農業――製糖業、パイナップル産業やコーヒー産業――

の衰退であった。製糖業に関しては、1961年からハワイ産砂糖の割当高が121トンから103トンに削減され、削減分が米国産甜菜などに振り分けられたことで、苦境に立たされていた。また、パイナップル産業は、米国本土に輸入されるその他の果物や台湾産のパイナップルとその缶詰商品の増加により、ハワイ産の需要が減りつつあった。このため、ハワイ州政府は立州の影響により、ハワイ産農作物が国内外の競争にさらされることを危惧した。そして、米国議会へ法案を提出することで各農産業の保護とともに、供給先の確保を目指した。さらに、対策案として、学校給食でのパイナップルの支給やコナコーヒーの陸軍での飲用などを具体的に提案することで、米国本土での国内（＝ハワイ）産農作物の消費拡大と安定も目指した[25]。これらの活動は、ハワイが米国の一州として昇格したことから、連邦レベルでの保護や援助が得られるかもしれないとの期待の現れでもあった。

ただ、コーヒーを取り巻く状況は複雑であり、米国政府にとって「どこのコーヒーを消費するか」は国際政治が絡む問題であった。先に、「陸軍のコーヒーはブラジル産7割、コロンビア産3割のブレンド」であったことに言及したが、その背景には第二次世界大戦時のラテンアメリカのコーヒー産地と米国との深い関わりがあった。1939年頃から、ドイツ潜水艦の攻撃によってブラジルからニューヨーク港へのコーヒーの輸出が困難となり、余剰のブラジル産コーヒーが世界各地に放出され、価格の下落が始まっていた。さらに戦争により、ヨーロッパ市場に高級コーヒーを輸出していたコロンビアを含む中南米産コーヒーも、輸送航路を閉ざされ輸出停止の状況にあった。すでに、世界最大のコーヒー消費地となっていた米国は、ラテンアメリカ諸国からのコーヒーの安定的輸入のため、1940年に国際会議を企画した[26]。会議は全米コーヒー協会（National Coffee Association, 1911年設立）によって主催され、南北アメリカ14カ国の代表がニューヨークに集った。その結果、南北米大陸間コーヒー協定（the Inter-American Coffee Agreement, IACA）が締結され、米国はラテンアメリカ諸国から毎年1,590万袋のコーヒーを輸入することが決定された。内訳として、60％（約954万袋）をブラジル、20％強（320万袋）をコロンビア、残りを他のラテンアメリカ諸国及びアジアとアフリカ地域から入手することが決定された[27]。この協定により、世界のコーヒー価格は1941年には2倍に跳ね上がり、大きな効果をあげた[28]。

米国がコーヒー協定の締結を強く推進したのは、コーヒー価格の下落によりラテンアメリカ諸国が枢軸国陣営に傾倒することを危惧していたためであった。当時、ブラジル、コロンビア、グアテマラ、エルサルバドル、コスタリカは、コーヒーが輸出収入の50%を占めており、協定の締結による経済的安定はラテンアメリカ諸国を連合国陣営に引き止める有効手段の一つと考えられていた[29]。よって、米国陸軍へのコーヒーの供給は、マッキントッシュ少将が言ったブレンドの割合に反映されているように、戦時中の米国―ラテンアメリカ諸国間関係が反映されたものであった。

さらに、1963年、ケネディ（John Fitzgerald Kennedy）政権下において、国際コーヒー協定（the International Coffee Agreement, ICA）が批准された。ICAはコーヒーの需要・供給量の均衡を保つことで、コーヒー豆の価格の安定化を図った協定であり、コーヒーの「公正な価格」の維持を目的とした。また、コーヒー豆の出荷の際は「原産地証明書」の添付が義務付けられ、出荷国と量の特定ができるようにした[30]。ところが、この国際協定は、生産国―消費国のコーヒーの流通の均衡を図るだけではなく、米国の世界情勢に対する危機感から生まれたものであった。1959年には、キューバ危機をきっかけにカストロ（Fidel Castro）政権が誕生し、その政権下で米国系企業の国営化が始まり、米国政府は共産主義がラテンアメリカ諸国にも広がるのを恐れた。加えて、1960年にはアフリカの植民地が次々と独立を果たしており、それらの独立国が共産主義陣営に組み込まれることも不安要素となっていた。ラテンアメリカやアフリカ諸国の多くはコーヒー生産が主要な経済活動であったが、この時期、コーヒー価格が急激に下落する事態に陥っていた[31]。よって、国際協定の最大の目的は、コーヒー価格の安定をもたらし、コーヒー産出国の共産主義化を防ぐことであった。同時期にコナコーヒー産業の支援について米国議会に働きかけていたハワイ州議員フォングや井上らは、米国によるICAの批准によってコナコーヒー産業の価格と供給量も安定すると期待したが、米国政府の眼差しはハワイ州のコーヒー産業ではなく、ラテンアメリカやアフリカのコーヒー産出国に向けられていた[32]。

2　日系二世によるコナコーヒーのブランド化

フォングは、ICAの締結は、米国で「唯一コーヒーを栽培する」ハワイ州の約

600の小規模農家にとって非常に重要であると明言したが、他方、コナコーヒー農家は生産量や価格の安定のみが産業改善の特効薬とは思ってはいなかった。日系二世を中心とした栽培者や精製所経営者にとって、ICAへの米国の加盟は、戦前からコナコーヒー産業に多大な影響を与えてきた世界のコーヒー価格やブラジルの生産量などの外的要因への対応策ではあった。しかし、彼らは産業の基盤強化の必要性を認識してきた。それは、コナコーヒーを「スペシャルティコーヒー」として米国本土に売り込むことで、独自の販路を見出すことであった(33)。このために、彼らは「コナ」をコーヒーの代名詞（buyword）とすべく、ハワイ州政府と戦前からのハワイ大学農業普及事業課との連携のもと、コナコーヒーの品質向上と積極的な宣伝を目指した(34)。

立州後の1960年代から、「コナ」という地名がブランドとして特別な意味や価値付けがなされるようになったが、コナコーヒーに商品的価値を付与することは戦前にも行われてきた。1970年代まで長らく他国産のコーヒーとのブレンド用として使用されてきたコナコーヒーであったが、戦前から日系移民のクリスマスやお歳暮の贈答品、そして日本へのお土産用として「Pure Kona Coffee（純良コナ珈琲）」が販売されていた（図6–2）(35)。これは、1930年代初頭からホノルルを拠点に、家庭用及びレストランやホテル用にコーヒーを製品化していた日系二世内田茂樹によって経営された、中央太平洋コナ珈琲製造所（Mid-Pacific Kona Coffee Co.）による商品であった(37)。1934年の『実業之布哇』に掲載された広告文は、冒頭のコナコーヒー協会による内容と異なり、日系移民の「努力」の結晶としてコナコーヒーの特長をアピールした。

> 布哇の名産は何と申しても珈琲と鳳梨［パイナップル］であります。珈琲と鳳梨栽培は日本人の努力に依つて今日の発展を見せて居りますが、就中コナ珈琲は日本人独特の産業として心血を注いで築き上げた事業であります。日本人とコナ珈琲――これは布哇産業史上、絶対に引離すことの出来ない不可分の関係を有しております。而して同胞の血と汗とで栽培されるコナ

図6–2　中央太平洋コナ珈琲製造所による缶入りコーヒー(36)

コーヒーが同じ日本人の会社の手で製造販売されることは理の当然であります[38]。

ここでは、コナコーヒー産業が日本人の努力により独占産業にまで発展したことが強調され、移民の成功物語のように紹介されている。さらに、翌年の『実業之布哇』では、「珈琲村コナの農園には過去五十年間、我が同胞が粒々辛苦の結果作り上げた世界一のコナ珈琲」と描写されたのに加え、ハワイの日系移民がコナコーヒーを買うことの意義にも言及している[39]。

……日本人のホームインダストリーを奨励発達させて行く精神から是非内田さんの中央太平洋コナ珈琲を愛用し之を一般的に紹介せねばならない義務がございます。品質と云ひ香りと云い風味と云い、断然一頭地を抜いてゐる中央太平洋コナ珈琲を御進め申します[40]。

この広告では、1929年以降、世界恐慌のあおりを受け不況に苦しむ、コナコーヒー産業で働く同胞を支える活動としてコーヒーを買うことが奨励されている。つまり、ハワイに住む「日本人」同士が助け合い、繋がるための役割をコーヒーが果たしていたのである。

この時期、日本市場へのコナコーヒーの輸出量はわずかであり、「純コナコーヒー」はあくまでも、ハワイ日系社会の個人や家庭での消費や、レストランや旅館などへの提供が主流であった。1928年に日本に輸出されたコナコーヒーは輸出量全体のわずか1.5％（21,700ポンド）であった[41]。ただ、クリスマスやお歳暮時の贈答品、日本へのお土産としても人気が高かったうえに、日本帝国海軍が遠洋航海の訓練の途中でハワイに寄港した際は、「香と云ひ品質と云ひ申し分のない良品で帝国軍艦の御方からも［土産品として］大変御愛用」されていた[42]。

戦後も引き続き、中央太平洋コナ珈琲製造所による「純良コナ珈琲」はハワイ日系人をターゲットとして売られていたが、立州後の1960年代からは、コナコーヒー産業の中心的役割を担うようになった日系二世たちが、米国本土の消費者への宣伝販売に力を入れ始めた[43]。その際、サンセット・コーヒー組合とパシフィック・コーヒー組合は協力し、コナコーヒーを「特別な品（specialty item）」として売ることができる販路の開拓を目指した。米国の販路開拓は二つの意味において、産業内の変化を示していた。一つめは、これまでコーヒーの世界的状況——価格や生産量——に受け身であったコーヒー農家や精製所経営者たちが、自らコナコーヒーを世界へ売り込むという積極的な姿勢へ転換したことである。これは、戦前からコナコーヒー産業を支配していたアメリカン・ファクターズ社とキャプテン・クック社の影響力が長引く不況により弱まるなか、日系二世世代へと主導権が移行されていったハワイ州農業普及事業課のメンバーも、コナコーヒー産業を動かしていた農家も日系二世世代が中心であったためである（第5章を参照）。州知事や議員による連邦議会への働きかけが成果を出せない状況下、日系二世世代はコナコーヒーのブランド化とそれに見合う品質向上を実現することで、高級コーヒーとして欧米市場への販路の開拓を目指した[44]。

米国のコーヒー消費については後述するが、ヨーロッパ市場に関しては、当時ハワイ大学経済研究センター（Economic Research Center）准教授で海外貿易と市場の専門家であったロタール・G・ヴィンター（Lothar G. Winter）が1960年頃からコナコーヒーのヨーロッパ市場の開拓を模索していた。ドイツのフライブルグ大学で博士号を取得したヴィンターは西ドイツの経済部門のアドバイザー時代のネットワークや友人を介して、イタリア、フランス、スイス、西ドイツでの市場調査を行い、その報告をコナワエナ高校で行った[45]。当時のヨーロッパでは第二次世界大戦の影響によりコーヒー消費が低迷していたが、1950年代末からコーヒーの輸出量が順調に回復し、焙煎業者たちが率先して消費回復に努めた。ヴィンターが注目した西ドイツでは、ブレーメンを本拠地とするヤーコプス（Jacobs）社やハンブルクのチボー（Tchibo）社がコーヒーを販売していた[46]。米国とは異なり、ヨーロッパでは挽いていない焙煎豆の状態で販売するのが一般的であった。西ドイツの主婦たちは「良質の豆と味」を見極めてコーヒー豆を購入するため、ヴィンターはヨーロッパ市場に向けて、コナコーヒーの品質と豆の大きさによる等級分けが重要であると唱えた[47]。そして、1960年10月には西ドイツのハンブルクとブレーメンに、コナコーヒーのサンプル品が輸送され、ヨーロッパ市場開拓の足がかりを作った。

二つめの変化は、コナコーヒーのブランド化である。アルコール飲料のグローバルブランド化について研究したダ・シルバ・ロペス（Teresa Da Silva Lopes）はブランドについて、法的に保護された名称であり、特定の消費者集団によって何らかの形で差別化された製品であると定義する。製品が「何らかの形で差別化される」要素は多様であり、商品価値や品質そのものが重要な要素となる時もあれば、産地の地理的環境や特有の歴史といったものが着目されることもある。そして、ブランド化された製品は、消費者が購入する際、その価値や品質に対する安心感、安定感やファンタジーを与え、リピーターとなるような顧客を確保する(48)。冒頭に紹介した宣伝文では、コナコーヒーを「コーヒー界の貴族的存在」と表現し、「ますます多くのコーヒー愛好家がこのことに気づき、コナが与える特別な満足感を得るため、少しだけ高く払うことを厭わなくなっている」とあるように、消費者にコナコーヒーの特別な価値を提供し他のコーヒーとは差別化している点において、栽培者がブランド化を自発的に推し進めているといえる。さらに、1990年代以降は、コナコーヒーの定義や商品化をめぐる法律が制定されたことも、ブランド化を促進している。

こうした1960年代からのブランド化の過程は、コナという産地に新たな価値を付与することで、コナコーヒーをグローバルな高級商品としてグレードアップさせた。1960年代には、スペシャルグルメコーヒー（special gourmet coffee）、クオリティコーヒー（quality coffee）、スペシャルティコーヒー（specialty coffee）といった多様な表現で、地元新聞に紹介された(49)。このように高級コーヒーとしてのコナコーヒーの認識を高めたきっかけは、「米国で唯一［商業的に］栽培される」コナコーヒーの地理的価値と希少性を強みとしてグローバル市場に売り込むという日系栽培者側の認識の変化にあった(50)。

そして1970年、シカゴを拠点としたスペリア・ティー・アンド・コーヒー（the Superior Tea and Coffee, 以下スペリア社）と契約を結ぶことにより、米国本土での100%コナコーヒーの販売が可能になった(51)。契約では、スペリア社がサンセット・コーヒー組合とパシフィック・コーヒー組合で精製されたコーヒー全てを買い取り、「コナコーヒー」として販売することとなった。同社は、1960年代末にキャスウェル・フーズ社や中央太平洋コナコーヒー会社（1970年時点の社長はジャック・R・ロビンソン（Jack R. Robinson））を買収しており、コナコーヒーの独占的買い取りの下準備を行っていた。スペリア社社長アール・コーン（Earl Cohn）は、コナから毎年300万ポンドのコーヒーを買い取り、それは金額にして200万ドルに達すると推測した(52)。

スペリア社はリトアニア移民としてシカゴに渡ったハリー・コーン（Harry Cohn, アールの父）によって1908年設立され、当時は珍しかった宅配サービスで消費者に品物を届けるという販売方法を確立した雑貨店から始まった。しかし、1930年代の大恐慌の煽りを受けたスペリア社は飲食店やホテルなどを対象とした販売へと切り替え、コーヒーを自社焙煎することで4～5種類の商品を提供する経営戦略へと転換した。戦後も自社コーヒーを飲食店やホテルに販売していた同社にとって、1970年のコナコーヒー買い取りの契約は、初めての「グルメコーヒー」のラインを作るうえで重要であった(53)。コーンは立州後のハワイ経済やコナコーヒー農家の状況を把握したうえで、米国で唯一商業的に栽培されるコーヒーとしてコナコーヒーに価値を見い出していた。

今後コナ［コーヒー］を買い取り続けていく契約が、我々の新しい州の経済を大いに発展させ、栽培者の生活水準を向上させると信じています……同時に、それ［契約］によって、増加するコナ［コーヒー］の世界的需要を満たすために、栽培者が将来もっとコーヒーを生産するようになる動機付けとなると思います(54)。

さらに、コナコーヒーを「ブレンドにする必要がない唯一の品種」であるとし、その品質も高く評価した。その際、コーンはフランスのシャンパーニュ (Champagne) 地域でしか作れないシャンパンとコナコーヒーを比較し、作物の産地と品質の密接なつながりを説いたのである。そして、コナコーヒーはスペリア社の目玉商品として売られることになった(55)。

この契約はハワイ地元紙でもコナコーヒー産業の「新時代」として紹介され、コナでは大規模なルアウ（Lūʻau, ハワイ語で宴を意味する）が開催された。そこには、コーンをはじめ、ハワイ州知事バーンズ（John A. Burns)、ハワイ州議会議員フォングや井上など政府関係者が招かれたうえ、1,500名のコーヒー栽培者も参加した。ルアウでは、宣伝を担当したコナコーヒー協会代表が、最近までコナコーヒー産業が世界のコーヒー市場の影響を大きく受けてきたことに言及し、スペリア社との契約によって大きな変化が期待されることを強調した。コナコーヒーが「米国で栽培される唯一のコナコーヒー」として、米国本土でブランド化され、販売されることになったためである(56)。さらに、州知事は8月9月から15日までの1週間をコナ週間とすることを宣言し、ハワイ州のコナコーヒー産業への州政府の注目度の高さを示した(57)。翌年から、コナコーヒー週間は11月に変更され、コナコーヒー・フェスティバルが開催されるようになった(58)。そして現在ではコナコーヒー文化フェスティバル（Kona Coffee Cultural Festival）として継続している。

スペリア社に買い取られたコナコーヒー（生豆）の多くは、同社が1972年に稼働を開始したニューオーリンズの工場に送られた後、精製、焙煎された。そして、商品化されたコーヒーは米国本土の他、フィリピンやオーストラリアなどの南西太平洋や日本にも出荷された。また、ハワイにも逆輸入され、地元のスーパーマーケットで売られ、ホテルやレストランでも提供された。1970年11月にワイキキのインペリアル・ハワイアン・ホテル内に初店舗を開いたデニーズも、カリフォルニア・アナハイム店とあわせて「コナコーヒー・ブレンド」を提供し始めた(59)。デニーズという全国展開するファミリー向けレストランでのメニュー化は、コーヒー産業が求めていたコナコーヒーのブランド化を実現した重要なステップとなった(60)。

3　スペシャルティコーヒー概念の台頭

スペリア社によって対外的なコナコーヒーの価値が大きく変容した1960年代末から1970年代にかけて、米国本土においてはコーヒーの品質が重要視される時期に突入していた。米国のスペシャルティコーヒー市場の台頭について研究した文化人類学者ローズベリ（William Roseberry）は、1970年代までは同国のコーヒーのほとんどは缶入りで、スーパーマーケットで大量に販売されており、消費者は味には大した注意を払っていなかったと分析する。これらの商品の多くはジェネラル・フーズ社やP&G（Proctor and Gamble）社など大手企業によって、異なる産地、質、品種のコーヒーがブレンドされたもので、大量消費を目的に売られていた(61)。また、第二次世界大戦後は、インスタント製品が次世代製品として注目され、安価なカネフォラ種（ロブスタ種）を使用することにより、さらに安い、低品質のコーヒーが出回っていた(62)。

これを受けて、1960年代までコーヒー市場を取り仕切っていた大手食品業者は、異なる産地や品質のコーヒーをブレンドすることによって、より低価格のコーヒーを大量に販売することに注力していた。コーヒーはそれまでも豆の産地、精製方法、形、大きさ、種類によって等級分けが行われていたが、それは産地特有の味や質を評価するのではなく、標準的な味と価格をつくり出すための指標として機能していただけであった(63)。

このような傾向に大きな変化を与えたのがスペシャルティコーヒー概念の台頭

である。米国でのスペシャルティコーヒーへの注目は意外にも、コーヒー消費が下り坂だった時期に始まった。1960年代初期から１人あたりの１日のコーヒー消費は減少し始め、1962年は3.12杯だったのに対し1980年には2.02杯となり、20代のコーヒー離れが目立つようになっていた[64]。低価格を追求した大手食品業界に対して、サンフランシスコに初店舗を構えたピーツ・コーヒー（Peet's Coffee & Tea）の創業者アルフレッド・ピーツ（Alfred Peet）やスペシャルティコーヒーという言葉を生み出したとされるアーナ・クヌッセン（Erna Knutsen）は、全く異なる指標で消費者にコーヒーの魅力を伝えようとした。

ピーツもクヌッセンも欧州からの移民であった。ピーツは、オランダ北部でコーヒーを営む父親を持ち、戦後にはトワイニング社（Twining Coffee and Tea Company）で茶の品質や味を評価するティー・テイスターとして働いていた。1955年に渡米し、サンフランシスコでコーヒー豆の輸入業に携わっていたが、米国人が飲むコーヒーの品質に落胆し、1966年、高品質のコーヒーを提供する店を開くこととなる[65]。一方、ノルウェー生まれのクヌッセンは、1926年、５歳の時家族とともにニューヨークに移住した。企業の管理職の秘書として経験を積んだクヌッセンは1968年、サンフランシスコでコーヒー仲介業を営むビー・シー・アイルランド（B. C. Ireland）社の秘書として雇われ、コーヒーの取り引きを観察してきた。彼女はコーヒー業者が缶入りコーヒーの売り上げばかりに注目し、麻袋に書かれた産地名に目もくれない状況を見て、生産量が少ないコーヒーをブレンドせずに売ることを思いついた。しかし、当時のコーヒー業界では女性が焙煎に携わることやカッピング（鑑定）室に入ることも禁じており、クヌッセンの意見は聞き入れてもらえる状況にはなかった。そこで、彼女はスマトラ産マンデリン（mandheling）を１ヶ月で売り切ることを条件に、初めて特定産地のコーヒーを商品化し、その企画は成功したのである[66]。それにより、彼女は産地重視型のコーヒー販売方法を積極的に推進し、スペシャルティコーヒー市場の形成に貢献した[67]。

追い討ちをかけるように、1975年にブラジルのコーヒー産地を襲った霜害により小売価格が上昇し、米国を中心にコーヒー離れが加速した[68]。そして、1980年代初頭には、大手広告会社オギルヴィ・アンド・マザー（Ogilvie and Mather）社長ケネス・ローマン（Kenneth Roman Jr.）はコーヒー雑誌編集長とのインタビューのなかで、コーヒーを「品質、価値、イメージ」で売る必要性を唱えた[69]。1981年、ニューヨークのグリーンコーヒー協会（the Green Coffee Association of New York）の会合でのスピーチを行ったローマンは、消費者の「階層」や「年齢層」――30代の共働き夫婦で高品質のコーヒーを飲む層や、逆にコーヒーを全く飲まない大学生層など――を見極め、それぞれに合ったコーヒーの販売と宣伝を提唱した[70]。結果、スペシャルティコーヒー市場はニューヨークやサンフランシスコなどの都市部に住む、品質を重視する消費者を主な対象として拡大していった。

コナでは当時どのような状況だったのか。1957年にコナコーヒーが最高値をつけて以来、価格が下降した1960年代初頭から、米国本土やヨーロッパ市場に売り込むための品質管理と改良は、主要課題として産業関係者内で話し合われていた。1961年9月の地元紙によると、ある調査では、コナコーヒーを飲んだ8割が「二度と買わない」と答えたうえ、18ヶ月も店頭に残っていた商品もあるほど売れ行きが悪いことがわかった。また、1963年4月の『ヒロ・トリビューン・ヘラルド(Hilo Tribune Herald)』は、ハワイ諸島内で消費されているコナコーヒー（全体の生産量の10%）がグレード分けせずに様々な焙煎方法で商品化されるため、品質にばらつきがあることを指摘した。さらに、ハワイで商品化されたコナコーヒーは酸化を防ぐための真空缶や袋に入れられることなく、紙の箱で売られていたことも品質低下を招いた。地元ハワイのスーパーマーケットや小売店で売られたコナコーヒーは、焙煎や梱包過程で品質が悪化し、スペシャルティコーヒーとして売るには程遠い状態にあった[71]。

同時期、世界のコーヒーの産出量のわずか0.06%、米国で消費されるコーヒーの1.2%しか占めなかったコナコーヒーは、明らかに他の産地に比べて弱い立場にあった。コーヒーの価格が世界のコーヒー市場の影響に大きく左右されるだけではなく、ラテンアメリカやアフリカ地域では安い人件費で栽培されていたのに対して、コナでは収穫者を確保することさえも難しかった[72]。また、5～6メートルの高いコーヒーの木で旧式の栽培方法を使用している日系農家も多く、梯子を使った収穫が主流であったことも収穫労働者不足を招いた[73]。次第に縮小していくコナコーヒー産業に対して、ハワイ州経済省や農務省による協力のもと、100%コナコーヒーとして市場に売り出すための調査や企画が実施された。

1963年、ハワイ州農務省ハワイ島支局長であった久永久フランク（Frank Hisashi Hisanaga）によって、コナコーヒーのチェリーの検査プロジェクトが推進された。そのきっかけとなったのは、1960年10月に米国農務省農業販売部門最高顧問ネイサン・クーニッヒ（Nathan Koernig）がコナコーヒー農園を視察に訪れ、等級システムの導入を助言したことにあった。それまで、コナではチェリーの買い取り価格は一律であり、品質検査は行われていなかった。複数の農園から運ばれたチェリーが一緒に精製されており、事前に欠陥豆の含有量は検査されていなかった。それは、パーチメントの精製過程でも同様であった。よって、チェリーやパーチメントの品質が買い取り価格に反映されることはほとんどなかった。クーニッヒによる助言は、コナコーヒーを高品質コーヒーとして米国市場に売り出すにあたっては品質検査が必要不可欠であるという認識を、ハワイ農務省関係者、コーヒー栽培者や精製業者に広めた[74]。

そして、1963年7月3日、ハワイ州議会による3万ドルの資金援助を得て、チェリーの品質検査プロジェクトが開始された。久永は18年以上、ハワイ島を中心に農産物や卵などの品質検査に携わっており、その経験を活かしてコナコーヒーの検査手順を考案した。まず、精製工場に持ち込まれた各麻袋からサンプル（チェリー）が採取された。複数回採取されたサンプルは混ぜ合わされ、複合サンプルが作られる。複合サンプルは水中に放たれ、まず、浮かんできた実を取り除く浮選が行われた。その後沈殿したチェリーをハワイ・ナンバー・ワン（Hawaii No. 1）とハワイ・ナンバー・ツー（Hawaii No. 2）、浮かんだチェリーを欠陥品に選別した。選別されたチェリーは検査結果用紙に品質ごとの割合が記載され、その割合に応じて報奨金が支払われるという仕組みであった[75]。久永はこの検査システムの構築により、熟していないチェリーを持ち込む農家がかなり減り、品質向上の兆しが見えたとした。また、1963年末には、米国本土から2名のコーヒー仲買人がコナを訪れ、品質検査の実施状況に感心し、コナコーヒーの購入に興味を示した。この検査方法の確立は、米国市場への本格的参入の実現に向け、コナコーヒー農家や精製業者の品質向上の意欲を駆り立てた[76]。

さらに、1964年にはハワイ州企画・経済省及び農務省の協力により、コナコーヒー協会は「品質認可のゴールド・シール」制度を始めた（図6-3）。この制度では指定の基準を満たした生豆を使用した焙煎業者――多くがホノルルを拠点にしていた――のみが、ゴールド・シールを得ることができた[77]。「品質保証済み（Quality approved）」と書かれたゴールド・シールは、ハワイの地元紙でも紹介され、コナコーヒー協会の「スペシャリスト」が厳格な規定のうえ選別したことが強調された。ハワイ州農務省はゴールド・シールに適するコーヒーが売られていることを確認するため、焙煎業者や販売商品の抜き打ちテストをするという徹底ぶりであ

図6-3　「品質認可のゴールド・シール」に関する広告

出典：*The Honolulu advertiser*, 8 May 1964, 43.

った[78]。

以上のように、コナコーヒーのブランド化は、1970年代後半にスペシャルティコーヒーの概念が広まる以前の1960年代から、産地主導で始まっていた。米国本土でのスペシャルティコーヒーの普及は、コーヒー卸売業や焙煎業関係者が中心となって進められたが、コナでのそれは産地でコーヒーを栽培し加工する人びとによって自発的に行われた。1960年代のコナコーヒー価格の低迷に伴う栽培農家の減少（図6-4参照）と世界のコーヒー市場の影響を受けやすい産業体質に苦しんできたコナコーヒー産業は、その対抗策として、コナコーヒーの希少価値を見い出し、品質の改良と安定化を図ることで、世界に売り出す戦略を生み出したのである。

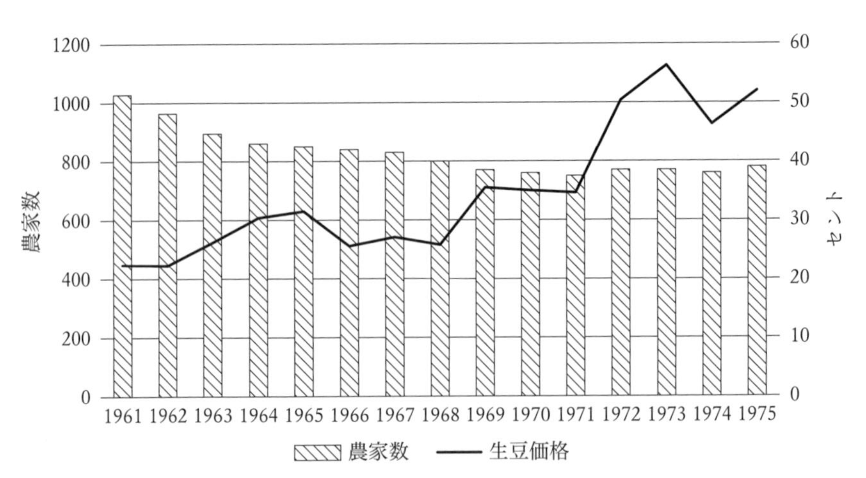

図6-4　1960～1975年のコナコーヒー農家数とパーチメント価格（1ポンドあたり）

参考：State of Hawaii Department of Agriculture, *Hawaiian agriculture*, 1970, 16; State of Hawaii Department of Agriculture, *Hawaiian agriculture*, 1975, 15より作成。

4　グローバルな評価と偽コナコーヒー

1960〜1970年代にかけて、日系二世世代を中心としたコナコーヒーのスペシャルティコーヒー化が進められてきたが、1980年代に入ると、産業の運営に大きな変化が現れる。その一つは、コナコーヒー産業の担い手の多様化である。1974年頃からパシフィック・コーヒー組合とサンセット・コーヒー組合（後に、コナコーヒー組合に改名）の合併が話し合われたが、運営規模の格差やメンバー間の意見の相違により、1970年代には実現しなかった[(79)]。組合メンバーのコーヒー農家は、コーヒー精製業者でもある組合運営側が収穫した豆の買い取り価格を決定するのであれば、それは戦前の欧米系白人コーヒー会社との関係と変わらないと感じるようになっていた。また、組合が米国本土での宣伝や販売戦略に成功しても、メンバーの収入に還元されることはないと思われ、徐々に組合は求心力を失っていった[(80)]。

1980年代は、スペリア社による組合経由での買い取りは続いていたが、新たに6つの精製業者が参入し、多様な経路を通じて「コナコーヒー」が売られるようになった[(81)]。大別すると、ハワイ州内のホテルやレストラン、地元のスーパーマーケットやグルメ商品を売る店、日本や米国からの観光客への土産品、州外への販売（メールオーダーやオンライン販売を含む）という4つの販路が存在するようになった。それぞれの販路の課題に加え、ハワイ大学農学部が共通の問題として指摘したのが、スペシャルティコーヒーとしてのコナコーヒーの質、評価、イメージの統一化と維持であった[(82)]。1980年代半ばに入ると、大手企業も様々な産地のスペシャルティコーヒーを取り扱うようになり、急速にその市場を伸ばしていた。米国だけでも、スペシャルティコーヒー商品の売り上げは、1981年の6千万ドルに対し、1985年にはその4倍以上の2億7千ドルへと急成長しており、コナコーヒーもその恩恵を受けるようになった[(83)]。図6-5で示されるように、1980年代半ばから末にかけて、コナ農家へ支払われる価格（チェリーとパーチメント価格の平均）は、1ポンドあたり3ドル弱から3.8ドルに伸び、作付面積も2,000エーカーから2,600エーカーへと拡大した[(84)]。農家数にあまり変化がないのは、高齢化や不況によって手放された農園に新しく米国本土から農家が入ったためと思われ、この頃でも戦前同様大部分が5〜10エーカーの小規模農家であった。

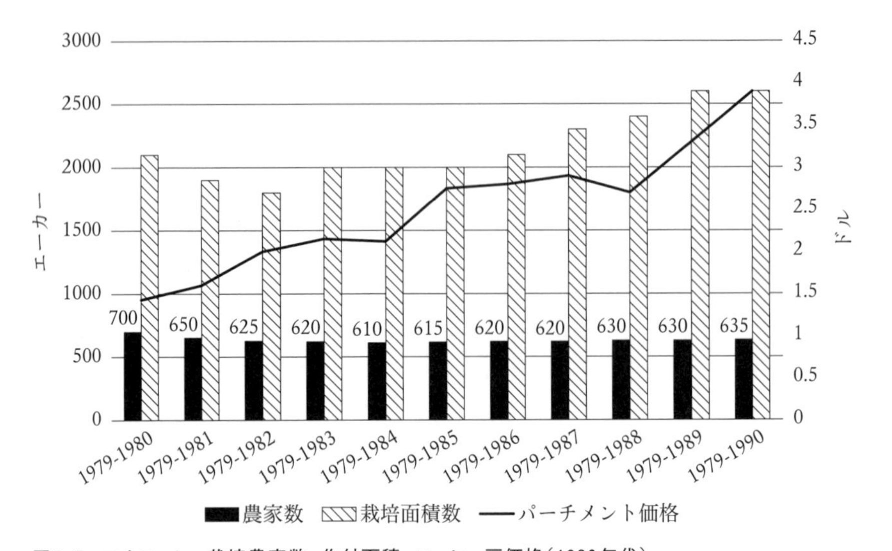

図6-5　コナコーヒー栽培農家数、作付面積、コーヒー豆価格（1980年代）

参考：Hawaii Agricultural Service, *Statistics of Hawaii agriculture 1984* (Honolulu, 1985), p. 31; Hawaii Agricultural Service, *Statistics of Hawaii agriculture 1990* (Honolulu, 1991), p. 36より作成。

しかし、スペシャルティコーヒーを扱う業者や店舗が増えるなか、米国本土では「コナスタイル」や「コナ風」と称したコーヒーも出回るようになった。そのような商品は「伝説のコナコーヒーの風味を引き出した」コーヒーといった売り文句で宣伝され、コナコーヒーが全く含まれていない商品もあった。つまり、コナコーヒーの評価や高品質コーヒーのイメージがスペシャルティコーヒー化の過程で、ブランド名として悪用されるようなったのである[(85)]。このことは、米国本土の新聞でも取り上げられ、とりわけ『シカゴ・トリビューン（Chicago Tribune）』紙記者キャロル・ラスムッセン（Carol Rasmussen）は、スペシャルティコーヒーの人気が高まるにつれ、偽物コーヒーが流通していることへの注意喚起を促す長文の記事を投稿した。ラスムッセンによると、コナコーヒーは、ジャマイカのブルーマウンテン、モカ＝ジャバ（イエメン産モカ2/3とインドネシア産1/3を混ぜた商品）と並んで高値で取り引きされていたが、その希少価値と評判が悪用され、偽物として売られやすいコーヒーとなっていた。その原因として、コーヒーの産地を確認する方法や法律が確立していないことを指摘し、消費者にコナコーヒーを買う際には、店員にできるだけ多くの質問をすることを勧めた。特に、記事が書かれた1982〜1983年のコナコーヒーの収穫量は少なく、近年で最も収穫が多かった時期の半分以下であり、入手しにくくなっていると報告している[86]。ラスムッセンの記事は、ニューヨーク州ニューヨーク、カリフォルニア州サンスランシスコ、マサチューセッツ州ボストン、テキサス州フォート・ワース、サウスカロライナ州コロンビアの地元紙――主に食やライフスタイルに関するセクション――に転載され、偽物のコナコーヒーが出回っていることが米国本土において広く報道された[87]。また、1989年のハワイ大学農学部の調査では米国本土に出回っているコナコーヒーのうち、コナコーヒー豆が全く入っていない「コナスタイル」コーヒーは20〜30%に上ると推測し、特に東海岸でよく見られる傾向とした[88]。

このような偽コナコーヒーの販売を受けて、コナコーヒー農家は100%コナコーヒーの価値と品質を守るため、州政府による保護と規制に向けて本格的に活動を開始した。それは1980年代以降コナにやって来た米国白人農家によって設立されたコナコーヒー・カウンシル（Kona Coffee Council, 以下KCCと省略）が中心となって行った。以前、日系二世によるコーヒー組合や精製業関係者が運営していたコナコーヒー協会は内部分裂やメンバーの高齢化に伴い、1980年代には産業内における影響力は次第に低下していった。代わって、1984年に、主に米国本土からやって来た白人層のエステート・コーヒー農園経営者や精製加工業者によって、KCCが設立された。KCCは100%コナコーヒーの保護と宣伝、新規就農者のサポートを目的に設立された[89]。なかでも、カリフォルニアで法学を教えた後、北コナのホルアロアでコーヒーを栽培していたトム・カー（Tom Kerr）はKCC代表として、1980年代後半から収穫の機械化や100%コナコーヒーの保護など、産業の発展のため様々な活動に取り組んだ[90]。1986年には、高まるコナコーヒーの人気に対応するため、カリフォルニア大学バークレー校を卒業し、カリフォルニア州不動産局副局長としての経歴を持つジャネット・コバーン（Janet Coburn）をKCCの代表として迎えた[91]。

着任から1年半後、コバーンは、KCCによる100%コナコーヒーの認証シール制度の導入を図り、ハワイ島全ての公立・私立学校から大学までの学生を対象に、ロゴのデザインを募集した。デザインには「Pure」と「Kona Coffee Council Seal of Approval」の用語が含まれることが条件で、採用者には750ドルの奨学金が付与されるはずであった[92]。しかし、同年1988年末の旱魃により収穫が予想の6割にしか満たなかったことから、KCCの経営が悪化し、コバーンを解雇せざるを得ない状況に陥ってしまった。KCCの運営費は300名の会員によって支えられており、会員は収穫したコーヒー生豆1袋（60キロ）に付き1ドルを支払うこととなっていた。よって、この不作はKCCの収入や運営に直接影響し、結果として、認証シールの計画もしばらく頓挫した[93]。

しかし、1980年代半ばにスペシャルティコーヒー産地としてコナが知られるようになると、米国本土出身の白人の流入が目立つようになり、産業内に大きな変化が生じた。その多くは米国本土の大学や大学院を卒業し、専門職で活躍していた高学歴・高所得者層に属し、リタイアをきっかけに夫婦でコナにやって来てコーヒー農園を営む人びとであった。なかにはいち早く、スペシャルティコーヒーとしてのコナコーヒーの法的保護の必要性を察知し、活動し始める者もいた。産業をリードする農家が日系人から米国本土出身白人へと代わったことにより、コナコーヒーの保護規制による栽培者の利益保証が求められるようになった。

1991年には、ハワイ州政府はようやく、焙煎済みもしくはインスタントの100%コナコーヒーのラベリングに関する法律と、コナブレンド商品には10%以上のコナコーヒーを含める法律を制定し、1992年に施行された（第6章扉写真）。これらの法律はコナコーヒーの品質や内容に対する州政府による初めての規制であった[94]。しかし、1996年、スキャンダルが発生する。コナ・カイ農園マネージャーのマイケル・L・ノートン（Michael L. Norton）が、パナマ産やコスタリカ産の低品質コーヒーを「コナコーヒー」として販売していたことが発覚したのである。ノートンは1980年代末からKCCメンバーとして活発に活動しており、地元の新聞でもコナコーヒー産業のご意見番となっていた[95]。よって、この事件は地元社会や産業にも大きな衝撃を与えた。

ノートンはハワイに輸入されたコーヒーの袋を開けるスタッフと、それらのコーヒーをコナ・カイ農園の袋に入れるスタッフに分けて作業させ、偽コナコーヒーの生産現場を巧妙に隠蔽していた[96]。当時、中南米産生豆が1ポンドあたり2ドル以下で取り引きされていたのに対し、コナコーヒーは1ポンドあたり4〜5ドルという高値で取り引きされており、ノートンは350万ポンドの「偽コナコーヒー」を売りさばくことにより、1987年から1996年までの10年間に約500万ドルの利益を上げていた[97]。被害にあった業者のなかには、スターバックスやピーツ・コーヒーなど当時スペシャルティコーヒーを提供するカフェを運営する会社が多数含まれていた[98]。

この事件を受けて、1997年にコナコーヒー農家は、ノートン及びノートンと取り引きを行っていたコーヒー生産・加工業者14社を、連邦裁判所に提訴した。3年間の法廷闘争の末、連邦裁判所はノートンに懲役2年6ヵ月と、提訴したコーヒー農家へ計125万ドルの賠償金支払いを命じる判決を下した。賠償金のうち、100万ドルはコナ・カイ社が負担し、残りは提訴されたコーヒー販売業者のうち8社が負担することとなった。さらに、提訴された業者のうち6社は2000年から2005年まで、原告側の農家からコーヒーを買い取るという契約を結ぶこととなった[99]。この事件をうけて、ハワイ州農務省は州外に出荷される全てのコナ産生豆に対して、同省による認証検査を義務化した[100]。また、KCCによる100%コナコーヒーを保証するシールも、この認証検査に通ったものに限って使用することができるようになった[101]。ところが、この検査では、焙煎されてから出荷されるコーヒーは規制の対象外であった。つまり、コナ地区内でコーヒーを焙煎すれば検査を逃れることができ、コナコーヒーでなくても「100%コナコーヒー」として売ることが可能であった。また、時折検査官が抜き打ち検査はするものの、彼らの役割は偽コナコーヒーの取り締まりではなく、あくまでも「栽培者がコナコーヒーの品質を維持する手助けをする」という立場であった。検査官側は「消費者が［コナコーヒーの品質］に満足しなかった場合、これこそ大きな問題であり、全てを傷つけることになる」という見解を示し、農家及び加工業者による「自主的」な品質管理の促進にとどまった[102]。よって、100%コナのブランドと品質を維持したい農家は、期待通りの保護は受けることはできなかった。

州政府や地元のコーヒー関連組織によりコナコーヒーの認証が次第に規制化されたとはいえ、偽コナコーヒーの生産・販売は後を絶たない。近年の例では、2019年2月、ブルース・コーカー（Bruce Corker）を含む5名が代表団を組織し、偽コナコーヒーを売っているとして、コストコ、アマゾン、ウォルマートなどを含むコーヒー取扱業者20社を相手取り、集団提訴を起こした。提訴の内容は、これらの業者は「普通のコーヒーを高く売るために、コナという名称の評判や善意を逆手に取り、消費者にコナコーヒーが含まれている商品と信じ込ませ」ており、米連邦商標法（the Lanham Act）に違反しているというものであった。さらに、原告側は、毎年270万ポンドのコーヒーがコナで収穫されているが、市場では2千万ポンド以上のコナ産と称したコーヒーが売られていると主張した。それを証明するために、原告側は著名な生物学者ジェームズ・エレリンガー（James R. Ehleringer,

ユタ大学教授）に依頼し、焙煎後も残留するコナコーヒー特有の化学成分を特定した。エレリンガーによると、コナの150農園から採取したサンプルと世界中のコーヒー豆を比較した結果、「溶岩の特徴を含む」成分がコナコーヒーを特徴づけるとした。そして、米国本土で売られているコナコーヒーのほとんどがその成分を有していないことも判明した[103]。2022年、この集団提訴は和解により取り下げられ、コナコーヒーの600農園に対して、合計1,500万ドルが支払われることが決定した。南コナのキャプテン・クックに２エーカーのコーヒー農園を所有するあるコーヒー栽培者は、2022年２月に突然、約4,000ドルのチェックが郵送され、喜びを隠せなかったという。示談金は所有する農家の規模に応じて支払われた[104]。

原告側代表は、1980年代以降にコナにやって来たコーヒー農家であり、米国本土出身の高学歴を持つ白人層であった。例えば、コーカーは、2001年までシアトルで弁護士として開業していた。1968年に平和部隊隊員としてコロンビアに３年ほど滞在してコーヒー栽培を経験していたため、ハワイへの移住後にはオーガニック・コーヒーを栽培するランチョ・アロハ農園（Rancho Aloha Farm）を北コナ・ホルアロアに開設した[105]。彼は、2013年にコカコーラ社が99％リンゴとブドウ果汁からなるジュースを「ザクロ・ブルーベリー」と称して売っていた商品に対して、ポム・ワンダフル社が最高裁に訴訟を起こした事件を知り、今回の集団訴訟を決意したという[106]。また、オレゴン出身のコールアワー・ボンデラ（Colehour Bondera）は、オレゴン大学でラテンアメリカ地域の農村研究を学び、カリフォルニア大学で国際農学開発学と教育学に関する修士号を取り、その後、農業生態学に関する企画や研究に関わってきた。彼は南コナ・ホナウナウに５エーカーのカナラニ・オハナ農園（Kanalani Ohana Farm）を持ち、コーヒーを含めオーガニックの農作物を栽培しながら、100％コナコーヒーに関する教育や保護活動を行っている[107]。代表団には加わっていなかったが、かつてコナコーヒーを栽培していた元弁護士のデクスター・ウォッシュバーン（Dexter Washburn）も集団訴訟に際し、コーカーたちを援助していた[108]。このように、1980年代半ば以降、コナコーヒー産業は法による保護という新たな展開を見せ、それは新たな栽培者による専門的知識やビジネス経験の米国本土からの移植によって支えられているのである。

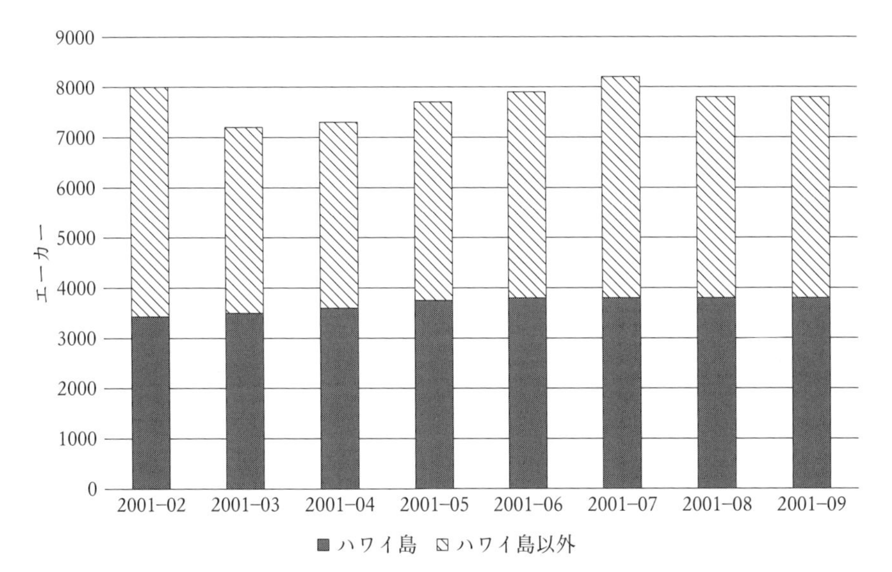

図6-6　ハワイ州コーヒー栽培面積（2001～2009年）
参考：Hawaii Agricultural Service, *Statistics of Hawaii agriculture 2005* (Honolulu, 2006), p. 20 ; Hawaii Agricultural Service, *Statistics of Hawaii agriculture 2010* (Honolulu, 2011), p. 20より作成。

5　他島でのコーヒー産業の台頭

20世紀後半からハワイではコナ地区以外でもコーヒーが栽培され、スペシャルティコーヒーとして売り出されるようになっている。つまり、ハワイ州産コーヒーの代名詞としてのコナコーヒーの独占体制は崩れつつある。ハワイ農業統計情報によってハワイ島以外（カウアイ島、モロカイ島、マウイ島、オアフ島）のコーヒーのデータが集計された2001年から2009年までの栽培面積の推移を見ると、ハワイ島と他島の栽培面積はそれぞれ4,000エーカーとほぼ変わりない（図6-6参照）[(109)]。一方で、ハワイ島農家数は2001年の675から2009年には790へと急増し、他島の場合は25から40へと増加している。しかし、大きな違いはハワイ島の場合は戦前の日系農家と同じく５～10エーカーの小規模農家が主流だが、他島では大規模農園で栽培していることにある[(110)]。

他島でのコーヒー栽培の多くは、かつてビッグ・ファイブと呼ばれた、ハワイ王国時代から存続する製糖会社やその子会社によって行われている。カウアイ島では、1987年、アレクサンダー・アンド・ボールドウィンの子会社のマックブライド製糖会社（McBryde Sugar Company）が、サトウキビ農園だった土地でコーヒーを栽培し始めた。同社の副社長フィル・スコット（Phil Scot）は、「ハワイ島コナほど［良い］条件ではない」としながらも、サトウキビに代わる商品作物の一つとして、5,500エーカーという広大な土地の一部にコーヒーの木を植えた[111]。1991年には、ハワイ州農務省によって、カウアイコーヒーに対する等級システムが導入され、順調に成長していることがわかる[112]。カウアイ島ではコーヒー農園の規模が５～3,000エーカーと大きく異なり、小規模農家は赤い実のみを手摘みで収穫するが、大規模農園ではブルーベリー収穫機から発想を得た機械による収穫が行われている。よって、その品質にはばらつきがある[113]。

また、コナの南側に位置するカウ地区も、1996年のカウ・サトウキビ農園（Ka‘u Sugar Planation）の閉鎖後に、サトウキビに代わる農作物としてコーヒーが栽培されるようになった。2007年頃まで、収穫されたコーヒーはコナに運ばれ、コナコーヒーとして売られていたという。カウはハワイ州が規定するコナコーヒー産地外であるため、コナコーヒーとして売ることは法的にはできなかった。ところが、コナ地区でローストされたコーヒー豆はハワイ州農務局による検査は義務化されておらず、カウ産コーヒーを混ぜて州外に出荷することは可能であった。2007年１月の時点で100％コナコーヒーの小売価格は25～30ドル、カウコーヒーは14～16ドルであったため、収穫したばかりのカウコーヒーを密かにコナに持ち込み、高値で売ろうとする栽培者もいた[114]。しかし、カウコーヒー農家は、スペシャルティコーヒー協会主催の品評会に積極的に参加することで、そのブランドの確立を目指すようになる。2010～2011年には米国スペシャルティコーヒー協会賞、ハワイコーヒー最優秀賞を受賞し、スターバックス社の「リザーブ」商品としても売られるようになった。同社のリザーブ企画は2010年に始まり、専属の鑑定士によって選定された希少価値のアラビカ豆をニューヨークや東京などの特定の店舗やオンラインで売ることを目的としていた。そして、2011年からはカウコーヒーがリザーブ商品として、米国本土、カナダ、日本の店舗で売られるようになった。その際、スターバックス社はカウコーヒーについて、「この小さな宝石は……南国の楽園を思わせる風味に満ちている」と自社ウェブサイトで紹介してり、ハワイの楽園的イメージを消費者に想起させることで、産地のファンタジーを駆り立てた[115]。2018年になると、スターバックス社はカウコーヒーを短い歴史とともに、コナコーヒーと差別化する形で、その商品を紹介するようになった。

> ハワイ島の南側には、人里離れたカウ地区がある。1996年に最後のサトウキビ農園が閉鎖された後、農家は新たな収入源としてコーヒーに目を向けた。しかし、彼らは当初、理想的な栽培条件にもかかわらず、隣接する有名なコナの影から抜け出すのに苦労していた。その流れは、2007年、世界的な二つの品評会でカウコーヒーが10位以内に入ったときだった……それから11年、さらに多くの賞を受賞したハワイ・カウは、コーヒーコミュニティの繁栄とともに、誰もが欲しがる希少価値のコーヒー産地となっている[116]。

このように、1980年代末のカウアイ島での大規模栽培を皮切りに始まったコナ以外でのコーヒー産業は、サトウキビに代わる商品作物として、ハワイ諸島に広がっていった。2001年に改訂されたハワイ州のコーヒーの基準に関する規則（HAR Chapter 4-143）では、ハワイ島3地区と他島4島（ハワイ島カウ地区、ハマクア地区、コナ地区、カウアイ島、マウイ島、モロカイ島、オアフ島）に分け、コーヒー産地を特定していた。あくまでもこの区分けは、ハワイ州公認のコーヒー産地の認定を望む場合に適用されるものであるが、ハワイ諸島内の産地を細かく分けた商品化は産地―品質―価格の関係を強化するものになっている。図6-7（次頁）で示されるように、同じハワイ州産コーヒーとはいえ、コナが位置するハワイ島産コーヒーは、他島産コーヒー豆の農場価格よりも2倍以上高く買い取られている[117]。産地重視型のスペシャルティコーヒーは、ハワイ州内でのコナ以外でのコーヒー産業の拡大を促したが、州内にもかかわらず産地が細分化され、商品価値や値段に優劣がもたらされる結果を導いた。

6　「コナコーヒー」をめぐる課題

1959年のハワイ立州を契機に、コナという産地はコーヒー産業の維持や発展において、それまで以上に重要な意味を持つようになった。1980年代の米国を中心に広がったスペシャルティコーヒー概念と市場の確立と拡大は、コナコーヒーの

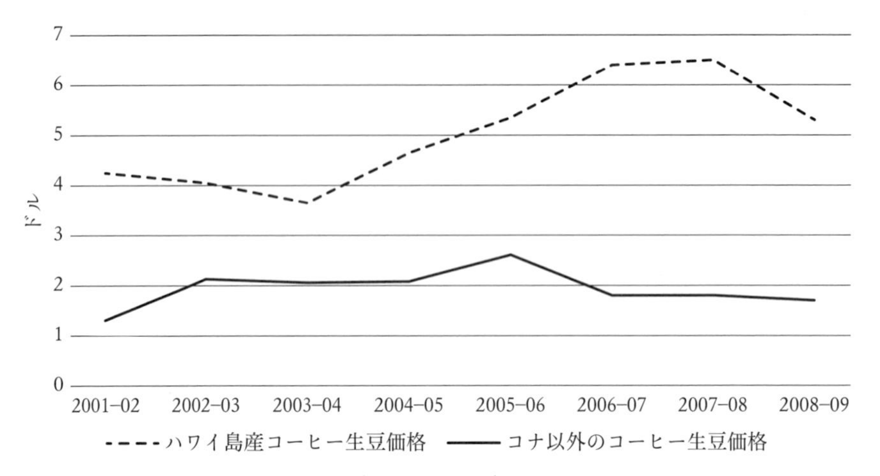

図6-7　ハワイ州産コーヒー豆農場価格（2001～2009年）
参考：Hawaii Agricultural Service, *Statistics of Hawaii agriculture 2005* (Honolulu, 2006), p. 20 ; Hawaii Agricultural Service, *Statistics of Hawaii agriculture 2010* (Honolulu, 2011), p. 20より作成。

知名度をグローバルに広めたという点で転機となったが、その市場に参入するための基礎作りは1960年～1970年代にあった。立州に伴う観光・軍事産業の台頭により牽引された好況から取り残されたネイバーアイランズの状況は、コナコーヒー産業にも打撃を与えた。その産業を救済すべく、ハワイ州知事や議員は米国連邦政府や農務省に働きかけるが、冷戦期の米国にとって、コーヒーはラテンアメリカやアフリカ諸国を共産主義から守るための手段であった。つまり、州に「昇格」したハワイによる連邦政府に対する、コナコーヒー産業を維持させるための試みは、冷戦期の国際情勢によってかき消されてしまった。結果、米国は、ラテンアメリカやアフリカ地域からコーヒーを購入することで、共産主義の拡大を阻止しようとした。しかし、そのような国際情勢にもかかわらず、日系二世世代を中心としたコーヒー農家や組合は、独自に欧米地域に「コナコーヒー」を売り込むべく品質向上を図り、州外への販路の拡大を試みた。

1980年代のスペシャルティコーヒー市場の台頭は、コナコーヒーのグローバルな生産・流通経路を持つ産業への発展に寄与した。その結果、コナコーヒー産業は再び活性化したが、産業内部の構造やコナ社会の構造はより複雑になっていった。19世紀末から日系移民とその子孫がほぼ独占的に行ってきたコーヒー栽培は、米国本土から移住してきた白人を中心に行われるようになった。そして、スペシャルティコーヒーとしてコナコーヒーを保護し、偽コナコーヒーを排除する活動が活発化した。このような新移住者のなかには、法律や農学に関する専門的知識や経歴を有していたため、彼らの知見がコナコーヒー産業の運営にも反映された。米国本土から広まったスペシャルティコーヒーの概念によって活性化したコナコーヒー産業は、同じく本土出身の新コーヒー農家によって、スペシャルティコーヒー化をめぐる問題への法的取り組みがなされた。

ただ、産地重視型となったスペシャルティコーヒーは、ハワイ産コーヒーを非常に小さな栽培地区の区分に基づき、差別化するという現象も生み出した。皮肉なことに、クヌッセンが提唱した、土地の風土や気候をコーヒーの品質や風味に結びつけ、小規模産地に目を向ける視点は現在では逆効果となり、ハワイ州内のコーヒーの優劣を生み出すこととなった。1960年代に日系二世世代が目指したコナコーヒーのグローバルな評判の獲得は達成したといえるが、その先には、コナコーヒーの信憑性やハワイ州産コーヒーの差別化をめぐる課題が待ち受けていた。それらの課題の根底にはコナコーヒーとは何か、というアイデンティティをめぐる問題が存在する。

注

(1)　"What's so special about Kona coffee?," *The Honolulu Advertiser*, 28 September 1972, E-4.

(2)　マイケル・ワイスマン著、旦部幸博（監修）・久保尚子訳『スペシャルティコーヒー物語——最高品質コーヒーを世界に広めた人々』（楽工社、2018年）、29頁。

(3)　赤松加寿江「序章　なぜテロワールなのか」赤松加寿江、中川理編『テロワール——ワインと茶をめぐる歴史・空間・流通』（昭和堂、2023年）、1頁。グアテマラのアンティグア、スマトラのマンデリン、セレベスのカロッシなどもスペシャルティコーヒー産地として注目されており、コナ同様、いずれも1,200～1,800メートルの高地で栽培されている。Stuart T. Nakamoto and John M. Halloran, "Final report: the markets and marketing issues of the Kona coffee industry," *Information Text Series 34 prepare for the State of Hawaii Department of Agriculture*, p.41.

(4)　赤松「序章」、1頁。

(5)　Gerald Kinro, *A cup of aloha: the Kona coffee epic* (Latitude Twenty Book, 2003), p. 91. また、コナのコーヒー精製業者や組合には、戦前からコナコーヒー産業の生産・販売を支配していた欧米系白人による経営のアメリカン・ファクター社やキャプテン・クック社、日系二世のコーヒー精製所経営者によって設立されたパシフィック・コーヒー組合やコナコーヒー組合が含まれていた。"Coffee association formed to sell, advertise product," *Honolulu Star-Bulletin*, 19 June 1961, 16A.

(6)　"Coffee association"; "Stockholders dissolve Kona coffee corporation," *Hilo Tribune-Herald*, 15 July 1961, 2; Lawrence H. Fucks, *Hawaii Pono: a social history* (A Harvest/HBJ Book, 1961), p. 428.

(7) "Researchers urge major T. H. Agencies overhaul," *Honolulu Star-Bulletin*, 12 February 1959, 1A.

(8) 日系議員には、有吉良一ジョージ (George Ryoichi Ariyoshi, 1926年生まれ、1974～1986年に第 3 代ハワイ州知事)、土井雅人 (Doi Masato, 1921-2013年)、原幾夫スタンレー (Stanley Ikuo Hara, 1923-2009年)、井上建ダニエル (Daniel Ken Inouye, 1924-2012年)、松永正幸スパーク (Spark Masayuki Matsunaga, 1916-1990年), 高橋栄 (Takahashi Sakae, 1919-2001年)、土井清ネルソン (Nelson Kiyoshi Doi, 1922-2015年) が含まれ、そのほとんどが第二次世界大戦中に米軍として従軍し、退役後、米国本土の大学で学び政治家となった日系二世であった。彼らは戦後のハワイ州の民主党政治を牽引することとなる (中嶋弓子『ハワイ・さまよえる楽園──民族と国家の衝突』第 2 版　東京書籍、1998年、216頁)。

(9) Fucks, *Hawaii Pono*, p. 336.

(10) Robert Johnson, "Governor asks legislature for cooperation," *The Honolulu Advertiser*, 28 February 1959, A-4.

(11) Hawaii State Archives, "Department of Business, Economic Development and Tourism 1987-1995," 2.

(12) James Mak, *Developing a dream destination: tourism and tourism policy planning in Hawai'i* (University of Hawai'i Press) 47.

(13) ジョナサン・オカムラ著、山田亨訳「観光立州」山本真鳥・山田亨編『ハワイを知るための60章』(明石書店、2013年)、227頁；Fucks, *Hawaii Pono*, p. 336.

(14) Fucks, *Hawaii Pono*, pp. 380-381.

(15)「ローカル産業援助の為コナ・コーヒーを飲もう──我々の成し得る唯一の道」『ハワイ報知』1960年 6 月13日、5面。

(16) John Iwane, "Kona is 'buyword' for coffee," *Hilo Tribune-Herald*, 28 January 1962, 10.

(17) "UE Council to Sponsor Coffee Recipe Contest," *Hilo Tribune-Herald*, 10 March 1961, 3; "Home economist honored," *Hilo Tribune-Herald*, 6 April 1961, 2.

(18) Iwane, "Kona is 'buyword'."

(19)「コナ・コーヒーの値段保護　要請決議案　署名されたが実現困難」『布哇タイムス』1959年5月19日、8面。

(20)「珈琲産業援助法案知事署名」『布哇タイムス』1961年 5 月19日、1面。

(21) "Hiram L. Fong Papers," *University of Hawai'i at Mānoa Library*, https://manoa.hawaii.edu/library/research/collections/archives/hawaii-congressional-papers-collection/hiram-l-fong-papers/.

(22) "Fong, long push bills for Kona coffee," *Honolulu Advertiser*, 10 September 1959, A-2.

(23) "Hawaiian coffee due army test," *The Salt Lake Tribune*, 25 June 1961, 4A.

(24) "Kona coffee ruled out for Army," *Hilo Tribune-Herald*, 11 May 1960, 8.

(25)「ハワイ州の農業擁護方法を　フォング上議員提示」『布哇タイムズ』1961年 8 月17日、2面。

(26) 小澤卓也『コーヒーのグローバル・ヒストリー──赤いダイヤか、黒い悪魔か』(ミネルヴァ書房、2010年)、248頁。

(27) 小澤『コーヒーのグローバル・ヒストリー』、248頁；Gavin Fridell, *Fair trade coffee: the prospects and pitfalls of market-driven social justice* (University of Toronto Press, 2007), p. 122. アジアとアフリカの割当はわずか35.3万袋 (1袋＝60キロ) であった (Fridell, *Fair trade coffee*, p. 122)。

(28) Fridell, *Fair trade coffee*, p. 122.

(29) Cheryl Payer, *Commodity trade of the Third World* (Macmillan, 1975), p. 159; M. Th. A. Pieterse and H.

J. Silvis, "The world coffee market and the International Coffee Agreement," *Wageningse economische studies*, vol. 9 (1988): 58–59.

(30) 小澤『コーヒーのグローバル・ヒストリー』、256頁；マーク・ペンダーグラスト著、樋口幸子訳『コーヒーの歴史』(河出書房、2002年)、336頁。

(31) ペンダーグラスト『コーヒーの歴史』、337頁。

(32) "Coffee agreement would stabilize prices," *Hilo Tribune-Herald*, 24 May 1963, 4.

(33) "Coffee agreement."

(34) Iwane, "Kona is 'buyword'."

(35) 『実業之布哇』1936年12月号、98頁：William Roseberry, "The rise of yuppie coffees and the reimagination of class in the United States," *American Anthropologist*, 98–4 (December 1996): 764. また、1923年ホノルル日本総領事館により外務省へ提出された報告書によると、収穫、乾燥されたハマクア産コーヒーは「コナに運搬」され、「コナ珈琲」として市場に出ていたという。在ホノルル領事山崎馨一「5　コーヒー」(農産物関係　雑件／雑之部、1923年12月15日) 外務省外交史料館所蔵 (レファレンスコードB11091269800)、72頁。

(36) 『実業之布哇』1936年12月号、98頁。

(37) 『実業之布哇』1935年2月号、21頁；Ancestry.com.

(38) 『実業之布哇』1934年10月号、8頁。

(39) 『実業之布哇』1935年2月号、21頁。

(40) 『実業之布哇』1934年10月号、8頁。

(41) 「コナ珈琲輸出額に就いて」『実業之布哇』1929年7月1日号、50頁。

(42) 「同胞家庭の主婦方の為めに」『実業之布哇』1941年10月号、52頁。

(43) 1963年に、中央太平洋コナ珈琲製造所は真空缶入りのコーヒーの発売を開始し、日本へのお土産物としてさらに宣伝を行っていた (「ミド・パシフィック　コナコーヒー真空缶入りを発売」『布哇タイムス』1963年1月1日、9面)。

(44) James Hamasaki, "Project improves Kona coffee quality," *Hilo Tribune-Herald*, 6 November 1963, 8; "Sample shipment of Kona coffee sent to Germany," *Hilo Tribune-Herald*, 10 October 1960, 1; University of Hawaii, "Summer session catalogue, 1962" (University of Hawaii), p. 11, https://evols.library.manoa.hawaii.edu/server/api/core/bitstreams/be79cc62-9046-4605-95ea-ffc584e9b79c/content. (最終アクセス2024年8月15日)

(45) "Specialist to talk on possibility of selling Kona coffee in Germany," *Hilo Tribune-Herald*, 5 October 1960, 6.

(46) ペンダーグラスト『コーヒーの歴史』、330–331頁。

(47) "Specialist to talk"; "Sample shipment of kona coffee went to germany," *Hilo Tribune-Herald*, 10 October 1960, 1.

(48) Teresa Da Silva Lopes, *Global brands: the evolution of multinationals in alcoholic beverages* (Cambridge University Press, 2007), p. 5.

(49) "Kona coffee industry will set higher standards and promote," *Hilo Tribune-Herald*, 2 April 1963, 2; "Coffee agreement."

(50) "Kona coffee industry"; "Coffee agreement."

(51) 米国への販路拡大のもう一つの試みが、コナコーヒーのインスタントコーヒーの製造・販売であった。ホノルルを拠点とするキャスウェル・フーズ社によって製造されたインスタンコーヒーは、コナコーヒーをブレンドせずに売ったが、その質はコナコーヒーを「特別な品」として味わってもらうには程遠かった。“Kona coffee perking up,” *Honolulu Star-Bulletin*, 24 February 1970, A-19.

(52) “Kona coffee perking up.”

(53) Marcie Harrison, “When coffee was sold door to door,” *Classic Chicago Magazine*, 18 June 2022.

(54) Harrison, “When coffee was sold.”

(55) Harrison, “When coffee was sold.”

(56) “Kona coffee industry moves into ‘New Age’,” *Hawaii Tribune Herald*, 19 July 1970, 18.

(57) “Burns declares this as Kona Coffee Week,” *Hawaii Tribune-Herald*, 9 August 1970, 18.

(58) 1971年の第1回フェスティバルは11月11日から3日間に渡り開催され、観光客用にコーヒー農園ツアー、美術展、「美人」コンテストが開催され、最終日のランターン・パレードでは様々なエスニック集団の舞踊が披露された。フェスティバルの開催によって、コナはよりコーヒー産地としてのアイデンティティが形成され、観光客向けの農園ツアーが始まり、カフェや宿も建設された（“Parade to open Coffee Festival,” *Hawaii Tribune-Herald*, 4 November 1971, 12）。

(59) *Honolulu Star-Bulletin*, 12 November 1970, A-16.

(60) “Restaurant chain puts Kona coffee on menu,” *The Sunday Star-Bulletin & Advertiser*, 11 October 1979, D-4.

(61) Roseberry, “The rise of yuppie coffees,” 764.

(62) ワイスマン『スペシャルティコーヒー物語』、27-28頁。

(63) Roseberry, “The rise of yuppie coffees,” 766.

(64) Andrea Tunarosa, “On solid grounds: dynamic emplacement of category construction in US specialty coffee, 1974-2016,” *Strategic Organization*, vol. 21, no. 1 (2023): 57.

(65) ワイスマン『スペシャルティコーヒー物語』、29頁。

(66) Mike Ferguson, “Erna Knutsen 1921-2018.” *COVOYA KNOWS*, https://www.covoyacoffee.com/blog/erna-knutsen.html.（最終アクセス2024年11月23日）

(67) 小澤『コーヒーのグローバル・ヒストリー』、262頁。

(68) Roseberry, “The rise of yuppie coffees,” 765.

(69) Roseberry, “The rise of yuppie coffees,” 765.

(70) Roseberry, “The rise of yuppie coffees,” 765.

(71) “Kona coffee industry will set higher standards and promote,” *Hilo Tribune-Herald*, 2 April 1963, 2.

(72) “Quality control major problem for Kona coffee,” *The Honolulu Advertiser*, 26 September 1961, 3.

(73) “Quality control major problem,” 4. 1950年代末にコナコーヒー農家に提案されたボーモント＝フクナガ方式（第5章）は、この頃まだ普及していなかった。

(74) “Farmers back Kona coffee grading plan,” *Hawaii Tribune Herald*, 10 January 1961, 7.

(75) James Hamasaki, “Inspection project improves Kona coffee quality,” *Hawaii Tribune-Herald*, 6 November 1963, 8.

(76) Hamasaki, “Inspection project,” 8. 久永は、1978年、野菜・果物の等級制度の導入に尽力したとして、「最優秀州政府雇員」として有良知事により表彰された。表彰状には、「フランク久永氏は、農作物の質向上に効果的な努力を捧げた。殊に、1960年代、困窮に陥ったコナコーヒーの質向上に貢献するところが頗る大きかった氏の貢献によりコナコーヒー産業は復興の道を開いて行った。氏は長い間多くのタイムを犠牲的に払ってコーヒーの質改善、市場出荷に盡力し、一時絶望的に見られたコーヒー産業を頗る有利な輸出産業に転換した」と記され、コナコーヒー産業への貢献が述べられた。「今年の最優秀州政府雇員　農業発展に貢献絶大　フランク　H. 久永氏を表彰」『布哇タイムス』1978年 8 月28日、3面。

(77)　"Kona coffee quality plan in effect," *The Honolulu Advertiser*, 6 May 1964, 2; "Kona Coffee Association gives seal of approval," *The Sunday Star-Bulletin & Advertiser*, D-19.

(78)　"Campaign to promote quality of Kona coffee," *Hawaii Tribune-Herald*, 5 May 1964, 1; "Kona coffee puts accent on quality," *Honolulu Star Bulletin*, 6 May 1964, 20.

(79)　Hawaii State Department of Agriculture and County of Hawai'i, *A report on the coffee industry of Hawaii* (Honolulu, 1974), pp. 8–9.

(80)　Shree Chase, *The Kona coffee coop: a social history* (Senior Thesis, University of Hawaii at Hilo, 1990), p. 41.

(81)　"Business is perking for Hawaiian growers," *The Palm Beach Post*, 28 January 1985, 32.

(82)　Nakamoto and Halloran, "Final report," iii.

(83)　Nakamoto and Halloran, "Final report," 5.

(84)　Hawaii Agricultural Service, *Statistics of Hawaii agriculture* (Honolulu, 1985), p. 31; Hawaii Agricultural Service, *Statistics of Hawaii agriculture* (Honolulu, 1985), p. 36.

(85)　Nakamoto and Halloran, "Final report," 19.

(86)　Carol Rasmussen, "Watch for blends that have only a touch of Kona," *Chicago Tribune*, 17 March 1983, Section 7-1, 16.

(87)　Carol Rasmussen, "Coffee freshness is the key to the perfect cup," *The San Francisco Examiner*, 6 April 1983, Section E, 1-2; "Don't get roasted with good coffee," *Fourth Worth Star-Telegram*, 24 March 1983, 1B-3B; "Coffees: a guide to the good ones if you don't know beans," *The Boston Globe*, 13 April 1983, S-35; "No beans about it," *The State Magazine*, 10 July 1983, 14–15; "A coffee by any other name may not be real Java," *The Wichita Eagle-Beacon*, 23 March 1983, 3-B; "Whole-bean coffee perks up the market," *Daily News*, 30 May 1983, 28.

(88)　Nakamoto and Halloran, "Final Report," 41.

(89)　Kinro, *A cup of aloha*, pp. 103–104. コーヒー生産・加工業者にはキャプテン・クック社、ルースター農園、スガイ社、また後に事件を起こすこととなるコナ・カイ農園の経営者が役員として加わっていた（Robert Regli and Michael Norton, "Kona Kai Farms Position Paper: the status of the Kona coffee industry," *Kona Coffee Farmers' Association*, 7 November 1991, 5, https://konacoffeefarmers.org/wp-content/uploads/2013/07/konakai.position.paper_.1991.pdf. 最終アクセス2024年10月15日）。

(90)　カーは1988年頃に亡くなってしまう（Reed Flickinger, "Kona coffee producers mull future," *Hawaii Tribune-Herald*, 30 October 1988, 41）。

(91)　"Coburn Jins Malama," *Hawaii Tribune-Herald*, 16 March 1989, 5; "Janet Coburn helps Kona coffee prosper," *Hawaii Tribune-Herald*, 5 April 1987, 24.

(92)　"Kona coffee design content set," *Hawaii Tribune-Herald*, 27 May 1988, 8.

(93)　"Kona Coffee Council shuts doors on Kealakekua Office," *Hawaii Tribune-Herald*, 8 November 1988, 1.

(94)　"Big Island Report," *Hawaii Tribune-Herald*, 6 January 1992, 8.

(95)　Flickinger, "Kona coffee producers mull future," *Hawaii Tribune-Herald*, 30 October 1988, 41.

(96)　"Coffee: indictment of coffee distributor a 'wake-up call,'" *Hawaii-Tribune Herald*, 13 November 1996, 1.

(97) Harold Morse, "Big isle growers file lawsuit alleging kona coffee fraud," *Honolulu Star-Bulletin*, 10 January 1997, A-3.

(98) "Coffee: indictment," 1.

(99) 提訴されたコーヒー販売業者のなかには、ネスレ、コストコ、スターバックス・コーヒーなどの大手業者も含まれていた（"Kona coffee lawssuit settled," *The Honolulu Advertiser*, 30 September 1999, 1, 10.)。

(100) ハワイ州農務省にコナコーヒーとして認められるのは、5階級——エクストラ・ファンシー（Extra Fancy, 最上級)、ファンシー、ナンバー・ワン（No. 1)、プライム（Prime), セレクト（Select）のみである。この等級はコーヒー豆のサイズ、形、欠陥率、水分含有率などによって決められており、5等級以下のコーヒー豆（ナンバー・スリーやオフ・グレード）はコナコーヒーとしては認められない（Hawaii Department of Agriculture, "A Hawaii Administrative Rules," 143/11–15, https://hdoa.hawaii.gov/wp-content/uploads/2012/12/AR-143.pdf.最終アクセス2024年8月15日)。

(101) "Local programs protect Kona name," *Hawaii-Tribune Herald*, 15 September 1996, 1. また、コナコーヒー農業者組合（KCFA）も独自の100%コナコーヒー認証シールを発行している。

(102) Arlene Stephl, "The unusual history of Kona coffee," *Honolulu Star-Bulletin*, 25 October 1989, A-7.

(103) Lauren Rosenblatt, "Retailers settle with Hawaii farmers in fake coffee," 25 February 2022, B-6.

(104) Chelsea Jensen, "Kona coffee labeling settlements top $15.25 M," *Hawaii Tribune-Herald*, 22 February 2022, A-5; Virginia Hughes, "How coffee farmers in Hawaii fought counterfeit Kona beans," *New York Times*, 18 January 2024. ジェームズ・エレリンガーは、焙煎豆の成分からコーヒー産地を見分ける方法に関する共著論文を2020年に発表している（Nicholas Q. Bitter, Diego P. Fernandez, Avery W. Driscoll, John D. Howa, James R. Ehleringer, "Distinguishing the region-of-origin of roasted coffee beans with trace element ratios," *Food chemistry*, vol. 320 (August 2020))。

(105) "About," *Rancho Aloha*, https://ranchoaloha.com/pages/about-our-farm-1.

(106) Hughes, "How coffee farmers in Hawaii."

(107) "Colehour Bondera," *USDA Agricultural Marketing Service*, https://www.ams.usda.gov/rules-regulations/organic/nosb/current-members/colehour-bondera.（最終アクセス2024年2月14日）

(108) Hughes, "How coffee farmers in Hawaii."

(109) カウアイ島やマウイ島では農園数が少なく、農家の特定を防ぐため、それまでの島・地区別の統計記載はなくなった（Hawaii Agricultural Service, *Statistics of Hawaii agriculture 2010* (Honolulu, 2011), p. 20)。

(110) Hawaii Agricultural Service, *Statistics of Hawaii agriculture 2005* (Honolulu, 2006), p. 20; Hawaii Agricultural Service, *Statistics of Hawaii agriculture 2010* (Honolulu, 2011), p. 20. また、2009–2010年度より島別のコーヒー統計はハワイ農業統計情報には記載されず、ハワイ全体の産出量や値段のみが公開されることとなった。Hawaii Agricultural Service, *Statistics of Hawaii agriculture 2010* (Honolulu, 2011), p. 20.

(111) "Coffee farm starts on Kauai," *Hawaii Tribune-Herald*, 13 August 1987, 18.

(112) "Sate oks coffee standards," *Hawaii Tribune-Herald*, 23 September 1991, 3.

(113) "Kauai coffee," *Hawaii Coffee Association*, https://hawaiicoffeeassoc.org/Kauai.（最終アクセス2024年2月14日）

(114) 筆者によるハワイ島の小売店での調べ。

(115) "Ka'u coffee hits the Big Time," *West Hawaii Today*, October 2011, 1A, 5A.

(116) "Hawaii Ka'u coffee," *Starbuck's Reserve*, https://www.starbucksreserve.com/coffee/hawaii-kau.（最終アクセス2024年２月14日）

(117) Hawaii Agricultural Service, *Statistics of Hawaii agriculture 2005*, p. 20; *Statistics of Hawaii agriculture 2010*, p. 20.

終章　太平洋史の結節点としてのコナ

本書の原点は、2006年に提出した博士論文にある。ハワイ島コナの日系移民史としてスタートした研究であったが、2011年に『移民研究』に投稿した論文「戦前日本人コーヒー栽培者のグローバル・ヒストリー」の調査時に、大きなグローバル・ヒストリー的転回（global historical turn）を経験した[1]。その論文では、1920年代半ばから1940年代初頭にかけてのコナ日系移民による南洋群島でのコーヒー栽培、その後の台湾への栽培拡大について論じ、コナコーヒーをめぐる日米帝国間越境史を描き出した（第4章、補論を参照）。調査過程で従来のコーヒーのグローバル・ヒストリー研究において周縁化されてきたハワイ島コナを物語の中心に据え、そこから浮かび上がる複数の越境的移動とそれらの相互作用が生み出すダイナミズムを描く面白さを体感した。そこで、本書では対象とする時代や移動をさらに広げ、1820年代から現在にいたるコナコーヒーのグローバル・ヒストリーを描き出すことを目指した。

まず、本書の序章で提示した「コナコーヒーとは何か」という問いは、現在の産地重視型のコーヒーの評価によって失われてしまったが、コナが歴史的に経験してきたグローバルな移動（＝没背景）を浮き彫りにするために設定した。ただ、その没背景化の要因は、産地重視の傾向に起因するだけではなく、戦前のコナに対する「日本村」という学術的、社会的認識の形成（第4章）や、コーヒーをめぐるグローバル・ヒストリー研究における太平洋地域の周縁化（序章）も関わっていたといえる。ここでは本書を締めくくるあたり、浮かび上がってきた没背景について、多方向的移動、植民地主義、人種主義の観点からまとめていきたい。

1　多方向的移動

本書は、国際移動やグローバル・ヒストリーをめぐる既存の研究では別々に議論される傾向にあった人間と非人間（コーヒーとそれに関連するモノ・概念など）を、太平洋空間の移動主体として同時に検討してきた。その検討を通じて明らかになったことの一つは、人の介在なしにコーヒーが移植、栽培されることはなく、またコーヒーの存在なしに人びとがコナで生活を営むことがない点である。それは、人とコーヒーとの相補的関係がコナコーヒー産業を成立、発展、維持させてきたということである。コナコーヒーに関わってきた人びとは、1820年代の英国植物学者、米国宣教師及び欧米系白人入植者、19世紀半ば以降の日系移民を中心としたアジア系移民労働者（その他、中国系やフィリピン系）、1970年代以降の欧米系白人移住者、1990年代以降のラテン系移民労働者などの外部からの入植・移民集団であり、産業はそれらの人びとの移動の連鎖によって支えられてきた。加えて、コナを起点とした移動も見られた。戦前のコナ日系移民は南洋群島でのコーヒー栽培を始めることで、日本帝国植民地のコーヒー産業拡大を後押しし、1950年代でコナで開発された煎定方法（B-Fシステム）はラテンアメリカ地域に普及していった。このように、本書では日欧米地域やラテンアメリカ地域からコナ、コナからアジアの亜熱帯地域（南洋群島や台湾）やラテンアメリカ地域へと、コナが200年にわたり、太平洋空間の多方向的移動の結節点となったことが浮き彫りとなった。

2　植民地主義

しかし、これらの移動は目的地への到着が終わりではなく、そこへの定着過程でより大きな影響力を発揮してきた。なかでも、地域間や集団間の支配構造を作り出した多様な植民地主義の展開である。ドイツの歴史学者ユルゲン・オースタハメル（Jürgen Osterhammel）は植民地主義を「一つの社会全体から自主的に歴史を発展させる可能性を奪い、その社会を〈他者の支配下〉において、支配側の主として経済的な需要と利益にかなうように、方向転換を強いるもの」と定義した[(2)]。その好例として、1850年代のハワイ王国の農業振興政策によるコーヒー栽培が挙げられよう（第2章）。米国西海岸向けの商業栽培用の農園開拓によって、宣教師を含む欧米系白人入植者たちはヨーロッパ式の農業協会の設立や土地制度の導入を積極的に実施していった。これらの一連の農業振興政策は、二つの点において、ハワイ王国をグローバルな潮流に引き込んだ。一つは、すでに国際的商品作物となっていたコーヒーやサトウキビ栽培がハワイの基幹産業となり、米国西海岸部の市場に依存した、グローバルな資本主義経済圏に組み込まれるようになったことである。さらに、コーヒーは、ブラジル産コーヒーを基準とした世界価格に左右され、グローバルな市場の影響を受けるようになった。もう一つは、土地制度改革によってハワイ先住民の土地が奪われ、その地に欧米系白人主導によるモノカルチャー経済が確立することで、「植民地なき植民地」化が進行したことである[(3)]。それは、特定の帝国の支配下に収まるのではなく、在ハワイの欧米系白人入植者たちによる「内からの植民地化」の実践であった（第3章）。よって、コーヒー栽培史に照らし合わせると、ハワイ諸島が準州として実質的な米国「植民地」となるのは1898年だが、すでに19世紀期半ばから「他者（＝欧米系白人）」によってハワイ王国や先住民の政治的、経済的、歴史的自主性が剥奪され、植民地化が始まっていた。そして、コーヒー栽培自体が、先住民から土地を奪取し、欧米系白人による経済活動を支えたという点において、植民地主義を実践する手段となっていったのである。

ただ、1850年以前に栽培されていたコーヒーが、植民地主義的な影響力を有していなかったわけではない。第1章でみたように、ハワイ諸島へのコーヒーの移植は、自らを文明化された存在だと自負する欧米帝国出身者の太平洋地域に対する眼差しの反映であり、また、文明化の実践でもあった。18世紀末に英国人クックによって「発見」されたばかりの太平洋地域は、英国の植物学者や園芸家にとって、未知の植物を収集できる生態系の宝庫であった。1825年にオアフ島に移植されたコーヒーの苗は、ロンドンからハワイへの航海の寄港地ブラジルで積み込まれたものであったが、世界中の植物の収集を熱心に行っていた英帝国の植物帝国主義の潮流が深く関係していた。また、ハワイ諸島内のコーヒー苗の移植においては米国宣教師（アメリカン・ボード）が介在しており、その背景には、農業の促進により勤勉性や規則性を重視した生活様式を定着させることで、ハワイ先住民の文明化を図る意図が絡んでいた。よって、コーヒー苗の移植の間接的背景には、欧米帝国からの入植者や宣教師らが文明化という名のもと行った、ハワイ王国の生態系、土地制度、生活空間や経済構造の変容を正当化する植民地主義的思想が存在していた。

さらに、コーヒー栽培を通じたより直接的な植民地主義は、1920年代のコナ日系移民や元ハワイ日系移民からも垣間見ることができる（第4章）。ハワイにおける日系移民は非白人移民集団として、そのほとんどが労働者階級に属していたが、南洋群島や台湾でのコーヒー農園建設と経営を通じて、コナ日系移民は日本帝国の入植者・投資家としての立場を獲得し、植民地経済を支える一助となった。そのことは、ハワイに移住した日系移民が、米国準州の移民と日本帝国植民地の入植者としての、支配者・被支配者の二つの立場を同時に経験していたことを示す。加えて、ハワイのアジア系入植者植民地主義の視点を加えるのであれば、コナ日系「移民」はもともとハワイ先住民の生活空間に「日本村」を作り、コーヒーの商業的栽培によって生計を立てていたという点は入植者としての立場も有していた。よって、コナ日系移民の立場から浮き彫りとなる植民地主義は、コーヒーが栽培された地政学的空間、移民が置かれた法的環境や人種関係、栽培地の土地所有をめぐる先住民との関係によって、同時進行的に複数の状況と地域で発揮されたのである。

3　人種主義

長期間にわたり外部からの人びとの移住、定住を経験してきたコナコーヒー社会や産業に、植民地主義と同様に大きな影響を与えたのが、人種主義の生成と変容である。フランスのラテンアメリカ研究者オレリア・ミシェル（Aurlélia Michel）は、『黒人と白人の世界史――「人種」はいかに作られたか』において、人種主義は近代大西洋経済圏の発展に伴う、ヨーロッパ人による米大陸の植民地化と奴隷制の導入の過程で作られたと論じる。続けて、奴隷制廃止後は「人びとを分断する新たな機能として再活性化した」とした[4]。ミシェルが提示する人種の世界史は、黒人と白人以外の人びとを排除している点、大西洋空間を中心とした世界史を展開している点において、より複雑な人種／エスニック構成を持つ太平洋地域の人種主義を検討するには単純化された叙述といえよう。コナが経験した／している人種主義は欧米系白人をトップとし、非白人の労働移民が従属的立場に置かれ、排除の対象となっていることは否めない。その意味で、大西洋型の人種主義の空間的連続性が見られるが、非白人人口が複数の人種／エスニック集団から構成されてきたハワイ諸島では、支配者＝非支配者の関係は白人対非白人といったように、必ずしも固定化されたものではなかった。たとえば、1893年、米国宣教師二世を中心に計画されたクーデターにより成立したハワイ共和国では、島内の「白人化」政策が実施された（第3章）。将来的な米国併合を目指した共和国政府は、サトウキビ農園労働者として大量に誘致され定住化しつつあったアジア系移民の割合を少なくするため、ポルトガルや米国本土からの農民層のコーヒー農園への入植を推奨し、白人優位の人口構造を確立しようとした。ところが、同じ頃、サトウキビ農園から逃亡する日系移民が増えており、そのような逃亡移民は共和国による白人化計画を阻む存在として国際問題化していた。一方で逃亡移民にとって、コナでのコーヒー栽培はサトウキビ農園の人種主義的待遇からの脱却であり、抵抗でもあった。よって、日系移民は異なる人種秩序を持つ社会を求めて、サトウキビ農園からコナへの島内移動を果たした。そして、彼らはコーヒー産業の振興政策を支える存在となった。

戦前、コナコーヒー産業は逃亡移民を含む日系移民を積極的に受け入れてきたとはいえ、欧米系白人が所有するコーヒー生産・加工会社（兼土地管理会社）が彼らの収穫したコーヒーの実や借地の管理を行っていたため、経済面において従属的立場にあった。しかし、1950年代に入り、日系二世世代はハワイ大学農業普及事業課との協働において、栽培技術の改良や農業組合の組織化を実施することで、産業の中心的役割を担っていった（第5章）。このような二世世代の躍進は、ハワイ立州前後の日系二世政治家の台頭と同時期に起こり、それはハワイ全体における欧米系白人をトップとした人種秩序の転換がコナでも起こったことの現れといえよう。ところが、コナ日系人に関しては、後継者不足やコーヒー価格下落などにより、1970年代よりその影響力が縮小していく。加えて、1970年末のコナコーヒーのスペシャルティコーヒー化により、日米企業や米国本土から白人栽培者が流入し、コナコーヒー産業の人口・社会構造が大きく変化していった。そこには、戦前のような支配＝従属関係を色濃く反映した人種主義はないが、個人農園を経営する資金力を有した高学歴の白人農家と、家族代々の農園を引き継ぎつつコーヒーを副業として栽培する日系農家といった、学歴、経済、人種／エスニック的背景による分断が見られた。さらに、近年のコナコーヒーの信憑性や商品名保護のための裁判や法律制定に対して主導権を握ってきたのは白人コーヒー栽培者であり、日系農家が積極的に関わることはほとんどない。このように、20世紀末のコナコーヒー産業では日系や白人農家がともに栽培者として従事する傍ら、人種／エスニック集団によって栽培に対する姿勢や関わり方の違いが顕著化した。

新しい移民集団であるにもかかわらず、米国本土からのコーヒー農家が短期間でコナコーヒー産業を担うまでになったのに対し、ラテン系移民が経験してきたコナの人種主義は全く異なるものだった（第5章）。1990年代から収穫労働者として誘致されたラテン系移民は産業を支える新たな労働力として期待されつつも、その多くが季節労働者として米国中をまわり就業しているため定住していないことや、1990年代の非合法移民及び麻薬ディーラーの一斉検挙によって、社会的偏見や差別を受けてきた。少数ながらも最近ではラテン系移民によるエステート・コーヒー農園も開設されているが、白人農家のように産業内において影響力があるわけでもなく、日系農家のように長くコナに在住しているわけでもないため、その存在は不可視化される傾向にある。このようなラテン系移民を取り巻く状況は、コナにおける人種主義が、エスニックな背景と移民集団のコナでの在住期間によって決定されていることを示す。特に、非白人の移民集団間の関係は、ハワイに移住した時期、もしくはいかに長くハワイに定住しているか、によって左右され、新たな移民集団が加わることで先住の移民集団の社会的地位が上昇していく現象が反映されている。これは、サトウキビ農園が新たな労働移民集団に対して、古参の集団よりも安い賃金を払うことにより、人種主義を保っていた名残りであるともいえる。

4　「没背景」から浮かび上がるグローバル化の落とし穴

本書はコナコーヒーという商品名によって没背景化された多方向性移動、蓄積される植民地的権力、変化する人種主義を浮き彫りにし、コナコーヒー産業がグローバルかつ重層的移動の影響を受けながら発展してきたことを明らかにした。コナが経験した歴史的なグローバルなつながりは、リン・ハントが『グローバル化時代の歴史学』でグローバル化を定義したように「世界がより相互に結合して相互に依存していく過程」を辿り、ディペシュ・チャクラバルティ（Dipesh Chakrabarty）が言う「ものごとがどんどん地球規模でつながっていく物語」の一部である[5]。しかし、世界規模での結合や連携が、いとも簡単に断ち切られしまう現実も忘れてはならない。最後に、グローバルな連携が切り離されていく状況を、時間的乖離、空間的乖離、そしてリアリティとの乖離からみていきたい。

以下の抜粋は、1933年、日本の婦人向け雑誌『主婦之友』（5月号）に掲載されたブラジル産コーヒーの広告文である。

> ブラジルに移住して働く約20万人の日本人が名実ともに世界一のブラジル珈琲の栽培生産に従事しています。遠く、海を越えた友邦の天地で、同胞が培い造るブラジル珈琲、朝に夕に、その友を懐い、その醍醐味を満喫しようではないか[(6)]。

コナよりもはるかに大規模に、多くの日系移民を誘致しコーヒー栽培を行っていた戦前のブラジルは、アジア市場の開拓のため、東京に開設したブラジル珈琲宣伝部を通じて、このような広告を雑誌や新聞に掲載した。同時期、ハワイでは日系社会を中心に、コナコーヒーの作り手としての日系移民が強調され、日本への土産品として宣伝された。加えて、南洋群島や台湾で栽培されたコーヒーは、地理の教科書や入植案内などでも「国産コーヒー」として紹介されており、少なくとも、戦前、コーヒーは日本の消費者と海外同胞の栽培者を物理的にも、精神的にも繋いでいた。しかし、日本帝国が崩壊し、戦前の海外移民の歴史が忘却されていく過程において、日本と日系ディアスポラのコーヒー・ネットワークは断ち切れてしまった。

歴史的忘却（あるいは、時間的乖離）に限らず、現代社会における消費者と栽培者の距離はさらに広まりつつあるかもしれない。第6章でみたように、栽培者を悩ます偽コナコーヒーやブレンド商品をめぐる問題は、消費者に伝わることはない。ハワイでコナコーヒーを購入する観光客でさえも、10%しかコナコーヒーを含まないブレンド商品を100%コナコーヒーと思い、その違いに気づかず購入しているケースも多々ある。コナコーヒーの商品と評価がグローバル化したとはいえ、栽培者が経験している産地と、消費者が商品から理解し、想像する産地には大きな空間的乖離が存在する。

このような空間的乖離は、消費者が持つ産地コナへのファンタジーによっても、さらに広がる。2023年に勤務先の大学でコナコーヒーに関する講義を行った際、学生の約3分の1（150名中）が、コナコーヒーはハワイ先住民が作っていないことにまず驚いたという反応を示した。実際、コナで個人農園の名称をみてもアロハ（aloha）、オノウリ（onouli）、オハナ（'ohana）などのハワイ語を含むものも多く、コナコーヒーに「ハワイらしさ」を加え、消費者のファンタジーを駆り立てるような商品名も少なくない。このように産地、農園、商品の名称が消費者に抱かせるファンタジーは、コナコーヒー農園開発のために土地を追いやられたハワイ先住民、コナコーヒーを栽培してきた多くの移民たちが培ってきた経験と歴史というリアリティに対する消費者の想像力を断ち切ってしまっている。

さらに、序章で取り上げたHB 2298法案において、ハワイ州は、2027年7月1日から、ハワイ産コーヒーと、ハワイで加工されたブレンドコーヒーやインスタントコーヒーに対し、ハワイ産コーヒーを51％以上含むことを義務付けることを決定した。「消費者保護」の観点から議論されてきたこの法案は、コーヒーを飲む側にとっては産地の信憑性を保証する安心材料となるかもしれないが、産地（ローカル）―信憑性―コーヒーの価値を結びつける傾向をさらに強化しかねない。このようにローカルな商品や産業がグローバルな評価や消費者を獲得し、産地の知名度を上げることは、カマンベールチーズ、コーベビーフ（神戸牛）、アイダホポテトなどにも見られるように、食の分野では世界的現象となっている。しかし、このような商品は、産地名称というベールによって不可視化された人びとと社会によって作られている。また、19世紀末から移民労働者なくしては成立しなかったコナコーヒー産業同様、海を越えてやって来る移民の存在なくして支えられない農産業や食品産業は、日本社会や世界に多々存在する。私たちが日常的に何気なく口にする商品を生み出す産地の人びと社会にじっくりと向き合うと、そこには多様な移動主体、そして移動によって繋がる地域が浮き彫りとなり、消費者と生産者という分断から何らかのつながりが見えてくるかもしれない。さらに、産地への深い興味や理解は、消費者の立場からは察知できないローカルな課題や、特定の属性によって排除されてきた人びとの生き様を浮き彫りにするだけではなく、私たちの生活がそのような人びとの歴史や営みと全く無関係ではないことを知らせてくれる。本書が、商品名やイメージによって創出されたファンタジーから脱却し、少しでも、産地の人びと、社会、生態系のリアリティを投影したグローバル・ヒストリーとなっていれば幸いである。

注

(1) 飯島真里子「戦前日本人コーヒー栽培者のグローバル・ヒストリー」『移民研究』7号(2011年):1–24.

(2) ユルゲン・オースタハメル著、石井良訳『植民地主義とは何か』(論創社、2005年)、34頁。

(3) オースタハメル『植民地主義』、38頁。

(4) オレリア・ミシェル著、児玉しおり訳『黒人と白人の世界史——「人種」はいかに作られたか』(明石書店、2021年)、25–27頁。

(5) リン・ハント著、長谷川貴彦訳『グローバル時代の歴史学』(岩波書店、2016年)、56頁;ディペシュ・チャクラバルティ著、早川健治訳『人新世の人間の条件』(晶文社、2023年)、6頁。

(6) 飯島「戦前日本人コーヒー栽培者のグローバル・ヒストリー」。また、ブラジルの日系コーヒー栽培者の歴史についても、本論文を参照のこと。

本書関連略年表

帝国・王国・国家に関する事柄	コーヒー・人の移動に関する事柄
	400-1100頃　南太平洋からポリネシア人が移動
1758　カメハメハがハワイ島ノースコハラで誕生	1778　3回目の航海で英国航海者クックがハワイ諸島に来島
	1779　クックがハワイ島ケアラケクア湾で殺害される
1782　カメハメハによるハワイ諸島統一の鍵となるモクオハイの戦いがコナで勃発	
	1794　英国航海者バンクーバーがハワイ島コナ・ケアラケクア湾に上陸し家畜を持ち込み、さらにオレンジやレモンを移植
ハワイ王国	
1810　カメハメハ一世によるハワイ王国の建国 米国マサチューセッツ州でアメリカン・ボードが結成	1813 or 1817　スペイン人デ・パウラ・マリンがオアフ島にコーヒーを移植
1819　カメハメハ一世死去、カメハメハ二世が即位	
	1820　アメリカン・ボードによるハワイでの布教活動開始
1823　カメハメハ二世一行が英国へ出港	1823　アメリカン・ボード第2団がハワイに到着
1824　カメハメハ二世夫妻がロンドンで死去	
1825　カメハメハ三世が即位	1825　英国船ブロンド号によってブラジルから運ばれたコーヒーがオアフ島に移植
	1828　米国宣教師ラグルスがコナにコーヒーを移植
	1835　米国人ラッドらによるカウアイ島コロアでのコーヒーとサトウキビの商業的栽培の開始
1839　ハワイ王国内のカトリック信者に対する迫害阻止のためフランスによる軍事介入（ラプラス事件）	
1840　ハワイ王国初の憲法発布、税制度導入	
1843　英国・フランス、ハワイ王国を独立国家として承認（11月28日：ハワイ独立記念日）	

1848　ハワイ土地法の制定（先住民の土地の個人所有始まる） 米国カリフォルニア州でゴールド・ラッシュ	
1850　ハワイ王立農業協会の設立、クレアナ法の成立（ハワイでの外国人の土地所有認可）、主人と召使法制定（契約労働が合法化する） カリフォルニア、米国に編入	1850頃　白人入植者たちによるコナでのコーヒー栽培の開始 1852　中国からサトウキビ農園労働者の移民開始
1854　カメハメハ四世が即位	1866　トゥエインが米国紙の連載記事でコナコーヒーを絶賛
1868　日本で明治政府が成立	1868　日本からサトウキビ農園労働者（元年者）の移民開始
	1873　英国人グリーンウェルがウィーン万博にコナコーヒーを出品し、高評価を獲得
1876　米国との互恵条約締結によりハワイ産砂糖の課税が撤廃され、製糖業が急成長	
	1878　ポルトガルからハワイへの移民開始
1882　ハワイ・サトウキビ農園主による労働力供給会社の設立、米国で中国人排斥法制定	
1885　ハワイ砂糖農園主協会の結成	1885　ハワイ王国と日本政府の合意により、サトウキビ農園労働者としての日系移民（官約移民）開始
1887　ハワイ在住白人の圧力により新憲法（銃剣憲法）発布、互恵条約の更新により米国に真珠湾の独占使用権付与	
1888　ハワイ法案77「コーヒー栽培を奨励する法案」をめぐる王党派と改革派の抗争勃発	1888　コナにハワイ・コーヒー農園会社が設立
1890　米国でマッキンリー関税法が成立（ハワイ産砂糖への課税開始）	1890年代　コナコーヒー産業の繁栄により日系移民労働者が流入
1891　カラカウア王の死去により妹のリリウオカラニが女王として即位	1892　グアテマラからコーヒー苗が移植され、コナコーヒーの主流品種として拡大
ハワイ共和国	
1894　ハワイ在住白人のクーデターによりハワイ共和国が樹立 米国でウィルソン＝ゴーマン関税法	1894　日本の移民斡旋会社による労働移民（私約移民）の開始

の導入により、互恵条約が再有効化	
1895　日本帝国による台湾の植民地化	1895　公有地（元王領地）の売買が可能となり、米国農民層のコーヒー農園への入植計画開始
ハワイ米国準州	
1898　米西戦争勃発	1898　コナ日本人珈琲業者組合の設立
ハワイ共和国、米国準州として編入	1900　米国移民法の適用により契約移民制度の禁止、沖縄・プエルトリコからハワイ移民開始、コナコーヒー価格の急落により欧米白人入植者がコナから流出
	1900頃　日系移民が借地農家としてコナコーヒー栽培を開始
1901　ハワイで農業試験場が設立される	1901　ドール、ハワイでパイナップル栽培を開始
	1907　ハワイへのフィリピン移民開始
1908　日米紳士協定締結により日系移民制限	1912　コナ日系移民が米国大統領と日本宮内庁にコーヒーを寄贈
1914　米国で農業普及事業推進を目的としたスミス＝レーバー法が制定	1917　コナコーヒー栽培地の大部分を日系移民が耕作
1919　ヴェルサイユ条約により日本帝国が南洋群島を委任統治領化	
1920　ハワイ・カレッジがハワイ大学に昇格	
1924　米国の移民法により日系を含むアジア系移民労働者の移民が禁止	1926　コナ日系移民による南洋珈琲株式会社の設立
1929　世界大恐慌によりコナコーヒー価格の低下	
1930　ハワイ大学がコナに農業普及協議会設置	1930　元ハワイ移民住田多次郎、台湾・花蓮でコーヒー栽培開始
	1933　収穫期の労働者不足を補うための「コーヒー休暇」開始
	1935　住田が台湾産コーヒーを日布時事社に寄贈
	1937　米国人類学者エンブリーがコナ日系社会の現地調査を実施
1940　米国主導による南北アメリカ大陸間コーヒー協定の締結	
1941　真珠湾攻撃により太平洋戦争勃発、ハワイに戒厳令布告	1942　コナコーヒーの軍による買い上げと

1943　ハワイ・米国本土で募集された日系二世志願兵による442部隊結成
1945　敗戦により日本帝国崩壊
1946　米国にて退役軍人のための復員兵援護法制定
サトウキビ農園で大規模ストライキ勃発
1952　米国ウォルター・マッカラン法により日系移民を含むアジア系移民に帰化権付与
1954　ハワイで民主党が初めて大多数の議席を獲得し、日系議員も多く誕生（民主党革命）

ハワイ米国州

1959　米国50州目としてハワイ立州
1960年代　ケネディー政権下でベトナム戦争への介入強化、派遣兵が増加
1961　クインが初代州知事に就任
1962　ケネディ政権下において、価格安定化を図った国際コーヒー協定が批准
1963　バーンズが州知事に当選、クイン時代からのネイバーアイランズの経済復興計画を継続
1964　日本で海外旅行が解禁し、ハワイに観光客が訪問

愛国的飲料としての宣伝開始
戦時中〜1950年代半ば　コナコーヒー産業の好景気時代
1949　コナ国際空港の開港により米国本土からの観光客が急増
1956　コナコーヒーの新剪定法（B–F方式）が開発され、ラテンアメリカ地域にも普及
1957　コナコーヒー価格の大幅下落
1960　コナコーヒーの販売販路拡大のためドイツにサンプルを送付
1961　コナ日系人によるサンセット・コーヒー協同組合の組織化
1964　コナコーヒー協会による品質保証のための「ゴールド・シール」制度開始
1969　「コーヒー休暇」廃止
1970　シカゴのスペリア・ティー・アンド・コーヒー社、米国本土でコナコーヒーの販売を開始
1976　コナコーヒー価格の高騰
1980　コーヒー栽培地が1960年の5,500エーカーから1,900エーカーへと減少
1982　米国スペシャルティ・コーヒー協会設立
1980年代　米国本土・日本からのコーヒー生産・加工業者のコナへの進出
1984　米国本土からの新たなコーヒー農家

1986　レーガン政権下の恩赦により多くのラテンアメリカ系非合法移民が合法化	によりコナコーヒー・カウンシル設立
	1987　カウアイ島でのコーヒー栽培が開始
	1988　日本のUCC社がコナで農園を開設
1989　日本からハワイへの投資額が50億ドルに到達	1989　コナへのメキシコ系労働者の誘致開始
	1991　ハワイ州議会、10%以上のコナコーヒーを含む商品をコナブレンドとして認める法案を可決
2009　ハワイ出身のオバマが米国大統領に就任	1996　偽コナコーヒーの売買が発覚、ハワイ島カウ地区でのコーヒー栽培開始
2017　トランプが米国大統領に就任	2017　トランプ政権下、メキシコ系コナコーヒー農園経営者が強制送還
	2024　ハワイ州議会、ハワイ諸島で栽培されるコーヒー産地名を保護する法案を可決

参考文献

【一次史料（日本語）】

国立国会図書館

大宜味朝徳『我が統治地南洋群島案内』（海外研究所、1934年）

大山勝「吾南洋群島の熱帯農業（二）」『文化農報』7月号＝176号（1936年）：17-23頁

外務省通商局編『旅券下付数及移民統計――明治元年～大正九年』（外務省通商局、1921年）

人事興信所編『人事興信録 第9版（昭和6年刊）』（人事興信所、1931年）

南洋経済研究所編『南洋関係会社要覧　昭和13年度版』（南洋経済研究所、1938年）

―――――― 編『南洋栽培事業要覧　昭和9年版』（海外拓殖事業調査資料 第28輯）（2版）（拓務省拓務局、1935年）

西田与四郎『女子新地理教科書教授資料　外国地理編5訂』（目黒書店、1936年）

三平将晴『南洋群島移住案内　（昭和12年）改版』（大日本海外青年会、1937年）

――― 『海外発展案内書　南米篇・南洋篇　改版』（大日本海外青年会、1935年）

森田栄『布哇日本人発展史』（真栄館、1915年）

渡部七郎『布哇歴史』（大谷教材研究所、1930年）

外務省外交史料館

「熊本移民合資会社移民渡航認可報告一件　第一巻」（3.8.2.96）

「熊本移民合資会社業務関係雑件第一巻」（3.8.2.95）

「5　コーヒー」『農産物関係　雑件／雑之部』（3.5.2.115）

「逃亡移民人名報告雑件第一巻」（3.4.1.143）

「布哇島本邦人珈琲栽培状況視察報告書（平井領事官補）　明治三十一年」（6.1.6.24）

「布哇島南『コア』郡『ケイー』地方ニ於テ同国巡査本邦出稼人ヲ銃殺一件」（4.2.5.153）

「附西本忠蔵殺人犯之件」『布哇島南「コア」郡「ケイー」地方』（4.2.5.153）

京都大学農学部図書室旧植民地関係資料

桜井芳次郎「珈琲」『東部台湾開発研究資料』第一輯（東部台湾開発研究資料、1929年）

田代安定『恒春熱帯植物殖育場事業報 第二輯（繊維澱粉、及飲料食物ノ部）』（台湾総督府民政部殖産局、1911年）

――― 『恒春熱帯植物殖育場事業報告書 第五輯（事歴部 上巻）」（台湾総督府民政部殖産局、1915年）

花蓮港庁『花蓮港庁要覧』（1929年）

その他

台湾経済年報刊行会編『台湾経済年報』（東京国際日本協会、1942年）東京大学経済学図書館所蔵

【一次史料（英語）】

The Hawaiian Mission Houses Digital Archive

"Chamberlain, Daniel-Missionary Letters-1819-1823," https://hmha.missionhouses.org/items/show/313

"Goodrich, Joseph-Missionary Letters-1824-1833-to Chamberlain and Ruggles," https://hmha.missionhouses.org/items/show/515

Kona Historical Society

Chase, Shree, "The Kona coffee coop: a social history" (Senior Thesis, University of Hawaii at Hilo, 1990)

Jean Greenwell Collection: Agriculture/Coffee

Kelly, Marion, *Na Mala o Kona: gardens of Kona, a history of land use in Kona*, Hawai'i (Department of Anthropology, Bernice P. Bishop Museum, October 1983)

KHS Archival Paper File: Agriculture/Coffee

Woods, Thomas A., "Interpretive stations: H. N. Greenwell store interpretive training manual" (Making Place, Inc., 2007)

University of Hawai'i at Mānoa Hamilton Library-Hawaiian & Pacigfic Collections

Hawaii Agricultural Reporting Service, Hawaii Agricultural Statistics Service, Hawaii Department of Agriculture, National Agricultural Statistics Service, *Hawaii coffee* (Journals, 1977–2009)

Hawaii State Department of Agriculture and County of Hawai'i, *A report on the coffee industry of Hawaii* (Honolulu, 1974)

Keeler, Joseph T. John Y. Iwane, Dan K. Matsumoto, "An economic report on the production of Kona coffee," *Agricultural bulletin* 12 (Hawaii Agricultural Experiment Station, University of Hawaii, December 1958)

Lind, Andrew W., *Kona: a community of Hawaii, a report of the Board of Education, State of Hawaii* (Honolulu, 1967)

Lund, August Soren Thomsen, "An economic study of the coffee industry in the Hawaiian islands," doctoral dissertation (Cornell University, 1937)

Nakamoto, Stuart T. and John M. Halloran, "Final report: the markets and marketing issues of the Kona coffee industry," Information text series 34 prepared for the State of Hawaii Department of Agriculture (HITAHR College of Tropical Agriculture and Human Resources, University of Hawaii, July 1989)

University of Hawai'i at Mānoa Hamilton Library-Hawaiian Sugar Planters Association Plantation Archives

HSPA, PSC 1/10 Alexander and Baldwin Letters, 1899

HSPA, PSC16–12 Letters

HSPA, KAU33/1 HUT.C, Irwin &Co. In-1898–1899

日誌・報告・記事等

Armstrong, William N. *Around the world with a King* (F. A. Stokes Company, 1904)

Bartlett, S. C. *Historical sketch of the Hawaiian mission and the missions to Micronesia and The Marquesas Islands*

(American Board of Commissioners for Foreign Missions, 1869)

Beaumont, J. H. and E. T. Fukunaga. "Initial growth and yield response of coffee trees to a new system of pruning," *Proceedings of American society for horticultural science*, 67 (1956): 270–278

"Blount report: affairs in Hawaii," *University of Hawai'i at Mānoa library*, https://libweb.hawaii.edu//digicoll/annexation/blount/br0413.php

Bloxam, Andrew. *Diary of Andrew Bloxam, naturalist of the "Blonde" on her trip from England to the Hawaiian Islands, 1824-25*, Bernice P. Bishop Museum special publication, 10 (Honolulu, 1925)

Bonham, Carl. *Japanese investment in Hawaii: past and future* (University of Hawaii Economic Research Organization, September 1998)

Callcott, Maria and George Anson Byron, Richard Rowland Bloxam. *Voyage of H. M. S. Blonde to the Sandwich Islands, in the years 1824-1825*, 7th Edition (Hard Press, 2007)

Day, A . Grove (ed.). *Mark Twain's letters from Hawaii* (University of Hawaii Press, 2021)

Department of Agriculture State of Hawai'i. "Guidelines for Hawaii-grown coffee labeling," https://hdoa.hawaii.gov/qad/files/2013/01/QAD-HI-GROWN-COFFEE-LBLS.pdf

"Department of Business, Economic Development and Tourism 1987–1995" (Hawaii State Archives, 2002), https://ags.hawaii.gov/wp-content/uploads/2012/09/dbedt_fa.pdf

Ellis, John. *Directions for bringing over seeds and plants from the East Indies and other distant countries in a state of vegetation together with a catalogue of such foreign plants as are worthy of being encouraged in our American colonies, for the purposes of medicine, agriculture, and commerce* (London, 1770)

Fukunaga, E. T. "A new system of pruning coffee trees," *Hawaii farm science: agricultural progress quarterly*, vol. 7, no. 3 (January 1959)

Goodrich, Joseph. "Notice of the volcanic character of the Island of Hawaii," *American journal of science*, vol. 1, no. 11 (1826): 2–7

―――――――. "On Kilauea and Mauna Loa," *American journal of science*, vol. 1, no. 16 (1829): 345–347

Hawaii Department of Agriculture. "A Hawaii administrative rules," 143/11–15, https://hdoa.hawaii.gov/wp-content/uploads/2012/12/AR-143.pdf (Last Access: 19 September 2024)

Hawaiian Mission Children's Society. *Portraits of American missionary to Hawaii* (The Hawaiian Gazette Co., 1901)

"HB2298 HD1 SD2 CD1," *Hawai'i state legislature/Ka 'aha'ōlelo moku'āina 'o Hawai'i*, https://www.capitol.hawaii.gov/sessions/session2024/bills/HB2298_CD1_.pdf

Horwitz, Robert H., Judith B. Finn, Louis A. Vargha, and James W. Creaser. *Public land policy in Hawaii: an historical analysis*, Legislative Reference Bureau Report no. 5 (Legislative Reference Bureau, University of Hawaii, 1969)

Instructions of the prudential committee of the American board of commissioners for foreign missions to Sandwich Islands mission (Press of the Missionary Seminary, 1838)

Joerger, Pauline King. *To the Sandwich Islands on H. M. S. Blonde* (University of Hawaii Press, 1971)

Lindley, John. *The pomological magazine; or, figures and descriptions of the most important varieties of fruit cultivated in Great Britain*, vol. 2 (1829)

Lloyd, William A. "Agricultural extension work in Hawaii," *Extension bulletin*, EB-3 (Agricultural Extension Service, University of Hawaii, October 1929)

Mollett, J.A. "Capital in Hawaiian sugar: its formation and relation to labor and output, 1870–1957," *Agricultural economic bulletin* 21 (Hawaii Agricultural Experiment Station, University of Hawaii, June 1961)

Nellist, George F. (ed.). *The story of Hawaii and its builders, with which is incorporated* (Honolulu Star-Bulletin, Ltd. 1925)

Peile, John. *Biological register of Christ's College 1505-1905* (Cambridge University Press, 1935)

"Reciprocity treaty of 1875," *the Morgan report*, https://morganreport.org/mediawiki/index.php?title=Reciprocity_Treaty_of_1875

Richardson, Brian (ed.). *The journal of James Macrae: botanist at the Sandwich Islands* (North Beach-West Maui Benefit Fund Inc., 2019)

Thrum, Thomas G. "Centennial chronology of the Hawaiian mission," *Twenty-eighth annual report of the Hawaiian historical society for the Year 1919 with papers read at the annual meeting January 29, 1920* (Paradise of the Pacific Press, 1920)

Thurston, Lorrin Andrews. *The fundamental law of Hawaii* (The Hawaiian Gazette Company, Limited, 1904)

Thurston, Lorrin A. and Andrew Farrell (ed.). *Memoirs of the Hawaiian revolution* (Advertiser Publishing Co., 1936)

Twain, Mark. *Letters from the Sandwich Islands: written for the Sacramento union* (Stanford University Press, 1938)

United States Centennial Commission. *International exhibition, 1876: official catalogue complete*, "William Allison Lloyd Papers," USDA National Library

Woodill, John A., Dilimi Hemachandra, Stuart T. Nakamoto, Ping Sun Leung. "The economics of coffee production in Hawai'i," College of Tropical Agriculture and Human Resources, University of Hawai'i, *Economic issues*, E1-25 (July 2014)

【新聞・雑誌・機関誌（日本語）】

大阪朝日新聞
時事新報
実業之布哇
新世界朝日新聞
台湾日日新報
茶と珈琲
日布時事
布哇新報告
布哇タイムス
ハワイ報知
やまと新聞

【新聞・雑誌・機関誌（英語）】

Army Times
The Boston Globe
Chicago Tribune

Classic Chicago Magazine
Commercial Advertiser
The Cook County Herald
The Daily Bulletin
The Daily Pacific Commercial Advertiser
Fourth Worth Star-Telegram
Hawaiian Almanac and Annual
The Hawaiian Gazette
The Hawaiian Star
Hawaii Times
Hilo Tribune-Herald
Hawaii Tribune-Herald
Honolulu Star-Advertiser
Honolulu Star-Bulletin
The Independent
The Jistugyo no Hawaii
Ke Ola Magazine
Kona Coffee Cultural Festival
The Kona Echo
The Lambertville Record
Los Angeles Times
The Nippu Jiji
The Pacific Commercial Advertiser
The Planters' Monthly
The Polynesian
The Palm Beach Post
The Sacramento Union
The Salt Lake Tribune
The San Francisco Call
San Francisco Chronicle
San Francisco Examiner
A Sentinella
Sprudge
State Magazine
The Transactions of the Royal Hawaiian Agricultural Society
The United Opinion
The Washington Post
Tribune Chronicle
West Hawaii Today
West Virginia Argus

【インタビュー集・手記等】
コナ大福寺編『珈琲の里乃誇（全布哇大五回曹洞宗青年大会記念誌）』（コナ大福寺、1950年）
柴山得造『椰子の枯葉――独立在布五十年記念』（1942年）
相賀渓芳『五十年間のハワイ回顧』（「五十年間のハワイ回顧」刊行会、1953年）
豊田賢作『ころのノ体験――ブラジル国コーヒー園就労者手記』（拓務省拓務局、1932年）
中島陽『コナ日本人実情案内』（精神社、1934年）
林三郎、増田禎司共編『布哇島一周』（コナ反響社、1925年）
松江春次『南洋開拓拾年誌』（南洋興発、1932年）
Ai, Chung Kun. *My seventy-nine years in Hawai'i* (Cosmorama Pictorial Publisher, 1960)
Alkire, John R. *An oral historical study of the migration of eight Japanese coffee farmers and their labour experience in the Hawaiian Islands between 1903 and 1978* (Morgan Stanley Internationa, 1978?)
Ethnic Studies Oral History Project. *A social history of Kona*, vol.1 (Ethnic Studies Project, Ethnic Studies Program, University of Hawaii, Manoa, 1981)
The Kona Japanese Civic Association. *More old Kona stories* III

【写真】
Bishop Museum
Digital Archives of Hawai'i
Kona Historical Society

【研究図書（日本語）】
秋山かおり『ハワイ日系人の強制収容史――太平洋戦争と抑留所の変遷』（彩流社、2020年）
石原俊『「群島」の歴史社会学――小笠原諸島・硫黄島、日本・アメリカ、そして太平洋世界』（弘文堂、2013年）
伊藤博『コーヒー博物誌 新装版』（八坂書房、2001年）
臼井隆一郎『コーヒーが廻り 世界史が廻る――近代市民社会の黒い血液』（中央公論社、1992年）
岡部牧夫『海を渡った日本人（日本史リブレット56）』（山川出版社、2002年）
小澤卓也『コーヒーのグローバル・ヒストリー――赤いダイヤか、黒い悪魔か』（ミネルヴァ書房、2010年）
オースタハメル、ユルゲン著／石井良訳『植民地主義とは何か』（論創社、2005年）
川﨑壽『ハワイ日本人移民史』（ハワイ移民資料館仁保島村、2020年）
川島昭夫『植物園の世紀――イギリス帝国の植物政策』（共和国、2020年）
ギンズブルグ、カルロ著／上村忠男編訳『ミクロストリアと世界史――歴史家の仕事について』（みすず書房、2016年）
児玉正昭『日本移民史研究序説』（渓水社、1992年）
塩出浩之『越境者の政治史――アジア太平洋における日本人の移民と植民』（名古屋大学出版会、2015年）
白水繁彦、鈴木啓編『ハワイ日系社会ものがたり――ある帰米二世ジャーナリスの証言』（御茶の水書房、2016年）
全日本コーヒー商工組合連合会日本コーヒー史編集委員会編『日本コーヒー史　上巻』（全日本コーヒ

ー商工組合連合会、1980年）
田中一彦『忘れられた人類学者（ジャパノロジスト）——エンブリー夫妻が見た〈日本の村〉』（忘羊社、2017年）
田辺明生、竹沢泰子、成田龍一編『環太平洋地域の移動と人種——統治から管理へ、遭遇から連帯へ』（京都大学学術出版会、2020年）
旦部幸博『珈琲の世界史』（講談社、2017年）
チャクラバルティ、ディペシュ著／早川健治訳『人新世の人間の条件』（晶文社、2023年）
辻村英之『コーヒーと南北問題——「キリマンジャロ」のフードシステム』（日本経済評論社、2005年）
中嶋弓子『ハワイ・さまよえる楽園——民族と国家の衝突』（東京書籍、1993年）
中野次郎『ジャカランダの径——ハワイの医師林三郎伝』（中野好郎、1991年）
成田龍一、長谷川貴彦編『〈世界史〉をいかに語るか——グローバル時代の歴史像』（岩波書店、2020年）
羽田正編『グローバル・ヒストリーの可能性』（山川出版社、2017年）
——編『グローバルヒストリーと東アジア史』（東京大学出版会、2016年）
堀江里香『ハワイ日系人の歴史的変遷——アメリカから蘇る「英雄」後藤濶』（彩流社、2021年）
ミシェル、オレリア著／児玉しおり訳『黒人と白人の世界史——「人種」はいかにつくられてきたか』（明石書店、2021年）
水島司『グローバル・ヒストリー入門（世界史リブレット127）』（山川出版社、2010年）
箕曲在弘『フェアトレードの人類学——ラオス南部ボーラヴェーン高原におけるコーヒー栽培農村の生活と協同組合』（めこん、2014年）
目黒志帆美『フラのハワイ王国史——王権と先住民文化の比較検証を通じた19世紀ハワイ史像』（御茶の水書房、2020年）
矢口祐人『憧れのハワイ——日本人のハワイ観』（中央公論新社、2011年）
山下範久『ワインで考えるグローバリゼーション』（ＮＴＴ出版、2009年）
山田廸生『船にみる日本人移民史——笠戸丸からクルーズ客船へ』（中央公論社、1998年）

【研究図書（英語）】

Abe, David K. *Rural isolation and dual cultural existence: the Japanese-American Kona coffee community* (Springer Internation Publishing, 2017)
Aikau, Hokulani K. and K. Vernadette Vicuña Gonzalez (eds.). *Detours: a decolonial guide to Hawaiʻi* (Duke University Press, 2019)
Albertine, Loomis. *For whom are the stars?* (University Press of Hawaii, 1976)
Alstad, George and Jan Everly Friedson. *The cooperative extension service in Hawaii, 1928-1981* (Hawaii Institute of Tropical Agriculture and Human Resources, College of Tropical Agriculture Human Resources, University of Hawaii, 1982)
Arista, Noelani. *The kingdom and the republic: sovereign Hawaiʻi and the early United States* (University of Pennsylvania Press, 2019)
Azuma, Eiichiro. *In search of our frontier: Japanese America and settler colonialism in the construction of Japan's borderless empire* (University of California Press, 2019)（東栄一郎著、飯島真里子・今野裕子・佐原彩子・佃陽子訳『帝国のフロンティアをもとめて——日本人の環太平洋移動と入植者植民地主義』

名古屋大学出版会、2022年）
Batalova, Jeanne, Sue P. Haglund, and Monisha Das Gupta. *Newcomers to the aloha state: challenges and prospects of Mexicans in Hawai'i*（Migration Policy Institute, 2013）
Beckert, Sven. *Empire of cotton: a global history*（Vintage Books, 2014）（スヴェン・ベッカート著、鬼澤忍・佐藤絵里訳『綿の帝国――グローバル資本主義はいかに生まれたか』紀伊國屋書店、2022年）
Beechert, Edward D. *Working in Hawaii: a labor history*（University of Hawaii Press, 1985）
Chavez, Leo R. *The Latino threat: constructing immigrants, citizens, and the nation*（Stanford University Press, 2008）
Churchill, Robert H. *The underground railroad and the geography of violence in antebellum America*（Cambridge University Press, 2020）
Clarence-Smith, William Gervase and Steven Topik. *The grobal coffee economy in Africa, Asia, and Latin America 1500-1989*（Cambridge University Press, 2003）
Coffman, Tom. *Nation within: the history of the American occupation of Hawai'i*（Duke University Press, 2016）
Conrad, Sebastian. *What is global history?*（Princeton University Press, 2016）（ゼバスティアン・コンラート著、小田原琳訳『グローバル・ヒストリー――批判的歴史叙述のために』岩波書店、2021年）
Crosby, Alfred W. *The Colombian exchange: biological and cultural consequences of 1492*（Greenwood Press, 1972）
Crossley, Pamela Kyle. *What is global history?*（Polity, 2008）（パミラ・カイル・クロスリー著、佐藤彰一訳『グローバル・ヒストリーとは何か』岩波書店、2012年）
Curtis, Aller. *Labor relations in the Hawaiian sugar industry*（Berkeley, Institute of Industrial Relations: University of California, 1957）
Da Silva Lopes, Teresa. *Global brands: the evolution of multinationals in alcoholic beverages*（Cambridge University Press, 2007）
Daws, Gavan. *Shoal of time: a history of Hawaiian Islands*（University of Hawaii Press, 1968）
Diamond, Jared M. *Guns, germs and steel: the fates of human societies*（W. W. Norton & Company, 1997）（ジャレド・ダイアモンド著、倉骨彰訳『銃・病原菌・鉄――一万三〇〇〇年にわたる人類史の謎　上・下』草思社、2012年）
Dusinberre, Martin. *Mooring the global archive: a Japanese ship and its migrant histories*（Cambridge University Press, 2023）
Embree, John F. *Sue mura: a Japanese village*（University Press of Chicago Press, 1939）（ジョン・F・エンブリー著、田中一彦訳『新・全訳 須恵村――日本の村』農山漁村文化協会、2021年）
Fan, Fa-ti. *British naturalists in Qing China: science, empire, and cultural encounter*（Harvard University Press, 2004）
Fischer, John Ryan. *Cattle colonialism: an environmental history of the conquest of California and Hawai'i*（The University of North Carolina Press, 2015）
Franklin, John Hope and Loren Schweninger. *Runaway slaves: rebels on the plantation*（Oxford University Press, 1999）
Fridell, Gavin. *Fair trade coffee: the prospects and pitfalls of market-driven social justice*（University of Toronto Press, 2007）
Fuchs, Lawrence H. *Hawaii pono: a social history*（Harcourt Brace &World, 1961）
Fujikane, Candace and Jonathan Y. Okamura. *Asian settler colonialism: from local governance to the habits of*

everyday life in Hawai'i (University of Hawai'i Press, 2008)

Guevarra, Rudy P. Jr. *Aloha compadre: Latinx in Hawai'i* (Rutgers University Press, 2023)

——————. *Becoming Mexipino: multiethnic identities and communities in San Diego* (Rutgers University Press, 2021)

Handy, E. S. Craighill, Elizabeth Green Handy and Mary Kawena Pukui. *Native planters in old Hawaii: their life, lore & environment*, Bernice P. Bishop Museum Bulletin 233 (Bishop Press, 1972)

Hellyer, Robert. *Green with milk and sugar: when Japan filled America's tea cups* (Colombia University Press, 2021)（ロバート・ヘリヤー著、村山美雪訳『海を越えたジャパン・ティ――緑茶の日米交流史と茶商人たち』原書房、2022年）

Higman, B. W. *How food made history* (Wiley-Blackwell, 2012)

Hobart, Hi'ilei Julia Kawehipuaakahaopulani. *Cooling the tropics: ice, indigeneity, and Hawaiian refreshment* (Duke University Press, 2022)

Hunt, Lynn. *Writing history in the global era* (W. W. Norton & Company, 2014)（リン・ハント著、長谷川貴彦訳『グローバル時代の歴史学』岩波書店、2016年）

Hutchinson, William R. *Errand to the world: American protestant thought and foreign missions* (University of Chicago Press, 1993)

Igler, David. *The great ocean: Pacific worlds from Captain Cook to the gold rush* (Oxford University Press, 2013)

Joesting, Edward. *Kauai: the separate kingdom* (University of Hawaii Press, 1987)

Kamins, Robert M. *The tax system of Hawaii*, doctoral dissertation (The University of Chicago, 1950)

Kauanui, J. Kēhaulani. *Paradoxes of Hawaiian sovereignty: land, sex and the colonial politics of state nationalism* (Duke University Press, 2018)

Kepā, Maly, Onaona Maly, and Pat Thiele. *He wahi mo'olelo no nā 'āina, a me nā sla hele i hehi'ia, mai Keauhou a i Kealakekua, ma Kona, Hawai'i = A historical overview of the lands, and trails traveled, between Keauhou and Kealakekua, Kona, Hawai'i* (Kumu Pono Associates, 2001)

Kikumura, Akemi, Eiichiro Azuma and Dacie C. Iki. *The Kona coffee story: along the Hawai'i belt road* (Japanese American National Museum, 1995)

Kimura, Aya Hirata and Krisnawati Suryanata (eds.). *Food and power in Hawai'i: visions of food democracy* (University of Hawai'i Press, 2016)

Kinro, Gerald. *A cup of aloha: the Kona coffee epic* (University of Hawaii Press, 2003)

Koikari, Mire. *Cold war encounters in US-occupied Okinawa: women, militarized domesticity, and transnationalism in East Asia* (Cambridge University Press, 2015)

Kotani, Roland. *The Japanese in Hawaii: a century of struggle* (Hawaii Hochi, 1985)

Kurashige, Scott. *The shifting Japanese grounds of race: Black and Japanese Americans in the making of multiethnic Los Angeles* (Princeton University Press, 2008)

Kuykendall, Ralph Simpson. *The Hawaiian kingdom 1778-1854*, vol.1 (University of Hawaii Press, 1947)

Luna, Francisco Vidal and Herbert S. Klein. *Slavery and the economy of São Paulo, 1750-1850* (Sandford University Press, 2003)

MacLennan, Carol A. *Sovereign sugar: industry and environment in Hawai'i* (University of Hawai'i Press, 2014)

Mak, Jame. *Developing a dream destination: tourism and tourism policy planning in Hawai'i* (University of Hawai'i Press)

Matsuda, Matt K. *Pacific worlds: a history of seas, peoples and cultures* (Cambridge University Press, 2012)

Mintz, Sydney W. *Sweetness and power: the place of sugar in modern history* (Viking Books, 1985)（シドニー・W・ミンツ著、川北稔・和田光弘訳『甘さと権力——砂糖が語る近代史』平凡社、1988年）

Moriyama, Alan Takeo. *Imingaisha: Japanese emigration companies and Hawaii, 1894-1908* (Univeristy of Hawaii Press, 1985)（アラン・T・モリヤマ、金子幸子訳『日米移民学——日本・ハワイ・アメリカ』PMC出版、1988年）

Mullaney, Thomas S. *The Chinese typewriter: a history* (The MIT Press, 2017)（トーマス・S・マラニー著、比護遥訳『チャイニーズ・タイプライター——漢字と技術の近代史』中央公論新社、2021年）

Nordyke, Eleanor C. and Robert C. Schmitt. *The peopling of Hawaii*, second edition (University of Hawaii Press, 1977)

Odo, Franklin and Kazuko Shinoto. *A pictorial history of the Japanese in Hawai'i 1885-1924* (Hawai'i Immigrant Heritage Preservation Center, Dept. of Anthropology, Bernice Pauahi Bishop Museum, 1985)

Okamura, Jonathan Y. *From race to ethnicity: interpreting Japanese American experiences in Hawai'i* (University of Hawai'i Press, 2014)

Okihiro, Gary Y. Y. *Pineapple culture: a history of the tropical and temperate zones* (University of California Press, 2009)

Osorio, Jamaica Heolimeleikalani. *Remembering our intimacies: mo'olelo, aloha 'aina and ea* (University of Minnesota Press, 2021)

Osorio, Jonathan Kay Kamakawiwo'ole. *Dismembering lahui: a history of the Hawaiian nation to 1887* (University of Hawai'i Press, 2002)

Pargas, Damian Alan. *Freedom seekers: fugitive slaves in North America, 1800-1860* (Cambridge University Press, 2021)

Payer, Cheryl. *Commodity trade of the third world* (Wiley, 1975)

Pendergrast, Mark. *Uncommon grounds: the history of coffee and how it transformed our world* (Basic Books, 2000)（マーク・ペンダーグラスト著、樋口幸子訳『コーヒーの歴史』河出書房新社、2002年）

Pilcher, Jeffrey M. (ed.). *The Oxford handbook of food history* (Oxford University Press, 2012)

Pomeranz, Kenneth and Steven Topik (eds.). *The world that trade created: society, culture, and the world economy, 1400 to the present*, third edition (Routledge, 2015)（ケネス・ポメランツ、スティーヴン・トピック編、福田邦夫、吉田敦訳『グローバル経済の誕生——貿易が作り変えたこの世界』筑摩書房、2013年）

Roseberry, William, Lowell Gudmundson, Mario Samper Kutschbach (eds.). *Coffee, society and power in Latin America* (Johns Hopkins University Press, 1995)

Rosenthal, Gregory Samantha. *Beyond Hawai'i: native labor in the Pacific world* (University of California Press, 2018)

Saiki, Patsy Sumie. *Japanese women in Hawaii, the first 100 years* (Kisaku, 1985)（パッツィ・スミエ・サイキ著、伊藤美名子訳『ハワイの日系女性——最初の一〇〇年』秀英書房、1995年）

Saranillio, Dean Itsuji. *Unsustainable empire: alternative histories of Hawai'i statehood* (Duke University Press, 2018)

Sasaki, Christen T. *Pacific confluence: fighting over the nation in nineteenth-Century Hawai'i* (University of

California Press, 2022)
Schiebinger, Londa. *Plants and empire: colonial bioprospecting in Atlantic world* (Harvard University Press, 2004)(ロンダ・シービンガー著、小川眞里子、弓削尚子訳『植物と帝国——抹殺された中絶薬とジェンダー』工作舎、2007年)
Silva, Noenoe K. *Aloha betrayed: native Hawaiian resistance to American colonialism* (Duke University Press, 2004)
Smith, Robert J. and Ella Lury Wiswell. *The women of Suye mura* (Chicago University Press, 1982)(ロバート・J・スミス、エラ・ルーリィ・ウィスウェル著、河村望、斎藤尚文訳『須恵村の女たち——暮しの民俗誌』御茶の水書房、1987年)
Stein, Sarah Abrevaya. *Plumes: ostrich feathers, Jews, and a lost world of global commerce* (Yale University Press, 2008)
Stephanson, Anders. *Manifest destiny: American expansionism and the empire of right* (Hill and Wang, 1995)
Takaki, Ronald. *Pau Hana: plantation life and labor in Hawaii* (University of Hawaii Press, 1984)(ロナルド・タカキ著、富田虎男、白井洋子訳『パウ・ハナ——ハワイ移民の社会史』刀水書房、1986年)
Thrush, Coll-Peter. *Indigenous London: native travelers at the heart of empire* (Yale University Press, 2016)
Tokunaga, Yu. *Transborder Los Angeles: an unknown transpacific history of Japanese-Mexican relations* (University of California Press, 2022)
Trask, Haunani-Kay. *From a native daughter: colonialism and sovereignty in Hawai'i* (University of Hawai'i Press, 1999)(ハウナニ=ケイ・トラスク著、松原好次訳『大地にしがみつけ——ハワイ先住民女性の訴え』春風社、2002年)
Tsing, Anna Lowenhaupt. *The mushroom at the end of the world: on the possibility of life in capitalist ruins* (Princeton University Press, 2015)(アナ・チン著、赤嶺淳訳『マツタケ——不確定な時代を生きる術』みすず書房、2019年)
Van Dyke, Jon M. *Who owns the crown lands of Hawai'i?* (University of Hawai'i Press, 2008)
Weissman, Michaele. *God in a cup, the obsessive quest for the perfect coffee* (Harvest, 2008)(マイケル・ワイスマン著、旦部幸博日本語訳監修・解説、久保尚子訳『スペシャルティコーヒー物語——最高品質コーヒーを世界に広めた人々』楽工社、2018年)
Woodrum, Don. *Kona coffee from cherry to cup* (Palapala Press, 1975)
Zimmerman, Andrew. *Alabama in Africa: Booker T. Washington, the German empire, and the globalization of the New South* (Princeton University Press, 2010)

【論文等(日本語)】

赤松加寿江「序章 なぜテロワールなのか」赤松加寿江、中川理編『テロワール——ワインと茶をめぐる歴史・空間・流通』(昭和堂、2023年):1-32頁
飯島真里子「コナ・コーヒー文化フェスティバル——ハワイ島コナにおける新たなる日系人アイデンティティの形成」『移民研究年報』14号(2008年):59-70頁
————「戦前日本人コーヒー栽培者のグローバル・ヒストリー」『移民研究』7号(2011年):1-24頁
————「Who Else Will Harvest the Coffee? 1990年代以降のハワイ島コナ・コーヒー産業と中南米系移民」『イベロアメリカ研究』42巻特集号(2021年):73-90頁

――――「二つの帝国と近代糖業――ハワイと台湾をつなぐ移動者たち」『農業史研究』55巻（2021年）：15–24頁
――――「フランスの『ハワイアン』たち」――ヨーロッパ戦線のおけるアメリカ日系二世兵の記憶」上智大学アメリカ・カナダ研究所編『北米研究入門2――「ナショナル」と向き合う』(Sophia University Press上智大学出版、2019年)、233–259頁
――――「北米地域への日本人移民――アメリカ本土・ハワイ・カナダの移住経験を比較して」上智大学アメリカ・カナダ研究所編『北米研究入門――「ナショナル」を問い直す』(Sophia University Press上智大学出版、2015年)、235–262頁
植村正治「台湾製糖の設立――資本と技術の結合」『経営史学』34巻3号（1999年）：1–22頁
植村円香「ハワイ島における新たな担い手によるコナコーヒー生産とその課題」『E-journal GEO』17巻1号（2022年）：137–154頁
大久保由理「戦時下の福岡県八女地方における在日朝鮮人――農地開発営団事業を中心に」『在日朝鮮人史研究』26号（1996年）：40–58頁
大塚寿郎「想像のカナダ――越境文学としてのスレイヴ・ナラティヴ」上智大学アメリカ・カナダ研究所編『北米研究入門――「ナショナル」を問い直す』(Sophia University Press上智大学出版、2015年)、63–90頁
大浜郁子「田代安定にみる恒春と八重山――『牡丹社事件』と熱帯植物殖育場設置の関連を中心に」『民族学会』31号（2013年）：219–246頁
オカムラ、ジョナサン・ヨシユキ著、山田亨訳「観光立州――産業と経済」山本真鳥、山田亨編著『ハワイを知るための60章』（明石書店、2013年）、227–231頁
岡本充弘「グローバル・ヒストリーの可能性と問題点」成田龍一、長谷川貴彦編『「世界史」をいかに語るか――グローバル時代の歴史像』（岩波書店、2020年）、26–47頁
小川真和子「太平洋戦争中のハワイにおける日系人強制収容――消された過去を追って」『立命館言語文化研究』25巻1号：105–118頁
加藤幸治「学問の同時代性への視点――『内から見た日本農村研究』へのコメント」『神奈川大学日本常民文化研究所論集 歴史と民俗37』（2021年）：115–128頁
小代有希子「移民の国アメリカの『寛容性』――1986年移民法と不法移民」『アメリカ研究』25号（1991年）：161–177頁
小檜山ルイ「海外伝道と世界のアメリカ化」森孝一編『アメリカと宗教（JIIA現代アメリカ5）』（日本国際問題研究所、1997年）、95–128頁
佐藤悦子「循環日誌から見る日系二世たちの生活世界――ブラジル・レジストロ市を事例に」『教育思想』45号（2018年）：67–81頁
佐藤清人「「写真花嫁」と『写真花嫁』――事実と虚構の間で」『山形大学紀要（人文科学）』15巻2号（2003年）：123–136頁
泉水英計「解題 特集『交差する日本農村』」『神奈川大学日本常民文化研究所論集 歴史と民俗』37号（2021年）：9–13頁
丹野勲「戦前日本企業の東南アジアへの事業進出の歴史と戦略――ゴム栽培、農業栽培、水産業の進出を中心として」『国際経営論集』51号（2016年）：15–41頁
長井千文「ハワイ農業の移り変わり――砂糖から種子産業へ」山本真鳥、山田亨編著『ハワイを知るための60章』（明石書店、2013年）、246–250頁

西川俊作「福沢諭吉、F. ウェーランド、阿部泰造」『千葉商大論叢』40巻４号（2003年）：29–48頁
平川亮「ハワイ島コナ地域における日本人移民の定住・定着とその過程」『文学研究論集』53号（2020年９月）：53–73頁
松本貴文「エンブリーの須恵村研究の今日的意義」『村落社会研究』26巻１号（2016年）：１–23頁
桃木至朗「序章」桃木至朗、中島秀人編『ものがつなぐ世界史（MINERVA世界史叢書５）』（ミネルヴァ書房、2021年）、１–10頁
八尾祥平「パイン産業にみる旧日本帝国圏を越える移動――ハワイ・台湾・沖縄を中心に」植野浩子・上水流久彦編『帝国日本における越境・断絶・残像――モノの移動』（風響社、2020年）、257–296頁
柳澤幾美「『写真花嫁』は『夫の奴隷』だったのか――『写真花嫁』たちの語りを中心に」島田法子編『写真花嫁・戦争花嫁のたどった道――女性移民史の発掘』（明石書店、2009年）、47–85頁
山中美潮「稲作と人種――20世紀初頭のアメリカ南部における日本人」『アメリカ研究』58号（2024年）：169–186頁

【論文等（英語）】

Aitken, Richard. “Lindley, John,” Richard Aitken and Micheal Looker (eds.), *Oxford companion to Australian gardens* (Oxford University Press, 2002), pp. 371
Bartholomew, Duane P., Richard A. Hawkins, and Johnny A. Lopez. “Hawaii pineapple: the rise and fall of an industry,” *HortScience*, vol. 47, no. 10 (October 2012): 1390–1398
Bitter, Nicholas Q., Diego P. Fernandez, Avery W. Driscoll, John D. Howa, James R. Ehleringer. “Distinguishing the region-of-origin of roasted coffee beans with trace element ratios,” *Food chemistry*, vol. 320 (August 2020), https://doi.org/10.1016/j.foodchem.2020.126602
Castle, Alfred L. “U. S. commercial policy and Hawai‘i, 1890–1894,” *The Hawaiian journal of history*, vol. 33 (1999): 69–82
Charriar, André and Julien Berthaud. “Botanical classification of coffee,” M. N. Clifford and K. C. Willson (eds)., *Coffee: botany, biochemistry and production of bean and beverage* (Croom Helm, 1985), pp. 13–47
Conrad, Sebastian. “Enlightenment in global history: a historiographical critique,” *The American historical review*, vol. 117, no. 4 (October 2012): 999–1027
Conroy-Krutz, Emily. “U. S. foreign mission movement, c. 1800–1860,” *Oxford research encyclopedias of religion* (2017)
Cutter, Donald. “The Spanish in Hawaii: Gaytan to Marin,” *Hawaiian journal of history*, vol. 14 (1980): 16–25
Daws, Gavan. “The high chief Boki: a biographical study in early nineteenth century Hawaiian history,” *The journal of the Polynesian society*, vol. 75, no. 1 (March 1966): 65–83
Decker, Bryce. “The Kona coffee belt,” D. W. Woodcock (ed.), *Hawai‘i: new geographies* (Dept. of Geography, University of Hawai‘i-Mānoa, 1999), pp. 55–69
Del Piano, Barbara. “Kalanimoku: iron cable of the Hawaiian kingdom, 1769–1827,” *The Hawaiian journal of history*, vol. 43 (2009): 1–28
Dunn, Barbara E. “William Little Lee and Catharine Lee, letters from Hawai‘i 1848–1855,” *The Hawaiian journal of history*, vol. 38 (2004): 59–88

Goto, Baron. “Ethnic groups and the coffee industry in Hawai‘i,” *The Hawaii journal of history*, vol. 16 (1982): 112–124

Embree, John F. “New and local Kin groups among the Japanese farmers of Kona, Hawaii,” *American anthropologist*, vol. 41, no. 3 (1939): 400–407

———. “Acculturation among the Japanese of Kona,” *Supplement to American anthropologist*, vol. 43, no. 4, part 2 (The American Anthropological Association, 1941)

Guevarra Jr, Rudy P. “‘Latino threat in the 808?’: Mexican migration and the politics of race in Hawai‘i,” Camilla Fojas, Rudy P. Guevarra Jr., and Natasha Tamar Sharma (eds.), *Beyond ethnicity: new politics of race in Hawai‘i* (University of Hawai‘i Press, 2018), pp. 152–177

Hawkins, Richard A. “James D. Dole and the 1932 failure of the Hawaiian pineapple company,” *The Hawaiian journal of history*, vol. 41 (2007): 149–170

Huenneke, Laura Foster and Peter M. Vitousek. “Seedling and clonal recruitment of the invasive tree psidium cattleianum: implications for management of native Hawaiian forests,” *Biological conservation*, vol. 53, no. 3 (1990): 199–211

Iijima, Mariko. “Japanese diasporas and coffee production,” *Oxford research encyclopedia of Asian history* (2019), https://oxfordre.com/asianhistory/display/10.1093/acrefore/9780190277727.001.0001/acrefore-9780190277727-e-372

———. “Sugar islands in the Pacific in the early twentieth century: Taiwan as a protégé of Hawai‘i,” *Historische anthropologie*, vol. 27, no. 3 (2019): 361–381

———. “Twice-migrant in Hawai‘i: the Japanese farmers in Kona from the 1980s to the present,” (DPhil Thesis, The University of Oxford, 2006)

———. “‘Nonwhiteness’ in nineteenth-century Hawai‘i: severity, white settlers, and Japanese migrants,” *Journal of ethnic and migration studies* (2020): 3788–3804

Jacobs, Meg. “How about some meat?: the office of price administration, consumption politics, and state building from the bottom up, 1941–1946,” *The journal of American history*, vol. 84, no. 3 (December 1997): 910–941

Kam, Ralph Thomas and Jeffrey K. Lyons. “Remembering the committee of safety: identifying the citizenship, descent, and occupations of the men overthrew the monarchy,” *The Hawaiian journal of history*, vol. 53 (2019): 31–54

Katz, Julia Lilly. “From coolies to colonials: Chinese migrants in Hawai‘i” (PhD Thesis, The State University of New Jersey, 2018)

Kay, E. Alison (ed.). “Hawaiian natural history: 1778–1900,” *A natural history of the Hawaiian Islands: selected readings* (University of Hawai‘i Press, 1994) , pp. 604–653

Koikari, Mire. “Transforming women and the home in Hawaii and Okinawa: gender and empire in Genevieve Feagin’s trans-Pacific trajectory,” *International journal of Okinawan studies* 6 (2015): 67–86

Kona Historical Society. “Kona Historical Society records Kona coffee stories,” *Friends of the Uchida Coffee Farm*, vol. 1, no. 2 (Winter/Spring, 1996): 1

Kosaki, Richard H. “Constitutions and constitutional conventions of Hawaii,” *The Hawaiian historical society*, vol. 12 (1978): 120–138

Kuykendall, Ralph S. “Constitutions of the Hawaiian kingdom: a brief history and analysis,” *Papers of the*

Hawaiian Historical Society, no. 21 (1940)
Lind, Andrew W. "Assimilation in rural Hawai'i," *American journal of sociology*, vol. 45, no. 2 (September 1939): 200–214
———. "Attitudes toward interracial marriage in Kona, Hawaii," *Social process in Hawaii*, vol. 4 (May 1938): 79–83
MacAllan, Richard. "Richard Charlton: a reassessment," *The Hawaiian journal of history*, vol. 30 (1996): 53–76
Nagata, Kenneth M. "Early plant introductions in Hawai'i," *The Hawaiian journal of history*, vol. 19 (1985): 35–61
Pfeiffer, Regina. "Christianity builds a nest in Hawai'i," Clifford Putney and Paul T. Burlin (eds.), *The role of the American Board in the world: bicentennial reflections on the organization's missionary work, 1810-2010* (Wipf and Stock, 2012), pp. 269–286
Pieterse, M. Th. A. and H. J. Silvis. "The world coffee market and the international coffee agreement," *Wageningen economic studies*, vol. 9 (1988): 1–105
Restarick, Henry Bond. "Historic Kealakekua Bay," *Papers of the Hawaiian Historical Society*, no. 15 (1928): 5–20
Roseberry, William. "The rise of Yuppie coffees and the reimagination of class in the United States," *American anthropologist*, New Series, vol. 98, no. 4 (December 1996): 764–775
Rumford, James. "Notes and queries," *The Hawaiian journal of history*, vol.27 (1993): 245–247
Shinseki, Kyle Ko Francisco. "El pueblo Mexicano de Hawai'i: comunidades en formación=The Mexican people of Hawai'i: communities in formation" (MA Thesis, University of California, 1997)
St Clair, David J. "The gold rush and the beginnings of California industry," *California history*, vol. 77, no. 4 (Winter 1998/1999): 185–208
Sur, Wilma. "Hawai'i's masters and servants act: brutal slavery?" *University of Hawaii law review*, vol. 31, no. 1 (Winter 2008): 87–112
Tate, Merze. "Sandwich Island missionaries: the first American point four agents," *Seventieth annual report of the Hawaiian Historical Society* (1961): 7–23
Teaiwa, Teresia Kieuea. "On analogies: rethinking the Pacific in a global context," Katerina Martina Teaiwa, April K. Henderson and Terence Wesley-Smith (eds.), *Sweat and salt Water: selected works* (University of Hawai'i Press, 2021), pp. 70–83
Tunarosa, Andrea. "On solid grounds: dynamic emplacement and category construction in US speciality coffee, 1974–2016," Strategic Organization, vol. 21, no. 1 (2023): 52–88
Watt, James. "The voyage of Captain George Vancouver 1791–95: the interplay of physical and psychological pressures," *Canadian bulletin of medical history*, vol. 4, no. 1 (Spring 1987): 33–51
Wiener, Frederick Bernays. "German sugar's sticky fingers," *The Hawaiian journal of history*, vol. 16 (1982): 15–47

【ウェブサイト・パンフレット等】

「沿革」株式会社エム・シー・フーズ、https://www.mcfoods.co.jp/company/history/
「沿革」Doutor、https://www.doutor.co.jp/about_us/company/history.html

「小さな島のコーヒー大作戦――ミクロネシア　ロタ島」ＮＨＫ（ドキュメンタリー、2023年11月３日)、https://www.nhk.jp/p/ts/8QR5YMY4YK
「世界三大コーヒー」*Aloha Program*（2023年７月22日）、https://www.aloha- program.com/satellite/recommendation/detail/2705
はたせいじゅん「コナコーヒーってなんだ」*All Hawaii*（2013年８月29日）、https://www.allhawaii.jp/article/1290/
古川敏明「第３回『ハワイ語③』」Web ふらんす（2019年３月20日）、https://webfrance.hakusuisha.co.jp/posts/1762
「UCC Mountain Mist ハワイコナ200g（豆）」UCC Online Store、https://store.ucc.co.jp/category/BRAND_12/UMM2701015.html）
Aloha Star Coffee, https://www.alohastarcoffee.com/about-us
"Colehour Bondera," *USDA Agricultural Marketing Service*, https://www.ams.usda.gov/rules- regulations/organic/nosb/current-members/colehour-bondera
Country Samurai Coffee, https://www.countrysamurai.com
"Educating a revolutionary: Sun Yat-Sen's Schooling in Hawaii," *Dr. Sun Yat-Sen Hawaii Foundation* (28 October 2008), http://sunyatsenhawaii.org/2008/10/28/educating-a-revolutionary-sun-yat-sens-schooling-in-hawaii/
Greenwell Farms, "Coffee pruning: tradition and innvoation," *Youtube* (10 December 2013), https://www.youtube.com/watch?v=5xz-vRzCsUI
Hawaii Coffee Company, http://www.hawaiicoffeecompany.com/about-us
"Hawaii Ka'u Coffee," *Starbuck's reserve*, https://www.starbucksreserve.com/coffee/hawaii-kau
Hawkins, Richard A., "Hackfeld, Heinrich," *Immigrant Entrepreneurship* (22 August 2018), https://www.immigrantentrepreneurship.org/entries/hackfeld-heinrich/#Business_Development
"H. Hackfeld & Co. Ltd.," *Kona Historical Society* (20 April 2020), https://konahistorical.org/news- blog/h-hackfeld-amp-co-ltd
"Ka 'awaloa, South Kona, Hawaii," *Kona Historical Society* (19 May 2012), https://konahistorical.org/mailes-meanderings/kaawaloa-south-kona-hawaii/
"Kauai coffee," *Hawaii Coffee Association*, https://hawaiicoffeeassoc.org/Kauai
Kona Historical Society, *Guide to Kona heritage stores* (Pamphlet)
Lehuula Farms, https://www.lehuulafarms.com/about
"Maui County," *Our campaigns* https://www.ourcampaigns.com/RaceDetail.html?RaceID=809430
"Our history," *City Mill*, https://www.citymill.com/our-history
Rancho Aloha, https://ranchoaloha.com/pages/about-our-farm-1
Regli, Robert and Michael Norton. "Kona Kai Farms position paper: the status of the Kona coffee industry," *Kona Coffee Farmers' Association* (7 November 1991), https://konacoffeefarmers.org/wp-content/uploads/2013/07/konakai.position.paper_.1991.pdf
Selin, Shannon. "When the King & Queen of the Sandwich Islands visited England," *Imagining the bounds of history*, https://shannonselin.com/2017/04/king-queen-sandwich-islands-visited-england/
"Single origin coffees," *Paradise Coffee Roasters*, https://paradiseroasters.com/collections/single- origin-coffees

State of Hawaii Depart of Agriculture, "History of agriculture in Hawaii," *hawaii.gov* (31 January, 2013) , https://hdoa.hawaii.gov/blog/ag-resources/history-of-agriculture-in-hawaii/

"The Seal Program," Kona Coffee Council-100% Pure Kona," https://www.konacoffeecouncil.org/page-692167

"The story of Greenwell Farms and 100% Kona coffee," *Greenwell Farms* (January 2019), https://blog.greenwellfarms.com/the-story-of-greenwell-farms-and-100-kona-coffee/

あとがき

本書は、学部論文の執筆時からお世話になった方々の協力なくして、完成することはできなかった。英語が「ペラペラ」になることに憧れて入学した上智大学では、後に卒業論文のメンターになってくださった松尾弌之先生の米国史入門の講義で、「下からの声」によって描き出される社会史の魅力に取り憑かれた。さらに、コナコーヒー産業の日系移民をテーマとして研究することを進めてくださったのも松尾先生だった。ちょうど、1999年夏に両親と訪れたハワイ島コナのカイルアでふらっと立ち寄ったコーヒー店で、オーナーのウォルター・クニタケ（Walter Kunitake）さん（第5章参照）にお聞きしたコナ日系人の歴史について先生に話したところ、「それは素晴らしい卒論テーマだ！」と言ってくださったことが、本研究との関わり、そして研究者としての人生の始まりとなった。

大学院で一時的にこのテーマから離れたものの、15年以上勤務先としてお世話になっている上智大学を通じて、素晴らしい先生方との交流や意見交換から多くのインスピレーションと知見をいただいた。所員となっている同大学アメリカ・カナダ研究所（通称、アメカナ研）では、大塚寿郎先生、飯野友幸先生、増井志津代先生、小塩和人先生、石井紀子先生、前嶋和弘先生との数々の共同研究や研究会に参加させていただき、米国史研究に関する多くの知見を得た。また、私の学部生時代から、同研究所のスタッフを勤めておられる箕浦美佳さんには、資料の手配から精神的サポートまで、長期にわたり様々な面においてお世話になった。加えて、同大学イベロアメリカ研究所の先生方である幡谷則子先生、谷洋之先生、岸川毅先生には、上智大学21世紀ＣＯＥプログラム「地域立脚型グローバル・スタディーズ AGLOS（2002–2006年）」の活動時から研究をご一緒させていただき、それがきっかけとなり、ハワイをラテンアメリカ地域との関係から考えるようになった。特に、本書の第6章は幡谷先生や岸川先生が代表を務める共同研究企画（上智大学学内共同研究「アジア太平洋時代のラテンアメリカ」、科研基盤（B）「アジアとラテンアメリカ——地域間関係の新展開」17H04511）に加えていただいたことで、執筆することができた。さらに、同大学で長年ブラジル研究をなさっていた三田千代子先生との出会いは、ブラジルの日系人研究やコーヒー史にも目を向ける機会となり、本研究をさらにグローバルな視点から検討することを可能にしてくださった。

ハワイから遠く離れた英国オックスフォード大学院での研究は、補論でも言及したように、私がグローバル・ヒストリーに目を向けるきっかけを作ってくれた。今は亡き指導教官のアン・ワズオ（Ann Waswo）先生からは、コナコーヒー産業で働く日系移民を日本農村史の文脈から考察することを促され、それまでの米国エスニック・スタディーズとは異なるアプローチからコナ日系人史を検討することが可能となった。また、同じ指導教官を持つマーティン・デゥゼンベリ（Martin Dusinberre）さんとの10年以上に及ぶ共同研究（科研（国際共同研究強化）「複数帝国の連関史——環太平洋地域をつなぐグローバル・ネットワークと島嶼植民地支配」16KK0036）は、日本帝国史—日系移民史—グローバル・ヒストリーを接合する本書の試みに、多くのインスピレーションを与えてくれた。加えて、2018年のサバティカルでは幸運にも、彼が所属するスイスのチューリッヒ大学で半年ほど研究することができ、そこで出会った島津直子先生、ビルギット・トレムル・ヴェルナー（Birgit Tremml-Werner）さん、ゴンザロ・サン・エメテリオ・カバーニャス（Gonzalo San Emeterio Cabañes）さん、ダヴィッド・ヴァルター・ミューラー（David Walter Möller）さん、アントワン・アッカー（Antoine Acker）さん、フィン・ホルム（Fynn Holm）さん、ヨナス・ルエグ（Jonas Rüegg）さんとのやりとりからは、大学院生に戻ったような新鮮な気分で、ヨーロッパにおける日本史研究やグローバル・ヒストリーに関する視点と知見を多く得ることができた。

2006年に英国での院生生活を終えて帰国した後は、日本の学会でのネットワークがなく途方に暮れたこともあったが、矢口祐人先生、森仁志さん、塩出浩之さん、古川敏明さんにハワイイ研究会に誘ってもらったおかげで、日本でも高いモチベーションを保ちつつ、ハワイ研究を継続することができた。また、2007年に上智大学に着任された蘭信三先生との出会いは、それまでの研究に日本帝国・植民地史の視点を加えるという大きな転換点となった。蘭先生が代表者となられた共同研究や科研プロジェクト（基盤研究（A）「二〇世紀東アジアをめぐる人の移動と社会統合に関する総合的研究」25245060）に加えていただけたことは、南洋群島や台湾などの日本帝国支配地とハワイを結びつける視点を提供してくれた（第4章参照）。加えて、蘭先生が主催する共同研究で出会った研究者、松田ヒロ子さん、安岡健一さん、中山大将さん、森亜紀子さん、坪田＝中西美貴さん、八尾翔平さん、大場樹精さんには、本研究に関して多くの貴重なアドバイスをいただいた。

本書の第3章から第6章の執筆にあたっては、現地での資料収集や聞き取り調査は不可欠であった。2004年には半年ほどハワイ大学エスニック・スタディーズ学部の客員研究員として滞在中、ジョナサン・Y・オカムラ（Jonathan Y. Okamura）先生をはじめ、故ディーン・アレガード（Dean Alegado）先生、ケント・ノエル（Kent Noel）先生、吉原真里先生には大変お世話になった。さらに、コロナ禍を除き、大学生の頃から毎年のように通っていたコナでは様々な人びとに出会い、たくさんのコーヒーを飲みながら（！）、産業や移民の歴史について貴重なお話を聞くことができた。全ての方は紹介できないが、前述のクニタケさん夫妻をはじめ、ＵＣＣのコナコーヒー農園の開発を主導した川島良彰さん、ホルアロアでキムラ・ラウハラ商店（Kimura Lauhara shop）を営むレネ・キムラ（Renee Kimura）さん、息子さんが最近コーヒー農園を引き継いだネイサン・クラシゲ（Nathan Kurashige）夫妻、戦後沖縄からコナの日系三世に嫁いだ中曽根茂子さん、日本からコナに移住し日系社会で活躍する佐々木綾子さん、ラテンアメリカ系コーヒー栽培者に関する豊富な情報を提供してくれたアルマンド・ロドリゲス（Armando Rodrigues）さん夫妻、そして台湾でのコーヒー農園廻りでお世話にあった三上出さん夫妻は、私を温かく迎え、現地調査を支えてくださった。コナ歴史協会（Kona Historical Society）のスタッフの方々には、地図や写真を含めた貴重な資料を提供してもらい、本書にも多く活用させていただいた。また、ハワイのファミリーともいえるＴ・Ｊ・オスタリング（Oesterling）さんと妻の真木子さんには、長年にわたり心温まるサポートと励ましをいただき、家族ぐるみで大変お世話になった。

コナでの調査・研究結果は、多くの先生方や仲間から貴重なフィードバックをいただくことによって、さらに練り上げることができた。故フランクリン・オードー（Franklin Odo）をはじめ、竹沢泰子先生、東栄一郎先生、ジョルダン・サンド（Jordan Sand）先生、小碇美玲先生、ディヴィッド・アンバラス（David Ambaras）先生、ディヴィッド・チャン（David Chang）先生、宮崎広和先生、清水さゆり先生、ロン・クラシゲ（Lon Kurashige）先生（前述のコナのクラシゲ夫妻の甥にあたる）、石原俊先生、ダンカン・ウィリアムズ（Duncan Williams）先生、稲葉奈々子先生、小川真和子先生、和泉真澄先生、野入直美先生、杉浦未樹先生、佐々木一惠先生、野澤丈二先生、エレイン・リオン（Elaine Leong）さん、越朋彦さん、ポール・クライトマン（Paul Kreitman）さん、スティーブン・アイビンス（Steven Ivings）さん、上田薫さん、シドニー・シュー・ルー（Sydney Xu Lu）さん、ジーニー・ナツコ・シノズカ（Jeannie Natsuko Shinozuka）さん、クリステン・ササキ（Christen Sasaki）さん、マイケル・ジン（Michael Jin）さん、ルーディー・ゲバラ・ジュニア（Rudy Guevarra Jr.）さん、徳永悠さん、ティム・ヤング（Tim Yang）さん、ナディン・ヘー（Nadin Hee）さん、廣田秀孝さん、ハナ・シェパード（Hannah Shepard）さん、アレクサンドラ・コビリスキ（Aleksandra Kobiliski）さん、佃陽子さん、佐原彩子さん、秋山かおりさん、松平けあきさん、新井隆さん、長村裕佳子さん、伊吹唯さん、白山彩さん、そして学部生からともに研究を続けてきた同志ともいえる今野裕子さんに深く感謝する。

さらに、2023年6月、安岡健一さんを通じて、京都大学学術出版会の鈴木哲也さんと嘉山範子さんに出会えたことは、博論のまま眠らせようとしていた原稿に、まさに「生」を吹き込んでくれたといえる。特に、原稿の完成まで長くお待たせしてしまった嘉山さんからは、細部に至るまで丁寧な校正と的確なコメントをいただき、その熱意とプロフェッショナリズムに深い敬意と感謝を表する。

最後に、中学1年生の時に初めてハワイ島に連れて行ってくれた両親に感謝したい。コナの飛行場に着陸し、真っ黒な溶岩に覆われた大地を初めて目にした時、この地に、真っ赤な実をつけるコーヒーが栽培され、その美しい実が多様かつグローバルな背景を持つ人びとによって育てられ、摘み取られているとは予想すらしなかった。ハワイ島で撮った数々の写真を美しいグラフィックアートにして残してくれた父、そして、本書の原稿を丁寧に読み込み深みのあるコメントをくれた母に、大分時間がかかってしまったが、心からの感謝をこめて本書を捧げたい。

本書の刊行に際しては、JSPS科研費24HP5068の助成を受けた。

著者

索　引

＊本文中に登場する表記と、索引における項目名とが必ずしも一致していないものもある。たとえば、「アジア系労働者」項に記載しているものには、本文中で「アジア系移民」とされるものも含まれる。

■事　項

【マ行】

【ラ行】

【ワ行】

■地　名

■人　名

【サ行】

【タ行】

【ナ行】

【ハ行】

【マ行】

【ラ行】

【ワ行】

著者紹介

飯島 真里子 （いいじま　まりこ）

1977年神奈川県川崎市生まれ。博士（歴史）。上智大学外国語部卒業。英国オックスフォード大学 MPhil 課程、DPhil 課程修了。東京純心女子大学講師を経て、現在、上智大学外国語部教授。
主要業績
「二つの帝国と近代糖業——ハワイと台湾をつなぐ移動者たち」『農業史研究』55号（2021年）、"Japanese Diasporas and Coffee Production," *The Oxford Research Encyclopedia of Asian History* (2019) など。

コナコーヒーのグローバル・ヒストリー
——太平洋空間の重層的移動史

2025 年 2 月 25 日　初版第一刷発行

著　者　　飯　島　真里子
発行人　　黒　澤　隆　文

京都大学学術出版会
京都市左京区吉田近衛町69番地
京都大学吉田南構内（〒606-8315）
電　話（075）761-6182
FAX（075）761-6190
Home page http://www.kyoto-up.or.jp
振　替 01000-8-64677

ISBN978-4-8140-0567-3
Printed in Japan

装幀　北田雄一郎
印刷・製本　亜細亜印刷株式会社
定価はカバーに表示してあります